建筑与市政工程施工现场专业人员职业标准培训教材

质量员通用与基础知识
（市政方向）

建筑与市政工程施工现场专业人员职业标准培训教材编审委员会　组织编写
中国建设教育协会
焦永达　主编
姚昱晨　主审

U0250599

中国建筑工业出版社

图书在版编目（CIP）数据

质量员通用与基础知识（市政方向）/焦永达主编.
北京：中国建筑工业出版社，2014.10
建筑与市政工程施工现场专业人员职业标准培训教材
ISBN 978-7-112-17326-6

Ⅰ.①质… Ⅱ.①焦… Ⅲ.①市政工程-质量管理-职
业培训-教材 Ⅳ.①TU712

中国版本图书馆 CIP 数据核字（2014）第 226278 号

本书是根据中华人民共和国住房和城乡建设部颁布的《建筑与市政工程施工现场专业人员职业标准》JGJ/T 250—2011 和建筑与市政工程质量员（市政方向）考核评价大纲编写的，与《质量员岗位知识与专业技能》一书配套使用。

本书主要内容包括：建设法规、市政工程材料、市政工程识图、市政工程施工技术、施工项目管理、力学基础知识、市政工程基本知识、市政工程预算的基本知识、计算机和相关管理软件的应用知识、市政工程施工测量的基本知识、抽样统计分析的基本知识。

本书为市政质量员岗位资格考试培训试用教材，也可供建设行业施工现场工作人员学习参考。

责任编辑：朱首明 李 明 王美玲
责任设计：李志立
责任校对：李美娜 党 蕾

建筑与市政工程施工现场专业人员职业标准培训教材

质量员通用与基础知识

（市政方向）

建筑与市政工程施工现场专业人员职业标准培训教材编审委员会
中国建设教育协会 组织编写

焦永达 主编
姚昱晨 主审

＊

中国建筑工业出版社出版、发行（北京西郊百万庄）
各地新华书店、建筑书店经销
北京科地亚盟排版公司制版
北京画中画印刷有限公司印刷

＊

开本：787×1092毫米 1/16 印张：22¼ 字数：540千字
2014年11月第一版 2016年12月第七次印刷
定价：**49.00**元
ISBN 978 - 7 - 112 - 17326 - 6
（26074）

建筑与市政工程施工现场专业人员职业标准培训教材
编审委员会

出 版 说 明

建筑与市政工程施工现场专业人员队伍素质是影响工程质量和安全生产的关键因素。我国从 20 世纪 80 年代开始，在建设行业开展关键岗位培训考核和持证上岗工作。对于提高建设行业从业人员的素质起到了积极的作用。进入 21 世纪，在改革行政审批制度和转变政府职能的背景下，建设行业教育主管部门转变行业人才工作思路，积极规划和组织职业标准的研发。在住房和城乡建设部人事司的主持下，由中国建设教育协会、苏州二建建筑集团有限公司等单位主编了建设行业的第一部职业标准——《建筑与市政工程施工现场专业人员职业标准》，已由住房和城乡建设部发布，作为行业标准于 2012 年 1 月 1 日起实施。为推动该标准的贯彻落实，进一步编写了配套的 14 个考核评价大纲。

该职业标准及考核评价大纲有以下特点：（1）系统分析各类建筑施工企业现场专业人员岗位设置情况，总结归纳了 8 个岗位专业人员核心工作职责，这些职业分类和岗位职责具有普遍性、通用性。（2）突出职业能力本位原则，工作岗位职责与专业技能相互对应，通过技能训练能够提高专业人员的岗位履职能力。（3）注重专业知识的完整性、系统性，基本覆盖各岗位专业人员的知识要求，通用知识具有各岗位的一致性，基础知识、岗位知识能够体现本岗位的知识结构要求。（4）适应行业发展和行业管理的现实需要，岗位设置、专业技能和专业知识要求具有一定的前瞻性、引导性，能够满足专业人员提高综合素质和适应岗位变化的需要。

为落实职业标准，规范建设行业现场专业人员岗位培训工作，我们依据与职业标准相配套的考核评价大纲，组织编写了《建筑与市政工程施工现场专业人员职业标准培训教材》。

本套教材覆盖《建筑与市政工程施工现场专业人员职业标准》涉及的施工员、质量员、安全员、标准员、材料员、机械员、劳务员、资料员 8 个岗位 14 个考核评价大纲。每个岗位、专业，根据其职业工作的需要，注意精选教学内容、优化知识结构、突出能力要求，对知识、技能经过合理归纳，编写为《通用与基础知识》和《岗位知识与专业技能》两本，供培训配套使用。本套教材共 29 本，作者基本都参与了《建筑与市政工程施工现场专业人员职业标准》的编写，使本套教材的内容能充分体现《建筑与市政工程施工现场专业人员职业标准》，促进现场专业人员专业学习和能力提高的要求。

作为行业现场专业人员第一个职业标准贯彻实施的配套教材，我们的编写工作难免存在不足，因此，我们恳请使用本套教材的培训机构、教师和广大学员多提宝贵意见，以便进一步的修订，使其不断完善。

建筑与市政工程施工现场专业人员职业标准培训教材编审委员会

前　言

为进一步提高建筑市政工程施工专业人员的职业素质，满足施工项目管理的需求，中华人民共和国住房和城乡建设部颁布了《建筑与市政工程施工现场专业人员职业标准》JGJ/T 250—2011，本书是根据该标准及《建筑与市政工程施工现场专业人员考核评价大纲》编写的。可以作为市政工程施工现场人员职业能力评价及考试培训教材，也可供大中专院校、市政施工企业技术管理人员及监理人员参考。

本书综合运用本专业的理论基础和行业技术发展的成果，重点介绍市政工程质量员应具备的通用知识与基础知识，内容力求理论联系实际，注重对学员的实践能力、解决问题能力的培养，并兼顾全书的系统性和完整性。

本书由中国市政工程协会组织编写，焦永达任主编。通用知识由胡兴福、侯洪涛、余家兴、赵欣、张伟主笔，专业知识由张亚庆、张常明、侯洪涛、余家兴、李庚蕊、杨庆丰主笔。

本书在编写过程中得到了上海市公路桥梁（集团）有限公司、北京市市政建设集团有限责任公司、济南工程技术学院等单位的支持和帮助，并参考了现行的相关规范和技术规范，参阅了业内专家、学者的文献和资料，在此一并表示衷心的谢意！对为本书付出了辛勤劳动的中国建筑教育协会、中国建筑工业出版社编辑同志表示衷心的感谢！

由于编者水平有限，书中疏漏、错误在所难免，恳请使用本书的读者不吝指正。

目　录

上篇　通用知识

上篇 通用知识

一、建设法规

（一）建设法规概述

1. 建设法规的概念

建设法规是指国家立法机关或其授权的行政机关制定的旨在调整国家及其有关机构、企事业单位、社会团体、公民之间，在建设活动中或建设行政管理活动中发生的各种社会关系的法律、法规的统称。它体现了国家对城市建设、乡村建设、市政及社会公用事业等各项建设活动进行组织、管理、协调的方针、政策和基本原则。

2. 建设法规的调整对象

建设法规的调整对象，即发生在各种建设活动中的社会关系，包括建设活动中所发生的行政管理关系、经济协作关系及其相关的民事关系。

（1）建设活动中的行政管理关系

建筑业是我国的支柱产业，建设活动与国民经济、人民生活和社会的可持续发展关系密切，国家必须对之进行全面的规范管理。建设活动中的行政管理关系，是国家及其建设行政主管部门同建设单位（业主）、设计单位、施工单位、建筑材料和设备的生产供应单位及建设监理等中介服务单位之间的管理与被管理关系。在法制社会里，这种关系必须要由相应的建设法规来规范、调整。

（2）建设活动中的经济协作关系

工程建设是多方主体参与的系统工程，在完成建设活动既定目标的过程中，各方的关系既是协作的又是博弈的。因此，各方的权利、义务关系必须由建设法规加以规范、调整，以保证在建设活动的经济协作关系中各方法律主体具有平等的法律地位。

（3）建设活动中的民事关系

在建设活动中涉及的土地征用、房屋拆迁及安置、房地产交易等，常会涉及公民的人身和财产权利，这就需要由相关民事法律法规来规范和调整国家、单位和公民之间的民事权利义务。

3. 建设法规体系

（1）建设法规体系的概念

法律法规体系，通常指由一个国家的全部现行法律规范分类组合为不同的法律部门而形成的有机联系的统一整体。

建设法规体系是国家法律体系的重要组成部分，是由国家制定或认可，并由国家强制力保证实施的，调整建设工程在新建、扩建、改建和拆除等有关活动中产生的社会关系的法律法规的系统。它是按照一定的原则、功能、层次所组成的相互联系、相互配合、相互补充、相互制约、协调一致的有机整体。

建设法规体系必须与国家整个法律体系相协调，但又因自身特定的法律调整对象而自成体系，具有相对独立性。根据法制统一的原则，一是要求建设法规体系必须服从国家法律体系的总要求，建设方面的法律必须与宪法和相关的法律保持一致，建设行政法规、部门规章和地方性法规、规章不得与宪法、法律以及上一层次的法规相抵触。二是建设法规应能覆盖建设事业的各个行业、各个领域以及建设行政管理的全过程，使建设活动的各个方面都有法可依、有章可循，使建设行政管理的每一个环节都纳入法制轨道。三是在建设法规体系内部，不仅纵向不同层次的法规之间应当相互衔接，不能有抵触；横向同层次的法规之间也应协调配套，不能互相矛盾、重复或者留有"空白"。

（2）建设法规体系的构成

建设法规体系的构成即建设法规体系所采取的框架或结构。目前我国的建设法规体系采取"梯形结构"，即不设"中华人民共和国建设法律"，而是以若干并列的专项法律共同组成体系框架的顶层，再配置相应的下一位阶的行政法规和部门规章，形成若干既相互联系又相对独立的专项法律规范体系。根据《中华人民共和国立法法》有关立法权限的规定，我国建设法规体系由以下五个层次组成。

1）建设法律

建设法律是指由全国人民代表大会及其常务委员会制定通过，由国家主席以主席令的形式发布的属于国务院建设行政主管部门业务范围的各项法律，如《中华人民共和国建筑法》、《中华人民共和国招标投标法》、《中华人民共和国城乡规划法》等。建设法律是建设法规体系的核心和基础。

2）建设行政法规

建设行政法规是指由国务院制定，经国务院常务委员会审议通过，由国务院总理以中华人民共和国国务院令的形式发布的属于建设行政主管部门主管业务范围的各项法规。建设行政法规的名称常以"条例"、"办法"、"规定"、"规章"等名称出现，如《建设工程质量管理条例》、《建设工程安全生产管理条例》等。建设行政法规的效力低于建设法律，在全国范围内施行。

3）建设部门规章

建设部门规章是指住房和城乡建设部根据国务院规定的职责范围，依法制定并颁布的各项规章或由住房和城乡建设部与国务院其他有关部门联合制定并发布的规章，如《实施工程建设强制性标准监督规定》、《工程建设项目施工招标投标办法》等。建设部门规章一方面是对法律、行政法规的规定进一步具体化，以便其得到更好的贯彻执行；另一方面是作为法律、法规的补充，为有关政府部门的行为提供依据。部门规章对全国有关行政管理部门具有约束力，但其效力低于行政法规。

4）地方性建设法规

地方性建设法规是指在不与宪法、法律、行政法规相抵触的前提下，由省、自治区、直辖市人民代表大会及其常委会结合本地区实际情况制定颁行的或经其批准颁布的由下级人大或其常委会制定的，只在本行政区域有效的建设方面的法规。关于地方的立法权问题，地方是与中央相对应的一个概念，我国的地方人民政府分为省、地、县、乡四级。其中省级中包括直辖市，县级中包括县级市即不设区的市。县、乡级没有立法权。省、自治区、直辖市以及省会城市、自治区首府有立法权。而地级市中只有国务院批准的规模较大的市有立法权，其他地级市没有立法权。

5）地方建设规章

地方建设规章是指省、自治区、直辖市人民政府以及省会（自治区首府）城市和经国务院批准的较大城市的人民政府，根据法律和法规制定颁布的，只在本行政区域有效的建设方面的规章。

在建设法规的上述五个层次中，其法律效力从高到低依次为建设法律、建设行政法规、建设部门规章、地方性建设法规、地方建设规章。法律效力高的称为上位法，法律效率低的称为下位法。下位法不得与上位法相抵触，否则其相应规定将被视为无效。

（二）《建筑法》

《中华人民共和国建筑法》（以下简称《建筑法》）于 1997 年 11 月 1 日由中华人民共和国第八届全国人民代表大会常务委员会第二十八次会议通过，于 1997 年 11 月 1 日发布，自 1998 年 3 月 1 日起施行。2011 年 4 月 22 日，中华人民共和国第十一届全国人民代表大会常务委员会第二十次会议通过了《全国人民代表大会常务委员会关于修改〈中华人民共和国建筑法〉的决定》，修改后的《中华人民共和国建筑法》自 2011 年 7 月 1 日起施行。

《建筑法》的立法目的在于加强对建筑活动的监督管理，维护建筑市场秩序，保证建筑工程的质量和安全，促进建筑业健康发展。《建筑法》共 8 章 85 条，分别从建筑许可、建筑工程发包与承包、建筑工程监理、建筑安全生产管理、建筑工程质量管理等方面作出了规定。

1. 从业资格的有关规定

（1）法规相关条文

《建筑法》关于从业资格的条文是第 12～14 条。

（2）建筑业企业的资质

《建筑法》第 13 条规定："从事建筑活动的建筑施工企业、勘察单位、设计单位和工程监理单位，按照其拥有的注册资本、专业技术人员、技术装备和已完成的建筑工程业绩等资质条件，划分为不同的资质等级，经资质审查合格、取得相应等级的资质证书后，方可在其资质等级许可的范围内从事建筑活动。"

从事土木工程、建筑工程、线路管道设备安装工程、装修工程的新建、扩建、改建等活动的企业称为建筑业企业。建筑业企业资质，是指建筑业企业的建设业绩、人员素质、管理水平、资金数量、技术装备等的总称。建筑业企业资质等级，是指国务院行政主管部门按资质条件把企业划分成的不同等级。

1）建筑业企业资质序列及类别

建筑业企业资质分为施工总承包、专业承包和施工劳务三个序列。取得施工总承包资质的企业称为施工总承包企业。取得专业承包资质的企业称为专业承包企业。取得劳务分包资质的企业称为施工劳务企业。

施工总承包资质、专业承包资质、施工劳务资质序列可按照工程性质和技术特点分别划分为若干资质类别，见表1-1。

建筑业企业资质序列及类别　　　　　　　　　　　　　　　　表1-1

序号	资质序列	资质类别
1	施工总承包资质	分为12个类别，分别是：建筑工程、公路工程、铁路工程、港口与航道工程、水利水电工程、电力工程、矿山工程、冶炼工程、石油化工工程、市政公用工程、通信工程、机电工程
2	专业承包资质	分为36个类别，包括地基基础工程、建筑装修装饰工程、建筑幕墙工程、钢结构工程、防水防腐保温工程、预拌混凝土、设备安装工程、电子与智能化工程、桥梁工程等
3	施工劳务资质	施工劳务序列不分类别

取得施工总承包资质的企业，可以对所承接的施工总承包工程内的各专业工程全部自行施工，也可以将专业工程依法进行分包。取得专业承包资质的企业应对所承接的专业工程全部自行组织施工，劳务作业可以分包给具有施工劳务分包资质的企业。取得施工劳务资质的企业可以承接具有施工总承包资质或专业承包资质的企业分包的劳务作业。

2）建筑业企业资质等级

施工总承包、专业承包各资质类别按照规定的条件划分为若干资质等级，施工劳务资质不分等级。建筑企业各资质等级标准和各类别等级资质企业承担工程的具体范围，由国务院建设主管部门会同国务院有关部门制定。

建筑工程、市政公用工程施工总承包企业资质等级均分为特级、一级、二级、三级。专业承包企业资质等级分类见表1-2。

部分专业承包企业资质等级　　　　　　　　　　　　　　　　表1-2

企业类别	等级分类	企业类别	等级分类
地基基础工程	一、二、三级	建筑幕墙工程	一、二级
建筑装修装饰工程	一、二级	钢结构工程	一、二级
预拌混凝土	不分等级	模板脚手架	一、二级
古建筑工程	一、二、三级	电子与智能化工程	一、二、三级
消防设施工程	一、二级	城市及道路照明工程	一、二、三级
防水防腐保温工程	一、二级	特种工程	不分等级

3）承揽业务的范围

① 施工总承包企业

施工总承包企业可以承接施工总承包工程。施工总承包企业可以对所承接的施工总承包工程内各专业工程全部自行施工，也可以将专业工程或劳务作业依法分包给具有相应资质的专业承包企业或施工劳务企业。

建筑工程、市政公用工程施工总承包企业可以承揽的业务范围见表 1-3、表 1-4。

房屋建筑工程施工总承包企业承包工程范围　　　　　　表 1-3

序号	企业资质	承包工程范围
1	特级	可承担各类建筑工程的施工
2	一级	可承担单项合同额 3000 万元及以上的下列建筑工程的施工： （1）高度 200m 及以下的工业、民用建筑工程； （2）高度 240m 及以下的构筑物工程
3	二级	可承担下列建筑工程的施工： （1）高度 200m 及以下的工业、民用建筑工程； （2）高度 120m 及以下的构筑物工程； （3）建筑面积 4 万 m² 及以下的单体工业、民用建筑工程； （4）单跨跨度 39m 及以下的建筑工程
4	三级	可承担下列建筑工程的施工： （1）高度 50m 以内的 m 建筑工程； （2）高度 70m 及以下的构筑物工程； （3）建筑面积 1.2 万 m² 及以下的单体工业、民用建筑工程； （4）单跨跨度 27m 及以下的建筑工程

市政公用工程施工总承包企业承包工程范围　　　　　　表 1-4

序号	企业资质	承包工程范围
1	一级	可承担各种类市政公用工程的施工
2	二级	可承担下列市政公用工程的施工： （1）各类城市道路；单跨 45m 及以下的城市桥梁； （2）15 万 t/d 及以下的供水工程；10 万 t/d 及以下的污水处理工程；2 万 t/d 及以下的给水泵站、15 万 t/d 及以下的污水泵站、雨水泵站；各类给水排水及中水管道工程； （3）中压以下燃气管道、调压站；供热面积 150 万 m² 及以下热力工程和各类热力管道工程； （4）各类城市生活垃圾处理工程； （5）断面 25m² 及以下隧道工程和地下交通工程； （6）各类城市广场、地面停车场硬质铺装； （7）单项合同额 4000 万元及以下的市政综合工程

序号	企业资质	承包工程范围
3	三级	可承担下列市政公用工程的施工： (1) 城市道路工程（不含快速路）；单跨 25m 及以下的城市桥梁工程； (2) 8 万 t/d 及以下的给水厂；6 万 t/d 及以下的污水处理工程；10 万 t/d 及以下的给水泵站、10 万 t/d 及以下的污水泵站、雨水泵站，直径 1m 及以下供水管道；直径 1.5m 及以下污水及中水管道； (3) 2kg/cm² 及以下中压、低压燃气管道、调压站；供热面积 50 万 m² 及以下热力工程，直径 0.2m 及以下热力管道； (4) 单项合同额 2500 万元及以下的城市生活垃圾处理工程； (5) 单项合同额 2000 万元及以下地下交通工程（不包括轨道交通工程）； (6) 5000m² 及以下城市广场、地面停车场硬质铺装； (7) 单项合同额 2500 万元及以下的市政综合工程

② 专业承包企业

专业承包企业可以承接施工总承包企业分包的专业工程和建设单位依法发包的专业工程。专业承包企业可以对所承接的专业工程全部自行施工，也可以将劳务作业依法分包给具有相应资质的施工劳务企业。

部分专业承包企业可以承揽的业务范围见表 1-5。

部分专业承包企业可以承揽的业务范围　表 1-5

序号	企业类型	资质等级	承包范围
1	地基基础工程	一级	可承担各类地基基础工程的施工
		二级	可承担下列工程的施工： (1) 高度 100m 及以下工业、民用建筑工程和高度 120m 及以下构筑物的地基基础工程； (2) 深度不超过 24m 的刚性桩复合地基处理和深度不超过 10m 的其他地基处理工程； (3) 单桩承受设计荷载 5000kN 及以下的桩基础工程； (4) 开挖深度不超过 15m 的基坑围护工程
		三级	可承担下列工程的施工： (1) 高度 50m 及以下工业、民用建筑工程和高度 70m 及以下构筑物的地基基础工程； (2) 深度不超过 18m 的刚性桩复合地基处理或深度不超过 8m 的其他地基处理工程； (3) 单桩承受设计荷载 3000kN 及以下的桩基础工程； (4) 开挖深度不超过 12m 的基坑围护工程
2	建筑装修装饰工程	一级	可承担各类建筑装修装饰工程，以及与装修工程直接配套的其他工程的施工
		二级	可承担单项合同额 2000 万元及以下的建筑装修装饰工程，以及与装修工程直接配套的其他工程的施工
3	建筑幕墙工程	一级	可承担各类型建筑幕墙工程的施工
		二级	可承担单体建筑工程面积 8000m² 及以下建筑幕墙工程的施工

序号	企业类型	资质等级	承包范围
4	钢结构工程	一级	可承担下列钢结构工程的施工： (1) 钢结构高度 60m 及以上； (2) 钢结构单跨跨度 30m 及以上； (3) 网壳、网架结构短边边跨跨度 50m 及以上； (4) 单体钢结构工程钢结构总重量 4000t 及以上； (5) 单体建筑面积 30000m² 及以上
		二级	可承担下列钢结构工程的施工： (1) 钢结构高度 100m 及以下； (2) 钢结构单跨跨度 36m 及以下； (3) 网壳、网架结构短边边跨跨度 75m 及以下； (4) 单体钢结构工程钢结构总重量 6000t 及以下； (5) 单体建筑面积 35000m² 及以下
		三级	可承担下列钢结构工程的施工： (1) 钢结构高度 60m 及以下； (2) 钢结构单跨跨度 30m 及以下； (3) 网壳、网架结构短边边跨跨度 35m 及以下； (4) 单体钢结构工程钢结构总重量 3000t 及以下； (5) 单体建筑面积 15000m² 及以下
5	电子与建筑智能化工程	一级	可承担各类型电子工程、建筑智能化工程的施工
		二级	可承担单项合同额 2500 万元及以下的电子工业制造设备安装工程和电子工业环境工程、单项合同额 1500 万元及以下的电子系统工程和建筑智能化工程的施工

③ 施工劳务企业

施工劳务企业可以承担各类劳务作业。

2. 建筑工程承包的有关规定

（1）法规相关条文

《建筑法》关于建筑工程承包的条文是第 26～29 条。

（2）建筑业企业资质管理规定

《建筑法》第 26 条规定："承包建筑工程的单位应当持有依法取得的资质证书，并在其资质等级许可的业务范围内承揽工程。禁止建筑施工企业超越本企业资质等级许可的业务范围或者以任何形式用其他建筑施工企业的名义承揽工程。禁止建筑施工企业以任何形式允许其他单位或者个人使用本企业的资质证书、营业执照，以本企业的名义承揽工程。"

2005 年 1 月 1 日开始实行的《最高人民法院关于审理建设工程施工合同纠纷案件适用法律问题的解释》第 1 条规定："建设工程施工合同具有下列情形之一的，应当根据合同

法第 52 条第 (5) 项的规定,认定无效:

    1) 承包人未取得建筑施工企业资质或者超越资质等级的;

    2) 没有资质的实际施工人借用有资质的建筑施工企业名义的;

    3) 建设工程必须进行招标而未招标或者中标无效的。"

    (3) 联合承包

两个以上的承包单位组成联合体共同承包建设工程的行为称为联合承包。《建筑法》第 27 条规定:"大型建筑工程或者结构复杂的建筑工程,可以由两个以上的承包单位联合共同承包。"

    1) 联合体资质的认定

《建筑法》第 27 条规定:两个以上不同资质等级的单位实行联合共同承包的,应当按照资质等级低的单位的业务许可范围承揽工程。

    2) 联合体中各成员单位的责任承担

组成联合体的成员单位投标之前必须要签订共同投标协议,明确约定各方拟承担的工作和责任,并将共同投标协议连同投标文件一并提交招标人。否则,依据《工程建设项目施工招标投标办法》,由评标委员会初审后按废标处理。

《建筑法》第 27 条还规定:"共同承包的各方对承包合同的履行承担连带责任。"《民法通则》第 87 条规定,负有连带义务的每个债务人,都负有清偿全部债务的义务。因此,联合体的成员单位都负有清偿全部债务的义务。

    (4) 转包

转包系指承包单位承包建设工程后,不履行合同约定的责任和义务,将其承包的全部建设工程转给他人或者将其承包的全部建设工程肢解以后以分包的名义分别转给其他单位承包的行为。

《建筑法》禁止转包行为,第 28 条规定:"禁止承包单位将其承包的全部建筑工程转包给他人,禁止承包单位将其承包的全部建筑工程肢解以后以分包的名义分别转包给他人。"

《最高人民法院关于审理建设工程施工合同纠纷案件适用法律问题的解释》第 4 条也规定:"承包人非法转包、违法分包建设工程或者没有资质的实际施工人借用有资质的建筑施工企业名义与他人签订建设工程施工合同的行为无效。人民法院可以根据民法通则的规定,收缴当事人已经取得的非法所得。"

    (5) 分包

    1) 分包的概念

总承包单位将其所承包的工程中的专业工程或者劳务作业发包给其他承包单位完成的活动称为分包。

分包分为专业工程分包和劳务作业分包。专业工程分包,是指总承包单位将其所承包工程中的专业工程发包给具有相应资质的其他承包单位完成的活动。劳务作业分包,是指施工总承包企业或者专业承包企业将其承包工程中的劳务作业发包给劳务分包企业完成的活动。

《建筑法》第 29 条规定:"建筑工程总承包单位可以将承包工程中的部分工程发包给

具有相应资质条件的分包单位。"

2）违法分包

《建筑法》第 29 条规定："禁止总承包单位将工程分包给不具备相应资质条件的单位，禁止分包单位将其承包的工程再分包。"

依据《建筑法》的规定：《建设工程质量管理条例》进一步将违法分包界定为如下几种情形：

① 总承包单位将建设工程分包给不具备相应资质条件的单位的；

② 建设工程总承包合同中未有约定，又未经建设单位认可，承包单位将其承包的部分建设工程交由其他单位完成的；

③ 施工总承包单位将建设工程主体结构的施工分包给其他单位的；

④ 分包单位将其承包的建设工程再分包的。

3）总承包单位与分包单位的连带责任

《建筑法》第 29 条规定："总承包单位和分包单位就分包工程对建设单位承担连带责任。"

连带责任既可以依合同约定产生，也可以依法律规定产生。总承包单位和分包单位之间的责任划分，应当根据双方的合同约定或者各自过错大小确定；一方向建设单位承担的责任超过其应承担份额的，有权向另一方追偿。需要说明的是，虽然建设单位和分包单位之间没有合同关系，但是当分包工程发生质量、安全、进度等方面问题给建设单位造成损失时，建设单位既可以根据总承包合同向总承包单位追究违约责任，也可以根据法律规定直接要求分包单位承担损害赔偿责任，分包单位不得拒绝。

3. 建筑安全生产管理的有关规定

（1）法规相关条文

《建筑法》关于建筑安全生产管理的条文是第 36～51 条，其中有关建筑施工企业的条文是第 36 条、第 38 条、第 39 条、第 41 条、第 44～48 条、第 51 条。

（2）建筑安全生产管理方针

建筑安全生产管理是指建设行政主管部门、建筑安全监督管理机构，建筑施工企业及有关单位对建筑生产过程中的安全工作，进行计划、组织、指挥、控制、监督等一系列的管理活动。

《建筑法》第 36 条规定："建筑工程安全生产管理必须坚持安全第一、预防为主的方针。"

安全生产关系到人民群众生命和财产安全，关系到社会稳定和经济健康发展。"安全第一"是安全生产方针的基础；"预防为主"是安全生产方针的核心和具体体现，是实现安全生产的根本途径，生产必须安全，安全促进生产。

安全第一，是从保护和发展生产力的角度，表明在生产范围内安全与生产的关系，肯定安全在建筑生产活动中的首要位置和重要性。预防为主，是指在建设工程生产活动中，针对建设工程生产的特点，对生产要素采取管理措施，有效地控制不安全因素的发展与扩大，把可能发生的事故消灭在萌芽状态，以保证生产活动中人的安全、健康及财产安全。

"安全第一"还反映了当安全与生产发生矛盾的时候，应该服从安全，消灭隐患，保证建设工程在安全的条件下生产。"预防为主"则体现在事先策划、事中控制、事后总结，通过信息收集，归类分析，制定预案，控制防范。安全第一、预防为主的方针，体现了国家在建设工程安全生产过程中"以人为本"的思想，也体现了国家对保护劳动者权利、保护社会生产力的高度重视。

（3）建设工程安全生产基本制度

1）安全生产责任制度

安全生产责任制度是将企业各级负责人、各职能机构及其工作人员和各岗位作业人员在安全生产方面应做的工作及应负的责任加以明确规定的一种制度。

《建筑法》第36条规定，建筑工程安全生产管理必须建立健全安全生产的责任制度。第44条又规定："建筑施工企业必须依法加强对建筑安全生产的管理，执行安全生产责任制度，采取有效措施，防止伤亡和其他安全生产事故的发生。"

安全生产责任制度是建筑生产中最基本的安全管理制度，是所有安全规章制度的核心，是安全第一、预防为主方针的具体体现。通过制定安全生产责任制，建立一种分工明确、运行有效、责任落实、能够充分发挥作用的、长效的安全生产机制，把安全生产工作落到实处。认真落实安全生产责任制，不仅是为了保证在发生生产安全事故时，可以追究责任，更重要的是通过日常或定期检查、考核，奖优罚劣，提高全体从业人员执行安全生产责任制的自觉性，使安全生产责任制真正落实到安全生产工作中去。

建筑施工单位的安全生产责任制主要包括企业各级领导人员的安全职责、企业各有关职能部门的安全生产职责以及施工现场管理人员及作业人员的安全职责三个方面。

2）群防群治制度

群防群治制度是职工群众进行预防和治理安全的一种制度。

《建筑法》第36条规定，建筑工程安全生产管理必须坚持安全第一、预防为主的方针，建立健全群防群治制度。

群防群治制度也是"安全第一、预防为主"的具体体现，同时也是群众路线在安全工作中的具体体现，是企业进行民主管理的重要内容。

《建筑法》第47条规定："建筑施工企业和作业人员在施工过程中应当遵守有关生产的法律、法规和建筑行业安全规章、规程，不得违章指挥或者违章作业。……，作业人员对危及生命安全和人身健康的行为有权提出批评、检举和控告。"

3）安全生产教育培训制度

安全生产教育培训制度是对广大建筑干部职工进行安全教育培训，提高安全意识，增加安全知识和技能的制度。

《建筑法》46条规定："建筑施工企业应当建立健全劳动安全生产教育培训制度，加强对职工安全生产的教育培训；未经安全生产教育培训的人员，不得上岗作业。"

安全生产，人人有责。只有通过对广大职工进行安全教育、培训，才能使广大职工真正认识到安全生产的重要性、必要性，才能使广大职工掌握更多更有效的安全生产的科学技术知识，牢固树立安全第一的思想，自觉遵守各项安全生产规章制度。

4）伤亡事故处理报告制度

伤亡事故处理报告制度是指施工中发生事故时，建筑企业应当采取紧急措施减少人员伤亡和事故损失，并按照国家有关规定及时向有关部门报告的制度。

《建筑法》第51条规定："施工中发生事故时，建筑施工企业应当采取紧急措施减少人员伤亡和事故损失，并按照国家有关规定及时向有关部门报告。"

事故处理必须遵循一定的程序，坚持"四不放过"原则，即事故原因分析不清不放过，事故责任者和群众没受到教育不放过，事故隐患不整改不放过，事故的责任者没有受到处理不放过。通过对事故的严格处理，可以总结出教训，为制定规程、规章提供第一手素材，做到亡羊补牢。

5）安全生产检查制度

安全生产检查制度是上级管理部门或企业自身对安全生产状况进行定期或不定期检查的制度。

通过检查可以发现问题，查出隐患，从而采取有效措施，堵塞漏洞，把事故消灭在发生之前，做到防患于未然，是"预防为主"的具体体现。通过检查，还可总结出好的经验加以推广，为进一步搞好安全工作打下基础。安全检查制度是安全生产的保障。

6）安全责任追究制度

建设单位、设计单位、施工单位、监理单位，由于没有履行职责造成人员伤亡和事故损失的，视情节给予相应处理；情节严重的，责令停业整顿，降低资质等级或吊销资质证书；构成犯罪的，依法追究刑事责任。

（4）建筑施工企业的安全生产责任

《建筑法》第38条、第39条、第41条、第44～48条、第51条规定了建筑施工企业的安全生产责任。经2011年4月第十一届全国人大会议通过的《建筑法》，仅对第48条作了修改，规定如下："建筑施工企业，应当依法为职工参加工伤保险缴纳工伤保险费。鼓励企业为从事危险作业的职工办理意外伤害保险，支付保险费。"根据这些规定，《建设工程质量管理条例》等法规作了进一步细化和补充，具体见《建设工程质量管理条例》部分相关内容。

4. 《建筑法》关于质量管理的规定

（1）法规相关条文

《建筑法》关于质量管理的条文是第52～63条，其中有关建筑施工企业的条文是第52条、第54条、第55条、第58～62条。

（2）建设工程竣工验收制度

《建筑法》第61条规定："交付竣工验收的建筑工程，必须符合规定的建筑工程质量标准，有完整的工程技术经济资料和经签署的工程保修书，并具备国家规定的其他竣工条件。建筑工程竣工经验收合格后，方可交付使用；未经验收或者验收不合格的，不得交付使用。"

建设工程项目的竣工验收，指在建筑工程已按照设计要求完成全部施工任务，准备交付给建设单位投入使用时，由建设单位或有关主管部门依照国家关于建筑工程竣工验收制度的规定，对该项工程是否符合设计要求和工程质量标准所进行的检查、考核工作。工程项目的竣工验收是施工全过程的最后一道工序，也是工程项目管理的最后一项工作。它是建设投资成果转入生产或使用的标志，也是全面考核投资效益、检验设计和施工质量的重要环节。认真做好工程项目的竣工验收工作，对保证工程项目的质量具有重要意义。

（3）建设工程质量保修制度

建设工程质量保修制度，是指建设工程竣工经验收后，在规定的保修期限内，因勘察、设计、施工、材料等原因造成的质量缺陷，应当由施工承包单位负责维修、返工或更换，由责任单位负责赔偿损失的法律制度。建设工程质量保修制度对于促进建设各方加强质量管理，保护用户及消费者的合法权益可起到重要的保障作用。

《建筑法》第 62 条规定："建筑工程实行质量保修制度。"同时，还对质量保修的范围和期限作了规定："建筑工程的保修范围应当包括地基基础工程、主体结构工程、屋面防水工程和其他土建工程，以及电气管线、上下水管线的安装工程，供热、供冷系统工程等项目；保修的期限应当按照保证建筑物合理寿命年限内正常使用，维护使用者合法权益的原则确定。具体的保修范围和最低保修期限由国务院规定。"据此，国务院在《建设工程质量管理条例》中作了明确规定，详见《建设工程质量管理条例》相关内容。

（4）建筑施工企业的质量责任与义务

《建筑法》第 54 条、第 55 条、第 58～62 条规定了建筑施工企业的质量责任与义务。据此，《建设工程质量管理条例》作了进一步细化，详见《建设工程质量管理条例》部分相关内容。

（三）《安全生产法》

《中华人民共和国安全生产法》（以下简称《安全生产法》）由中华人民共和国第九届全国人民代表大会常务委员会第二十八次会议于 2002 年 6 月 29 日通过，自 2002 年 11 月 1 日起施行。

《安全生产法》的立法目的，是为了加强安全生产监督管理，防止和减少生产安全事故，保障人民群众生命和财产安全，促进经济发展。《安全生产法》包括总则、生产经营单位的安全生产保障、从业人员的权利和义务、安全生产的监督管理、生产安全事故的应急救援与调查处理、法律责任、附则 7 章，共 99 条。对生产经营单位的安全生产保障、从业人员的权利和义务、安全生产的监督管理、生产安全事故的应急救援与调查处理四个主要方面做出了规定。

1. 生产经营单位安全生产保障的有关规定

（1）法规相关条文

《安全生产法》关于生产经营单位安全生产保障的条文是第 16～43 条。

（2）组织保障措施

1）建立安全生产管理机构

《安全生产法》第19条规定：矿山、建筑施工单位和危险物品的生产、经营、储存单位，应当设置安全生产管理机构或者配备专职安全生产管理人员。

2）明确岗位责任

① 生产经营单位的主要负责人的职责

《安全生产法》第17条规定：生产经营单位的主要负责人对本单位安全生产工作负有下列职责：

A. 建立、健全本单位安全生产责任制；

B. 组织制定本单位安全生产规章制度和操作规程；

C. 保证本单位安全生产投入的有效实施；

D. 督促、检查本单位的安全生产工作，及时消除生产安全事故隐患；

E. 组织制定并实施本单位的生产安全事故应急救援预案；

F. 及时、如实报告生产安全事故。

同时，第42条规定：生产经营单位发生重大生产安全事故时，单位的主要负责人应当立即组织抢救，并不得在事故调查处理期间擅离职守。

② 生产经营单位的安全生产管理人员的职责

《安全生产法》第38条规定：生产经营单位的安全生产管理人员应当根据本单位的生产经营特点，对安全生产状况进行经常性检查；对检查中发现的安全问题，应当立即处理；不能处理的，应当及时报告本单位有关负责人。检查及处理情况应当记录在案。

③ 对安全设施、设备的质量负责的岗位

A. 对安全设施的设计质量负责的岗位

《安全生产法》第26条规定：建设项目安全设施的设计人、设计单位应当对安全设施设计负责。

矿山建设项目和用于生产、储存危险物品的建设项目的安全设施设计应当按照国家有关规定报经有关部门审查，审查部门及其负责审查的人员对审查结果负责。

B. 对安全设施的施工负责的岗位

《安全生产法》第27条规定：矿山建设项目和用于生产、储存危险物品的建设项目的施工单位必须按照批准的安全设施设计施工，并对安全设施的工程质量负责。

C. 对安全设施的竣工验收负责的岗位

《安全生产法》第27条规定：矿山建设项目和用于生产、储存危险物品的建设项目竣工投入生产或者使用前，必须依照有关法律、行政法规的规定对安全设施进行验收；验收合格后，方可投入生产和使用。验收部门及其验收人员对验收结果负责。

D. 对安全设备质量负责的岗位

《安全生产法》第30条规定：生产经营单位使用的涉及生命安全、危险性较大的特种设备，以及危险物品的容器、运输工具，必须按照国家有关规定，由专业生产单位生产，并经取得专业资质的检测、检验机构检测、检验合格，取得安全使用证或者安全标志，方可投入使用。检测、检验机构对检测、检验结果负责。

涉及生命安全、危险性较大的特种设备的目录由国务院负责特种设备安全监督管理的部门制定，报国务院批准后执行。

（3）管理保障措施

1）人力资源管理

① 对主要负责人和安全生产管理人员的管理

《安全生产法》第20条规定：生产经营单位的主要负责人和安全生产管理人员必须具备与本单位所从事的生产经营活动相应的安全生产知识和管理能力。

危险物品的生产、经营、储存单位以及矿山、建筑施工单位的主要负责人和安全生产管理人员，应当由有关主管部门对其安全生产知识和管理能力考核合格后方可任职。考核不得收费。

② 对一般从业人员的管理

《安全生产法》第21条规定：生产经营单位应当对从业人员进行安全生产教育和培训，保证从业人员具备必要的安全生产知识，熟悉有关的安全生产规章制度和安全操作规程，掌握本岗位的安全操作技能。未经安全生产教育和培训合格的从业人员，不得上岗作业。

③ 对特种作业人员的管理

《安全生产法》第23条规定：生产经营单位的特种作业人员必须按照国家有关规定经专门的安全作业培训，取得特种作业操作资格证书，方可上岗作业。

2）物质资源管理

① 设备的日常管理

《安全生产法》第28条规定：生产经营单位应当在有较大危险因素的生产经营场所和有关设施、设备上，设置明显的安全警示标志。

《安全生产法》第29条规定：安全设备的设计、制造、安装、使用、检测、维修、改造和报废，应当符合国家标准或者行业标准。

生产经营单位必须对安全设备进行经常性维护、保养，并定期检测，保证正常运转。维护、保养、检测应当做好记录，并由有关人员签字。

② 设备的淘汰制度

《安全生产法》第31条规定：国家对严重危及生产安全的工艺、设备实行淘汰制度。生产经营单位不得使用国家明令淘汰、禁止使用的危及生产安全的工艺、设备。

③ 生产经营项目、场所、设备的转让管理

《安全生产法》第41条规定：生产经营单位不得将生产经营项目、场所、设备发包或者出租给不具备安全生产条件或者相应资质的单位或者个人。

④ 生产经营项目、场所的协调管理

《安全生产法》第41条规定：生产经营项目、场所有多个承包单位、承租单位的，生产经营单位应当与承包单位、承租单位签订专门的安全生产管理协议，或者在承包合同、租赁合同中约定各自的安全生产管理职责；生产经营单位对承包单位、承租单位的安全生产工作统一协调、管理。

（4）经济保障措施

1）保证安全生产所必需的资金

《安全生产法》第18条规定：生产经营单位应当具备的安全生产条件所必需的资金投入，由生产经营单位的决策机构、主要负责人或者个人经营的投资人予以保证，并对由于安全生产所必需的资金投入不足导致的后果承担责任。

2）保证安全设施所需要的资金

《安全生产法》第24条规定：生产经营单位新建、改建、扩建工程项目（以下统称建设项目）的安全设施，必须与主体工程同时设计、同时施工、同时投入生产和使用。安全设施投资应当纳入建设项目概算。

3）保证劳动防护用品、安全生产培训所需要的资金

《安全生产法》第37条规定：生产经营单位必须为从业人员提供符合国家标准或者行业标准的劳动防护用品，并监督、教育从业人员按照使用规则佩戴、使用。

《安全生产法》第39条规定：生产经营单位应当安排用于配备劳动防护用品、进行安全生产培训的经费。

4）保证工伤社会保险所需要的资金

《安全生产法》第43条规定：生产经营单位必须依法参加工伤社会保险，为从业人员缴纳保险费。

（5）技术保障措施

1）对新工艺、新技术、新材料或者使用新设备的管理

《安全生产法》第22条规定：生产经营单位采用新工艺、新技术、新材料或者使用新设备，必须了解、掌握其安全技术特性，采取有效的安全防护措施，并对从业人员进行专门的安全生产教育和培训。

2）对安全条件论证和安全评价的管理

《安全生产法》第25条规定：矿山建设项目和用于生产、储存危险物品的建设项目，应当分别按照国家有关规定进行安全条件论证和安全评价。

3）对废弃危险物品的管理

《安全生产法》第32条规定：生产、经营、运输、储存、使用危险物品或者处置废弃危险物品的，由有关主管部门依照有关法律、法规的规定和国家标准或者行业标准审批并实施监督管理。

生产经营单位生产、经营、运输、储存、使用危险物品或者处置废弃危险物品，必须执行有关法律、法规和国家标准或者行业标准，建立专门的安全管理制度，采取可靠的安全措施，接受有关主管部门依法实施的监督管理。

4）对重大危险源的管理

《安全生产法》第33条规定：生产经营单位对重大危险源应当登记建档，进行定期检测、评估、监控，并制定应急预案，告知从业人员和相关人员在紧急情况下应当采取的应急措施。

生产经营单位应当按照国家有关规定将本单位重大危险源及有关安全措施、应急措施报有关地方人民政府负责安全生产监督管理的部门和有关部门备案。

5）对员工宿舍的管理

《安全生产法》第 34 条规定：生产、经营、储存、使用危险物品的车间、商店、仓库不得与员工宿舍在同一座建筑物内，并应当与员工宿舍保持安全距离。

生产经营场所和员工宿舍应当设有符合紧急疏散要求、标志明显、保持畅通的出口。禁止封闭、堵塞生产经营场所或者员工宿舍的出口。

6）对危险作业的管理

《安全生产法》第 35 条规定：生产经营单位进行爆破、吊装等危险作业，应当安排专门人员进行现场安全管理，确保操作规程的遵守和安全措施的落实。

7）对安全生产操作规程的管理

《安全生产法》第 36 条规定：生产经营单位应当教育和督促从业人员严格执行本单位的安全生产规章制度和安全操作规程；并向从业人员如实告知作业场所和工作岗位存在的危险因素、防范措施以及事故应急措施。

8）对施工现场的管理

《安全生产法》第 40 条规定：两个以上生产经营单位在同一作业区域内进行生产经营活动，可能危及对方生产安全的，应当签订安全生产管理协议，明确各自的安全生产管理职责和应当采取的安全措施，并指定专职安全生产管理人员进行安全检查与协调。

2. 从业人员的权利和义务的有关规定

（1）法规相关条文

《安全生产法》关于从业人员的权利和义务的条文是第 21 条、第 37 条、第 44～51 条。

（2）安全生产中从业人员的权利

生产经营单位的从业人员，是指该单位从事生产经营活动各项工作的所有人员，包括管理人员、技术人员和各岗位的工人，也包括生产经营单位临时聘用的人员。

生产经营单位的从业人员依法享有以下权利：

1）知情权。《安全生产法》第 45 条规定：从业人员享有了解其作业场所和工作岗位存在的危险因素、防范措施及事故应急措施的权利，以及对本单位的安全生产工作提出建议的权利。

2）批评权和检举、控告权。《安全生产法》第 46 条规定：从业人员享有对本单位安全生产工作中存在的问题提出批评、检举、控告的权利。

3）拒绝权。《安全生产法》第 46 条规定：从业人员享有拒绝违章指挥和强令冒险作业的权利。生产经营单位不得因从业人员对本单位安全生产工作提出批评、检举、控告或者拒绝违章指挥、强令冒险作业而降低其工资、福利等待遇或者解除与其订立的劳动合同。

4）紧急避险权。《安全生产法》第 47 条规定：从业人员发现直接危及人身安全的紧急情况时，有权停止作业或者在采取可能的应急措施后撤离作业场所。生产经营单位不得因此而降低其工资、福利等待遇或者解除与其订立的劳动合同。

5）请求赔偿权。《安全生产法》第 48 条规定：因生产安全事故受到损害的从业人员，除依法享有工伤社会保险外，依照有关民事法律尚有获得赔偿的权利的，有权向本单位提出赔偿要求。

《安全生产法》第 44 条规定：生产经营单位与从业人员订立的劳动合同，应当载明依法为从业人员办理工伤社会保险的事项。

第 44 条还规定：生产经营单位不得以任何形式与从业人员订立协议，免除或者减轻其对从业人员因生产安全事故伤亡依法应承担的责任。

6）获得劳动防护用品的权利。《安全生产法》第 37 条规定，生产经营单位必须为从业人员提供符合国家标准或者行业标准的劳动防护用品，并监督、教育从业人员按照使用规则佩戴、使用。

7）获得安全生产教育和培训的权利。《安全生产法》第 21 条规定：生产经营单位应当对从业人员进行安全生产教育和培训，保证从业人员具备必要的安全生产知识，熟悉有关的安全生产规章制度和安全操作规程，掌握本岗位的安全操作技能。

（3）安全生产中从业人员的义务

1）自律遵规的义务。《安全生产法》第 49 条规定：从业人员在作业过程中，应当严格遵守本单位的安全生产规章制度和操作规程，服从管理，正确佩戴和使用劳动防护用品。

2）自觉学习安全生产知识的义务。《安全生产法》第 50 条规定：从业人员应当接受安全生产教育和培训，掌握本职工作所需的安全生产知识，提高安全生产技能，增强事故预防和应急处理能力。

3）危险报告义务。《安全生产法》第 51 条规定：从业人员发现事故隐患或者其他不安全因素，应当立即向现场安全生产管理人员或者本单位负责人报告；接到报告的人员应当及时予以处理。

3. 安全生产监督管理的有关规定

（1）法规相关条文

《安全生产法》关于安全生产监督管理的条文是第 53～67 条。

（2）安全生产监督管理部门

根据《安全生产法》第 9 条和《建设工程安全生产管理条例》有关规定：国务院负责安全生产监督管理的部门对全国安全生产工作实施综合监督管理。国务院建设行政主管部门对全国建设工程安全生产实施监督管理。国务院铁路、交通、水利等有关部门按照国务院的职责分工，负责有关专业建设工程安全生产的监督管理。

（3）安全生产监督管理措施

《安全生产法》第 54 条规定：对安全生产负有监督管理职责的部门（以下统称负有安全生产监督管理职责的部门）依照有关法律、法规的规定，对涉及安全生产的事项需要审查批准（包括批准、核准、许可、注册、认证、颁发证照等，下同）或者验收的，必须严格依照有关法律、法规和国家标准或者行业标准规定的安全生产条件和程序进行审查；不符合有关法律、法规和国家标准或者行业标准规定的安全生产条件的，不得批准或者验收通过。对未依法取得批准或者验收合格的单位擅自从事有关活动的，负责行政审批的部门发现或者接到举报后应当立即予以取缔，并依法予以处理。对已经依法取得批准的单位，负责行政审批的部门发现其不再具备安全生产条件的，应当撤销原批准。

（4）安全生产监督管理部门的职权

《安全生产法》第56条规定：负有安全生产监督管理职责的部门依法对生产经营单位执行有关安全生产的法律、法规和国家标准或者行业标准的情况进行监督检查，行使以下职权：

1）进入生产经营单位进行检查，调阅有关资料，向有关单位和人员了解情况。

2）对检查中发现的安全生产违法行为，当场予以纠正或者要求限期改正；对依法应当给予行政处罚的行为，依照本法和其他有关法律、行政法规的规定作出行政处罚决定。

3）对检查中发现的事故隐患，应当责令立即排除；重大事故隐患排除前或者排除过程中无法保证安全的，应当责令从危险区域内撤出作业人员，责令暂时停产停业或者停止使用；重大事故隐患排除后，经审查同意，方可恢复生产经营和使用。

4）对有根据认为不符合保障安全生产的国家标准或者行业标准的设施、设备、器材予以查封或者扣押，并应当在15日内依法作出处理决定。

监督检查不得影响被检查单位的正常生产经营活动。

（5）安全生产监督检查人员的义务

《安全生产法》第58条规定了安全生产监督检查人员的义务：

1）应当忠于职守，坚持原则，秉公执法；

2）执行监督检查任务时，必须出示有效的监督执法证件；

3）对涉及被检查单位的技术秘密和业务秘密，应当为其保密。

4. 安全事故应急救援与调查处理的规定

（1）法规相关条文

《安全生产法》关于生产安全事故的应急救援与调查处理的条文是第68～76条。

（2）生产安全事故的等级划分标准

国务院《生产安全事故报告和调查处理条例》规定：根据生产安全事故（以下简称事故）造成的人员伤亡或者直接经济损失，事故一般分为以下等级：

1）特别重大事故，是指造成30人及以上死亡，或者100人及以上重伤（包括急性工业中毒，下同），或者1亿元及以上直接经济损失的事故；

2）重大事故，是指造成10人及以上30人以下死亡，或者50人及以上100人以下重伤，或者5000万元及以上1亿元以下直接经济损失的事故；

3）较大事故，是指造成3人及以上10人以下死亡，或者10人及以上50人以下重伤，或者1000万元及以上5000万元以下直接经济损失的事故；

4）一般事故，是指造成3人以下死亡，或者10人以下重伤，或者1000万元以下直接经济损失的事故。

（3）施工生产安全事故报告

《安全生产法》第70～72条规定：生产经营单位发生生产安全事故后，事故现场有关人员应当立即报告本单位负责人。单位负责人接到事故报告后，应当按照国家有关规定立即如实报告当地负有安全生产监督管理职责的部门。负有安全生产监督管理职责的部门接到事故报告后，应当立即按照国家有关规定上报事故情况。

《建设工程安全生产管理条例》进一步规定：施工单位发生生产安全事故，应当按照国家有关伤亡事故报告和调查处理的规定，及时、如实地向负责安全生产监督管理的部门、建设行政主管部门或者其他有关部门报告；特种设备发生事故的，还应当同时向特种设备安全监督管理部门报告。实行施工总承包的建设工程，由总承包单位负责上报事故。

（4）应急抢救工作

《安全生产法》第70条规定：单位负责人接到事故报告后，应当迅速采取有效措施，组织抢救，防止事故扩大，减少人员伤亡和财产损失。第72条规定：有关地方人民政府和负有安全生产监督管理职责的部门负责人接到重大生产安全事故报告后，应当立即赶到事故现场，组织事故抢救。

（5）事故的调查

《安全生产法》第73条规定：事故调查处理应当按照实事求是、尊重科学的原则，及时、准确地查清事故原因，查明事故性质和责任，总结事故教训，提出整改措施，并对事故责任者提出处理意见。

《生产安全事故报告和调查处理条例》规定了事故调查的管辖。特别重大事故由国务院或者国务院授权有关部门组织事故调查组进行调查。重大事故、较大事故、一般事故分别由事故发生地省级人民政府、设区的市级人民政府、县级人民政府负责调查。省级人民政府、设区的市级人民政府、县级人民政府可以直接组织事故调查组进行调查，也可以授权或者委托有关部门组织事故调查组进行调查。未造成人员伤亡的一般事故，县级人民政府也可以委托事故发生单位组织事故调查组进行调查。上级人民政府认为必要时，可以调查由下级人民政府负责调查的事故。特别重大事故以下等级事故，事故发生地与事故发生单位不在同一个县级以上行政区域的，由事故发生地人民政府负责调查，事故发生单位所在地人民政府应当派人参加。

（四）《建设工程安全生产管理条例》、《建设工程质量管理条例》

《建设工程安全生产管理条例》（以下简称《安全生产管理条例》）于2003年11月12日国务院第28次常务会议通过，自2004年2月1日起施行。《安全生产管理条例》包括总则，建设单位的安全责任，勘察、设计、工程监理及其他有关单位的安全责任，施工单位的安全责任，监督管理，生产安全事故的应急救援和调查处理，法律责任，附则8章，共71条。

《安全生产管理条例》的立法目的，是为了加强建设工程安全生产监督管理，保障人民群众生命和财产安全。

《建设工程质量管理条例》（以下简称《质量管理条例》）于2000年1月10日国务院第25次常务会议通过，自2000年1月30日起施行。《质量管理条例》包括总则、建设单位的质量责任和义务、勘察、设计单位的质量责任和义务、施工单位的质量责任和义务、工程监理单位的质量责任和义务、建设工程质量保修、监督管理、罚则、附则 9 章，共 82 条。

《质量管理条例》的立法目的，是为了加强对建设工程质量的管理，保证建设工程质量，保护人民生命和财产安全。

1. 《安全生产管理条例》关于施工单位的安全责任的有关规定

（1）法规相关条文

《安全生产管理条例》关于施工单位的安全责任的条文是第 20~38 条。

（2）施工单位的安全责任

1）有关人员的安全责任

① 施工单位主要负责人

施工单位主要负责人不仅仅指法定代表人，而是指对施工单位全面负责、有生产经营决策权的人。

《安全生产管理条例》第 21 条规定：施工单位主要负责人依法对本单位的安全生产工作全面负责。具体包括：

A. 建立健全安全生产责任制度和安全生产教育培训制度；

B. 制定安全生产规章制度和操作规程；

C. 保证本单位安全生产条件所需资金的投入；

D. 对所承建的建设工程进行定期和专项安全检查，并做好安全检查记录。

② 施工单位的项目负责人

项目负责人主要指项目负责人（经理），在工程项目中处于中心地位。《安全生产管理条例》第 21 条规定，施工单位的主要负责人对本单位的安全生产工作全面负责。鉴于项目负责人对安全生产的重要作用，该条同时规定：施工单位的项目负责人应当由取得相应执业资格的人员担任。这里，"相应执业资格"目前指建造师执业资格。

根据《安全生产管理条例》第 21 条，项目负责人的安全责任主要包括：

A. 落实安全生产责任制度、安全生产规章制度和操作规程；

B. 确保安全生产费用的有效使用；

C. 根据工程的特点组织制定安全施工措施，消除安全事故隐患；

D. 及时、如实报告生产安全事故。

③ 专职安全生产管理人员

《安全生产管理条例》第 23 条规定：施工单位应当设立安全生产管理机构，配备专职安全生产管理人员。

专职安全生产管理人员负责对安全生产进行现场监督检查。发现安全事故隐患，应当及时向项目负责人和安全生产管理机构报告；对于违章指挥、违章操作的，应当立即制止。

专职安全生产管理人员是指经建设主管部门或者其他有关部门安全生产考核合格，并取得安全生产考核合格证书在企业从事安全生产管理工作的专职人员，包括施工单位安全生产管理机构的负责人及其工作人员和施工现场专职安全生产管理人员。

2）总承包单位和分包单位的安全责任

《安全生产管理条例》第 24 条规定：建设工程实行施工总承包的，由总承包单位对施工现场的安全生产负总责。为了防止违法分包和转包等违法行为的发生，真正落实施工总承包单位的安全责任，该条进一步规定：总承包单位应当自行完成建设工程主体结构的施工。总承包单位依法将建设工程分包给其他单位的，分包合同中应当明确各自的安全生产方面的权利、义务。总承包单位和分包单位对分包工程的安全生产承担连带责任。

但是，总承包单位与分包单位在安全生产方面的责任也不是固定不变的，需要视具体情况确定。《安全生产管理条例》第 24 条还规定：分包单位应当服从总承包单位的安全生产管理，分包单位不服从管理导致生产安全事故的，由分包单位承担主要责任。

3）安全生产教育培训

① 管理人员的考核

《安全生产管理条例》第 36 条规定：施工单位的主要负责人、项目负责人、专职安全生产管理人员应当经建设行政主管部门或者其他有关部门考核合格后方可任职。

② 作业人员的安全生产教育培训

A. 日常培训

《安全生产管理条例》第 36 条规定：施工单位应当对管理人员和作业人员每年至少进行一次安全生产教育培训，其教育培训情况记入个人工作档案。安全生产教育培训考核不合格的人员，不得上岗。

B. 新岗位培训

《安全生产管理条例》第 37 条规定：作业人员进入新的岗位或者新的施工现场前，应当接受安全生产教育培训。未经教育培训或者教育培训考核不合格的人员，不得上岗作业。施工单位在采用新技术、新工艺、新设备、新材料时，应当对作业人员进行相应的安全生产教育培训。

③ 特种作业人员的专门培训

《安全生产管理条例》第 25 条规定：垂直运输机械作业人员、安装拆卸工、爆破作业人员、起重信号工、登高架设作业人员等特种作业人员，必须按照国家有关规定经过专门的安全作业培训，并取得特种作业操作资格证书后，方可上岗作业。

4）施工单位应采取的安全措施

① 编制安全技术措施、施工现场临时用电方案和专项施工方案

《安全生产管理条例》第 26 条规定：施工单位应当在施工组织设计中编制安全技术措施和施工现场临时用电方案，对下列达到一定规模的危险性较大的分部分项工程编制专项施工方案，并附具安全验算结果，经施工单位技术负责人、总监理工程师签字后实施，由专职安全生产管理人员进行现场监督：

A. 基坑支护与降水工程；

B. 土方开挖工程；

C. 模板工程；

D. 起重吊装工程；

E. 脚手架工程；

F. 拆除、爆破工程；

G. 国务院建设行政主管部门或者其他有关部门规定的其他危险性较大的工程。

② 安全施工技术交底

施工前的安全施工技术交底的目的就是让所有的安全生产从业人员都对安全生产有所了解，最大限度避免安全事故的发生。

《安全生产管理条例》第 27 条规定，建设工程施工前，施工单位负责项目管理的技术人员应当对有关安全施工的技术要求向施工作业班组、作业人员作出详细说明，并由双方签字确认。

③ 施工现场安全警示标志的设置

《安全生产管理条例》第 28 条规定：施工单位应当在施工现场入口处、施工起重机械、临时用电设施、脚手架、出入通道口、楼梯口、电梯井口、孔洞口、桥梁口、隧道口、基坑边沿、爆破物及有害危险气体和液体存放处等危险部位，设置明显的安全警示标志。安全警示标志必须符合国家标准。

④ 施工现场的安全防护

《安全生产管理条例》第 28 条规定：施工单位应当根据不同施工阶段和周围环境及季节、气候的变化，在施工现场采取相应的安全施工措施。施工现场暂时停止施工的，施工单位应当做好现场防护，所需费用由责任方承担，或者按照合同约定执行。

⑤ 施工现场的布置应当符合安全和文明施工要求

《安全生产管理条例》第 29 条规定：施工单位应当将施工现场的办公、生活区与作业区分开设置，并保持安全距离；办公、生活区的选址应当符合安全性要求。职工的膳食、饮水、休息场所等应当符合卫生标准。施工单位不得在尚未竣工的建筑物内设置员工集体宿舍。

施工现场临时搭建的建筑物应当符合安全使用要求。施工现场使用的装配式活动房屋应当具有产品合格证。临时建筑物一般包括施工现场的办公用房、宿舍、食堂、仓库、卫生间等。

⑥ 对周边环境采取防护措施

《安全生产管理条例》第 30 条规定：施工单位对因建设工程施工可能造成损害的毗邻建筑物、构筑物和地下管线等，应当采取专项防护措施。施工单位应当遵守有关环境保护法律、法规的规定，在施工现场采取措施，防止或者减少粉尘、废气、废水、固体废物、噪声、振动和施工照明对人和环境的危害和污染。在城市市区内的建设工程，施工单位应当对施工现场实行封闭围挡。

⑦ 施工现场的消防安全措施

《安全生产管理条例》第 31 条规定：施工单位应当在施工现场建立消防安全责任制度，确定消防安全责任人，制定用火、用电、使用易燃易爆材料等各项消防安全管理制度和操作规程，设置消防通道、消防水源，配备消防设施和灭火器材，并在施工现场入口处设置明显标志。

⑧ 安全防护设备管理

《安全生产管理条例》第 33 条规定：作业人员应当遵守安全施工的强制性标准、规章制度和操作规程，正确使用安全防护用具、机械设备等。

《安全生产管理条例》第 34 条规定：

A. 施工单位采购、租赁的安全防护用具、机械设备、施工机具及配件，应当具有生产（制造）许可证、产品合格证，并在进入施工现场前进行查验；

B. 施工现场的安全防护用具、机械设备、施工机具及配件必须由专人管理，定期进行检查、维修和保养，建立相应的资料档案，并按照国家有关规定及时报废。

⑨ 起重机械设备管理

《安全生产管理条例》第 35 条对起重机械设备管理作了如下规定：

A. 施工单位在使用施工起重机械和整体提升脚手架、模板等自升式架设设施前，应当组织有关单位进行验收，也可以委托具有相应资质的检验检测机构进行验收；使用承租的机械设备和施工机具及配件的，由施工总承包单位、分包单位、出租单位和安装单位共同进行验收。验收合格的方可使用。

B. 《特种设备安全监察条例》规定的施工起重机械，在验收前应当经有相应资质的检验检测机构监督检验合格。这里"作为特种设备的施工起重机械"是指"涉及生命安全、危险性较大的"起重机械。

C. 施工单位应当自施工起重机械和整体提升脚手架、模板等自升式架设设施验收合格之日起 30 日内，向建设行政主管部门或者其他有关部门登记。登记标志应当置于或者附着于该设备的显著位置。

⑩ 办理意外伤害保险

《安全生产管理条例》第 38 条规定：施工单位应当为施工现场从事危险作业的人员办理意外伤害保险。同时还规定，意外伤害保险费由施工单位支付。实行施工总承包的，由总承包单位支付意外伤害保险费❶。意外伤害保险期限自建设工程开工之日起至竣工验收合格止。

2. 《质量管理条例》关于施工单位的质量责任和义务的有关规定

（1）法规相关条文

《质量管理条例》关于施工单位的质量责任和义务的条文是第 25～33 条。

（2）施工单位的质量责任和义务

1）依法承揽工程

《质量管理条例》第 25 条规定：施工单位应当依法取得相应等级的资质证书，并在其资质等级许可的范围内承揽工程。

禁止施工单位超越本单位资质等级许可的业务范围或者以其他施工单位的名义承揽工程。禁止施工单位允许其他单位或者个人以本单位的名义承揽工程。施工单位不得转包或者违法分包工程。

2）建立质量保证体系

《质量管理条例》第 26 条规定：施工单位对建设工程的施工质量负责。施工单位应当

---

❶　2011 年 4 月通过的《建筑法》将第 48 条修改为"……。鼓励企业为从事危险作业的职工办理意外伤害保险，支付保险费。"

建立质量责任制，确定工程项目的项目经理、技术负责人和施工管理负责人。

建设工程实行总承包的，总承包单位应当对全部建设工程质量负责；建设工程勘察、设计、施工、设备采购的一项或者多项实行总承包的，总承包单位应当对其承包的建设工程或者采购的设备的质量负责。

《质量管理条例》第 27 条规定：总承包单位依法将建设工程分包给其他单位的，分包单位应当按照分包合同的约定对其分包工程的质量向总承包单位负责，总承包单位与分包单位对分包工程的质量承担连带责任。

3）按图施工

《质量管理条例》第 28 条规定：施工单位必须按照工程设计图纸和施工技术标准施工，不得擅自修改工程设计，不得偷工减料。但是，施工单位在施工过程中发现设计文件和图纸有差错的，应当及时提出意见和建议。

4）对建筑材料、构配件和设备进行检验的责任

《质量管理条例》第 29 条规定：施工单位必须按照工程设计要求、施工技术标准和合同约定，对建筑材料、建筑构配件、设备和商品混凝土进行检验，检验应当有书面记录和专人签字；未经检验或者检验不合格的，不得使用。

5）对施工质量进行检验的责任

《质量管理条例》第 30 条规定：施工单位必须建立、健全施工质量的检验制度，严格工序管理，做好隐蔽工程的质量检查和记录。隐蔽工程在隐蔽前，施工单位应当通知建设单位和建设工程质量监督机构。

6）见证取样

在工程施工过程中，为了控制工程施工质量，需要依据有关技术标准和规定的方法，对用于工程的材料和构件抽取一定数量的样品进行检测，并根据检测结果判断其所代表部位的质量。《质量管理条例》第 31 条规定：施工人员对涉及结构安全的试块、试件以及有关材料，应当在建设单位或者工程监理单位监督下现场取样，并送具有相应资质等级的质量检测单位进行检测。

7）保修

《质量管理条例》第 32 条规定：施工单位对施工中出现质量问题的建设工程或者竣工验收不合格的建设工程，应当负责返修。

在建设工程竣工验收合格前，施工单位应对质量问题履行返修义务；建设工程竣工验收合格后，施工单位应对保修期内出现的质量问题履行保修义务。《合同法》第 281 条对施工单位的返修义务也有相应规定：因施工人原因致使建设工程质量不符合约定的，发包人有权要求施工人在合理期限内无偿修理或者返工、改建。经过修理或者返工、改建后，造成逾期交付的，施工人应当承担违约责任。返修包括修理和返工。

（五）《劳动法》、《劳动合同法》

《中华人民共和国劳动法》（以下简称《劳动法》）于 1994 年 7 月 5 日第八届全国人民代表大会常务委员会第八次会议通过，自 1995 年 1 月 1 日起施行。

《劳动法》分为总则、促进就业、劳动合同和集体合同、工作时间和休息休假、工资、劳动安全卫生、女职工和未成年工特殊保护、职业培训、社会保险和福利、劳动争议、监督检查、法律责任、附则13章，共107条。

《劳动法》的立法目的，是为了保护劳动者的合法权益，调整劳动关系，建立和维护适应社会主义市场经济的劳动制度，促进经济发展和社会进步。

《中华人民共和国劳动合同法》（以下简称《劳动合同法》）于2007年6月29日第十届全国人民代表大会常务委员会第二十八次会议通过，自2008年1月1日起施行。2012年12月28日第十一届全国人民代表大会常务委员会第三十次会议通过了《全国人民代表大会常务委员会关于修改〈中华人民共和国劳动合同法〉的决定》，修订后的《劳动合同法》自2013年7月1日起施行。《劳动合同法》包括总则、劳动合同的订立、劳动合同的履行和变更、劳动合同的解除和终止、特别规定、监督检查、法律责任、附则8章，共98条。

《劳动合同法》的立法目的，是为了完善劳动合同制度，明确劳动合同双方当事人的权利和义务，保护劳动者的合法权益，构建和发展和谐稳定的劳动关系。

《劳动合同法》在《劳动法》的基础上，对劳动合同的订立、履行、终止等内容做出了更为详尽的规定。

1. 《劳动法》、《劳动合同法》关于劳动合同的有关规定

（1）法规相关条文

《劳动法》关于劳动合同的条文是第16~32条。

《劳动合同法》关于劳动合同的条文是第7~50条。

（2）劳动合同的概念

劳动合同是劳动者与用人单位确立劳动关系、明确双方权利和义务的协议。这里的劳动关系，是指劳动者与用人单位（包括各类企业、个体工商户、事业单位等）在实现劳动过程中建立的社会经济关系。

（3）劳动合同的订立

1）劳动合同当事人

《劳动法》第16条规定，劳动合同的当事人为用人单位和劳动者。

《中华人民共和国劳动合同法实施条例》进一步规定，劳动合同法规定的用人单位设立的分支机构，依法取得营业执照或者登记证书的，可以作为用人单位与劳动者订立劳动合同；未依法取得营业执照或者登记证书的，受用人单位委托可以与劳动者订立劳动合同。

2）劳动合同的类型

劳动合同分为以下三种类型：一是固定期限劳动合同，即用人单位与劳动者约定合同终止时间的劳动合同；二是以完成一定工作任务为期限的劳动合同，即用人单位与劳动者约定以某项工作的完成为合同期限的劳动合同；三是无固定期限劳动合同，即用人单位与劳动者约定无明确终止时间的劳动合同。

有下列情形之一，劳动者提出或者同意续订、订立劳动合同的，除劳动者提出订立固定期限劳动合同外，应当订立无固定期限劳动合同：

① 劳动者在该用人单位连续工作满10年的；

② 用人单位初次实行劳动合同制度或者国有企业改制重新订立劳动合同时，劳动者在该用人单位连续工作满 10 年且距法定退休年龄不足 10 年的；

③ 连续订立两次固定期限劳动合同，且劳动者没有《劳动合同法》第 39 条（即用人单位可以解除劳动合同的条件）和第 40 条第 1 项、第 2 项规定（即劳动者患病或者非因工负伤，在规定的医疗期满后不能从事原工作，也不能从事由用人单位另行安排的工作的；劳动者不能胜任工作，经过培训或者调整工作岗位，仍不能胜任工作的）的情形，续订劳动合同的。

若劳动者依据此处的规定提出订立无固定期限劳动合同的，用人单位应当与其订立无固定期限劳动合同。对劳动合同的内容，双方应当按照合法、公平、平等自愿、协商一致、诚实信用的原则协商确定。

劳动者非因本人原因从原用人单位被安排到新用人单位工作的，劳动者在原用人单位的工作年限合并计算为新用人单位的工作年限。原用人单位已经向劳动者支付经济补偿的，新用人单位在依法解除、终止劳动合同计算支付经济补偿的工作年限时，不再计算劳动者在原用人单位的工作年限。

3）订立劳动合同的时间限制

《劳动合同法》第 19 条规定：建立劳动关系，应当订立书面劳动合同。已建立劳动关系，未同时订立书面劳动合同的，应当自用工之日起一个月内订立书面劳动合同。

因劳动者的原因未能订立劳动合同的，自用工之日起一个月内，经用人单位书面通知后，劳动者不与用人单位订立书面劳动合同的，用人单位应当书面通知劳动者终止劳动关系，无需向劳动者支付经济补偿，但是应当依法向劳动者支付其实际工作时间的劳动报酬。

因用人单位的原因未能订立劳动合同的，用人单位自用工之日起超过一个月不满一年未与劳动者订立书面劳动合同的，应当依照劳动合同法第 82 条的规定向劳动者每月支付两倍的工资，并与劳动者补订书面劳动合同；劳动者不与用人单位订立书面劳动合同的，用人单位应当书面通知劳动者终止劳动关系，并依照劳动合同法第 47 条的规定支付经济补偿。

4）劳动合同的生效

劳动合同由用人单位与劳动者协商一致，并经用人单位与劳动者在劳动合同文本上签字或者盖章生效。

劳动合同文本由用人单位和劳动者各执一份。

（4）劳动合同的条款

《劳动法》第 19 条规定：劳动合同应当具备以下条款：

1）用人单位的名称、住所和法定代表人或者主要负责人；

2）劳动者的姓名、住址和居民身份证或者其他有效身份证件号码；

3）劳动合同期限；

4）工作内容和工作地点；

5）工作时间和休息休假；

6）劳动报酬；

7）社会保险；

8）劳动保护、劳动条件和职业危害防护；

9）法律、法规规定应当纳入劳动合同的其他事项。

劳动合同除前款规定的必备条款外，用人单位与劳动者可以约定试用期、培训、保守秘密、补充保险和福利待遇等其他事项。

《劳动合同法》第 19 条规定：劳动合同对劳动报酬和劳动条件等标准约定不明确，引发争议的，用人单位与劳动者可以重新协商；协商不成的，适用集体合同规定；没有集体合同或者集体合同未规定劳动报酬的，实行同工同酬；没有集体合同或者集体合同未规定劳动条件等标准的，适用国家有关规定。

（5）试用期

1）试用期的最长时间

《劳动法》第 21 条规定，试用期最长不得超过 6 个月。

《劳动合同法》第 19 条进一步明确：劳动合同期限 3 个月以上未满 1 年的，试用期不得超过 1 个月；劳动合同期限 1 年以上不满 3 年的，试用期不得超过 2 个月；3 年以上固定期限和无固定期限的劳动合同，试用期不得超过 6 个月。

2）试用期的次数限制

《劳动合同法》第 19 条规定：同一用人单位与同一劳动者只能约定一次试用期。

以完成一定工作任务为期限的劳动合同或者劳动合同期限不满 3 个月的，不得约定试用期。

试用期包含在劳动合同期限内。劳动合同仅约定试用期的，试用期不成立，该期限为劳动合同期限。

3）试用期内的最低工资

《劳动合同法》第 20 条规定：劳动者在试用期的工资不得低于本单位相同岗位最低档工资或者劳动合同约定工资的 80％，并不得低于用人单位所在地的最低工资标准。

《中华人民共和国劳动合同法实施条例》对此作进一步明确：劳动者在试用期的工资不得低于本单位相同岗位最低档工资的 80％或者不得低于劳动合同约定工资的 80％，并不得低于用人单位所在地的最低工资标准。

4）试用期内合同解除条件的限制

在试用期中，除劳动者有《劳动合同法》第 39 条（即用人单位可以解除劳动合同的条件）和第 40 条第 1 项、第 2 项（即劳动者患病或者非因工负伤，在规定的医疗期满后不能从事原工作，也不能从事由用人单位另行安排的工作的；劳动者不能胜任工作，经过培训或者调整工作岗位，仍不能胜任工作的）规定的情形外，用人单位不得解除劳动合同。用人单位在试用期解除劳动合同的，应当向劳动者说明理由。

（6）劳动合同的无效

《劳动合同法》第 26 条规定：下列劳动合同无效或者部分无效：

1）以欺诈、胁迫的手段或者乘人之危，使对方在违背真实意思的情况下订立或者变更劳动合同的；

2）用人单位免除自己的法定责任、排除劳动者权利的；

3）违反法律、行政法规强制性规定的。

对劳动合同的无效或者部分无效有争议的，由劳动争议仲裁机构或者人民法院确认。

劳动合同部分无效，不影响其他部分效力的，其他部分仍然有效。

劳动合同被确认无效，劳动者已付出劳动的，用人单位应当向劳动者支付劳动报酬。劳动报酬的数额，参照本单位相同或者相近岗位劳动者的劳动报酬确定。

（7）劳动合同的变更

用人单位变更名称、法定代表人、主要负责人或者投资人等事项，不影响劳动合同的履行。

用人单位发生合并或者分立等情况，原劳动合同继续有效，劳动合同由承继其权利和义务的用人单位继续履行。

用人单位与劳动者协商一致，可以变更劳动合同约定的内容。变更劳动合同，应当采用书面形式。

变更后的劳动合同文本由用人单位和劳动者各执一份。

（8）劳动合同的解除

用人单位与劳动者协商一致，可以解除劳动合同。用人单位向劳动者提出解除劳动合同并与劳动者协商一致解除劳动合同的，用人单位应当向劳动者给予经济补偿。

劳动者提前30日以书面形式通知用人单位，可以解除劳动合同。劳动者在试用期内提前3日通知用人单位，可以解除劳动合同。

1）劳动者解除劳动合同的情形

《劳动合同法》第38条规定：用人单位有下列情形之一的，劳动者可以解除劳动合同，用人单位应当向劳动者支付经济补偿：

① 未按照劳动合同约定提供劳动保护或者劳动条件的；

② 未及时足额支付劳动报酬的；

③ 未依法为劳动者缴纳社会保险费的；

④ 用人单位的规章制度违反法律、法规的规定，损害劳动者权益的；

⑤ 因《劳动合同法》第26条第1款（即：以欺诈、胁迫的手段或者乘人之危，使对方在违背真实意思的情况下订立或者变更劳动合同的）规定的情形致使劳动合同无效的；

⑥ 法律、行政法规规定劳动者可以解除劳动合同的其他情形。

用人单位以暴力、威胁或者非法限制人身自由的手段强迫劳动者劳动的，或者用人单位违章指挥、强令冒险作业危及劳动者人身安全的，劳动者可以立即解除劳动合同，不需事先告知用人单位。

2）用人单位可以解除劳动合同的情形

除用人单位与劳动者协商一致，用人单位可以与劳动者解除合同外，如遇下列情形，用人单位也可以与劳动者解除合同。

① 随时解除

《劳动合同法》第39条规定：劳动者有下列情形之一的，用人单位可以解除劳动合同：

A. 在试用期间被证明不符合录用条件的；

B. 严重违反用人单位的规章制度的；

C. 严重失职，营私舞弊，给用人单位造成重大损害的；

D. 劳动者同时与其他用人单位建立劳动关系，对完成本单位的工作任务造成严重影响，或者经用人单位提出，拒不改正的；

E. 因《劳动合同法》第 26 条第 1 款第 1 项（即：以欺诈、胁迫的手段或者乘人之危，使对方在违背真实意思的情况下订立或者变更劳动合同的）规定的情形致使劳动合同无效的；

F. 被依法追究刑事责任的。

② 预告解除

《劳动合同法》第 40 条规定：有下列情形之一的，用人单位提前 30 日以书面形式通知劳动者本人或者额外支付劳动者 1 个月工资后，可以解除劳动合同，用人单位应当向劳动者支付经济补偿：

A. 劳动者患病或者非因工负伤，在规定的医疗期满后不能从事原工作，也不能从事由用人单位另行安排的工作的；

B. 劳动者不能胜任工作，经过培训或者调整工作岗位，仍不能胜任工作的；

C. 劳动合同订立时所依据的客观情况发生重大变化，致使劳动合同无法履行，经用人单位与劳动者协商，未能就变更劳动合同内容达成协议的。

用人单位依照此规定，选择额外支付劳动者 1 个月工资解除劳动合同的，其额外支付的工资应当按照该劳动者上 1 个月的工资标准确定。

③ 经济性裁员

《劳动合同法》第 41 条规定：有下列情形之一，需要裁减人员 20 人以上或者裁减不足 20 人但占企业职工总数 10％以上的，用人单位提前 30 日向工会或者全体职工说明情况，听取工会或者职工的意见后，裁减人员方案经向劳动行政部门报告，可以裁减人员，用人单位应当向劳动者支付经济补偿：

A. 依照企业破产法规定进行重整的；

B. 生产经营发生严重困难的；

C. 企业转产、重大技术革新或者经营方式调整，经变更劳动合同后，仍需裁减人员的；

D. 其他因劳动合同订立时所依据的客观经济情况发生重大变化，致使劳动合同无法履行的。

④ 用人单位不得解除劳动合同的情形

《劳动合同法》第 42 条规定：劳动者有下列情形之一的，用人单位不得依照本法第 40 条、第 41 条的规定解除劳动合同：

A. 从事接触职业病危害作业的劳动者未进行离岗前职业健康检查，或者疑似职业病病人在诊断或者医学观察期间的；

B. 在本单位患职业病或者因工负伤并被确认丧失或者部分丧失劳动能力的；

C. 患病或者非因工负伤，在规定的医疗期内的；

D. 女职工在孕期、产期、哺乳期的；

E. 在本单位连续工作满 15 年，且距法定退休年龄不足 5 年的；

F. 法律、行政法规规定的其他情形。

（9）劳动合同终止

《劳动合同法》规定：有下列情形之一的，劳动合同终止。用人单位与劳动者不得在劳动合同法规定的劳动合同终止情形之外约定其他的劳动合同终止条件：

1）劳动者达到法定退休年龄的，劳动合同终止；

2）劳动合同期满的，除用人单位维持或者提高劳动合同约定条件续订劳动合同，劳动者不同意续订的情形外，依照本项规定终止固定期限劳动合同的，用人单位应当向劳动者支付经济补偿；

3）劳动者开始依法享受基本养老保险待遇的；

4）劳动者死亡，或者被人民法院宣告死亡或者宣告失踪的；

5）用人单位被依法宣告破产的，依照本项规定终止劳动合同的，用人单位应当向劳动者支付经济补偿；

6）用人单位被吊销营业执照、责令关闭、撤销或者用人单位决定提前解散的，依照本项规定终止劳动合同的，用人单位应当向劳动者支付经济补偿；

7）法律、行政法规规定的其他情形。

2.《劳动法》关于劳动安全卫生的有关规定

（1）法规相关条文

《劳动法》关于劳动安全卫生的条文是第52～57条。

（2）劳动安全卫生

劳动安全卫生又称劳动保护，是指直接保护劳动者在劳动中的安全和健康的法律保护。

根据《劳动法》的有关规定，用人单位和劳动者应当遵守如下有关劳动安全卫生的法律规定：

1）用人单位必须建立、健全劳动安全卫生制度，严格执行国家劳动安全卫生规程和标准，对劳动者进行劳动安全卫生教育，防止劳动过程中的事故，减少职业危害。

2）劳动安全卫生设施必须符合国家规定的标准。

新建、改建、扩建工程的劳动安全卫生设施必须与主体工程同时设计、同时施工、同时投入生产和使用。

3）用人单位必须为劳动者提供符合国家规定的劳动安全卫生条件和必要的劳动防护用品，对从事有职业危害作业的劳动者应当定期进行健康检查。

4）从事特种作业的劳动者必须经过专门培训并取得特种作业资格。

5）劳动者在劳动过程中必须严格遵守安全操作规程。劳动者对用人单位管理人员违章指挥、强令冒险作业，有权拒绝执行；对危害生命安全和身体健康的行为，有权提出批评、检举和控告。

二、市政工程材料

市政工程材料是构成市政工程的所有材料的通称。市政工程材料有很多分类方法，按主要化学成分，可分为无机材料、有机材料和有机与无机复合材料。无机材料工程中应用最多的材料，主要有水泥、砂、石、混凝土、砂浆、砖、钢材等。有机材料主要有沥青、有机高分子防水材料、木材以及制品、各种有机涂料等。有机与无机复合材料是集有机材料与无机材料的优点于一身，主要有浸渍聚合物混凝土或砂浆、覆有有机涂膜的彩钢板、玻璃钢等。

（一）无机胶凝材料

1. 无机胶凝材料的分类及特性

胶凝材料也称为胶结材料，是用来把块状、颗粒状或纤维状材料粘结为整体的材料。无机胶凝材料也称矿物胶凝材料，是胶凝材料的一大类别，其主要成分是无机化合物，如水泥、石膏、石灰等均属无机胶凝材料。

按照硬化条件的不同，无机胶凝材料分为气硬性胶凝材料和水硬性胶凝材料两类。前者如石灰、石膏、水玻璃等，后者如水泥。

气硬性胶凝材料只能在空气中凝结、硬化、保持和发展强度，一般只适用于干燥环境，不宜用于潮湿环境与水中。

水硬性胶凝材料既能在空气中硬化，也能在水中凝结、硬化、保持和发展强度，既适用于干燥环境，又适用于潮湿环境与水中工程。

2. 通用水泥的特性、主要技术性质及应用

水泥是一种加水拌合成塑性浆体，能胶结砂、石等适当材料，并能在空气和水中硬化的粉状水硬性胶凝材料。

水泥的品种很多。按其矿物组成可分为硅酸盐水泥、铝酸盐水泥、硫铝酸盐水泥、氟铝酸盐水泥、铁铝酸盐水泥以及少熟料或无熟料水泥等。按其用途和性能可分为通用水泥、专用水泥以及特性水泥三大类。用于一般土木建筑工程的水泥为通用水泥。适应专门用途的水泥称为专用水泥，如砌筑水泥、道路水泥、油井水泥等。某种性能比较突出的水泥称为特性水泥，如白色硅酸盐水泥、快硬硅酸盐水泥、抗硫酸盐硅酸盐水泥、膨胀水泥等。

（1）通用水泥的特性及应用

通用水泥即通用硅酸盐水泥简称，是以硅酸盐水泥熟料和适量的石膏，以及规定的混

合材料制成的水硬性胶凝材料。通用水泥的品种、特性及应用范围见表 2-1。

通用水泥的特性及适用范围

表 2-1

名称	硅酸盐水泥	普通硅酸盐水泥	矿渣硅酸盐水泥	火山灰质硅酸盐水泥	粉煤灰硅酸盐水泥	复合硅酸盐水泥
主要特性	1. 早期强度高； 2. 水化热高； 3. 抗冻性好； 4. 耐热性差； 5. 耐腐蚀性差； 6. 干缩小； 7. 抗碳化性好	1. 早期强度较高； 2. 水化热较高； 3. 抗冻性较好； 4. 耐热性较差； 5. 耐腐蚀性较差； 6. 干缩性较小； 7. 抗碳化性较好	1. 早期强度低，后期强度高； 2. 水化热较低； 3. 抗冻性较差； 4. 耐热性较好； 5. 耐腐蚀性好； 6. 干缩性较大； 7. 抗碳化性较差； 8. 抗渗性差	1. 早期强度低，后期强度高； 2. 水化热较低； 3. 抗冻性较差； 4. 耐热性较差； 5. 耐腐蚀性好； 6. 干缩性大； 7. 抗碳化性较差； 8. 抗渗性好	1. 早期强度低，后期强度高； 2. 水化热较低； 3. 抗冻性较差； 4. 耐热性较差； 5. 耐腐蚀性好； 6. 干缩性小； 7. 抗碳化性较差； 8. 抗裂性好	1. 早期强度稍低； 2. 其他性能同矿渣水泥
适用范围	1. 高强混凝土及预应力混凝土工程； 2. 早期强度要求高的工程及冬期施工的工程； 3. 严寒地区遭受反复冻融作用的混凝土工程	与硅酸盐水泥基本相同	1. 大体积混凝土工程； 2. 高温车间和有耐热要求的混凝土结构； 3. 蒸汽养护的构件； 4. 耐腐蚀要求高的混凝土工程	1. 地下、水中大体积混凝土结构； 2. 有抗渗要求的工程； 3. 蒸汽养护的构件； 4. 耐腐蚀要求高的混凝土工程	1. 地上、地下及水中大体积混凝土结构； 2. 蒸汽养护的构件； 3. 抗裂性要求较高的构件； 4. 耐腐蚀要求高的混凝土工程	可参照矿渣硅酸盐水泥、火山灰质硅酸盐水泥、粉煤灰硅酸盐水泥，但其性能受所用混合材料性能的影响，所以使用时应针对工程的性质加以选用

（2）通用水泥的主要技术性质

1）细度

细度是指水泥颗粒粗细的程度，它是影响水泥用水量、凝结时间、强度和安定性能的重要指标。颗粒愈细，与水反应的表面积愈大，因而水化反应的速度愈快，水泥石的早期强度愈高，但硬化体的收缩也愈大，且水泥在储运过程中易受潮而降低活性。因此，水泥细度应适当。硅酸盐水泥的细度用透气式比表面仪测定。国家标准 GB 175－2007 规定，通用水泥的比表面积应不大于 $300m^2/kg$。

2）标准稠度及其用水量

在测定水泥凝结时间、体积安定性等性能时，为使所测结果有准确的可比性，规定在试验时所使用的水泥净浆必须以标准方法（按 GB/T 1346 规定）测试，并达到统一规定的浆体可塑性程度（标准稠度）。水泥净浆标准稠度用水量，是指拌制水泥净浆时为达到标准稠度所需的加水量，它以水与水泥质量之比的百分数表示。

3）凝结时间

水泥从加水开始到失去流动性所需的时间称为凝结时间，分为初凝时间和终凝时间。

初凝时间为水泥从开始加水拌合起至水泥浆开始失去可塑性所需的时间；终凝时间是从水泥开始加水拌合起至水泥浆完全失去可塑性，并开始产生强度所需的时间。水泥的凝结时间对施工有重大意义。初凝过早，施工时没有足够的时间完成混凝土或砂浆的搅拌、运输、浇捣和砌筑等操作；水泥的终凝过迟，则会拖延施工工期。国家标准规定：硅酸盐水泥初凝时间不得早于 45min，终凝时间不得迟于 390min。

4）体积安定性

水泥体积安定性是指水泥浆体硬化后体积变化的稳定性。安定性不良的水泥，在浆体硬化过程中或硬化后产生不均匀的体积膨胀，并引起开裂。水泥安定性不良的主要原因是熟料中含有过量的游离氧化钙、游离氧化镁或掺入的石膏过多。国家标准规定，水泥熟料中游离氧化镁含量不得超过 5.0%，三氧化硫含量不得超过 3.5%。体积安定性不合格的水泥为废品，不能用于工程中。

5）水泥的强度

水泥强度是表征水泥力学性能的重要指标，它与水泥的矿物组成、水泥细度、水胶比大小、水化龄期和环境温度等密切相关。水泥强度按《水泥胶砂强度检验方法（ISO 法）》GB/T 17671—1999 的规定制作试块，养护并测定其抗压和抗折强度值，并据此评定水泥强度等级。

根据 3d 和 28d 龄期的抗折强度和抗压强度进行评定，通用水泥的强度等级划分见表 2-2。

6）水化热

水化热是指水泥和水之间发生化学反应放出的热量，通常以焦耳/千克（J/kg）表示。

水泥水化放出的热量以及放热速度，主要决定于水泥的矿物组成和细度。熟料矿物中铝酸三钙和硅酸三钙的含量愈高，颗粒愈细，则水化热愈大。这对一般建筑的冬期施工是有利的，但对于大体积混凝土工程是有害的。为了避免由于温度应力引起水泥石的开裂，在大体积混凝土工程施工中，不宜采用硅酸盐水泥，而应采用水化热低的水泥，如中热水泥、低热矿渣水泥等，水化热的数值可根据国家标准规定的方法测定。

通用水泥的主要技术性能见表 2-2。

通用水泥的主要技术性能　　　　　　　　　　表 2-2

性能＼品种	硅酸盐水泥	普通水泥	矿渣水泥	火山灰水泥	粉煤灰水泥	复合水泥
水泥中混合材料掺量	0～5%	活性混合材料 6%～15%，或非活性混合材料 10%以下	粒化高炉矿渣 20%～70%	火山灰质混合材料 20%～50%	粉煤灰 20%～40%	两种或两种以上混合材料，其总掺量为 15%～50%
密度（g/cm³）	3.0～3.15		2.8～3.1			
堆积密度（kg/m³）	1000～1600		1000～1200	900～1000		1000～1200

续表

性能\品种		硅酸盐水泥	普通水泥	矿渣水泥	火山灰水泥	粉煤灰水泥	复合水泥
细度		比表面积>300m^2/kg	80μm 方孔筛筛余量<10%				
凝结时间	初凝	>45min					
	终凝	<6.5h	<10h				
体积安定性	安定性	沸煮法必须合格（若试饼法和雷氏法两者有争议，以雷氏法为准）					
	MgO	含量<5.0%					
	SO$_3$	含量<3.5%（矿渣水泥中含量<4.0%）					
碱含量		用户要求低碱水泥时，按 Na$_2$O+0.685K$_2$O 计算的碱含量，不得大于 0.06%，或由供需双方商定。					
强度等级		42.5、42.5R、52.5、52.5R、62.5、62.5R	42.5、42.5R、52.5、52.5R	32.5、32.5R、42.5、42.5R、52.5、52.5R			

注：R 表示早强型。

3. 道路硅酸盐水泥、特性水泥的特性及应用

（1）道路硅酸盐水泥

道路硅酸盐水泥简称道路水泥，是指由道路硅酸盐水泥熟料、0～10%活性混合材料与适量石膏磨细制成的水硬性胶凝材料。道路硅酸盐水泥熟料是指以适当成分的生料烧至部分熔融，所得以硅酸钙为主要成分和较多量的铁铝酸钙的硅酸盐水泥熟料称为道路硅酸盐水泥熟料。

道路硅酸盐水泥的强度高（特别是抗折强度高）、耐磨性好、干缩小、抗冲击性好、抗冻性好、抗硫酸盐腐蚀性能比较好，适用于道路路面、机场跑道道面、城市广场等工程。

（2）特性水泥

特性水泥的品种很多，以下仅介绍市政工程中常用的几种。

1）快硬硅酸盐水泥

凡以硅酸盐水泥熟料和适量石膏磨细制成的以 3d 抗压强度表示强度等级的水硬性胶凝材料称为快硬硅酸盐水泥，简称快硬水泥。

快硬硅酸盐水泥的特点是，凝结硬化快，早期强度增长率高。可用于紧急抢修工程、低温施工工程等，可配制成早强、高等级混凝土。

快硬水泥易受潮变质，故贮运时须特别注意防潮，并应及时使用，不宜久存。出厂超过 1 个月，应重新检验，合格后方可使用。

2）膨胀水泥

膨胀水泥是指以适当比例的硅酸盐水泥或普通硅酸盐水泥，铝酸盐水泥等和天然二水石膏磨制而成的膨胀性的水硬性胶凝材料。

按基本组成我国常用的膨胀水泥品种有：硅酸盐膨胀水泥、铝酸盐膨胀水泥、硫铝酸盐水泥、铁铝酸盐膨胀水泥等。

膨胀水泥主要用于收缩补偿混凝土、防渗混凝土（屋顶防渗、水池等）、防渗砂浆，使用在结构的加固、构件接缝、后浇带，固定设备的机座及地脚螺栓等部位施工。

（二）混　凝　土

1. 普通混凝土的分类及主要技术性质

（1）普通混凝土的分类

混凝土是以胶凝材料、粗细骨料及其他外掺材料按适当比例拌制、成型、养护、硬化而成的人工石材。通常将水泥、矿物掺合材料、粗细骨料、水和外加剂按一定的比例配制而成的、干表观密度为 $2000\sim2800kg/m^3$ 的混凝土称为普通混凝土，可以从以下不同角度进行分类。

1）按用途分：结构混凝土、抗渗混凝土、抗冻混凝土、大体积混凝土、水工混凝土、耐热混凝土、耐酸混凝土、装饰混凝土等。

2）按强度等级分：普通强度混凝土（＜C60）、高强混凝土（≥C60）、超高强混凝土（≥C100）。

3）按施工工艺分：喷射混凝土、泵送混凝土、碾压混凝土、压力灌浆混凝土、离心混凝土、真空脱水混凝土。

普通混凝土广泛用于建筑、桥梁、道路、水利、码头、海洋等工程。

（2）普通混凝土的主要技术性质

混凝土的技术性质包括混凝土拌合物的技术性质和硬化混凝土的技术性质。混凝土拌合物的主要技术性质为和易性，硬化混凝土的主要技术性质包括强度、变形和耐久性等。

1）混凝土拌合物的和易性

混凝土中的各种组成材料按比例配合经搅拌形成的混合物称为混凝土拌合物，又称新拌混凝土。

混凝土拌合物易于各工序施工操作（搅拌、运输、浇筑、振捣、成型等），并能获得质量稳定、整体均匀、成型密实的混凝土性能，称为混凝土拌合物的和易性。和易性是满足施工工艺要求的综合性质，包括流动性、黏聚性和保水性。

流动性是指混凝土拌合物在自重或机械振动时能够产生流动的性质。流动性的大小反映了混凝土拌合物的稀稠程度，流动性良好的拌合物，易于浇筑、振捣和成型。

黏聚性是指混凝土组成材料间具有一定的黏聚力，在施工过程中混凝土能保持整体均匀的性能。黏聚性反映了混凝土拌合物的均匀性，黏聚性良好的拌合物易于施工操作，不会产生分层和离析的现象。黏聚性差时，会造成混凝土质地不均，振捣后易出现蜂窝、空洞等现象，影响混凝土的强度及耐久性。

保水性是指混凝土拌合物在施工过程中具有一定的保持内部水分而抵抗泌水的能力。保水性反映了混凝土拌合物的稳定性。保水性差的混凝土拌合物会在混凝土内部形成透水通道，影响混凝土的密实性，并降低混凝土的强度及耐久性。

混凝土拌合物的和易性目前还很难用单一的指标来评定，通常是以测定流动性为主，兼顾黏聚性和保水性。流动性常用坍落度法（适用于坍落度≥10mm）和维勃稠度法（适用于坍落度<10mm）进行测定。

坍落度数值越大，表明混凝土拌合物流动性大，根据坍落度值的大小，可将混凝土分为四级：大流动性混凝土（坍落度大于160mm）、流动性混凝土（坍落度100~150mm）、塑性混凝土（坍落度10~90mm）和干硬性混凝土（坍落度小于10mm）。

2）混凝土的强度

① 混凝土立方体抗压强度和强度等级

混凝土的抗压强度是混凝土结构设计的主要技术参数，也是混凝土质量评定的重要技术指标。

按照标准制作方法制成边长为150mm的标准立方体试件，在标准条件（温度20±2℃，相对湿度为95%以上）下养护28d，然后采用标准试验方法测得的极限抗压强度值，称为混凝土的立方体抗压强度，用 f_{cu} 表示。

为了便于设计和施工选用混凝土，将混凝土的强度按照混凝土立方体抗压强度标准值分为若干等级，即强度等级。普通混凝土共划分为 C15、C20、C25、C30、C35、C40、C45、C50、C55、C60、C65、C70、C75、C80 十四个强度等级。其中"C"表示混凝土，C后面的数字表示混凝土立方体抗压强度标准值（ $f_{cu,k}$ ）。如 C30 表示混凝土立方体抗压强度标准值 30MPa≤ $f_{cu,k}$ <35MPa。

② 混凝土轴心抗压强度

在实际工程中，混凝土结构构件大部分是棱柱体或圆柱体。为了能更好地反映混凝土的实际抗压性能，在计算钢筋混凝土构件承载力时，常采用混凝土的轴心抗压强度作为设计依据。

混凝土的轴心抗压强度是采用150mm×150mm×300mm的棱柱体作为标准试件，在标准条件（温度为20±2℃，相对湿度为95%以上）下养护28d，采用标准试验方法测得的抗压强度值。

③ 混凝土的抗拉强度

我国目前常采用劈裂试验方法测定混凝土的抗拉强度。劈裂试验方法是采用边长为150mm的立方体标准试件，按规定的劈裂拉伸试验方法测定混凝土的劈裂抗拉强度。

（3）混凝土的耐久性

混凝土抵抗其自身因素和环境因素的长期破坏，保持其原有性能的能力，称为耐久性。混凝土的耐久性主要包括抗渗性、抗冻性、耐久性、抗碳化、抗碱—骨料反应等方面。

1）抗渗性

混凝土抵抗压力液体（水或油）等渗透本体的能力称为抗渗性。

混凝土的抗渗性用抗渗等级表示。抗渗等级是以28d龄期的标准试件，用标准试验方法进行试验，以每组六个试件，四个试件未出现渗水时，所能承受的最大静水压（单位：MPa）来确定。混凝土的抗渗等级用代号 P 表示，分为 P4、P6、P8、P10、P12 和>P12 六个等级。P4 表示混凝土抵抗 0.4MPa 的液体压力而不渗水。

2）抗冻性

混凝土在吸水饱和状态下，抵抗多次反复冻融循环而不破坏，同时也不严重降低其各种性能的能力，称为抗冻性。

混凝土的抗冻性用抗冻等级表示。抗冻等级是以 28d 龄期的混凝土标准试件，在浸水饱和状态下，进行冻融循环试验，以抗压强度损失不超过 25％，同时重量损失不超过 5％时，所能承受的最大的冻融循环次数来确定。混凝土抗冻等级用 F 表示，分为 F50、F100、F150、F200、F250、F300、F350、F400 和＞F400 九个等级。F150 表示混凝土在强度损失不超过 25％，质量损失不超过 5％时，所能承受的最大冻融循环次数为 150。

3）抗腐蚀性

混凝土在外界各种侵蚀介质作用下，抵抗破坏的能力，称为混凝土的抗腐蚀性。当工程所处环境存在侵蚀介质时，对混凝土必须提出耐蚀性要求。

2. 普通混凝土的组成材料及其主要技术要求

普通混凝土的组成材料有水泥、砂子、石子、水、外加剂或掺合料。前四种材料是组成混凝土所必需的材料，后两种材料可根据混凝土性能的需要有选择性的添加。

（1）水泥

水泥是混凝土组成材料中最重要的材料，也是成本支出最多的材料，更是影响混凝土强度、耐久性最重要的影响因素。

水泥品种应根据工程性质与特点、所处的环境条件及施工所处条件及水泥特性合理选择。配制一般的混凝土可以选用硅酸盐水泥、普通硅酸盐水泥、矿渣硅酸盐水泥、火山灰质硅酸盐水泥、粉煤灰硅酸水泥、复合硅酸盐水泥等通用水泥。

水泥强度等级的选择应根据混凝土强度的要求来确定，低强度混凝土应选择低强度等级的水泥，高强度混凝土应选择高强度等级的水泥。一般情况下，中、低强度的混凝土（≤C30），水泥强度等级为混凝土强度等级的 1.5～2.0 倍；高强度混凝土，水泥强度等级与混凝土强度等级之比可小于 1.5，但不能低于 0.8。

（2）细骨料

细骨料是指公称直径小于 5.00mm 的岩石颗粒，通常称为砂。根据生产过程特点不同，砂可分为天然砂、人工砂和混合砂。天然砂包括河砂、湖砂、山砂和海砂。混合砂是天然砂与人工砂按一定比例组合而成的砂。

1）有害杂质含量

配制混凝土的砂子要求清洁不含杂质。国家标准对砂中的云母、轻物质、硫化物及硫酸盐、有机物、氯化物等各有害物含量以及海砂中的贝壳含量做了规定。

2）含泥量、石粉含量和泥块含量

含泥量是指天然砂中公称粒径小于 $80\mu m$ 的颗粒含量。泥块含量是指砂中公称粒径大于 1.25mm，经水浸洗、手捏后变成小于 $630\mu m$ 的颗粒含量。石粉含量是指人工砂中公称粒径小于 $80\mu m$ 的颗粒含量。国家标准对含泥量、石粉含量和泥块含量做了规定。

3) 坚固性

砂的坚固性是指砂在自然风化和其他外界物理、化学因素作用下，抵抗破坏的能力。

天然砂的坚固性用硫酸钠溶液法检验，砂样经 5 次循环后其质量损失应符合国家标准的规定。

人工砂的坚固性采用压碎指标值来判断砂的坚固性，参见有关文献。

4) 砂的表观密度、堆积密度、空隙率

砂的表观密度大于 2500kg/m³，松散堆积密度大于 1350kg/m³，空隙率小于 47%。

5) 粗细程度及颗粒级配

粗细程度是指不同粒径的砂混合后，总体的粗细程度。质量相同时，粗砂的总表面积小，包裹砂表面所需的水泥浆就越少，反之细砂总表面积大，包裹砂表面所需的水泥浆量就多。因此，和易性一定时，采用粗砂配制混凝土，可减少拌合用水量，节约水泥用量。但砂过粗易使混凝土拌合物产生分层、离析和泌水等现象。

颗粒级配是指粒径大小不同的砂粒互相搭配的情况。级配良好的砂，不同粒径的砂相互搭配，逐级填充使砂更密实，空隙率更小，可节省水泥并使混凝土结构密实，和易性、强度、耐久性得以加强，还可减少混凝土的干缩及徐变。

(3) 粗骨料

粗骨料是指公称直径大于 5.00mm 的岩石颗粒，通常称为石子。其中天然形成的石子称为卵石，人工破碎而成的石子称为碎石。

1) 泥、泥块及有害物质含量

粗骨料中泥、泥块含量以及硫化物、硫酸盐含量、有机物等有害物质含量应符合国家标准规定。

2) 颗粒形状

卵石及碎石的形状以接近卵形或立方体为较好。针状颗粒和片状颗粒不仅本身容易折断，而且使空隙率增大，影响混凝土的质量，因此，国家标准对粗骨料中针、片状颗粒的含量做了规定。

3) 强度

为保证混凝土的强度，粗骨料必须具有足够的强度。粗骨料的强度指标有两个，一是岩石抗压强度，二是压碎指标值，参见有关文献。

4) 坚固性

坚固性是指卵石、碎石在自然风化和其他外界物理化学作用下抵抗破裂的能力。有抗冻性要求的混凝土所用粗骨料，要求测定其坚固性。

(4) 水

混凝土用水包括混凝土拌制用水和养护用水。按水源不同分为饮用水、地表水、地下水、海水及经处理过的工业废水。地表水和地下水常溶有较多的有机质和矿物盐类；海水中含有较多硫酸盐，会降低混凝土后期强度，且影响抗冻性，同时，海水中含有大量氯盐，对混凝土中钢筋锈蚀有加速作用。

混凝土用水应优先采用符合国家标准的饮用水。在节约用水，保护环境的原则下，鼓励采用检验合格的中水（净化水）拌制混凝土。混凝土用水中各杂质的含量应符合国家标准的规定。

3. 高性能混凝土、预拌混凝土的特性及应用

（1）高性能混凝土

高性能混凝土是指具有高耐久性和良好的工作性，早期强度高而后期强度不倒缩，体积稳定性好的混凝土。

高性能混凝土的主要特性为：

1）具有一定的强度和高抗渗能力。

2）具有良好的工作性。混凝土拌合物流动性好，在成型过程中不分层、不离析，从而具有很好的填充性和自密实性能。

3）耐久性好。高性能混凝土的耐久性明显优于普通混凝土，能够使混凝土结构安全可靠地工作 50～100 年以上。

4）具有较高的体积稳定性，即混凝土在硬化早期应具有较低的水化热，硬化后期具有较小的收缩变形。

高性能混凝土是水泥混凝土的发展方向之一，它被广泛地用于桥梁工程、高层建筑、工业厂房结构、港口及海洋工程、水工结构等工程中。

（2）预拌混凝土

预拌混凝土也称商品混凝土，是指由水泥、骨料、水以及根据需要掺入的外加剂、矿物掺合料等组分按一定比例，在搅拌站经计量、拌制后出售的并采用运输车，在规定时间内运至使用地点的混凝土拌合物。

预拌混凝土设备利用率高，计量准确，产品质量好、材料消耗少、工效高、成本较低，又能改善劳动条件，减少环境污染。

4. 常用混凝土外加剂的品种及应用

（1）混凝土外加剂的分类

外加剂按照其主要功能分为八类：高性能减水剂、高效减水剂、普通减水剂、引气减水剂、泵送剂、早强剂、缓凝剂、引气剂。

外加剂按主要使用功能分为四类：①改善混凝土拌合物流变性的外加剂，包括减水剂、泵送剂等；②调节混凝土凝结时间、硬化性能的外加剂，包括缓凝剂、速凝剂、早强剂等；③改善混凝土耐久性的外加剂，包括引气剂、防水剂、阻锈剂和矿物外加剂等；④改善混凝土其他性能的外加剂，包括加气剂、膨胀剂、防冻剂和着色剂等。

（2）混凝土外加剂的常用品种及应用

1）减水剂

减水剂是使用最广泛、品种最多的一种外加剂。按其用途不同，又可分为普通减水剂、高效减水剂、早强减水剂、缓凝减水剂、缓凝高效减水剂、引气减水剂等。

常用减水剂的应用见表 2-3 所示。

常用减水剂的应用　　　　　　　　　　　表 2-3

种类 类别	木质素系 普通减水剂	萘系 高效减水剂	树脂系 早强减水剂	糖蜜系 缓凝减水剂
主要品种	木质素磺酸钙（木钙粉、M 减水剂）、木钠、木镁等	NNO、NF、建 1、FDN、UNF、JN、HN、MF 等	SM	长城牌、天山牌
适宜掺量（占水泥重%）	0.2～0.3	0.2～1.2	0.5～2	0.1～3
减水量	10%～11%	12%～25%	20%～30%	6%～10%
早强效果	—	显著	显著（7d 可达 28d 强度）	—
缓凝效果	1～3h	—		3h 以上
引气效果	1%～2%	部分品种<2%	—	
适用范围	一般混凝土工程及大模板、滑模、泵送、大体积及雨期施工的混凝土工程	适用于所有混凝土工程，更适于配制高强混凝土及自流平混凝土，泵送混凝土，冬期施工混凝土	因价格昂贵，宜用于特殊要求的混凝土工程，如高强混凝土，早强混凝土，自流平混凝土等	一般混凝土工程

2）早强剂

早强剂是能加速水泥水化和硬化，促进混凝土早期强度增长的外加剂。可缩短混凝土养护龄期，加快施工进度，提高模板和场地周转率。

目前，常用的早强剂有氯盐类、硫酸盐类和有机胺类。

① 氯盐类早强剂

氯盐类早强剂主要有氯化钙（$CaCl_2$）和氯化钠（NaCl），其中氯化钙是国内外应用最为广泛的一种早强剂。为了抑制氯化钙对钢筋的腐蚀作用，常将氯化钙与阻锈剂 $NaNO_2$ 复合使用。

② 硫酸盐类早强剂

硫酸盐类早强剂包括硫酸钠（Na_2SO_4）、硫代硫酸钠（$Na_2S_2O_3$）、硫酸钙（$CaSO_4$）、硫酸钾（K_2SO_4）、硫酸铝［$Al_2(SO_2)_3$］等，其中 Na_2SO_4 应用最广。

③ 有机胺类早强剂

有机胺类早强剂有三乙醇胺、三异丙醇胺等，最常用的是三乙醇胺。

④ 复合早强剂

以上三类早强剂在使用时，通常复合使用。复合早强剂往往比单组分早强剂具有更优良的早强效果，掺量也可以比单组分早强剂有所降低。

3）缓凝剂

缓凝剂是可在较长时间内保持混凝土工作性，延缓混凝土凝结和硬化时间的外加剂。

缓凝剂可分为无机和有机两大类。缓凝剂的品种有糖类（如糖钙）、木质素磺酸盐类（如木质素磺酸盐钙）、羟基羧酸及其盐类（如柠檬酸、酒石酸钾钠等）、无机盐类（如锌盐、硼酸盐）等。

缓凝剂适用于长时间运输的混凝土、高温季节施工的混凝土、泵送混凝土、滑模施工混凝土、大体积混凝土、分层浇筑的混凝土等。不适用于 5℃ 以下施工的混凝土，也不适用于有早强要求的混凝土及蒸养混凝土。

4）引气剂

引气剂是一种在搅拌过程中具有在砂浆或混凝土中引入大量、均匀分布的微气泡，而且在硬化后能保留在其中的一种外加剂。加入引气剂，可以改善混凝土拌合物的和易性，显著提高混凝土的抗冻性和抗渗性，但会降低弹性模量及强度。

引气剂主要有松香树脂类、烷基苯磺酸盐类和脂醇磺酸盐类，其中松香树脂类中的松香热聚物和松香皂应用最多。

引气剂适用于配制抗冻混凝土、泵送混凝土、港口混凝土、防水混凝土以及骨料质量差、泌水严重的混凝土，不适宜配制蒸汽养护的混凝土。

5）膨胀剂

膨胀剂是能使混凝土产生一定体积膨胀的外加剂。常用的膨胀剂种类有硫铝酸钙类、氧化钙类、硫铝酸-氧化钙类等。

6）防冻剂

防冻剂是能使混凝土在负温下硬化并能在规定条件下达到预期性能的外加剂。常用防冻剂有氯盐类（氯化钙、氯化钠、氯化氮等）；氯盐阻锈类；氯盐与阻锈剂（亚硝酸钠）为主复合的外加剂；无氯盐类（硝酸盐、亚硝酸盐、乙酸钠、尿素等）。

7）泵送剂

泵送剂是改善混凝土泵送性能的外加剂。它由减水剂、调凝剂、引气剂、润滑剂等多种组分复合而成。

8）速凝剂

速凝剂是使混凝土迅速凝结和硬化的外加剂，能使混凝土在 5min 内初凝，10min 内终凝，1h 产生强度。速凝剂主要用于喷射混凝土、堵漏等。

（三）砂　　浆

1. 砌筑砂浆的分类及主要技术性质

（1）砌筑砂浆的分类

将砖、石、砌块等块材粘结成为砌体的砂浆称为砌筑砂浆，它由胶凝材料、细骨料、掺加料和水配制而成。

根据所用胶凝材料的不同，砌筑砂浆可分为水泥砂浆、石灰砂浆和混合砂浆（包括水泥石灰砂浆、水泥黏土砂浆、石灰黏土砂浆、石灰粉煤灰砂浆等）等。

水泥砂浆强度高、耐久性和耐火性好，但其流动性和保水性差，施工相对较困难，常用于地下结构或经常受水侵蚀的砌体部位。

混合砂浆强度较高，且耐久性、流动性和保水性均较好，便于施工，容易保证施工质量，但不能用于地下结构或经常受水侵蚀的砌体部位。

石灰砂浆强度较低，耐久性差，但流动性和保水性较好，可用于砌筑较干燥环境下的砌体。

（2）砌筑砂浆的主要技术性质

砌筑砂浆的技术性质主要包括新拌砂浆的密度、和易性、硬化砂浆强度和对基面的粘结力、抗冻性、收缩值等指标。下面只介绍新拌砂浆的和易性和硬化砂浆的强度。

1）新拌砂浆的和易性

新拌砂浆的和易性是指砂浆易于施工并能保证质量的综合性质。和易性好的砂浆不仅在运输和施工过程中不易产生分层、离析、泌水，而且能在粗糙的砖、石基面上铺成均匀的薄层，与基层保持良好的粘结，便于施工操作。和易性包括流动性和保水性两个方面。

砂浆的流动性（又称稠度），是指砂浆在自重或外力作用下产生流动的性能。流动性的大小用"沉入度"（mm）表示，通常用砂浆稠度测定仪测定。

砂浆流动性的选择与砌体种类、施工方法及天气情况有关。流动性过大，砂浆太稀，过稀的砂浆不仅铺砌困难，而且硬化后强度降低；流动性过小，砂浆太稠，难于铺平。

新拌砂浆能够保持内部水分不泌出流失的能力，称为砂浆保水性。保水性良好的砂浆水分不易流失，易于摊铺成均匀密实的砂浆层；反之，保水性差的砂浆，在施工过程中容易泌水、分层离析，使流动性变差；同时由于水分易被砌体吸收，影响胶凝材料的正常硬化，从而降低砂浆的粘结强度。砂浆的保水性用保水率（％）表示。

2）硬化砂浆的强度

砂浆的强度是以 3 个 70.7mm×70.7mm×70.7mm 的立方体试块，在标准条件下养护 28d 后，用标准方法测得的抗压强度（MPa）算术平均值来评定的。

砂浆的强度等级分为 M5、M7.5、M10、M15、M20、M25、M30 七个等级。

2. 砌筑砂浆的组成材料及其技术要求

（1）胶凝材料

砌筑砂浆主要的胶凝材料是水泥，常用的水泥种类有普通水泥、矿渣水泥、火山灰水泥、粉煤灰水泥和砌筑水泥等。砌筑砂浆用水泥的强度等级应根据砂浆品种及强度等级的要求进行选择。M15 及以下强度等级的砌筑砂浆宜选用 32.5 级通用硅酸盐水泥或砌筑水泥；M15 以上强度等级的砌筑砂浆宜选用 42.5 级通用硅酸盐水泥。

（2）细骨料

砌筑砂浆常用的细骨料为普通砂。除毛石砌体宜选用粗砂外，其他一般宜选用中砂。砂的含泥量不应超过 5％。

（3）水。

拌合砂浆用水应符合现行行业标准《混凝土用水标准》JGJ 63—2006 的规定。应选用不含有害杂质的洁净水来拌制砂浆。

（4）掺加料

为了改善砂浆的和易性和节约水泥，可在砂浆中加入一些无机掺加料，如石灰膏、电石膏、粉煤灰等。

生石灰熟化成石灰膏时，应用孔径不大于 3mm×3mm 的网过滤，熟化时间不得少于

7d；磨细生石灰粉的熟化时间不得少于 2d。沉淀池中贮存的石灰膏，应采取防止干燥、冻结和污染的措施。严禁使用脱水硬化的石灰膏。

制作电石膏的电石渣应用孔径不大于 3mm×3mm 的网过滤，检验时应加热至 70℃ 并保持 20min，没有乙炔气味后，方可使用。

消石灰粉不得直接用于砌筑砂浆中。

石灰膏和电石膏试配时的稠度，应为 120±5mm。

粉煤灰的品质指标应符合《用于水泥和混凝土中的粉煤灰》GB/T 1596—2005。

（5）外加剂

为了使砂浆具有良好的和易性及其他施工性能，可在砂浆中掺入某些外加剂，如有机塑化剂、引气剂、早强剂、缓凝剂、防冻剂等。

（四）石材、砖、砌块

1. 铺砌石材分类及应用

市政工程铺砌石材应质地坚实，无风化剥层和裂纹，饱和抗压强度应大于或等于 120MPa，饱和抗折强度应大于或等于 9MPa。按加工后的外形规则程度分为料石和毛石两类，而料石又可分为细料石、粗料石和毛料石。

城市道路铺砌料石分为粗面料和细面料，加工尺寸允许偏差应符合 CJJ1-2008 的规定。挡土墙用做镶面的块石，外露面四周应加以修凿，其修凿进深不得小于 7cm。镶面丁石的长度不得短于顺石宽度的 1.5 倍。每层块石的高度应尽量一致。

铺砌块料石质量、外形尺寸是施工质量主控项目，应按照设计要求或规范规定进行检验。同产地石材至少抽取一组试件进行抗压强度试验（每组试件不少于 6 个）；在潮湿和浸水地区使用的石材，应各增加一组抗冻性能指标和软化系数试验的试件。

2. 砖的分类、主要技术要求及应用

砖按规格、孔洞率及孔的大小，分为普通砖、多孔砖和空心砖；按工艺不同又分为烧结砖和非烧结砖。目前非烧结砖主要有蒸养砖、蒸压砖、碳化砖等，根据生产原材料区分主要有灰砂砖、粉煤灰砖、炉渣砖、混凝土砖等。这里只介绍市政工程中常用的烧结普通砖和混凝土砖。

以由煤矸石、页岩、粉煤灰或黏土为主要原料，经成型、焙烧而成的实心砖，称为烧结普通砖。

（1）主要技术要求

1）尺寸规格

烧结普通砖的标准尺寸是 240mm×115mm×53mm。

2）强度等级

烧结普通砖按抗压强度分为 MU30、MU25、MU20、MU15、MU10 等 5 个强度等级。各强度等级砖的强度应符合表 2-4 的要求。

烧结普通砖的强度等级　　　　　　　　　表 2-4

强度等级	抗压强度平均值 $\bar{f}\geqslant$	变异系数 $\delta\leqslant0.21$	变异系数 $\delta>0.21$
		强度标准值 $f_k\geqslant$	单块最小抗压强度值 $f_{min}\geqslant$
MU30	30.0	22.0	25.0
MU25	25.0	18.0	22.0
MU20	20.0	14.0	16.0
MU15	15.0	10.0	12.0
MU10	10.0	6.5	7.5

3）质量等级

强度、抗风化性能和放射性物质合格的砖，根据尺寸偏差、外观质量、泛霜和石灰爆裂等指标，分为优等品（A）、一等品（B）、合格品（C）3 个等级。烧结普通砖的质量等级见表 2-5。

烧结普通砖的质量等级　　　　　　　　　表 2-5

项　目	优等品		一等品		合格品	
	样本平均偏差	样本极差≤	样本平均偏差	样本极差≤	样本平均偏差	样本极差≤
（1）尺寸偏差（mm）						
公称尺寸 240	±2.0	6	±2.5	7	±3.0	8
115	±1.5	5	±2.0	6	±2.5	7
53	±1.5	4	±1.6	5	±2.0	6
（2）外观质量：						
两条面高度差≤	2		3		4	
弯曲≤	2		3		4	
杂质凸出高度≤	2		3		4	
（3）缺棱掉角的 3 个破坏尺寸，不得同时大于	15		20		30	
（4）裂纹长度≤：						
a. 大面上宽度方向及其延伸至条面的长度	30		60		80	
b. 大面上宽度方向及其延伸至顶面的长度或条顶面上水平裂纹的长度	50		80		100	
完整面不得少于	两条面和两顶面		一条面和一顶面		—	
颜色	基本一致				—	
（5）泛霜	无泛霜		不允许出现中等泛霜		不允许出现严重泛霜	
（6）石灰爆裂	不允许出现最大破坏尺寸大于 2mm 的爆裂区域		a. 最大破坏尺寸大于 2mm 且小于等于 10mm 的爆裂区域，每组砖样不得多于 15 处；b. 不允许出现最大破坏尺寸大于 10mm 的爆裂区域		a. 最大破坏尺寸大于 2mm 且小于等于 15mm 的爆裂区域，每组砖样不得多于 15 处，其中大于 10mm 的不得多于 7 处；b. 不允许出现最大破坏尺寸大于 15mm 的爆裂区域	

注：1. 为装饰而施加的色差、凹凸纹、拉毛、压花等不算缺陷。
　2. 凡有下列缺陷之一者，不得称为完整面。
　　a. 缺损在条面或顶面上造成的破坏面尺寸同时大于 10mm×10mm。
　　b. 条面或顶面上裂纹宽度大于 1mm，其长度超过 30mm。
　　c. 压陷、黏底、焦花在条面或顶面上的凹陷或凸出超过 2mm，区域尺寸同时大于 10mm×10mm。
　3. 泛霜是指可溶性盐类（如硫酸盐等）在砖或砌块表面的析出现象，一般呈白色粉末、絮团或絮片状。
　4. 石灰爆裂是指烧结砖的砂质黏土原料中夹杂着石灰石，焙烧时被烧成生石灰块，在使用过程中吸水消化成熟石灰，体积膨胀，导致砖块裂缝，严重时甚至使砖砌体强度降低，直至破坏。

（2）烧结普通砖的应用

烧结普通砖的优点是价格低廉，具有一定的强度、隔热、隔声性能及较好的耐久性。其缺点是烧砖能耗高、砖自重大、成品尺寸小、施工效率低、抗振性能差等，并且黏土砖制砖取土、大量毁坏农田。目前，我国正大力推广墙体材料改革，禁止使用黏土实心砖。

在市政工程中，烧结普通砖主要用于围墙、挡土墙、桥梁、花坛、沟道、台阶等。

3. 混凝土砌块

混凝土砌块是以水泥和普通骨料或粉煤灰原材料按一定配比，经高频振捣、垂直挤压、高压蒸养而成，其规格品种较多，可按所用的工程分类。

城市道路所用砌块可分为三类：路缘石、大方砖及坡脚护砌的六棱砖和多孔砖（图 2-1）；挡土墙砌块及装饰性蘑菇石类砌块；各种大方砖、彩色步道砖应用于人行道、公共广场和停车场。用于路面的砌块抗压强度与抗折强度应符合设计要求。在潮湿和浸水地区使用时，其抗冻性能应进行试验，符合设计要求。

图 2-1　混凝土多孔砖

给排水构筑物多采用榫槽式混凝土砌块，可以根据工程要求进行拼装。砌块中空部分可插筋浇筑细石混凝土，有效地提高了构筑物、检查井的整体性能和抗渗性能。

（五）钢　　材

1. 钢材的种类及主要技术性能

（1）钢材的分类

钢材的品种繁多，分类方法也很多。主要的分类方法见表 2-6。

钢材的分类

表 2-6

分类方法	类　别		特　性
按化学成分分类	碳素钢	低碳钢	含碳量＜0.25%
		中碳钢	含碳量 0.25%～0.60%
		高碳钢	含碳量＞0.60%
	合金钢	低合金钢	合金元素总含量＜5%
		中合金钢	合金元素总含量 5%～10%
		高合金钢	合金元素总含量＞10%
按脱氧程度分类	沸腾钢		脱氧不完全，硫、磷等杂质偏析较严重，代号为"F"
	镇静钢		脱氧完全，同时去硫，代号为"Z"
	特殊镇静钢		比镇静钢脱氧程度还要充分彻底，代号为"TZ"
按质量分类	普通钢		含硫量≤0.055%～0.065%，含磷量≤0.045%～0.085%
	优质钢		含硫量≤0.03%～0.045%，含磷量≤0.035%～0.045%
	高级优质钢		含硫量≤0.02%～0.03%，含磷量≤0.027%～0.035%

建筑工程中目前常用的钢种是普通碳素结构钢和普通低合金结构钢。

　　建筑钢材是指用于钢结构的各种型钢（如圆钢、槽钢、角钢、工字钢、扁钢等）、钢板和用于钢筋混凝土的各种钢筋、钢丝、钢绞线。

　　（2）钢材的主要技术性能

　　钢材的技术性能主要包括力学性能和工艺性能。

　　1）力学性能

　　力学性能又称机械性能，是钢材最重要的使用性能。

　　① 抗拉性能

　　抗拉性能是建筑钢材最重要的技术性质。其技术指标为由拉力试验测定的屈服强度、抗拉强度和伸长率。

　　将低碳钢拉伸时的应力—应变关系曲线如图 2-2 所示，从图中可以看出，低碳钢从受拉至拉断，经历了四个阶段：弹性阶段（O—A）、屈服阶段（A—B）、强化阶段（B—C）和颈缩阶段（C—D）。

　　A. 屈服强度。当试件拉力在 OB 范围内时，如卸去拉力，试件能恢复原状，应力与应变的比值为常数，因此，该阶段被称为弹性阶段。当对试件的拉伸进入塑性变形的屈服阶段 AB 时，称屈服下限 B 所对应的应力为屈服强度或屈服点，记做 σ_s。

　　中碳钢与高碳钢（硬钢）的拉伸曲线与低碳钢不同，屈服现象不明显，难以测定屈服点，则规定产生残余变形为原标距长度的 0.2％时所对应的应力值，作为硬钢的屈服强度，也称条件屈服点，用 $\sigma_{0.2}$ 表示，如图 2-3 所示。

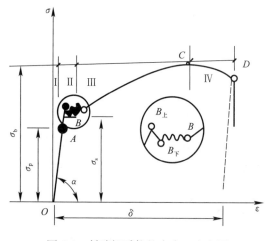

图 2-2　低碳钢受拉的应力—应变图

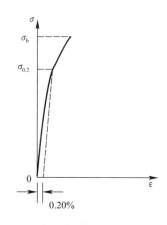

图 2-3　中、高碳钢的应力—应变图

　　B. 抗拉强度。从图 2-2 中 BC 曲线逐步上升可以看出：试件在屈服阶段以后，其抵抗塑性变形的能力又重新提高，称为强化阶段。对应于最高点 C 的应力称为抗拉强度，用 σ_b 表示。

　　C. 伸长率。图 2-4 中当曲线到达 C 点后，试件薄弱处急剧缩小，塑性变形迅速增加，产生"颈缩现象"而断裂。将拉断后的试件拼合起来，测定出标距范围内的长度 l_1（mm），其与试件原标距 l_0（mm）之差为塑性变形值，塑性变形值与 l_0 之比称为伸长率，用 δ 表示，如图 2-4 所示。

$$\delta = \frac{l_1 - l_0}{l_0} \times 100\%$$

伸长率是衡量钢材塑性的一个重要指标，δ 越大说明钢材的塑性越好。

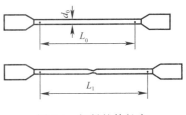

图 2-4　钢材的伸长率

② 冲击韧性

冲击韧性是指钢材抵抗冲击荷载的能力。冲击韧性指标是通过标准试件的弯曲冲击韧性试验确定的，如图 2-5 所示。以摆锤打击试件，于刻槽处将其打断，试件单位截面积上所消耗的功，即为钢材的冲击韧性指标，用冲击韧性 a_k（J/cm^2）表示。a_k 值愈大，冲击韧性愈好。

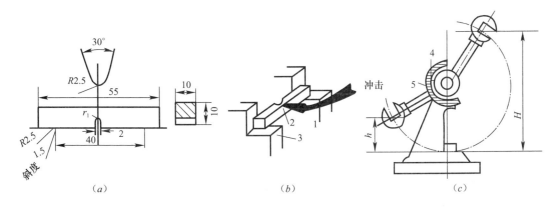

图 2-5　冲击韧性试验示意图
（a）试件尺寸；（b）试验装置；（c）试验机
1—摆锤；2—试件；3—试验台；4—刻转盘；5—指针

③ 硬度

钢材的硬度是指其表面局部体积内抵抗外物压入产生塑性变形的能力。常用的测定硬度的方法有布氏法和洛氏法。

布氏硬度试验是利用直径为 D（mm）的淬火钢球，以一定荷载 F（N）将其压入试件表面，经规定的持续时间后卸除荷载，即得到直径为 d（mm）的压痕。以压痕表面积除荷载 F，所得的应力值即为试件的布氏硬度值。布氏硬度的代号为 HB。

洛氏硬度试验是将金刚石圆锥体或钢球等压头，按一定压力压入试件表面，以压头压入试件的深度来表示硬度值。洛氏硬度的代号为 HR。

④ 耐疲劳性

在反复荷载作用下的结构构件，钢材往往在应力远小于抗拉强度时发生断裂，这种现象称为钢材的疲劳破坏。钢材抵抗疲劳破坏的能力称为耐疲劳性。

2）工艺性能

良好的工艺性能，可以保证钢材顺利通过各种加工，而使钢材制品的质量不受影响。钢材的工艺性能主要包括冷弯性能、焊接性能、冷拉性能、冷拔性能等，下面只介绍冷弯性能和焊接性能。

① 冷弯性能

冷弯性能是指钢材在常温下承受弯曲变形的能力。钢材的冷弯性能指标是以试件弯曲

的角度 α 和弯心直径对试件厚度（或直径）的比值 d/α 来表示。

钢材的冷弯试验是通过直径（或厚度）为 α 的试件，采用标准规定的弯心直径 d（$d=n\alpha$），弯曲到规定的弯曲角（180°或 90°）时，试件的弯曲处不发生裂缝、裂断或起层，即认为冷弯性能合格。钢材弯曲时的弯曲角度愈大，弯心直径愈小，则表示其冷弯性能愈好。

图 2-6 为弯曲时不同弯心直径的钢材冷弯试验。

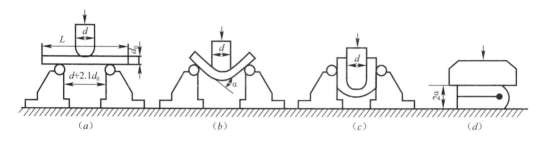

图 2-6　钢材冷弯试验
(a) 安装试件；(b) 弯曲 90°；(c) 弯曲 180°；(d) 弯曲至两面重合

② 焊接性能

在市政工程中，各种型钢、钢板、钢筋及预埋件等需用焊接加工。焊接的质量取决于焊接工艺、焊接材料及钢的焊接性能。

钢材的可焊性是指钢材是否适应通常的焊接方法与工艺的性能。可焊性好的钢材指易于用一般焊接方法和工艺施焊，焊口处不易形成裂纹、气孔、夹渣等缺陷；焊接后钢材的力学性能，特别是强度不低于原有钢材，硬脆倾向小。钢材可焊性能的好坏，主要取决于钢的化学成分。含碳量高将增加焊接接头的硬脆性，含碳量小于 0.25% 的碳素钢具有良好的可焊性。

2. 钢结构用钢材的品种及特性

（1）钢结构用钢材

1）碳素结构钢

碳素结构钢的牌号由字母 Q、屈服点数值、质量等级代号、脱氧方法代号四个部分组成。其中 Q 是"屈"字汉语拼音的首位字母；屈服点数值（以 N/mm^2 为单位）分为 195、215、235、275；质量等级代号有 A、B、C、D，表示质量由低到高；脱氧方法代号有 F、Z、TZ，分别表示沸腾钢、镇静钢、特殊镇静钢，其中代号 Z、TZ 可以省略不写。钢结构一般采用 Q235 钢，分为 A、B、C、D 四级，A、B 两级有沸腾钢和镇静钢，C 级全部为镇静钢，D 级全部为特殊镇静钢。例如 Q235A 代表屈服强度为 $235N/mm^2$，A 级，镇静钢。

Q235 级钢既具有较高的强度，又具有较好的塑性和韧性，可焊性也好，同时力学性能稳定，对轧制、加热、急剧冷却时的敏感性较小，故在建筑钢结构中应用广泛。其中 Q235—A 级钢一般仅适用于承受静荷载作用的结构，Q235—C 级和 D 级钢可用于重要焊接的结构。同时 Q235—D 级钢冲击韧性很好，具有较强的抗冲击、振动荷载的能力，尤其适宜在较低温度下使用。

2）低合金高强度结构钢

低合金高强度结构钢是在钢的冶炼过程中添加少量合金元素（合金元素的总量低于

5%），以提高钢材的强度、耐腐蚀性及低温冲击韧性等。

低合金高强度结构钢均为镇静钢或特殊镇静钢，所以它的牌号只有 Q、屈服点数值、质量等级三部分。屈服点数值（以 N/mm² 为单位）分为 295、345、390、420、460。质量等级有 A 到 E 五个级别。A 级无冲击功要求，B、C、D、E 级均有冲击功要求。不同质量等级对碳、硫、磷、铝等含量的要求也有区别。低合金高强度结构钢的 A、B 级属于镇静钢，C、D、E 级属于特殊镇静钢。例如 Q345E 代表屈服点为 345N/mm² 的 E 级低合金高强度结构钢。

低合金高强度结构钢与碳素结构钢相比，具有较高的强度，综合性能好，所以在相同使用条件下，可比碳素结构钢节省用钢 20%～30%，对减轻结构自重有利。同时还具有良好的塑性、韧性、可焊性、耐磨性、耐蚀性、耐低温性等性能，具有良好的可焊性及冷加工性，易于加工与施工。

（2）钢结构用型钢

钢结构所用钢材主要是型钢和钢板。所用母材主要是碳素结构钢和低合金高强度结构钢。

1）热轧型钢

热轧型钢主要采用碳素结构钢 Q235—A，低合金高强度结构钢 Q345 和 Q390 热轧成型。

常用的热轧型钢有角钢、工字钢、槽钢、T 型钢、H 型钢、Z 型钢等，如图 2-7 所示。

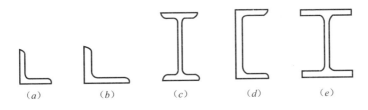

图 2-7　热轧型钢
(a) 等边角钢；(b) 不等边角钢；(c) 工字钢；(d) 槽钢；(e) H 型钢

① 热轧普通工字钢

工字钢的规格以"腰高度×腿宽度×腰厚度"（mm）表示，也可用"腰高度♯"（cm）表示；规格范围为 10♯～63♯。若同一腰高的工字钢，有几种不同的腿宽和腰厚，则在其后标注 a、b、c 表示相应规格。

工字钢广泛应用于各种建筑结构和桥梁，主要用于承受横向弯曲（腹板平面内受弯）的杆件，但不易单独用作轴心受压构件或双向弯曲的构件。

② 热轧 H 型钢

H 型钢由工字型钢发展而来。H 型钢的规格型号以"代号腹板高度×翼板宽度×腹板厚度×翼板厚度"（mm）表示，也可用"代号腹板高度×翼板宽度"表示。

与工字型钢相比，H 型钢优化了截面的分布，具有翼缘宽，侧向刚度大，抗弯能力强，翼缘两表面相互平行、连接构造方便、重量轻、节省钢材等优点。

H 型钢分为宽翼缘（代号为 HW）、中翼缘（代号为 HM）和窄翼缘 H 型钢（HN）以及 H 型钢桩（HP）。宽翼缘和中翼缘 H 型钢适用于钢柱等轴心受压构件，窄翼缘 H 型钢适用于钢梁等受弯构件。

③ 热轧普通槽钢

槽钢规格以"腰高度×腿宽度×腰厚度"（mm）或"腰高度♯"（cm）来表示。同一腰高的槽钢，若有几种不同的腿宽和腰厚，则在其后标注 a、b、c 表示该腰高度下的相应规格。

槽钢主要用于承受轴向力的杆件、承受横向弯曲的梁以及联系杆件，主要用于建筑钢结构、车辆制造等。

④ 热轧角钢

角钢可分为等边角钢和不等边角钢。

等边角钢的规格以"边宽度×边宽度×厚度"（mm）或"边宽♯"（cm）表示。规格范围为 $20×20×(3～4)～200×200×(14～24)$。

不等边角钢的规格以"长边宽度×短边宽度×厚度"（mm）或"长边宽度/短边宽度"（cm）表示。规格范围为 $25×16×(3～4)～200×125×(12～18)$。

角钢主要用做承受轴向力的杆件和支撑杆件，也可作为受力构件之间的连接零件。

2）冷弯薄壁型钢

冷弯薄壁型钢指用钢板或带钢在常温下弯曲成的各种断面形状的成品钢材。

冷弯薄壁型钢的类型有 C 型钢、U 型钢、Z 型钢、带钢、镀锌带钢、镀锌卷板、镀锌 C 型钢、镀锌 U 型钢、镀锌 Z 型钢。图 2-8 所示为常见形式的冷弯薄壁型钢。冷弯薄壁型钢的表示方法与热轧型钢相同。

图 2-8 冷弯薄壁型钢

在房屋建筑中，冷弯型钢可用做钢架、桁架、梁、柱等主要承重构件，也被用作屋面檩条、墙架梁柱、龙骨、门窗、屋面板、墙面板、楼板等次要构件和围护结构。

3）钢板

钢板是用碳素结构钢和低合金高强度结构钢经热轧或冷轧生产的扁平钢材。按轧制方式可分为热轧钢板和冷轧钢板。

表示方法：宽度×厚度×长度（mm）。

厚度大于 4mm 的为厚板；厚度小于或等于 4mm 的为薄板。

热轧碳素结构钢厚板，是钢结构的主要用钢材。低合金高强度结构钢厚板，用于重型结构、大跨度桥梁和高压容器等。薄板用于屋面、墙面或轧型板原料等。

3. 钢筋混凝土结构用钢材的品种及特性

钢筋混凝土结构用钢材主要是由碳素结构钢和低合金结构钢轧制而成的各种钢筋，其主要品种有热轧钢筋、冷加工钢筋、热处理钢筋、预应力混凝土用钢丝和钢绞线等。常用热轧钢筋、预应力混凝土用钢丝和钢绞线。

（1）热轧钢筋

经热轧成型并自然冷却的成品钢筋，称为热轧钢筋。根据表面特征不同，热轧钢筋分为光圆钢筋和带肋钢筋两大类。

① 热轧光圆钢筋

热轧光圆钢筋，横截面为圆形，表面光圆。其牌号由 HPB＋屈服强度特征值构成。其中 HPB 为热轧光圆钢筋的英文（Hot rolled Plain Bars）缩写，屈服强度值分为 235、300 两个级别。国家标准推荐的钢筋公称直径有 6mm、8mm、10mm、12mm、16mm、20mm 六种。

热轧光圆钢筋的强度较低，但塑性及焊接性能很好，当前 HPB300 广泛用于钢筋混凝土结构的构造筋。

② 热轧带肋钢筋

热轧带肋钢筋通常为圆形横截面，且表面通常带有两条纵肋和沿长度方向均匀分布的横肋。

热轧带肋钢筋按屈服强度值分为 335MPa、400MPa、500MPa 三个等级，其牌号的构成及其含义见表 2-7。

热轧带肋钢筋牌号的构成及其含义（摘自 GB 1499.2—2007）　　表 2-7

类　别	牌　号	牌号构成	英文字母含义
普通热轧钢筋	HRB335	HRB＋屈服强度特征值	HRB—热轧带肋钢筋的英文（Hot rolled Ribbed Bars）缩写
	HRB400		
	HRB500		
细晶粒热轧钢筋	HRBF335	HRBF＋屈服强度特征值	HRBF—在热轧带肋钢筋的英文缩写后加"细"的英文（Fine）首位字母
	HRBF400		
	HRBF500		

热轧带肋钢筋的延性、可焊性、机械连接性能和锚固性能均较好，且其 400MPa、500MPa 级钢筋的强度高，因此 HRB400、HRBF400、HRB500、HRBF500 钢筋是混凝土结构的主导钢筋，实际工程中主要用做结构构件中的受力主筋、箍筋等。

（2）预应力混凝土用钢丝

钢丝按加工状态分为冷拉钢丝和消除应力钢丝两类。

冷拉钢丝，用盘条通过拔丝模或轧辊经冷加工而成产品，以盘卷供货的钢丝。

消除应力钢丝，即钢丝在塑性变形下（轴应变）进行的短时热处理，得到的应是低松弛钢丝；或钢丝通过矫直工序后在适当温度下进行的短时热处理，得到的应是普通松弛钢丝，故消除应力钢丝按松弛性能又分为低松弛级钢丝和普通松弛级钢丝。

钢丝按外形分为光圆钢丝、螺旋肋钢丝、刻痕钢丝三种。螺旋肋钢丝表面沿着长度方向上具有规则间隔的肋条（图 2-9）；刻痕钢丝表面沿着长度方向上具有规则间隔的压痕（图 2-10）。

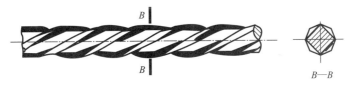

图 2-9　螺旋肋钢丝外形

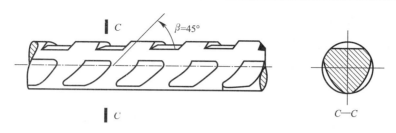

图 2-10　三面刻痕钢丝外形

预应力钢丝的抗拉强度比钢筋混凝土用热轧光圆钢筋、热轧带肋钢筋高很多，在构件中采用预应力钢丝可节省钢材、减少构件截面和节省混凝土。主要用于桥梁、吊车梁、大跨度屋架和管桩等预应力混凝土构件中。

（3）预应力混凝土钢绞线

预应力混凝土钢绞线是按严格的技术条件，绞捻起来的钢丝束。

预应力钢绞线按捻制结构分为五类：用两根钢丝捻制的钢绞线（代号为 1×2）、用三根钢丝捻制的钢绞线（代号为 1×3）、用三根刻痕钢丝捻制的钢绞线（代号为 $1 \times 3I$）、用七根钢丝捻制的标准型钢绞线（代号为 1×7）、用七根钢丝捻制又经模拔的钢绞线 [代号为 $(1 \times 7)C$]。钢绞线外形示意图如图 2-11 所示。

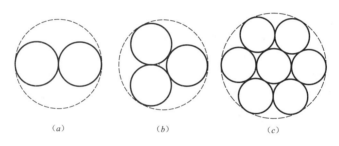

图 2-11　钢绞线外形示意图

（a）1×2 结构钢绞线；（b）1×3 结构钢绞线；（c）1×7 结构钢绞线

预应力钢丝和钢绞线具有强度高、柔度好，质量稳定，与混凝土粘结力强，易于锚固，成盘供应不需接头等诸多优点。主要用于大跨度、大负荷的桥梁、电杆、轨枕、屋架、大跨度吊车梁等结构的预应力筋。

（六）沥青材料及沥青混合料

1. 沥青材料的种类、技术性质及应用

（1）沥青材料的种类

沥青是由一些极为复杂的高分子碳氢化合物及其非金属（氮、氧、硫）衍生物所组成的，在常温下呈固态、半固态或黏稠液体的混合物。

我国对于沥青材料的命名和分类方法按沥青的产源不同划分如下：

地沥青 ⎰ 天然沥青：石油在自然条件下，长时间经受地球物理因素作用形成的产物
　　　⎱ 石油沥青：石油经各种炼油工艺加工而得的石油产品

沥青

焦油沥青 ⎰ 煤沥青：煤经干馏所得的煤焦油，经再加工后得到的产品
　　　　⎱ 页岩沥青：页岩炼油工业的副产品

沥青是憎水材料，有良好的防水性；具有较强的抗腐蚀性，能抵抗一般的酸、碱、盐类等侵蚀性液体和气体的侵蚀；能紧密粘附于无机矿物表面，有很强的粘结力；有良好的塑性，能适应基材的变形。因此，沥青及沥青混合料被广泛应用于防水、防腐、道路工程和水工建筑中。

（2）石油沥青的技术性质

1）黏滞性

石油沥青的黏滞性是指在外力作用下，沥青粒子产生相互位移时抵抗变形的性能。黏滞性是反映材料内部阻碍其相对流动的一种特性，也是我国现行标准划分沥青牌号的主要性能指标。

沥青的黏滞性与其组分及所处的温度有关。当沥青质含量较高，又有适量的胶质，且油分含量较少时，黏滞性较大。在一定的温度范围内，当温度升高，黏滞性随之降低，反之则增大。

石油沥青的黏滞性一般采用针入度来表示。针入度是在温度为 25℃时，以负重 100g 的标准针，经 5s 沉入沥青试样中的深度，每深 1/10mm，定为 1 度。针入度数值越小，表明黏度越大。

2）塑性和脆性

① 塑性

塑性是指石油沥青在受外力作用时产生变形而不破坏，除去外力后，仍保持变形后形状的性质。

石油沥青的塑性用延度表示，延度越大，塑性越好。延度是将沥青试样制成 8 字形标准试件，在规定温度的水中，以 5cm/min 的速度拉伸至试件断裂时的伸长值，以"cm"为单位。

沥青的延度决定于沥青的胶体结构、组分和试验温度。当石油沥青中胶质含量较多且其他组分含量又适当时，则塑性较大；温度升高，则延度增大；沥青膜层厚度愈厚，则塑性愈高。反之，膜层越薄，则塑性越差，当膜层薄至 $1\mu m$ 时，塑性近于消失，即接近于弹性。

② 脆性

温度降低时沥青会表现出明显的塑性下降，在较低温度下甚至表现为脆性。特别是在冬季低温下，用于防水层或路面中的沥青由于温度降低时产生的体积收缩，很容易导致沥青材料的开裂。显然，低温脆性反映了沥青抗低温的能力。

不同沥青对抵抗这种低温变形时脆性开裂的能力有所差别。通常采用弗拉斯（Frass）脆点作为衡量沥青抗低温能力的条件脆性指标。沥青脆性指标是在特定条件下，涂于金属片上的沥青试样薄膜，因被冷却和弯曲而出现裂纹时的温度，以"℃"表示。低温脆性主要取决于沥青的组分，当树脂含量较多、树脂成分的低温柔性较好时，其抗低温能力就较

强；当沥青中含有较多石蜡时，其抗低温能力就较差。

3）温度稳定性

温度稳定性是指石油沥青的黏滞性和塑性随温度升降而变化的性能。在工程上使用的沥青，要求有较好的温度稳定性，否则容易发生沥青材料夏季流淌或冬季变脆甚至开裂等现象。

通常用软化点来表示石油沥青的温度稳定性。软化点为沥青受热由固态转变为具有一定流动态时的温度。软化点越高，表明沥青的耐热性越好，即温度稳定性越好。沥青的软化点不能太低，否则夏季易融化发软；但也不能太高，否则不易施工，冬季易发生脆裂现象。

以上所论及的针入度、延度、软化点是评价黏稠沥青路用性能最常用的经验指标，也是划分沥青牌号的主要依据。所以统称为沥青的"三大指标"。

2. 沥青混合料的种类、技术性质及应用

（1）沥青混合料分类

沥青混合料是用适量的沥青与一定级配的矿质集料经过充分拌合而形成的混合物。沥青混合料的种类很多，道路工程中常用的分类方法有以下几类。

1）按结合料分类

按使用的结合料不同，沥青混合料可分为石油沥青混合料、煤沥青混合料、改性沥青混合料和乳化沥青混合料。

2）按混合料密度分类

按沥青混合料中剩余空隙率大小的不同分类，压实后剩余空隙率大于15%的沥青混合料称为开式沥青混合料；剩余空隙率为10%～15%的混合料称为半开式沥青混合料；剩余空隙率小于10%的沥青混合料称为密实式沥青混合料。密实式沥青混合料中，剩余空隙率为3%～6%时称为Ⅰ型密实式沥青混合料，剩余空隙率为4%～10%时称为Ⅱ型半密实式沥青混合料。

3）按矿质混合料的级配类型分类

① 连续级配沥青混合料。它是用连续级配的矿质混合料所配制的沥青混合料。其中连续级配矿质混合料是指矿质混合料中的颗粒从大到小各级粒径按比例相互搭配组成。

② 间断级配沥青混合料。它是用间断级配的矿质混合料所配制的沥青混合料。其中间断级配矿质混合料是指矿质混合料的比例搭配组成中缺少某些尺寸范围粒径的级配。

4）按沥青混合料所用集料的最大粒径分类

① 粗粒式沥青混合料。集料最大粒径为26.5mm或31.5mm的沥青混合料。

② 中粒式沥青混合料。集料最大粒径为16mm或19mm的沥青混合料。

③ 细粒式沥青混合料。集料最大粒径为9.5mm或13.2mm的沥青混合料。

④ 砂粒式沥青混合料。集料最大粒径等于或小于4.75m的沥青混合料。

沥青碎石混合料中除上述4类外，尚有集料最大粒径大于37.5mm的特粗式沥青碎石混合料。

5）按沥青混合料施工温度分类

按沥青混合料施工温度，可分为热拌沥青混合料和常温沥青混合料。

（2）沥青混合料的组成材料及其技术要求

1）沥青

沥青是沥青混合料中唯一的连续相材料，而且还起着胶结的关键作用。沥青的质量必须符合《公路沥青路面施工技术规范》JTG F40—2004 的要求，同时沥青的标号应按表2-8选用。通常在较炎热地区首先要求沥青有较高的黏度，以保证混合料具有较高的力学强度和稳定性；在低气温地区可选择较低稠度的沥青，以便冬季低温时有较好的变形能力，防止路面低温开裂。一般煤沥青不宜用于热拌沥青混合料路面的表面层。

热拌沥青混合料用沥青标号的选用 表 2-8

气候分区	最低月平均温度（℃）	沥青标号	
		沥青碎石	沥青混凝土
寒区	<−10	90，110，130	90，110，130
温区	0～10	90，110	70，90
热区	>10	50，70，90	50，70

2）粗集料

沥青混合料中所用粗集料是指粒径大于 2.36mm 的碎石、破碎砾石和矿渣等。粗集料应该洁净、干燥、无风化、无杂质，其质量指标应符合表2-9的要求。对于高速公路、一级公路、城市快速路、主干路的路面及各类道路抗滑层用的粗集料还有磨光值和粘附性的要求，并优先选用与沥青的粘结性好的碱性集料。酸性岩石的石料与沥青的粘结性差，应避免采用，若采用时应采取抗剥离措施。粗集料的级配应满足 JTG F40—2004 规范的规定。

沥青面层用粗集料质量指标要求 表 2-9

指　标	高速公路及一级公路		其他等级公路
	表面层	其他层次	
石料压碎值（%），≤	26	28	30
洛杉矶磨耗损失（%），≤	28	30	35
表观密度（t/m³），≥	2.60	2.50	2.45
吸水率（%），≤	2.0	3.0	3.0
坚固性（%），≤	12	12	—
针片状颗粒含量（混合料）（%），≤ 其中粒径大于 9.5mm（%），≤ 其中粒径小于 9.5mm（%），≤	15 12 18	18 15 20	20
水洗法<0.075mm 颗粒含量（%），≤	1	1	1
软石含量（%），≤	3	5	5

注：表观密度 2.60t/m³ 一般用 2600kg/m³ 表示。

3）细集料

沥青混合料用细集料是指粒径小于 2.36mm 的天然砂、人工砂及石屑等。天然砂可采用河砂或海砂，通常宜采用粗砂和中砂。细集料应洁净、干燥、无风化、无杂质，并有适当的颗粒级配，其主要质量要求见表 2-10，沥青面层用天然砂的级配应符合规范 JTG F40—2004 中的有关要求。

沥青混合料用细集料主要质量要求 表 2-10

指 标	高速公路，一级公路	一般道路
表观密度（t/m³）	≥2.50	≥2.45
坚固性（>0.3mm 部分）（%）	≤12	—
砂当量（%）	≥60	≥50

4）矿粉等填料

矿粉是粒径小于 0.075mm 的无机质细粒材料，它在沥青混合料中起填充与改善沥青性能的作用。矿粉宜采用石灰岩或岩浆岩中的强基性岩石经磨细得到的矿粉，原石料中的泥土质量分数要小于 3%，其他杂质应除净，并且要求矿粉干燥、洁净，级配合理，其质量符合表 2-11 的技术要求。当采用水泥、石灰、粉煤灰作填料时，其用量不宜超过矿料总量的 2%，并要求粉煤灰与沥青有良好的粘附性，烧失量小于 12%。

在高等级路面中可加入有机或无机短纤维等填料，以便改善沥青混合料路面的使用性能。

沥青面层用矿粉质量要求 表 2-11

指 标		高速公路、一级公路	一般道路
表观密度（t/m³）		≥2.50	≥2.45
含水量（%）		≤1	≤1
粒度范围/%	<0.6mm	100	100
	<0.15mm	90~100	90~100
	<0.075mm	75~100	70~100
外观		无团块	
亲水系数		<1	
塑性指数		<4	

（3）沥青混合料的技术性质

1）沥青混合料的强度

沥青混合料的强度是指其抵抗破坏的能力，由两方面构成：一是沥青与集料间的结合力；二是集料颗粒间的内摩擦力。

2）沥青混合料的温度稳定性

路面中的沥青混合料需要抵御各种自然因素的作用和影响。其中环境温度对于沥青混合料性能的影响最为明显。为长期保持其承载能力，沥青混合料必须具有在高温和低温作用下的结构稳定性。

① 高温稳定性

高温稳定性是指在夏季高温环境条件下，经车辆荷载反复作用时，路面沥青混合料的结构保持稳定或抵抗塑性变形的能力。稳定性不好的沥青混合料路面容易在高温环境中出现车辙、波浪等不良现象。通常所指的高温环境多以 60℃ 为参考标准。

评价沥青混合料高温稳定性的方法主要有三轴试验、马歇尔稳定度、车辙试验（即动稳定度）等方法。由于三轴试验较为复杂，故通常采用马歇尔稳定度和车辙试验作为检验和评定沥青混合料的方法。

马歇尔稳定度是指在规定条件下沥青混合料试件所能承受荷载的能力。它是通过在规定温度与加荷速度下，标准试件在允许变形范围内所能承受的最大破坏荷载。试验测定的指标有两个：一是反映沥青混合料抵抗荷载能力的马歇尔稳定度 MS（以 kN 计）；二是反映沥青混合料在外力作用下，达到最大破坏荷载时表示试件垂直变形的流值 FL（以 mm 计）。通常期望沥青混合料在具有较高马歇尔稳定度的同时，试件所产生的流值较小。

沥青混合料车辙试验是用标准方法制成 300mm×300mm×300mm 的沥青混合料试件，在 60℃（根据需要，在寒冷地区也可采用 45℃ 或其他温度）的温度条件下，以一定荷载的橡胶轮（轮压为 0.7MPa）在同一轨迹上作一定时间的反复行走，测定其在变形稳定期每增加变形 1mm 的碾压次数，即动稳定度，并以"次/mm"表示。

用于高速公路、一级公路上面层或中面层的沥青混凝土混合料的动稳定度宜不小于 800 次/mm，对用于城市主干道的沥青混合料的动稳定度不宜小于 600 次/mm。

② 低温抗裂性

低温抗裂性是指在冬季环境等较低温度下，沥青混合料路面抵抗低温收缩，并防止开裂的能力。低温开裂的原因主要是由于温度下降造成的体积收缩量超过了沥青混合料路面在此温度下的变形能力，导致路面收缩应力过大而产生的收缩开裂。

工程实际中常根据试件的低温劈裂试验来间接评定沥青混合料的抗低温能力。

3）沥青混合料的耐久性

耐久性是指沥青混合料长期在使用环境中保持结构稳定和性能不严重恶化的能力。沥青的老化或剥落、结构松散、开裂、抗剪强度的严重降低等影响正常使用的各种现象都是这种恶化的表现。

我国现行规范采用空隙率、饱和度和残留稳定度等指标来表征沥青混合料的耐久性。

4）沥青混合料的抗疲劳性

沥青混合料的疲劳是材料在荷载重复作用下产生不可恢复的强度衰减积累所引起的一种现象。荷载重复作用的次数越多，强度的降低也越大，它能承受的应力或应变值就越小。通常把沥青混合料出现疲劳破坏的重复应力值称为疲劳强度，相应的应力重复作用次数称为疲劳寿命。

5）沥青混合料的抗滑性

为保证汽车安全和快速行驶，要求路面具有一定的抗滑性。为满足路面对混合料抗滑性的要求，应选择表面粗糙、多棱角、坚硬耐磨的矿质集料，以提高路面的摩擦系数。沥青用量和含蜡量对抗滑性的影响非常敏感，即使沥青用量较最佳沥青用量只增加 0.5%，也会使抗滑系数明显降低；沥青含蜡量对路面抗滑性的影响也十分显著，工程实际中应严格控制沥青含蜡量。

6）沥青混合料的施工和易性

影响沥青混合料施工和易性的因素主要是矿料级配。粗细集料的颗粒大小相距过大时，缺乏中间粒径，混合料容易离析。若细料太少，沥青层就不容易均匀地分布在粗颗粒表面；细料过多时，则拌合困难。

另外，用粉煤灰这种具有球形结构和一定保温性能的材料作为沥青混合料的填料时，也具有良好的施工和易性。

三、市政工程识图

市政工程的范围很广,市政工程施工图内容与图示方法有所不同,但却是相互关联和相通的。本部分仅以城镇道路、城市桥梁和市政管道工程为例,介绍市政工程识图方法和要领。

(一)市政工程施工图的组成及作用

1. 城镇道路工程施工图

城镇道路工程施工图主要包括道路工程图、道路路面结构图、道路交叉工程图、灯光照明与绿化工程图四类。

(1)道路工程图

道路工程图包括道路平面图、道路纵断面图、道路横断面图。

1)道路平面图

应用正投影的方法,先根据标高投影(等高线)或地形地物图例绘制出地形图,然后将道路设计平面的结果绘制在地形图上,该图样即称为道路平面图。

道路平面图的作用是说明道路路线的平面位置、线形状况、沿线地形和地物、纵断标高和坡度、路基宽度和边坡坡度、路面结构、地质状况以及路线上的附属构筑物,如桥涵、通道、出入口、挡土墙的位置及其与路线的关系。

道路平面图主要表达地形、路线两部分内容。地形部分主要表达出工程所处现况地貌情况、周边既有建、构筑物及自然环境等信息。路线部分主要表达出道路规划红线、里程桩号、路线的平面线形等信息。其中规划红线是道路的用地界线,常用双点画线表示。道路规划红线范围内为道路用地,一切影响设计意图实现的建筑物、构筑物、管线等需拆除。里程桩号表达了道路各段长度及总长。

2)道路纵断面图

道路纵断面图是通过道路中心线用假想的铅垂面进行剖切展平后获得的。

道路纵断面图的作用是表达路线中心纵向线形以及地面起伏、地质和沿线设置构筑物的概况。由于道路中心线通常不是一条笔直的线路,而是由直线段及曲线段组成,所以剖切的铅垂面由平面和曲面共同组成。为了直观地表达道路纵断面情况,故将断面展开再投影后,形成道路纵断面图。

3)道路横断面图

道路横断面图是沿道路中心线垂直方向的断面图。横断图包括路线标准横断面图、路基一般设计图和特殊路基设计图。城市道路横断面图应表示出机动车道、非机动车道、分隔带、人行道及附属设施的横向布置关系；布置形式分为单幅路、双幅路、三幅路、四幅路等基本形式。

（2）道路路面结构图

道路路面结构图是沿道路路面中心线垂直方向的断面图。路面结构分为沥青路面和混凝土路面。沥青路面结构图常选择车道边缘处，表示分层结构、缘石、灯杆位置及细部构造。水泥混凝土路面结构图应表示分块、分层、胀缩缝和路拱及细部构造。

沥青路面机动车道结构图如图 3-1 所示。

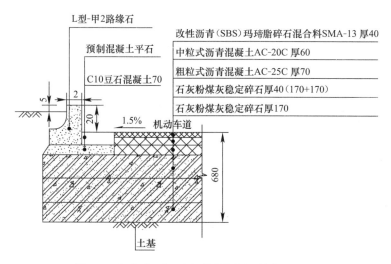

图 3-1　沥青路面机动车道结构图（单位：mm）

（3）道路交叉工程图

1）平面交叉口工程图

① 平面交叉口基本知识

平面交叉口类型分为"十"字形交叉口，"T"形交叉口，"X"字形交叉口和"Y"字形交叉口，错位交叉口及多路交叉口，如图 3-2 所示。

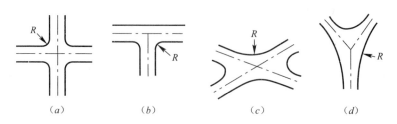

图 3-2　平面交叉路口图

（a）十字形；（b）T 形；（c）X 形；（d）Y 形

在平面交叉口处不同方向的行车往往相互干扰影响，行车路线往往在某些点位置相交、分叉或是汇集，专业上将这些点称为冲突点、分流点和合流点，如图 3-3 所示。交通组织即是对各方向各类行车在时间和空间上作合理安排。从而尽量消除冲突点，提高道路的通行能力，确保道路安全性达到最佳水平。平面交叉口的组织形式分为渠化、环形和自动化交通组织等。

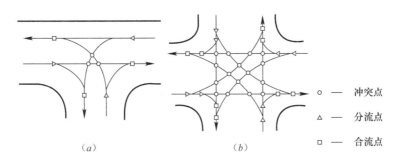

图 3-3　冲突点、分流点、合流点的图示
(a) 三路交叉口；(b) 四路交叉口

② 平面交叉口工程图的组成及作用

平面交叉口工程图主要包括：平面图、纵断面图、交通组织图和竖向设计图。

交叉口平面图内容包括道路、地形地物两部分。该图的作用是表达出交叉口的类型，交叉道路的长度、各路走向、各车道的宽度与隔离带的关系等信息。

交叉口纵断面图是沿相交两条道路的中线剖切而得到的断面图，其作用与内容均与道路路线纵断面基本相同。

交叉口交通组织图主要是通过不同线形的箭线，标识出机动车、非机动车和行人等在交叉口处必须遵守的行进路线。

竖向设计图表达交叉口处路面在竖向的高程变化，以保证行车平顺和排水通畅。

2）立体交叉口工程图

① 立体交叉口基本知识

立体交叉口是指交叉道路在不同标高相交时的道口，在交叉处设置跨越道路的桥梁时下穿式上行；各相交道路上的车流互不干扰，保证车辆快速安全的通过交叉口；以保证道路通行能力和安全舒适性。

② 立体交叉口工程图的组成及作用

立体交叉口工程图主要包括：平面设计图、立体交叉纵断面设计图、连接部位的设计图。

平面设计图内容包括立体交叉口的平面设计形式、各组成部分的相互位置关系、地形地物以及建设区域内的附属构筑物等。该图的作用是表示立体交叉的方式和交通组织的类型。

立体交叉纵断面设计图是对组成互通的主线、支线和匝道等各线进行纵向设计，利用纵断面图标示。立体交叉纵断面图作用是表达立体交叉的复杂情况，同时清晰明朗的表达道路横向与纵向的对应关系。

连接部位的设计图包括连接位置图、连接部位大样图、分隔带断面图和标高数据图。连接位置图是在立体交叉平面示意图上,标出两条连接道路的连接位置。连接部位大样图是用局部放大的方法,重点独立绘制平面图上无法清楚表达的道路连接部分。分隔带横断面图是用大比例尺重点绘制出道路分隔带的构造。标高数据图是在立体交叉平面图上表示出主要控制点的设计标高。

2. 城市桥梁工程施工图

城市桥梁由基础、下部结构、上部结构、桥面系及附属结构等部分组成。

基础分为桩基、扩大基础和承台。下部结构包括桥台、墩柱和盖梁。

上部结构包括承重结构和桥面系结构,是在线路中断时跨越障碍的主要承重结构。其作用是承受车辆等荷载,并通过支座、盖梁传给墩台。

下部结构包括盖梁、桥(承)台和桥墩(柱)。下部结构的作用是支撑上部结构,并将结构重力和车辆荷载等传给地基;桥台还与路堤连接并抵御路堤土压力。

附属结构包括防撞装置、排水装置和桥头锥形护坡、挡土墙、隔声屏、照明灯柱、绿化植树等结构物。

桥梁工程图主要由桥位平面图、桥位地质断面图、桥梁总体布置图及桥梁构件结构图组成,如图 3-4 所示。

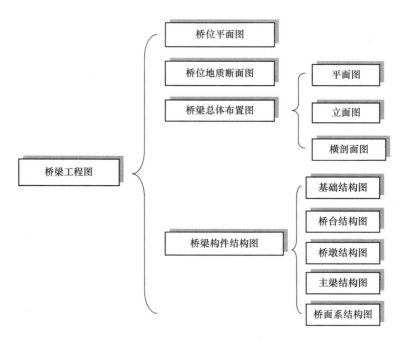

图 3-4　桥梁工程图内容

(1) 桥位平面图的作用及表达的内容

将桥梁的设计结果绘制在实地测绘出的地形图上所得到的图样称为桥位平面图。其作用是表现桥梁在道路路线中的具体位置及桥梁周围的现况地貌特征。桥位平面图主要表达出桥梁和路线连接的平面位置关系，设计桥梁周边的道路、河流、水准点、里程及附近地形地貌，以此作为施工定位、施工场地布置及施工部署的依据。

（2）桥位地质断面图

桥位地质断面图是表明桥位所在河床位置的地质断面情况的图样，是根据水文调查和实地地质勘查钻探所得的地质水文资料绘制的。

桥位地质断面图的作用是表示桥梁所在位置的地质水文情况，以指导现场施工方案的选择和部署，尤其是桩基施工的机械设备选择。

（3）桥梁总体布置图

桥梁总体布置图由桥梁立面图、平面图和侧剖面图组成。图示出桥梁的形式、构造组成、跨径、孔数、总体尺寸、各部分结构构件的相互位置关系、桥梁各部位的标高、使用材料及必要的技术说明等。以此作为桥梁施工中墩台定位、构件安装及标高控制的重要依据。

（4）桥梁构件结构图

由于桥梁是由许多构件组合而成的比较复杂的构筑物。桥梁总体布置图无法充分详细地图示出各个构件的细部构造及设计要求，故需要采用大比例尺（比例尺采用1∶200，细部结构为1∶5～1∶50）来图示细部构件的大小、形状及构造组成。桥梁构件结构图中绘制出桥梁的基础结构、下部结构、上部结构及桥面系等细部设计图，如支座、变形缝等细部结构。图3-5表示桥伸缩缝细部。

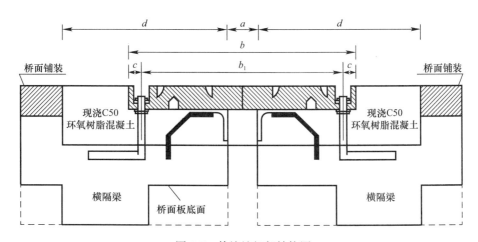

图 3-5　伸缩缝细部结构图

1）钢筋混凝土基础结构图

钢筋混凝土基础结构图主要表示出桩基形式，尺寸及配筋情况。

2）桥（承）台结构图

桥（承）台结构图表达出其内部构造的形状、尺寸和材料；同时通过钢筋结构图表达桥承台的配筋、混凝土及钢筋用量情况。承台施工还涉及降水、基坑施工，在结构图中有注释。

3）桥墩结构图

桥墩通称墩柱，属桥梁下部结构，城市桥梁的墩柱要求造型美观，多采用混凝土浇筑方法施工，主要由盖梁、墩柱、支座等组成。

桥墩结构图主要作用是表示桥梁的中间支撑构筑物的结构形式、尺寸、位置及连接方式等。

4）钢筋混凝土主梁结构图

主梁是桥梁的上部结构，架设在墩台、盖梁之上，是桥体主要受力构件。

主梁骨架结构图及主梁隔板（横隔梁）结构图表达梁体的配筋、混凝土用量及预应力筋布设要求。主梁结构形式通常与施工工艺相互制约，结构图注释施工步序和技术要求。

5）桥面系结构图

桥面系是直接承受车辆、人群等荷载并将其传递至主要承重构件的桥面构造系统，包括桥面防水层、铺装层、桥面板、栏杆（防撞墩）、伸缩缝、人行道灯杆、隔声屏等。

桥面系结构图（图3-6）的作用是表示桥面铺装的各层结构组成和位置关系，桥面坡向，桥面排水、伸缩装置、栏杆、缘石及人行道等相互位置关系。

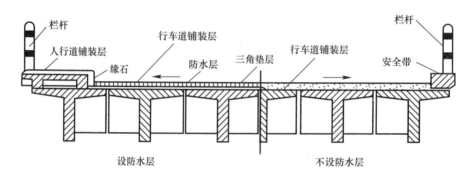

图 3-6　桥面系结构示意图

3. 市政管道工程施工图的组成及作用

市政管道工程通常包括给水管道工程、排水管道工程、燃气管道工程、热力管道工程、电力管道工程、电信管道工程等。本章节以给水排水管道工程的施工图为例，介绍压力管道和非压力管道施工图知识。

给水排水管道是市政管道工程重要组成部分。市政给水和排水工程施工图可分为：给水和排水管道工程施工图、水处理构筑物施工图及工艺设备安装图。下面主要介绍给水排水管道工程施工图的组成、作用及表达的内容。

（1）给水排水管道（渠）平面图

一般采用比例尺寸1∶500～1∶2000，主要表示出施工区域地形、地物、指北针、道路桥涵、现有管线与设计管（渠）的位置及其始终点，管渠尺寸及材料，管线桩号及主要控制点坐标，管道中心线与道路中心线的水平距离，与其他交叉构筑物及管线的垂直间距，各种闸阀井位、井号、管线转角、交叉点等。

（2）给水排水管（渠）纵断面

水平向一般采用比例尺 1：500～1：2000，纵向 1：100～1：200，主要表达出原地面、规划地面、桩号、管中心（或管底）设计标高，各种交叉管线断面及其底部标高，管渠长度、口径或断面尺寸、坡度、管材、接口形式，基础形式，井室底标高、井距。当地质条件复杂时，图左侧应绘制出地质柱状图以指导施工作业。

（3）给水排水管（渠）、附件布置示意图

该图主要表达出各节点的管件布置，各种附属构筑物（如闸阀井、消火栓、排气阀、泄水阀及穿越道路、桥梁、隧洞、河道等）的位置编号，各管段的管径（断面）、长度、材料的标注，附件一览表及工程量表。

（4）给水排水管道采用不开槽施工时，除上述图示外还应有施工竖井、暗挖隧道等结构与施工图、断面施工步序及监测布点图。

（二）市政工程施工图的图示方法及内容

1. 城镇道路工程施工图

（1）道路平面图

1）图示方法

① 比例：根据不同的地形地物特点，地形图采用不同的比例。一般常采用的比例为1：1000。由于城市规划图的比例通常为 1：500，所以道路平面图图示比例多为1：5000。

② 方位：为了表明该地形区域的方位及道路路线的走向，地形图样中用箭头表示其方位。

③ 线型：使用双点画线表示规划红线，细点画线表示道路中心线，以粗实线绘制道路各条车道及分隔带。

④ 地形地物：地形情况一般用等高线或地形线表示。由于城市道路一般比较平坦，因此多采用大量的地形点来表示地形高程。用"▼"图示测点，并在其右侧标注绝对高程数值。同时在图中注明水准点位置及编号，用于路线的高程控制。

⑤ 里程桩号：里程桩号反映道路各段长度及总长，一般在道路中心线上。从起点到终点，沿前进方向标注里程桩号，也可向垂直道路中心线方向引一直线，注写里程桩号，如 2K+550，即距离道路起点 2550m。

⑥ 路线转点：在平面图中是用路线转点编号来表示的，JD_1 表示为第一个路线转点。角为路线转向的折角，它是沿路线前进方向向左或者向右偏转的角度。R 为圆曲线半径，T 为切线长，L 为曲线长，E 为外矢距。图中曲线控制点 ZH 为曲线起点，HY 为"缓圆"交点，QZ 为"曲中"点，YH 为"圆缓"交点，HZ 为"缓直"交点。当为圆曲线时，控制点为：ZY、QZ、YZ。

平面图中常用图例见表 3-1。

平面图中常用图例　　　　　　　　　　　　　　　　　表 3-1

图 例						符 号	
浆砌块石		房屋	独立成片	用材料	松	转角点（交点）	JD
						半径	R
水准点	BM′编号/高程	高压电线		围墙		切线长度	T
						曲线长度	L
导线点	编号/高程	低压电线		堤		缓和曲线长度	L
						外距	E
转角点	JD编号	通讯线		路堑		偏角	α
						圆曲线起点（直圆点）	ZY
铁路		水田		坟地		第一缓和曲线起点（直缓点）	ZH
						第一缓和曲线终点（缓圆点）	HY
公路		旱地		变压器		第二缓和曲线起点（圆缓点）	YH
大车道		菜地				第二缓和曲线终点（缓直点）	HZ
桥梁及涵洞		水库鱼塘	塘	经济林	油茶	东	E
						西	W
水沟		坎		等高线冲沟		南	S
						北	N
河流		晒谷坪	谷	石质陡崖		横坐标	X
						纵坐标	Y
图根点		三角点		冲沟		圆曲线半径	R
						切线长	T
机场		指北针		房屋		曲线长	L
						外矢矩	E

　　2）图示内容

　　道路工程平面图（图 3-7）主要表明道路本身各组成部分：如车行道、分隔带、人行道等设计的平面位置、线型、路宽和路长等，以及附属工程构筑物（桥涵、挡土墙等）的所在位置等内容。

　　（2）道路纵断面图

　　1）图示方法

　　① 道路纵断面图布局分上下两部分，上方为图样，下方为资料列表，根据里程桩号对应图示，如图 3-8 所示。

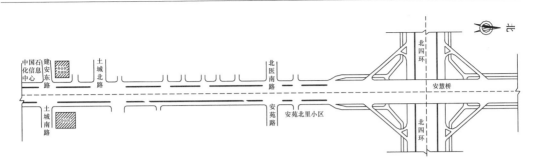

图 3-7　道路平面示意图

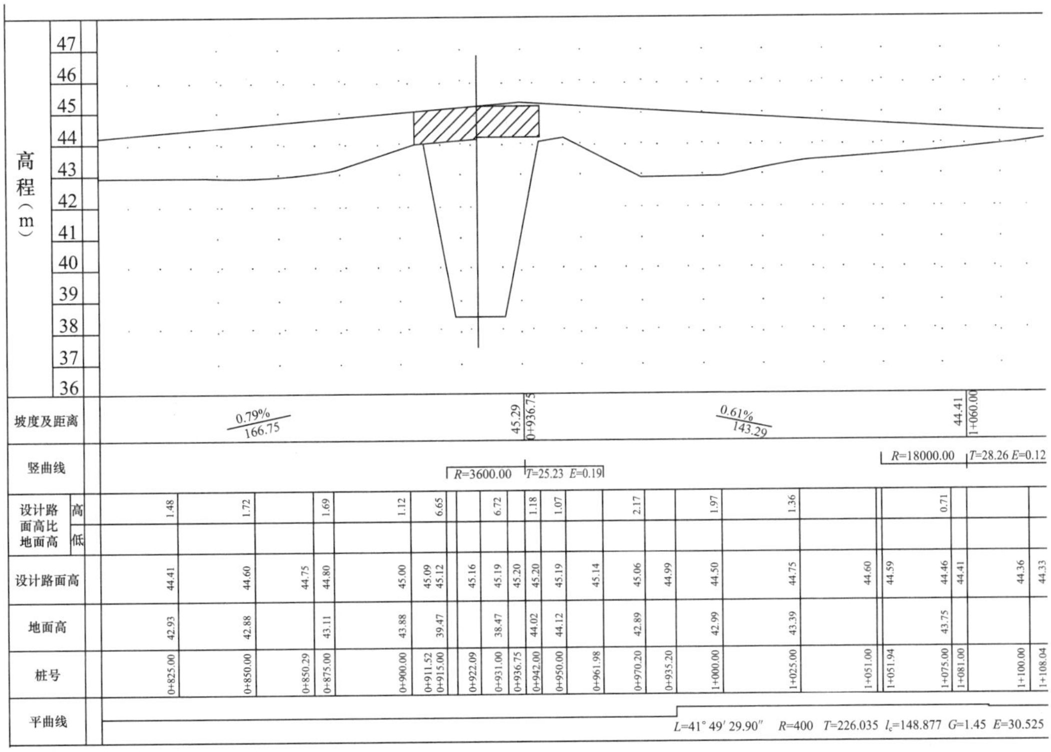

图 3-8　道路纵断面图

② 图样部分中，水平方向表示路线长度，垂直方向表示高程。由于现况地面线和设计线的高差比路线的长度小得多，图纸规定铅垂向的比例比水平向的比例放大 10 倍。如纵断面图由不止一张图纸组成，第一张的适当位置会注明铅垂、水平向所用比例。

③ 地面线：图样中不规则的细折线表示沿道路设计中心线处的现况地面线。

④ 路面设计高程线：图上常用比较规则的直线与曲线相间粗实线图示出设计坡度，简称设计线，表示道路路面中心线的设计高程。

⑤ 竖曲线：设计路面纵向坡度变更处，相邻两坡度高差的绝对值大于一定数值时，为了满足行车要求，应在坡度变更处设置圆形竖曲线。在竖曲线上标注竖曲线的半径 R，

切线长 T 和外距 E。

⑥ 构筑物：设计路线上的跨线桥梁、立交桥、涵洞、通道等构筑物，在纵断面图的相应里程桩号位置以相应图例绘制出，并注明桩号及构筑物的名称和编号等信息。

⑦ 水准点：在设计线的上方或下方，标注沿线设置的水准点所在的里程，并标注其编号及与路线的相对位置。

2）图示内容

道路纵断面图主要表达路线长度，路面设计高程线，道路沿线中的构筑物等内容，表示控制中心桩地面高程、原地面线与设计高程，进行对比可以反映道路的填挖方。

（3）道路横断面图

1）图示方法

① 线型：路面线、路肩线、边坡线、护坡线采用粗实线表示；路面厚度采用中粗实线表示；原有地面线应采用细实线表示，设计或原有道路中线采用细点画线图示。

② 管线高程：横断面图中，管涵、管线的高程根据设计要求标注。管涵管线横断面采用相应图例，如图 3-9 所示。

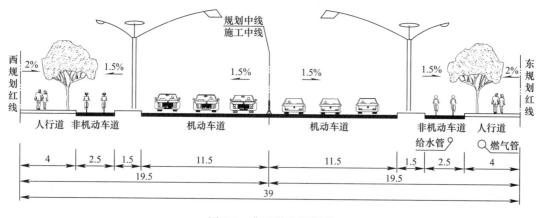

图 3-9 典型道路横断图

③ 当防护工程设施标注材料名称时，可不画材料符号，其断面剖面线可以省略。

常见道路工程图例见表 3-2。

常见道路工程图例 表 3-2

序号	名称	图例	序号	名称	图例
1	防护网	——×——×——	3	隔离墩	▮ ▮ ▮ ▮
2	防护栏	▲▲▲▲	4	细粒式沥青混凝土	（斜网格填充）

序　号	名　　称	图　例	序号	名　　称	图　例
5	中粒式沥青混凝土		20	泥结碎砾石	
6	粗粒式沥青混凝土		21	泥灰结碎砾石	
7	沥青碎石		22	级配碎砾石	
8	沥青贯入砂砾		23	填隙砂石	
9	沥青表面处治		24	天然砂砾	
10	水泥混凝土		25	干砌片石	
11	钢筋混凝土		26	浆砌片石	
12	水泥稳定土		27	浆砌块石	
13	水泥稳定砂砾		28	木材横纵	
14	水泥稳定碎石				
15	石灰土		29	金属	
16	石灰粉煤灰		30	橡胶	
17	石灰粉煤灰土		31	自然土壤	
18	石灰粉煤灰砂砾		32	夯实土壤	
19	石灰粉煤灰碎石		33	防水卷材	

2）图示内容

城市道路横断面图主要表达行车道、路缘带、硬路肩、路面厚度、土路肩和中央分隔带等道路各组成部分的横向布置，道路地上电力、电信设施和地下给水管、雨水管、污水管、燃气管等公用设施的位置、高程、横坡度等。

2. 城市桥梁工程施工图

（1）桥梁平面图

1）图示方法

平面图通常使用粗实线图示道路边线，用细点画线图示道路中心线。细实线图示桥梁图例和钻探孔位及编号，当选用大比例尺时，常用粗实线按比例绘制桥梁的长和宽。

2）图示内容

主要表明桥梁和路线连接的平面位置，通过地形测量绘出桥位处的道路、河流、水准点、钻孔机附近的地形和地物（如房屋、既有桥等），以便作为桥梁设计、施工定位的依据。常见桥梁工程图例见表 3-3。

常见城市桥梁工程图例　　　　　　　　　　　　表 3-3

序　号	名　称	图　例	序号	名　称	图　例
1	涵洞		9	箱涵	
2	通道	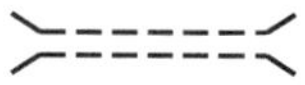	10	管涵	
3	分离式立交 a. 主线上跨 b. 主线下跨	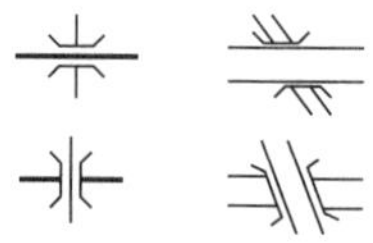	11	盖板涵	
4	桥梁（大，中桥梁 按实际绘制）		12	拱涵	
5	互通式立交（按采 用形式绘制）		13	相形通道	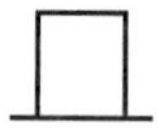
6	隧道		14	桥梁	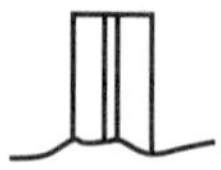
7	养护单位		15	分离式立交 a. 主线上跨 b. 主线下跨	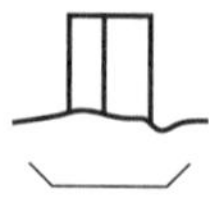
8	管理机构		16	互通式立交 a. 主线上跨 b. 主线下跨	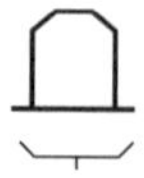

（2）桥位地质断面图

1）图示方法

为了显示地质和河床深度变化情况，标高方向的比例比水平方向的比例大。图样中根据不同的土层土质，用图例分清土层并注明土质名称，按钻孔的编号，标示符号、位置及钻探深度；在图样下方列表格，标注相关数据，标示钻孔的孔口标高、深度及间距。图样左侧使用 1∶200 的比例尺绘制高程标尺，如图 3-12 所示。

2）图示内容

在地质断面图上主要表示桥基位置、深度和所处土层。跨水域桥还应显示出河床断面线、洪水位线、常水位线和最低水位线，以便作为桥梁桥台、桥墩设计和施工的依据。为了显示地质和河床深度变化情况，地形高度（标高）比例较大。

（3）桥梁总体布置图

桥梁总体布置图主要表示桥梁的形式、跨径、孔数、总体尺寸，各主要构件的相互位置关系，桥梁各部分的标高、材料数量以及总的技术说明等。

跨水域桥还应表示河床的地质、水文情况，根据标高尺寸可以知道桩和桥台埋置深度及梁底、桥台和桥中心的标高尺寸。由于基桩埋置深度较大，为了节省图幅，连同地质资料一起，采用折断画法。

三视图即立面图、平面图及剖面图。纵向立面图和平面图的绘图比例相同，通常采用 1∶1000～1∶500。

1）立面图

① 图示方法

立面图通常采用半立面和半纵剖面图结构的图示方式。两部分图样以桥梁中心线分解。采用 1∶200 的比例尺，以清晰反映桥梁结构的整体构造。通过半立面图，图示桩的形式及桩顶、桩底高程，桥墩与桥台的立面形式、标高及尺寸，桥梁主梁的形式、梁底标高及有关尺寸。通过标注，图示出控制位置如桥梁的起止点和桥墩中线的里程桩号。利用半纵剖面图表现桩的形式、桥墩与桥台的形式及盖梁、承台、桥台的剖面形式，如图 3-10 所示。用立面图表示桥梁所在位置的现况道路断面，并通过图例示意所在地层土质分层情况，标注各层的

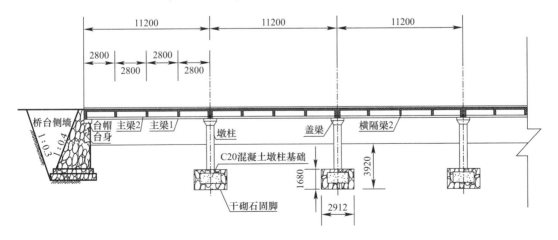

图 3-10　桥梁纵剖面图

土质名称。在图左侧，绘制高程标尺，用以图示出地下水水位标高，跨河段河床中心地面标高等信息。利用剖切符号注出横剖面的位置，标注出桥梁中心桥面标高及桥梁两端的标高，标注出各部位尺寸及总体尺寸。

② 图示内容

主要表示桥梁结构的整体构造，桥梁各结构部分的立面形式，结构尺寸和标高。同时显示出水文地质情况，地下水位、跨河段水位标高等内容。

2）平面图

① 图示方法

平面图通常采用半上部结构平面图和半墩台桩柱平面图的图示方法。半平面图表示桥面系的构造情况。半墩台桩柱平面图针对所需图示部位不同，且根据桥梁施工不同阶段情况进行投影图示。如当需要描述桥台及盖梁平面构造时，对未上主梁时的结构进行投影图示；当需要描述墩柱的承台平面时，取承台以上盖梁以下位置作为剖切平面，向下正投影进行图示。当需要描述桩位时，取承台以下作剖切平面，并用虚线图示承台位置。

② 图示内容

通过对不同施工部位和施工阶段进行投影，以图示出桥梁各部位平面结构尺寸及水平位置关系。

3）剖面图

① 图示方法

通过对两个不同位置进行剖切，组合构成图样来进行图示。常用图示比例为1：100。通过对桥台、盖梁以上不同部位进行剖面投影，图示出边跨及中跨主梁、桥面铺装构造、人行道及栏杆构造。用材料图例表示主梁截面，剖到截面涂黑并说明为钢筋混凝土构件，中实线表示横隔梁。桥面铺装部分用阴影线图例表示。人行道截面根据使用材料用图例表示，当为钢筋混凝土人行道板时可用涂黑图例，阴影图例轮廓线用粗实线表示。主梁以下部分为桥梁墩台的侧立面图图样。左半部分以中实线图示桥台立面的构造及标注各部分尺寸；右半部分以中实线图示桥墩、承台、盖梁、桩基，用细点画线表示桩柱及桥墩中心线，标注表示各部分的尺寸及控制点高程。

② 图示内容

该图通过剖面投影，表示出桥梁各部位的结构尺寸及控制点高程。

（4）桥梁构件结构图

1）桥台结构图

桥台构件详图图示比例为1：100，通过平、立、剖三视图表现。桥台内部构造的形状、尺寸和材料使用纵剖面图图示，桥台外形尺寸使用平面图图示，为了清晰反映桥台结构，利用侧立面图分别从台前和台后两个方向剖切台体结构。通过钢筋结构图，图示桥台具体配筋情况。通过钢筋用量表表示出各部位钢筋的直径、根数及长度等信息，如图3-11所示。

2）桥墩结构图

桥墩和桥台同属桥梁下部结构。其构造组成为：墩帽、墩身、基础等。桥墩的图样有墩柱图、墩帽图及墩帽钢筋布置图。墩柱图是用来图示桥墩的整体情况。圆端形桥墩的正面图是为按照线路方向投射桥墩所得的视图。圆形墩的桥墩正面图是半正面与半剖面的合成视

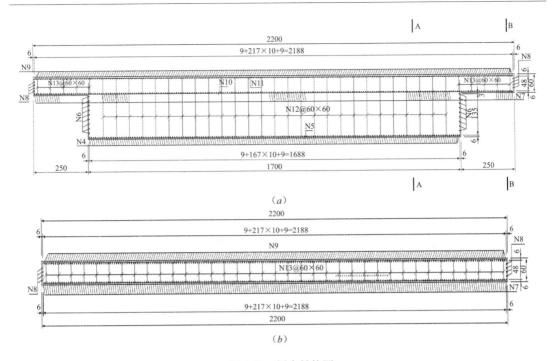

图 3-11 桥台结构图

（a）桥台台身横断面；（b）桥台背墙横断面

图。半剖面是为了表示桥墩各部分的材料，加注有材料说明，并用虚线表示材料分界线。半正面图上，用点画线表示斜圆柱面的轴线和顶帽上的直圆柱面的轴线。平面图画成了基顶平面，它是沿基础顶面剖切后，向下投射得到的剖面图。墩帽图一般按照较大的比例单独绘制，用虚线表示正面图和侧面图的材料分界线，用点画线表示柱面的轴线。墩帽钢筋布置图用来图示墩帽部分的钢筋布置情况。当墩帽形状和配筋情况不太复杂时，墩帽钢筋布置图与墩帽图有时合绘在一起，不单独绘制。墩台结构图如图 3-12 所示。

3）钢筋混凝土构件图的图示方法

钢筋混凝土结构图包括两类图样，一类是一般构造图；另一类是钢筋结构图。构造图用来表示构件的形状和尺寸，不涉及内部钢筋的布置情况。而钢筋结构图主要表示构件内部钢筋的配置情况。

① 钢筋结构图包括钢筋布置图及钢筋成型图。通过识读钢筋布置图理解内部钢筋的分布情况，一般通过立面图、断面图结合对比识读。钢筋成型图中表明了钢筋的形状，以此作为施工下料的依据。仔细识读标注于钢筋成型图上钢筋各部分的实际尺寸，钢筋编号、根数、直径及单根钢筋的断料长度。最后仔细核对图纸中的钢筋明细表，该明细表将每一种钢筋的编号、型号、规格、根数、总长度等内容详细表达，是钢筋备料、加工以及作材料预算的依据。

② 为了突出表示钢筋的配置状况，在构件的立面图和断面图上，轮廓线通常用中实线或细实线画出。图内不画材料图例，而用粗实线（立面图中）和黑圆点（断面图中）表示钢筋，并对钢筋加以说明标注。

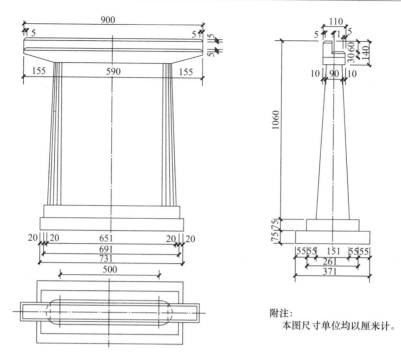

附注：
本图尺寸单位均以厘米计。

图 3-12　桥墩结构图

③ 钢筋的标注方法：钢筋的标注包括钢筋的编号、数量或间距、代号及所在位置，通常应沿钢筋的长度标注或标注在有关钢筋的引出线上。一般采用引出线的方法，具体有以下两种标注方法。

A. 标注钢筋的根数、直径和等级。如 3Φ20，3：表示钢筋的根数；Φ：表示钢筋等级，直径符号；20：表示钢筋直径；

B. 标注钢筋的等级、直径和相邻钢筋中心距。如 Φ8@200，Φ：表示钢筋等级直径符号；8：表示钢筋直径；@：相等中心距符号；200：相邻钢筋的中心距（≤200mm）。

钢筋种类、符号、直径及外观形状见表 3-4。

钢筋种类、符号、直径及外观形状表　　　　　　表 3-4

钢筋种类	符号	直径（mm）	外观形状	钢筋种类	符　号	直径（mm）	外观形状
HPB300 级钢筋	Φ	6～20	光圆	冷拉 HRB335 级钢筋	Φⁱ	8～40	人字纹
HRB335 级钢筋	Φ	8～25 28～40	人字纹	冷拉 HRB400 级钢筋	Φⁱ	10～28	光圆或螺纹
HRB400 级钢筋	Φ	8～40	人字纹	冷拔钢丝 高强钢丝（碳素） 刻痕钢丝	Φᵇ Φˢ Φᵏ	2.5～5	光圆
HRB500 级钢筋	Φ	10～28	螺旋纹	钢绞丝	Φʲ	7.5～15	钢丝绞捻
冷拉 HPB300 级钢筋	Φⁱ	8～25 28～40	人字纹				

梁、柱的箍筋和板的分布筋，一般注明间距，但不注明数量。对于简单的构件，不对钢筋进行编号。当构件纵横向尺寸相差悬殊时，可在同一详图中纵横向选用不同的比例。

④ 钢筋末端的标准弯钩可分为 90°、135°和 180°三种。当采用标准弯钩时，钢筋直段长的标注直接标注于钢筋的侧面。箍筋大样通常不绘制出弯钩。当为扭转或抗振箍筋时，在大

样图的右上角，会增绘两条倾斜 45°的斜短线。

⑤ 钢筋的简化图示

型号、直径、长度和间隔距离完全相同的钢筋，只画出第一根和最后一根的全长，用标注的方法表示其根数、直径和间隔距离，如图 3-13（a）所示。

型号、直径、长度相同，而间隔距离不相同的钢筋，只画出第一根和最后一根的全长，中间用粗短线表示其位置。用标注的方法表明钢筋的根数、直径和间隔距离，如图 3-13（b）所示。

当各个构件的断面形式、尺寸大小和布置均相同时，仅钢筋编号不同，可采用图 3-13（c）

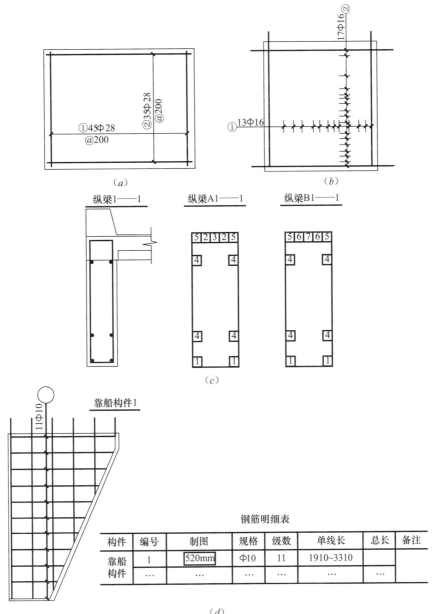

钢筋明细表

构件	编号	制图	规格	级数	单线长	总长	备注
靠船构件	1	520mm	Φ10	11	1910~3310		
	…	…	…	…	…		

（d）

图 3-13　钢筋的简化图示方法

所示的画法。

　　钢筋的形式和规格相同，而其长度不同且呈有规律的变化时，这组钢筋允许只编一个号，并在钢筋表中"简图"栏内加注变化规律，如图 3-13 (d) 所示。

3. 市政管道工程施工图

　　（1）图示方法

　　1）图线：市政管道工程施工图的线宽与线型是根据专业工程、施工方法确定的，采用单线图或双线图。

　　2）比例：市政管道工程平面图采用的比例通常为 1∶200、1∶150、1∶100，且多与道路专业一致。管道的纵断面图采用的比例通常为：1∶200、1∶100、1∶50，横断面图采用的比例通常为：1∶1000、1∶500、1∶300，且多与相应图样一致。习惯上，管道纵断面根据工程需要对纵向与横向采用不同的组合比例，以便显示管道的埋深与覆土。

　　3）标高：管道的起讫点、连接点、转角点、变径点、交叉点、边坡点及结构特征点均应标注高程。压力管道通常标注管道设计中心标高；重力管道标注管底标高。标高单位为"m"。管径根据管材的不同区别标注，使用公称直径"DN"、外径"D×壁厚"、内径"d"等。

　　标高的标注方法如图 3-14～图 3-16 所示。

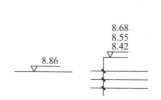

图 3-14　平面图中管道标高标注方法

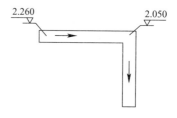

图 3-15　平面图中沟渠标高标注方法

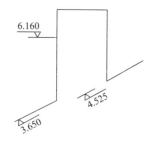

图 3-16　轴测图管道标高标注方法

　　4）管径

　　管径以"mm"为单位。球墨铸铁管、钢管等管材，管径以公称直径 DN 表示（如 DN150、DN200）；无缝钢管、焊接钢管（直缝或螺旋缝）、不锈钢管等管材，管径宜以外径 D×壁厚表示（如 300×4）。钢筋混凝土管等管径以内径 d 表示。塑料管材的管径也可按产品标准的方法表示。

　　管径的标注方法如下：

　　① 单根管道，管径标注如图 3-17 所示。

　　② 多根管道，管径标注如图 3-18 所示。

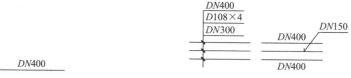

图 3-17　单管管径标注方法

图 3-18　多根管道管径标注方法

5）井室、支墩

井室、支墩等管道等附属构筑物位置与编号应按行业规定顺序进行编号。

6）市政管道工程常用图例（表 3-5～表 3-8）

市政管道工程常见图例　　　　　　　　　　　　　　　　　表 3-5

序号	名　称	图　例	序号	名　称	图　例
1	生活给水管	——J——	15	压力污水管	——YW——
2	热水给水管	——RJ——	16	雨水管	——Y——
3	热水回水管	——RH——	17	压力雨水管	——YY——
4	中水给水管	——ZJ——	18	虹吸雨水管	——HY——
5	循环冷却给水管	——XJ——	19	膨胀管	——PZ——
6	循环冷却回水管	——XH——	20	保温管	～～～～
7	热煤给水管	——RM——	21	伴热管	━ ━ ━ ━
8	热煤回水管	——RMH——	22	多孔管	✕ ✕ ✕
9	蒸汽管	——Z——	23	地沟管	▤▤▤▤▤
10	凝结水管	——N——	24	防护套管	▭
11	废水管	——F——	25	管道立管	XL-1 平面　　XL-1 系统
12	压力废水管	——YF——	26	空调凝结水管	——KN——
13	通气管	——T——	27	排水明沟	坡向 →
14	污水管	——W——	28	排水暗沟	坡向 →

市政管道工程常见附件图例　　　　　　　　　　　　　　　表 3-6

序号	名　称	图　例	序号	名　称	图　例
1	管道伸缩器	—————▭—	6	清扫口	⊙ 平面　　┬ 系统
2	方形伸缩器	┤ ┌┐ ├	7	通气帽	↑ 成品　　￬ 蘑菇形
3	波纹管	—▷◁—	8	雨水斗	YD- ⊘ 平面　　YD- ⌒ 系统
4	管道固定支架	✳———✳	9	排水漏斗	⊙ 平面　　▽ 系统
5	立管检查口	┤	10	自动冲洗水箱	▭— —▭

市政管道工程常见连接图例 表 3-7

序号	名称	图例	备注
1	法兰连接	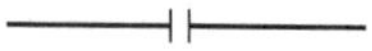	—
2	承插连接		—
3	活接头	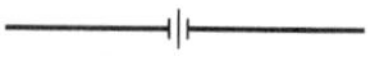	—
4	管堵		—
5	法兰堵盖		—
6	盲板		—
7	弯折管	高 低 低 高	—
8	管道丁字上接	 高 低	—
9	管道丁字下接	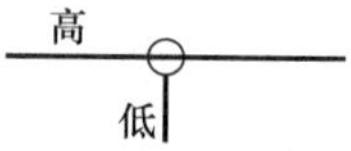 高 低	—
10	管道交叉	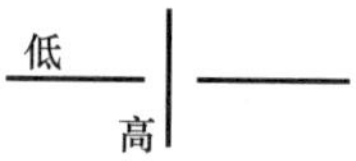 低 高	在下面和后面的管道应断开

市政管道工程常见阀门图例 表 3-8

序号	名称	图例	序号	名称	图例
1	闸阀		9	气动闸阀	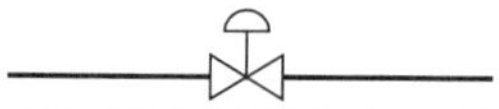
2	角阀		10	电动蝶阀	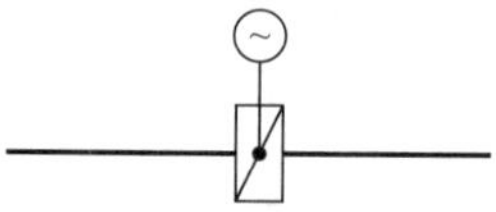
3	三通阀		11	液动蝶阀	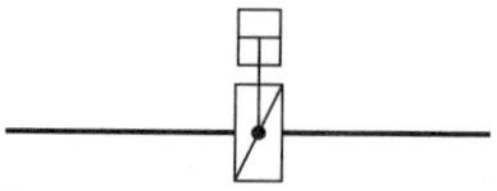
4	四通阀	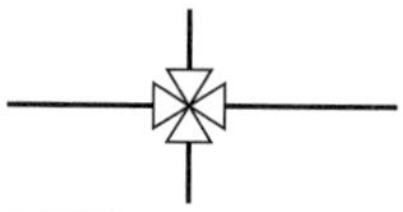	12	气动蝶阀	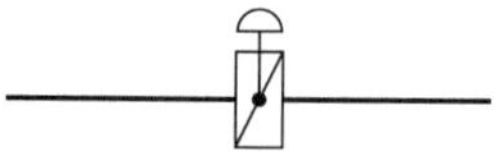
5	截止阀	 $DN \geqslant 50$ $DN < 50$	13	减压阀	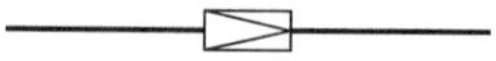
6	蝶阀	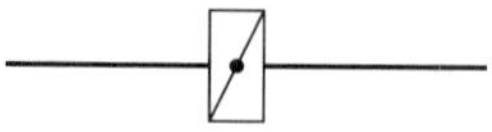	14	旋塞阀	 平面 系统
7	电动闸阀		15	底阀	 平面 系统
8	液动闸阀	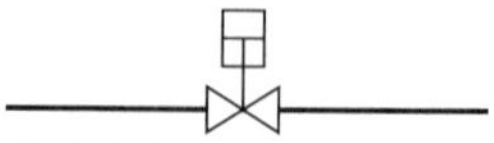	16	球阀	

续表

序号	名　称	图　例	序号	名　称	图　例
17	隔膜阀	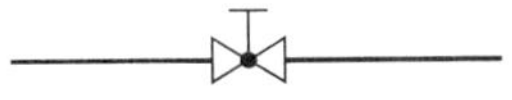	27	泄压阀	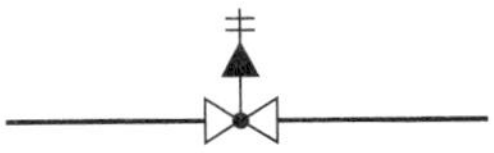
18	气开隔膜阀	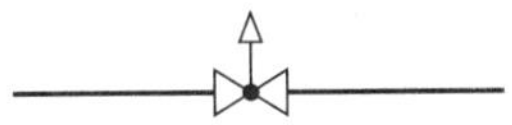	28	弹簧安全阀	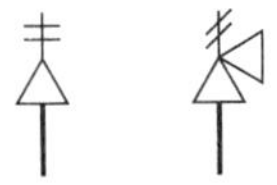
19	气闭隔膜阀	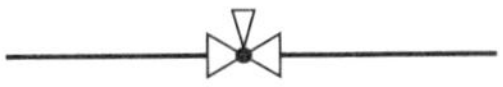	29	平衡锤安全阀	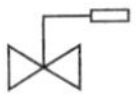
20	电动隔膜阀	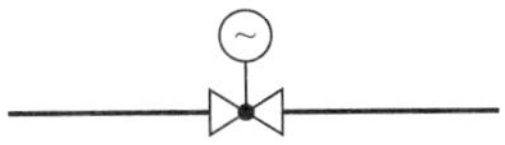	30	自动排气阀	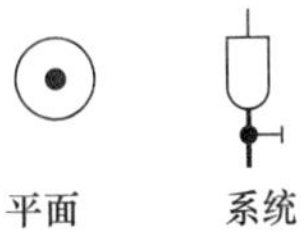 平面　系统
21	温度调节阀	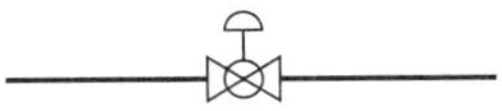	31	浮球阀	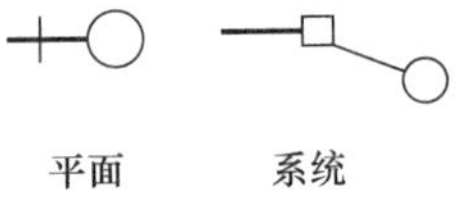 平面　系统
22	压力调节阀	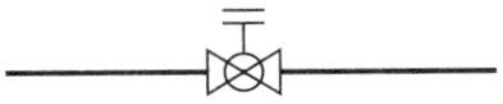	32	水力液位控制阀	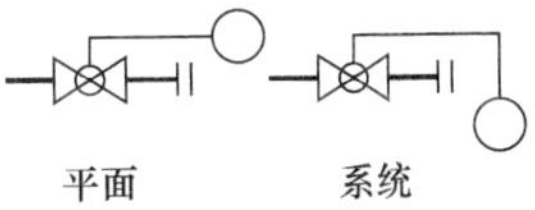 平面　系统
23	电磁阀	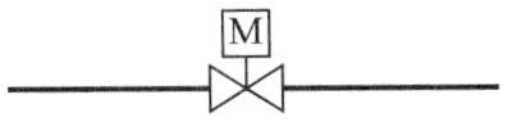	33	延时自闭冲洗阀	
24	止回阀		34	感应式冲洗阀	
25	消声止回阀		35	吸水喇叭口	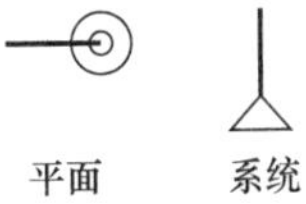 平面　系统
26	持压阀	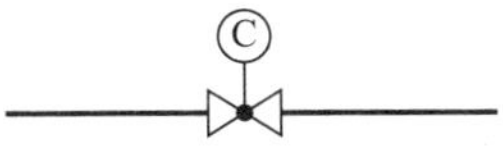	36	疏水器	

（2）图示内容

市政管道工程施工图应包括平面图、横断面图、关键节点大样图、井室结构图、附件安装图；排水管道工程和不开槽施工管道工程还应当包括纵断面图，暗挖隧道断面图、施工竖井结构图等图。

1）平面图包括管线平面设计图，现状管线位置及接入方式，管道规格、井室位置、编号、地面高程、管道高程、变电房、开关房、电信设备用房、燃气调压设施、泵站等管线设施的位置，用地红线，相关建筑物、构筑物四周，地下室边线，化粪池，规划道路中线、边线、人行道边线等；（如图 3-24）

2）横断面图包括管道埋深、坡度、管（渠、隧）道剖面、管线折点、与现有管线或地下设施的相互关系。图左侧应有地质柱状图。图下部应有资料表，其内容应有里程、地面标高、埋深（标高）、管径、平面距离、井室编号、接入管尺寸、井室尺寸等。

3）不开槽施工管道，除上述图示内容外，还应有施工竖井、暗挖隧道施工图、施工流程等内容。

（三）市政工程施工图绘制与识读

1. 施工图绘制的步骤与方法

（1）道路施工图绘制的步骤与方法

1）道路平面图的绘制步骤与方法

① 绘制地形图，将地形地物按照规定图例及选定比例描绘在图纸上，必要时用文字或符号注明。

② 绘制等高线。等高线要求线条顺滑，并注明等高线高程和已知水准点的位置及编号。

③ 绘制路线中心线。路线中心线按先曲线、后直线的顺序画出。

④ 绘制里程排桩、机动车道、人行道、非机动车道、分隔带、规划红线等，并注明各部分设计尺寸。

⑤ 绘制路线中的构筑物，注明构筑物名称或编号、里程桩号等。

⑥ 道路路线的控制点坐标、桩号，平曲线要素标注及相关数据的标注。

⑦ 画出图纸的拼接位置及符号，注明该图样名称、图号顺序、道路名称等。

2）道路纵断面图的绘制步骤与方法

① 选定适当的比例，绘制表格及高程坐标，列出工程需要的各项内容。如地质情况、现况地面标高、设计路面标高、坡度与坡长、里程桩号等资料。

② 绘制原地面标高线。根据测量结果，用细直线连接各桩号位置的原地面高程点。

③ 绘制设计路面标高线。依据设计纵坡及各桩号位置的路面设计高程点，绘制出设计路面标高线。

④ 标注水准点位置、编号及高程。注明沿线构筑物的编号、类型等数据，竖曲线的图例等数据。

⑤ 同时注写图名、图标、比例及图纸编号。特别注意路线的起止桩号，以确保多张路线纵断面图的衔接。

3）道路横断面图的绘制步骤与方法

① 绘制现况地面线、设计道路中线。

② 绘制路面线、路肩线、边坡线、护坡线。

③ 根据设计要求，绘制市政管线。管线横断面应采用规范图例。

④ 当防护工程设施标注材料名称时，可不画材料符号，其断面剖面线可省略。

4）道路路面结构图的绘制步骤与方法

① 选择车道边缘处，即侧石位置一定宽度范围作为路面结构图图示的范围，这样既

可绘制出路面结构情况又可绘制出侧石位置的细部构造及尺寸。

② 绘制路面结构图图样,每层结构应用图例表示清楚。

③ 分层标注每层结构的厚度、性质、标准等,并将必要的尺寸注全。

④ 当不同车道结构不同时,分别绘制路面结构图,注明图名、比例及文字说明等。

(2) 桥梁施工图绘制的步骤与方法:

1) 桥梁总体布置图的绘制步骤与方法:

桥梁总体布置图应按照三视图绘制纵向立面图与横向剖面图,并加纵向平面图。其中纵向立面图与平面图的比例尺应相同,可采用1:1000~1:500;为了能够清晰表现剖面图,比例尺可以适当取的大一些,如1:200~1:150,视图幅地位而定。

2) 桥梁立面图的绘制步骤与方法:

① 根据选定的比例首先将桥台前后、桥墩中线等控制点里程桩画出,并分别将各控制部位画出,如桩底、承台底、主梁底、桥面等高程线画出。地面以下一定范围可用折断线省略,缩小竖向图的显示范围。

② 将桥梁中心线左半部分画成立面图:依照立面图正投影原理将主梁、桥台、桥墩、桩、各部位构件按比例用实线图示出来,并注明各控制部位的标高。用坡面图例图示出桥梁引路边坡及锥形护坡。

③ 将桥梁中心线右半部分绘制成半纵剖面图:纵剖位置为路线中心线处。按剖面图的绘制原理,将主梁、桥台、桥墩、桩等各部位构件按比例用中实线图示出来,并将剖切平面剖切到的构件截面用图例表示。标注各控制点高程及各部分的相关尺寸。用剖切符号标示出侧剖面图的剖切位置。

④ 标注出河床标高、各水位标高、土层图例、各部位尺寸及总尺寸;必要的文字标注及技术说明。

3) 桥梁平面图的绘制步骤与方法

① 平面图一般采用半平面图和半墩台桩柱平面图。半墩台桩柱平面图部分,可根据所需图示的内容不同,而进行正投影得到图样。

② 平面图应与立面图上下对应,用细点画线绘制道路路线(桥梁)中心线;依据立面图的控制点桩号绘制平面图的控制线。

③ 半平面图部分,绘制出桥面边线、车行道边线。绘制边坡及锥形护坡图例线。用双实线绘制桥端线、变形缝。用细实线绘制栏杆及栏杆柱,标注栏杆尺寸。

④ 用中实线绘制未上主梁及桥台未回填土情况下的桥台、盖梁平面图,并标注相关尺寸。

⑤ 绘制承台平面及盖梁平面图样,注明桩柱间距、数量、位置等。注明各细部尺寸及总尺寸、图名及使用比例等。

4) 桥梁侧剖面图的绘制步骤与方法

① 侧剖面图是由两个不同位置剖面组合构成的图样,反映桥台及桥墩两个不同剖面位置。在立面图中标注剖切符号,以明确剖切位置。

② 左半部分图样反映桥台位置横剖面,右半部分反映桥墩位置横剖面。

③ 放大绘制比例到1:100,以突出显示侧剖面的桥梁构造情况。

④ 绘制桥梁主梁布置,绘制桥面系铺装层构造、人行道和栏杆构造、桥面尺寸布置、

横坡度、人行道和栏杆的高度尺寸、中线标高等。

⑤ 左半部分图示出桥台立面图样、尺寸构造等。

⑥ 右半部分图示出桥墩及桩柱立面图样、尺寸构造，桩柱位置、深度、间距及该剖切位置的主梁情况；并标注出桩柱中心线及各控制部位高程。

（3）市政管道工程施工图的绘制步骤与方法

1）管网总平面布置图的绘制步骤与方法

总平面图是室外给水排水工程图中的主要图样之一，它表示给水排水管道的平面布置关系。

① 绘制出该工程现况和新建的建筑物、构筑物，道路桥梁、等高线、坐标控制点及指北针等。

② 分别绘制给水管道、污水管道和雨水管道于同一张平面图内，以符号 J、W、Y 加以标注。

③ 使用不同代号标注同一张图上的不同类附属构筑物。同类附属构筑物多于一个时，使用其代号加阿拉伯数字进行编号。

④ 绘制时，遇污水管与雨水排水管交叉时，断开污水管。遇给水管与污水管、雨水管交叉时，应断开污水管和雨水管。

⑤ 标注建、构筑物角坐标。通常标注其 3 个角坐标，当建、构筑物与施工坐标轴线平行时，可标注其对角坐标。

⑥ 标注附属构筑物（阀门井、检查井）的中心坐标。

⑦ 标注管道中心坐标。如不便于标注坐标时，可标注其控制尺寸。

⑧ 绘制图例符号。

2）给水排水管道纵断面图

纵断面图主要表达地面起伏、管道敷设的埋深和管道交接等情况。

① 根据总平面图，沿干管轴线铅垂剖切绘制断面图。压力流管道用单粗实线绘制，重力流管道用双粗点画线和粗虚线绘制，地面、检查井和其他管道的横断面用细实线绘制。

② 在其他管线的横断面处，标注其管道类型和代号、定位尺寸和标高。在断面图下方建立列表，分项列出该干管的各项设计数据，例如：设计地面标高、设计管内底标高、管径、水平距离、井位编号、管道基础等内容。

③ 在图的最下方画出管道的平面图，与管道纵断面图相对应，可表达干管附近的管道、设施和建筑物等情况。除了在纵断面中已表达的检查井外，平面图还应绘制出该路面下面的给水、排水干管，并标注干管的管径，同时标注其与街道中心线及人行道之间的水平距离；各类管道的支管和检查井以及街道两侧的雨水井；街道两侧的人行道，建筑物和支管道口等。

2. 市政工程施工图识读的基本要求

（1）应遵循的基本方法

1）成套施工设计图纸识图时，应遵循"总体了解、顺序识读、前后对照、重点细读"

的方法。

2）单张图纸识读时，应"由里向外，由大到小、由粗到细、图样与说明交替、有关图纸对照看"的方法。

3）土建施工图识图，应结合工艺设计图和设备安装图。

（2）步骤与方法

1）总体了解

一般情况下，应先看设计图纸目录、总平面图和施工总说明，以便把握整个工程项目的概况，如工程位置、周围环境、设计标准、工程施工难点和施工技术要求等。市政工程施工图设计总说明通常在施工图集的首页，主要用文字表述设计依据、设计标准、构造组成、施工技术要求等。

对照目录检查图纸是否齐全，如分期出图，应检查已有图纸、设计文件是否满足工程施工进度需求。

2）顺序识读

在对工程项目设计、工程情况有总体了解后，应按照施工组织设计的施工部署和工艺流程，从工程总平面图到纵横断面图，从地下基坑、基础到主体结构、地上结构，从工艺设计到结构设计，从土建施工到设备仪表安装仔细阅读相关图纸。目的在于对工程情况、施工部署和施工技术、施工工艺有清晰认识，以便编制施工组织设计和确定施工方案。

3）重点细读

在工程设计情况总体把握基础上，对有关专业施工图的重点部分仔细识读，特别结构预制与现浇、旧结构与新结构、主体结构与附属结构的衔接部位、节点细部构造，确定衔接部位、细部结构做法及是否满足施工深度要求。将遇到的问题记录下来及时向设计部门反映；有些需要在施工方案和技术措施中进行施工二次设计。

4）对照校核

市政工程施工特点是专业交叉多，预留洞口、预埋管（线）件多。在识读图纸、确定模板、钢筋施工方案时，要注意标注位置、数量、规格尺寸等是否与平面图或剖面图一致，特别是分期设计、分期出图的土建施工图与设备施工图要仔细研读，发现存在差异或表述不一致，要及时向设计单位提出质疑，以便避免施工损失。

3. 道路施工图识读的步骤与方法

（1）道路平面图识读的步骤与方法

1）仔细阅读设计说明，确定图工程范围、设计标准和施工难度、重点。先整体，后局部的观察图纸内容，根据图例说明及等高线的特点，了解平面图所反映的现况地貌特征、地面各控制点高程、道路周边现况建、构筑物的位置及层高等信息、已知水准点的位置及编号、控制网参数或地形点方位等。

2）结合里程位置，依次阅读道路中心线、规划红线、机动车道、非机动车道、人行道、分隔带、交叉口及道路中心线设置情况等。

3）识读图纸中的道路方位及走向，路线控制点坐标、里程桩号等信息。

4）根据图纸所给道路规划红线确定道路用地范围，以此了解需要拆除的现况建筑物及构筑物范围，以及拆除部分的数量、性质及所占园林绿地、农田、果园等的性质及数量等。

5）结合图纸中道路纵断面图，计算道路的填挖方工程量。

6）查出图中所标注水准点位置及编号，根据其编号到有关部门查出该水准点的绝对高程，以备施工中控制道路高程。

（2）道路纵断面图识读

道路纵断面图应与平面图对照，了解图示的确切内容。

1）根据图示的横、竖比例识读道路沿线的高程变化，并与资料表相对照，掌握确切高程变化。

2）竖曲线的起止点均对应里程桩号，图中竖曲线的符号长、短与竖曲线的长、短对应。读懂图样中注明的各项曲线几何要素，如切线长、曲线半径、外矢距、转角等。

3）道路路线中的构筑物图例、编号、所在位置的桩号都是道路纵断面示意构筑物的基本方式，据此可查出相应构筑物的图纸。

4）找出沿线设置的已知水准点，并根据编号、位置查出已知高程，供施工放样使用。

5）根据里程桩号、路面设计高程和原地面高程，识读道路路线的填挖方情况。

6）根据资料表中坡度、坡长、平曲线示意图及相关数据，读懂道路的线形的空间变化。

（3）道路横断面图识读

1）城市道路横断面的设计结果是采用标准横断面设计图表示。图中表示机动车道、非机动车道、人行道、分隔带及绿化带等部分布置情况。

2）城市道路地上有电力、电信等设施。地下有给水管、污水管、雨水管、燃气管、电信管等市政综合公用设施。识读出管线的埋深、位置与设计道路结构的位置关系。

3）道路横断面图的比例，视路基范围及道路等级而定。常采用1：100、1：200的比例，很少采用1：1000、1：2000的比例。

4）识读道路中心线及规划红线位置，确认车行道、人行道、分隔带宽度及位置。识读排水横坡度。

5）结合图样内容，仔细阅读标注的文字说明。

（4）道路路面结构图识读

1）典型的道路路面结构形式为：磨耗层、中面层、下面层，粘结层，上基层、下基层和垫层按由上向下的顺序。

2）识读路面的结构组成、细部构造。

3）通过标注尺寸，识读路面各结构层的厚度、分块尺寸、切缝深度等信息。

4. 桥梁施工图识读

（1）桥梁总布置图

1）阅读设计说明

阅读设计图的总说明部分，以此了解设计意图、设计依据、设计标准、技术指标、桥（涵）位置处的自然、气候、水文、地质等情况；桥（涵）的总体布置情况，结构形式，施工方法及工艺特点要求等。

2）阅读工程量表格

识读图纸中的工程量表格，表中列出了桥（涵）的中心桩号、桥名、交角、孔数及孔径、长度和结构类型。以及采用标准图时所采用的标准图编号。并分别按照桥面系、上部结构、下部结构、基础结构列出所用材料用量。作为施工单位，应重点符合工程量料表中各结构部位工程量的准确性，以此作为编制造价的重要依据。

（2）阅读桥位平面图

桥位平面图中图示了现况地形地貌、桥梁位置、里程桩号、桥长、桥宽、墩台形式、位置和尺寸、锥坡护坡。该图可以为施工人员提供一个对该桥较深的总体概念。

（3）阅读桥型布置图

对比识读桥型布置图中的立面图、平面图和侧剖面图。识读工程地质、水文地质情况、桩位及编号、墩台高度及基础埋置深度、桥面纵坡及各部位尺寸和高程；弯桥和斜桥还应识读桥轴线半径和斜交角；识读过程还应结合里程桩号、设计高程、坡度、坡长、竖曲线及横曲线要素。桥型布置的读图和熟悉过程中，要重点读懂桥梁的结构形式、组成、结构细部组成情况、工程量情况等。

（4）阅读桥梁结构设计图

识读桥梁上部结构、下部结构、基础结构和桥面系等部位结构设计图，对比了解各部结构的组成、构造形式和尺寸。细部结构的设计图采用标准图，应在桥型布置图中注明标准图的名称及编号进行查阅。在阅读和熟悉这部分图纸时，重点应该读懂并弄清其结构的细部组成和尺寸。同时核对前后图纸之间细部结构的结构及工程量。

（5）阅读调治构筑物及附属设施设计图

附属构筑物首先应据平面、立面图示，结合构筑物细部图进行识读，跨水域的桥梁的调治构筑物应结合平面图、桥位图仔细识读。

（6）阅读小桥、涵洞设计图

小桥、涵洞设计图包括小桥工程数量表、小桥设计布置图、结构设计图、涵洞工程数量表、涵洞设计布置图、涵洞结构设计图。

（7）钢筋混凝土结构施工图识读

1）钢筋混凝土结构图

钢筋混凝土结构图包括构造图和钢筋布置图。构造图用做模板、支架设计依据，钢筋布置图和钢筋表用做钢筋下料、加工和安装的依据。

2）钢筋结构图

钢筋结构图包括钢筋布置图及钢筋成型图。识读钢筋布置图，通过立面图、断面图结合对比识读，要掌握钢筋的分布与安装要求。钢筋成型图识读，应核对钢筋成型图上标注的钢筋实际尺寸、钢筋编号、根数、直径及单根钢筋的断料长度。仔细核对图纸中的钢筋明细表，将每一种钢筋的编号、型号、规格、根数、总长度等与结构图进行核对，以便钢筋备料、加工以及作材料预算。

（8）预应力结构图

1）桥梁预应力结构图上预应力筋束位置实际上是预应力筋的孔道位置，因此下料长度应通过计算确定，计算时应考虑结构的孔道长度、锚夹具长度、千斤顶长度、焊接接头或镦头预留量，冷拉伸长值、弹性回缩值、张拉伸长值和外露长度等因素。

2）应注意设计图上标注的锚具形式、规格和安装要求是否与设计说明表述一致；掌握预应力筋束及孔道位置、高程和安装技术要求、张拉控制和作业顺序等。

3）应注意设计说明的分级张拉、补张拉和放松预应力的具体要求。

5. 市政管道工程施工图识读

（1）管道平面图

1）先仔细阅读土建设计及施工说明，了解工程设计标准、管线起始点、平面位置和施工环境等要点。

2）确定图纸方位，了解平面图所反映的现况地形特征，现况或新建道路情况，周边现有建、构筑物的位置、性质、面积及服务面积、人数等信息。

3）平面图以粗黑色线表示设计管道，以细线表示现有管线；应掌握现状管线资料，管网上下游位置、高程、连接方式等信息。

4）着重掌握设计管线敷设位置及走向，与道路永中的关系，管线长度，坡度，管道连接形式，井室的选择，管线交叉的位置及高程关系，控制点的坐标及桩号。

5）结合设计说明书和管线纵断面图，确定施工方法与方案，并计算管线的施工工程量。

（2）管道纵断面图

1）开槽施工

① 市政管道纵断面图布局一般分上下两部分，上方为纵断图，下方列表，标注管线井室的桩号、高程等信息。

② 纵断图部分中，水平方向表示管线长度，垂直方向表示高程。道路综合改扩建工程应特别注意：市政管道纵断面图同道路纵断面图相同，铅垂向与水平方向采用不同的绘制比例，以清晰反映垂直方向的高差。通常纵断图的铅垂向的比例比水平向的比例放大10倍，图签栏中标明图纸铅垂向和水平向的比例。

③ 图样中以粗直线表示设计市政管道，以细线表示现况地面线和设计地面线。通过纵断面图，可以清楚地看出设计市政管道与地面线的位置关系，管道覆土深度，埋设深度。通过管道的坡降，可以看出管线的走向，坡度的大小。

④ 设计管线上的桥梁、立交桥、涵洞、河道等构筑物，与设计管线相交的其他管线，在纵断面图的相应高程桩号位置以相应图例绘制出，并注明桩号及构筑物的名称和高程等信息，可以清晰地看出管线间或与建、构筑物间的位置关系。

⑤ 在纵断面图的下方资料列表里面，以数据的形式表示出现况地面、设计地面、管线高程、埋设深度、基础形式、接口形式等设计要点。

⑥ 结合设计说明书和市政管道平面图，通过纵断面图的信息可以计算管线施工工程量。

2）不开槽施工

① 设计总说明应给出设计标准、隧道和施工竖井的结构措施、水文地质勘察结果和施工技术要求。

②平面图除上述信息外，还应表示施工竖井或出土口位置；识图时应注意暗挖施工管（隧）道、施工竖井与周围现有管线和构筑物水平距离。

③纵断图除上述信息外，还应标注地质柱状图和暗挖隧道、小室结构断面；识图时应注意暗挖施工管（隧）道、施工竖井与周围现有管线和构筑物垂直距离。

④施工竖井设计图识读时，应仔细研读竖井结构图和马头门结构图或顶管后背结构形式。

6. 其他工程施工设计文件识读

市政工程施工，要求施工人员除阅读设计文件外，还必须阅读其他工程设计文件如热机图等、勘察和咨询资料，并与施工设计图、设计说明进行验证，以便掌握工程情况。

仔细阅读工程地质和水文地质勘察报告，注意勘察报告关于地层稳定性和地下水的描述。

市政工程城区不开槽施工时，还必须识读设计咨询报告、工前检测报告和地下管线检测调查报告，以指导施工方案和施工监测方案编制。

四、市政工程施工技术

（一）地基与基础工程施工技术

1. 地基处理施工

当地基的强度和稳定性不能满足设计要求和规范规定时，为保证建（构）筑物的正常使用，需对地基进行必要的处理；经过加固、改良等技术处理后满足使用要求的称为人工地基，不加处理就可以满足使用要求的原状土层则称为天然地基。

（1）换填法

1）粒料换填

换填所用材料应符合设计要求，常用的材料包括：砂或砂石、碎石、粉质黏土、灰土、高炉干渣、粉煤灰、土工合成材料和聚苯乙烯板块（EPS）等。

2）施工要点

① 施工前应消除表层杂草、树根等杂物以及表层耕土，清除河塘、水槽、水田范围的淤泥及腐殖土。

开挖到预定高程时保留 100～200mm 厚土层不挖，在换填开始前人工清理至设计标高，避免基底扰动。当坑底为软土时，可先铺细砂或土工织物进行反滤处理，其上按其设计厚度铺设垫层。

为防止地表水和地下水渗流入填筑区，应做好排水和降水措施，排除坑底积水，不得在浸水条件下换填。

② 填筑材料应符合规范规定和设计要求。不得直接使用泥炭、淤泥、淤泥质土和有机质土进行换填，土中易溶盐不得超过允许值，不得使用液限大于 50%、塑性指数大于 26 的细粒土。

填筑材料严禁混入垃圾，土中不得含有草皮、生活垃圾、树根、腐殖质等杂物。

严格控制换填材料的含水量在最佳含水量±2%范围内，以保证压实效果。最佳含水量宜通过击实试验确定，也可根据经验取用。

③ 换填应分层摊铺、分层压实进行，分层厚度、虚铺系数、机械组合及压实遍数等技术参数应通过现场试验确定。

分段施工时，不得在基础、墙角下接缝。上下两层的接缝间距应不小于 500mm，接缝处应夯压密实。灰土应拌合均匀，当日铺填当日夯压密实，夯压后 3d 内不得受水浸泡。

④ 应根据不同的换填材料选择适宜的施工机械。砂垫层宜采用平板振动器分层振实，第一层（底层）松铺厚度宜为 150～200mm，仔细夯实，防止扰动基底。其余每层松铺厚

度宜为 200～250mm。

高炉干渣垫层小面积施工宜采用平板振动器分层振实，每层松铺厚度宜为 200～250mm；大面积施工宜采用压路机、振动压路机分层碾压，每层松铺厚度宜不大于 350mm。

粉煤灰垫层宜采用平板振动器、小型压路机和振动压路机等分层压实，每层松铺厚度宜取 200～300mm。

粉质黏土、灰土宜采用平碾、振动碾或羊足碾等分层碾压、也可采用轻型夯实设备等分层夯实，每层松铺厚度宜取 200～300mm。

⑤ 施工中应保持坑壁边坡稳定，防止边坡坍塌。

⑥ 施工中进行质量检查验收时，应分层进行压实度试验，合格后方可进行下层施工。压实度一般采用环刀法、灌砂法等方法检验。对粉质黏土、灰土、粉煤灰等压实度检验一般采用环刀法、灌砂法；对砂石、高炉干渣等的压实度检验一般采用灌砂法。

3）抛石挤淤（图 4-1）

抛石挤淤法适用于湖塘或河流等积水洼地，常年积水且不易抽干，表层无硬壳，软土液性指数大、厚度薄、片石能沉至下卧硬层的情况。软土厚度宜为 3～4m，石块的大小视软土稠度而定，一般不宜小于 0.3m。抛填片石时，应自中部开始渐次向两侧展开，使淤泥向两边挤出，待抛石露出水面后用重型压路机碾压，其上铺设反滤层，再进行填土。当下卧层层面具有明显横向坡度时，片石抛填应从高向低的一侧进行，并在低的一侧多填一些，以求稳定。

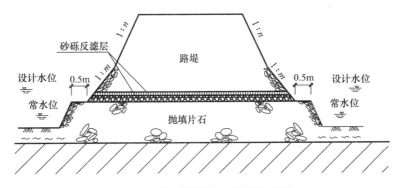

图 4-1 抛石挤淤施工路堤示意图

（2）预压法

预压法适用于淤泥质土、淤泥、冲填土、素填土等软土地基，通常分为堆载预压、真空预压和真空—堆载联合预压等三类方法。堆载预压是对地基进行预先加载，使地基土加速固结的地基处理方法。真空预压是在地基表面覆盖不透气薄膜，通过抽取膜内空气，形成真空，使地基土加速固结的地基处理方法。真空—堆载联合预压法一般用于承载力要求高和沉降控制严格的工程，预压时，先进行抽真空，当真空压力达到设计要求并稳定后再进行堆载，并继续抽真空。

1）堆载预压法

预压法应设置竖向排水体，竖向排水体一般有普通砂井、袋装砂井和塑料排水带。普通砂井直径不宜小于 200mm，袋装砂井直径不宜小于 70mm，塑料排水带的宽度不宜小于 100mm，厚度不宜小于 3.5mm。竖向排水体的孔位可采用等边三角形或正方形布置，间距和深度应由设计人员根据工程对地基的稳定和变形的要求确定。堆载预压法施工要点如下：

① 塑料排水带和袋装砂井施工时，宜配置能检测其深度的设备。

② 袋装砂井和塑料排水带施工所用钢管内径宜略大于两者尺寸。袋装砂井或塑料排水带施工时，平面间距偏差应不大于井径，垂直度偏差宜小于 1.5%，拔管后带上砂袋或塑料排水带的长度不宜超过 500mm，回带的根数不宜超过总根数的 5%。

③ 砂井宜用中砂或粗砂，渗透系数宜大于 1×10^{-1} mm/s，含泥量应小于 3%；砂井的灌砂量一般按井孔的体积和砂石在中密时的干密度计算，其实际灌砂量不得小于计算值的 95%。

井孔宜采用干砂并灌制密实。砂袋或塑料排水带应高出砂垫层不少于 100mm。

④ 塑料排水带的性能指标必须符合设计要求，具有良好的透水性、强度和纵向通水量。整个排水带应反复对折 5 次不断裂才认为合格。插入地基中的排水带，应保证不扭曲。排水带接长时，应采用滤膜内芯板平搭接的连接方法，搭接长度宜大于 200mm。

⑤ 在地表铺设的排水砂垫层材料、厚度应符合设计要求，能保证地基固结过程中垫层排水的有效性。垫层宜用中粗砂，含泥量应小于 5%，干密度应大于 1.5×10^{3} kg/m³，其渗透系数宜大于 1×10^{-1} mm/s。预压区中心部位的砂垫层底标高应高于周边的砂垫层底标高，以利于排水。在预压区内宜设置与砂垫层相连的排水盲沟，并把地基中排出的水引出预压区。

⑥ 地基预压的范围、堆载材料、预压区范围、预压荷载大小、荷载分级、加载速率、预压时间和卸载标准应由设计计算确定。

⑦ 堆载预压施工，应根据设计要求分级逐渐加载，在加载过程中应每天进行竖向变形量、水平位移及孔隙水压力等项目的监测，且根据监测资料控制加载速率。竖向变形量每天不宜超过 $10 \sim 15$ mm，水平位移每天不宜超过 $4 \sim 7$ mm，孔隙水压力系数 $\Delta u / \Delta p$ 不宜大于 0.6，并且应根据上述监测资料综合分析、判断地基的稳定性。

2）真空预压法

真空预压法在竖向排水体和砂垫层设置上与堆载预压法相同。施工前，应根据场地大小、形状及施工能力，将加固场地分成若干区，各区之间根据加固要求可搭接或有一定间隔，每个加固区必须用整块密封薄膜覆盖。对于表层存在明显露头透气层，在处理范围内有充足水源补给的透水层，应采取有效措施切断透气层及透水层。

真空预压的施工顺序一般为：铺设排水垫层→设置竖向排水体→埋设滤管→开挖边沟→铺膜、填沟、安装射流泵等→试抽→抽真空、预压。其施工要点如下：

① 水平向分布滤水管可采用条状、梳齿状、羽字状或目字状等形式，滤水管布置宜形成回路。滤水管可采用钢管或塑料管，外包尼龙纱、土工织物或棕皮等滤水材料，滤水管之间的连接宜用柔性接头。真空管路的连接点应严格进行密封、在真空管路中应设置止回阀和闸阀。膜下真空滤管间距宜为 $6 \sim 9$ m，离薄膜边缘宜为 $1.5 \sim 3.0$ m，滤管应埋在砂垫层中部。

② 真空预压区在铺密封膜前，应认真清理平整砂垫层、清除带尖角的石子或硬物，填平打设袋装砂井或塑料排水带时留下的孔洞。铺膜应选择在无风无雨的天气一次铺完。铺设好的薄膜应及时用重物压好。每层膜铺好后，应认真检查及时补洞，符合要求后再铺下一层。

密封膜采用抗老化性能好、韧性好、抗穿刺能力强的塑料薄膜，厚度 0.12～0.16mm，铺设二层或三层。密封膜粘结时一般采用热合粘接缝平搭接，搭接宽度不小于15mm。

密封膜周边采用挖边沟折铺、平铺并用黏土压边，围堰沟内覆水以及膜上全面覆水等方法进行密封。

③ 真空预压的抽气设备一般采用射流真空泵，抽空时应达到 95kPa 以上的真空吸力，其数量应根据加固面积确定，每个加固场地至少应设置 2 台射流真空泵，膜下真空度应稳定在 600mmHg 柱以上（相当于 80kPa 才以上的等效压力）。抽真空设备的数量应根据加固面积和土层性能确定。一套设备有效控制的面积一般为 $1000～1500m^2$。如加固区透气性较大时应增加设备，一般 $600～800m^2$ 即需要配备一套设备。

④ 真空预压施工期间应进行真空度、地面沉降、深层竖向变形、孔隙水压力等项目的监测。真空预压加固区周边有建筑物时，还应进行深层侧向位移和地表边桩位移监测。当堆载较大，出现向加固区外位移和正孔隙水压力时，必须控制堆载速率。空度可一次抽真空至最大，当连续 5d 测沉降速率不大于 2mm/d，或取得数据满足工程要求时，可停止抽真空。

对沉降要求控制严格、地基承载力和稳定性要求较高的工程，或为加快预压进度，可采用超载预压法加固。对以沉降控制为主的工程，当地基经预压所完成的变形量和平均固结度符合设计要求时，方可卸载。对以地基承载力或抗滑稳定性控制为主的工程，当地基土经预压而增长的强度满足设计地基承载力或稳定性要求时，方可卸载。

预压后消除的竖向变形和平均固结度应满足设计要求，对预压的地基土应进行原位十字板剪切试验、静力触探试验和室内土工试验。必要时进行现场荷载试验。

3）强夯法

① 施工参数确定

强夯法就是将重锤提升到高处自由落下，给地基以冲击和振动能量、将地基土夯实的地基处理方法。

强夯法适用于处理砂土、素填土、杂填土、粉性土和黏性土。对于饱和夹砂的黏性土地层，可采用降水联合低能级强夯法。

施工前必须在代表性的场地进行现场试验施工，确定强夯工艺参数、机械组合和适用性、确认加固效果。强夯法施工所采用的主夯能级、夯点间距及布置、单点夯击数、夯击遍数、前后两遍夯击间歇时间和夯击范围等由设计计算，并经现场试验确定。

强夯置换法宜采用级配良好的块石、碎石、矿渣、建筑垃圾等粗颗粒材料，质地坚硬、性能稳定、无腐蚀性和无放射性危害，粒径大于 300mm 的颗粒含量不宜超过全重的30%。

降水联合低能级强夯法处理地基时必须设置合理的降排水体系，包括降水系统和排水系统。降水系统宜采用真空井点系统，根据土性和加固深度布置井点管间距和埋设深度，在加固区以外3～4m处设置外围封管并在施工期间不间断抽水；排水系统可采用施工区域四周挖明沟、并设置集水井。低能级强夯应采用"少击多遍，先轻后重"的原则进行施工。

根据不同土质条件待试夯结束一至数周后，对试夯场地进行检测，并与夯前测试数据进行对比，检验强夯效果，确定工程采用的各项强夯参数。

强夯法的有效加固深度应根据现场试夯或当地经验确定。在缺少试验资料或经验时可按表4-1预估。

强夯法的有效加固深度 表 4-1

单击夯击能（kN·m）	碎石土、砂土等粗颗粒土（m）	粉土、黏性土、湿陷性黄土等细颗粒土（m）
1000	5.0～6.0	4.0～5.0
2000	6.0～7.0	5.0～6.0
3000	7.0～8.0	6.0～7.0
4000	8.0～9.0	7.0～8.0
5000	9.0～9.5	8.0～8.5
6000	9.5～10.0	8.5～9.0
8000	10.0～10.5	9.0～9.5

注：强夯法的有效加固深度应从最初起夯面算起。

② 施工要点

当地下水位距地表2m以下且表层为非饱和土时，可直接进行夯击；当地下水位较高不利于施工或表层为饱和土时，宜采用人工降低地下水位或铺填0.5～2.0m的松散性材料（如中砂、粗砂、砂砾或煤渣、建筑垃圾及性能稳定的工业废渣等）后进行夯击。坑内或场地内如遇积水应及时排除。

施工前应查明施工影响范围内建（构）筑物、地下管线等的位置，强夯振动的安全距离一般为10～15m，对强夯振动影响范围的邻近建（构）筑物、设备等采取保护措施，设置监测点，采取隔振或防振措施，如挖隔振沟等。施工时距邻近建筑物由近向远夯击。

强夯置换法施工应逐击记录夯坑深度。当夯坑过深而发生起锤困难时停夯，向坑内填料至坑顶平，记录填料数量，如此重复直至满足规定的夯击次数及控制标准而完成一个墩体的夯击。强夯置换施工按由内而外、隔行跳打的原则完成全部夯点的施工。

降水联合低能级强夯法施工应在平整场地后即安装设置降、排水系统，并预埋水位观测管，进行第一遍降水；当达到设计水位并稳定至少两天后，拆除场区内的降水设备，然后标准夯点位置进行第一遍强夯；一遍夯完后即可安装设置降水设备进行第二遍降水，如此按照设计工艺进行第二遍强夯施工，直至达到设计的强夯遍数，夯击结束后进行推平碾压。

4）碎（砂）石桩法

碎（砂）石桩法是采用振动、冲击或水冲等方法成孔，将碎石、砂或砂石挤入钻孔中，形成密实的砂石桩体和桩间土组成复合地基的地基处理方法。桩体材料可用碎石、卵石、角砾、圆砾、粗砂、中砂或石屑等硬质材料，含泥量不得大于5%。

① 振冲法施工

振冲施工采用振冲器成孔、振实砂桩，成孔后，启动供水泵和振冲器，水压 $100\sim600$kPa，水量 $100\sim400$L/min，振冲器徐徐沉入土中，造孔速度一般 $0.5\sim2.0$m/min。达到设计深度，提升振冲器同时冲水直到孔口，再放至孔底，重复 $2\sim3$ 次扩大孔径并使孔内泥浆变稀。向孔内填埋砂石，每次填料厚度不大于 50cm。将振冲器沉入填料中进行振密，当稳定电流达到规定的密实电流值和规定的留振时间后，将振冲器提升 $30\sim50$cm，直至孔口，形成桩体。

振冲施工根据设计荷载、原状土强度、设计桩长等条件选用不同功率的振冲器。

② 沉管法施工

沉管施工分为振动沉管成桩法和锤击沉管成桩法，锤击沉管成桩法分为单管法和双管法。当用于消除粉细砂及粉土液化时，宜用振动沉管成桩法。

施工时应根据设计桩径、桩长及桩身密实度要求，通过试桩确定碎（砂）石填充量、套管升降幅度和速度、套管往复挤压振动次数、振动器振动时间、电动机工作电流等施工参数，保证桩身连续和密度均匀。

应选用适宜的桩尖结构，保证顺利出料和有效挤压桩孔内碎（砂）石料，当采用活瓣桩靴时，砂土和粉土地基宜选用尖锥形；黏性土地基宜用选用平底形；一次性桩尖可采用混凝土锥形桩尖。

施工时桩位水平偏差应不大于 0.2 倍套管外径；套管垂直度偏差应不大于 1%；成桩直径应不小于设计桩径 5%，并不宜大于设计桩径 10%；成桩长度不小于设计桩长 100mm。

碎（砂）石桩包括碎石桩和砂桩，碎石桩可采用振冲法或沉管法，适用于砂土、粉性土、黏性土、人工填土等地基处理及处理液化地基。振冲法成桩时，填料粒径 $20\sim50$mm，最大粒径不大于 80mm。砂桩可采用沉管法，填料粒径不宜大于 5mm。

碎（砂）石桩的桩位布置、桩径、桩长、桩距、处理范围，灌碎（砂）石量等由设计验算确定。碎（砂）石桩桩位布置时，对大面积加固，桩位宜采用等边三角形布置；对独立或条形基础，宜用正方形、矩形或等腰三角形布置。

③ 施工要点

施工前应进行成桩工艺试验，试桩数量不应少于 2 根。

粉细砂、中砂、粗砂地基的施工顺序一般从外向内、从两侧向中间进行，也可采用"一边向另一边"的顺序逐排成桩；黏性土地基宜从中间向外围或间隔跳打进行；当加固区附近已建有建筑物时，应从邻近建筑物一边开始，逐步向外施工；在路堤或岸坡上施工应背离岸坡并向坡顶方向进行。

碎（砂）石桩桩孔内的填料量应通过现场试验确定，估算时可按设计桩孔体积乘以充盈系数（可取 $1.2\sim1.5$）确定。如施工中地面有下沉或隆起现象，则填料数量应根据现场具体情况予以增减。

碎（砂）石桩施工后，应将基底标高下的松散层挖除或碾压密实，并在其上铺设一层 $300\sim500$mm 厚的碎石垫层。

5）注浆加固法

注浆法就是利用液压、气压或电化学原理，把固化的浆液注入土体孔隙中，将原来松散的土粒或裂隙胶结成一个整体的处理方法。该法适用于砂土、粉土、黏性土和一般填土层。

注浆法所采用的注浆工艺、注浆有效范围、注浆材料的选择和浆液配比、初凝和终凝时间、注浆量、注浆流量和压力、注浆孔布置和注浆程序等由设计确定。注浆孔的布置原则，应能使被加固土体在平面和深度范围内连成一个整体。注浆法施工主要有塑料阀管注浆、花管注浆等方法。

① 塑料阀管注浆施工要点

注浆孔的钻孔孔径宜为 70~110mm，垂直偏差应小于 1‰，注浆孔有设计角度时应预先调节钻杆角度。

钻机钻孔到设计深度，从钻杆内灌入封闭泥浆，直到孔口溢出泥浆方可提杆；提杆至中间深度时，再次注入封闭泥浆，最后完全提出钻杆。封闭泥浆的 7d 立方体抗压强度宜为 0.3~0.5MPa，浆液黏度宜为 80″~90″。

插入塑料单向阀管到设计深度。塑料单向阀管每一节均应做检查，要求管口平整无收缩，内壁光滑。事先将每 6 节塑料阀管对接成 2m 长度作备用，准备插入孔内时应复查一遍，旋紧每一节螺纹。

封闭泥浆凝固后，在塑料阀管中插入双向密封注浆芯管，按照设计注浆深度范围自下向上（或自上向下）移动注浆芯管注浆。注浆芯管每次上拔高度应与阀管开孔间距一致，宜为 330mm。注浆芯管的聚氨酯密封圈使用前要进行检查，应无残缺和大量气泡现象，上部密封圈裙边向下，下部密封圈裙边向上，且都应抹上黄油。所有注浆管接头螺纹均应保持有充足的油脂。

采用塑料阀管注浆法进行第二次注浆，常用黏度较小的化学浆液，不宜采用自行密封式密封圈装置，宜采用二端用水加压的膨胀密封型注浆芯管。每次注浆完后，应用清水冲洗塑料阀管中的残留浆液。

② 劈裂注浆

在保证可注入的前提下应尽量减小注浆压力。注浆压力的选用应根据土层的性质及其埋深确定，砂土中宜取 0.2~0.5MPa，黏性土宜取 0.2~0.3MPa，水泥—水玻璃双液快凝浆液注浆的压力宜小于 1.0MPa。注浆时浆液流量不宜过大，宜取 10~20L/min。

③ 压密注浆

注浆压力主要取决于浆液材料的稠度。采用水泥砂浆时，坍落度 25~75mm，注浆压力一般为 1.0~7.0MPa，流量宜为 10~40L/min。

浆液经充分搅拌均匀后方可压注，其初凝时间、终凝时间、强度、防渗性和耐久性应满足设计要求，浆液可用磨细粉煤灰部分代替水泥，掺入量宜为水泥重量的 20%~70%。浆液拌制时可根据情况加入外加剂：可根据工程需要加入早强剂、微膨胀剂、抗冻剂、缓凝剂等，各外加剂的掺加量应根据产品说明并经试验确定。

注浆工程检验一般在注浆结束 28d 后进行。对明确承载力要求的工程，应采用载荷试验进行检验；无特殊要求时，可选用标准贯入试验、静力触探试验或轻便触探试验进行检测。对注浆效果的评定应进行注浆前后数据的比较，以综合评价注浆效果。

6）高压喷射注浆法

高压喷射注浆法的注浆形式分旋喷、定喷和摆喷三种类型。根据工程需要和机具设备条件，可采用单管、二管和三管等多种方法。旋喷桩的强度、桩径、桩长、加固范围等应由设计确定。

施工顺序为：机具就位→钻孔→置入喷射管→喷射注浆→拔管→冲洗等。也可直接使用喷射管成孔和喷射注浆。

施工前进行试桩，确定施工工艺和技术参数，作为施工控制依据。试桩数量一般不少于2根。

水泥浆液的水胶比按要求确定，可取0.8～1.5，常用为1.0，可根据需要掺入速凝剂等外加剂和掺合料。

单管法、二重管法的高压水泥浆液流和三重管法高压水射流压力一般大于20MPa，低压泥浆液流压力一般不小于1.0MPa，气流压力一般为0.7MPa，提升速度可取0.05m/min～0.25m/min，具体参数应根据工程实际情况确定。钻机与高压泵的距离不宜大于50m。

注浆管置入钻孔，喷嘴达到设计标高时即可喷射注浆。在喷射注浆参数达到规定值后，即分别按旋喷、定喷或摆喷的工艺要求，提升注浆管，由下向上喷射注浆。注浆管分段提升的搭接长度一般大于100mm。当需要扩大加固范围或提高强度时，可采用复喷措施。

高压喷射注浆完毕，可在原孔位采用冒浆回灌或第二次注浆等措施。高压喷射注浆施工质量可采用开挖检查、取芯、标准贯入试验、载荷试验或局部开挖注水试验等方法进行检验，并结合工程测试、观测资料及实际效果综合评价加固效果。

7) 深层搅拌法

深层搅拌法是以水泥浆作为固化剂的主剂，通过深层搅拌机械，将固化剂和地基土强制搅拌，使软土硬结成具有整体性、水稳定性和一定强度桩体的地基处理方法。

深层搅拌法适用于处理正常固结的淤泥与淤泥质土、粉土、素填土、黏性土以及无流动地下水的饱和松散砂土等地基。

固化剂宜选用强度等级为42.5级及以上的水泥。单、双轴深层搅拌桩水泥掺量可取13%～15%，三轴深层搅拌桩水泥掺量可取20%～22%。块状加固时，水泥掺量可用被加固湿土质量的7%～12%。水泥浆水胶比应保证施工时的可喷性，宜取0.45～0.70。

深层搅拌桩的置换率、桩长、桩径、水泥掺入量和桩位平面布置形式由设计计算确定。施工流程为：搅拌机械就位→预搅下沉→搅拌提升→重复搅拌下沉→搅拌提升→关闭搅拌机械。

施工前根据设计进行试桩，确定搅拌施工工艺参数，如确定搅拌机械的灰浆泵输浆量、灰浆经输浆管到达搅拌机喷浆口的时间和起吊设备提升速度等施工参数。试桩数量一般不少于2根。

深层搅拌桩的质量控制应贯穿在施工的全过程，检查重点是水泥用量、桩长、搅拌头转数和提升速度、复搅次数和复搅深度、停浆处理方法等。深层搅拌喷浆量和深度采用仪器自动监测记录，作为施工质量评定的依据。

深层搅拌桩成桩7d后，采用浅部开挖桩头（深度宜超过停浆面下0.5m），目测检查搅拌的均匀性，量测成桩直径。检查量为总桩数的5%；成桩28d后，用双管单动取样器钻取芯样作抗压强度检验和桩身标准贯入检验，检验数量为施工总桩数的 2%，且不少于 3 根；成桩 28d 后，可用单桩载荷试验进行检验，检验数量为施工总桩数的 1%，且不少于 3 根。

8）水泥粉煤灰碎石桩（CFG 桩）

水泥粉煤灰碎石桩处理地基属于复合地基，一般采用长螺旋钻机成孔，钻孔内泵送混凝土灌注成桩施工方法。适用于处理软弱黏性土、粉土、砂土和固结的素填土地基。

一般施工工艺流程为：

桩位测量→桩机就位→钻进成孔→混凝土浇筑→移机→检测→褥垫层施工。

施工要点如下：

① 施工场地按高程进行平整、压实，场地高程高出 CFG 桩桩顶不小于 60cm，测设 CFG 桩的轴线定位点。桩机就位，调整钻杆与地面垂直，偏差不大于 1.0%；使钻杆对准桩位中心，偏差不大于 50mm。

② 一般采用长螺旋钻机干成孔。钻孔开始时，关闭钻头阀门，操纵下移钻杆，钻头触及地面时，启动电动机钻进。在成孔过程中，发现钻杆摇晃或难钻时，应放慢进尺，防止桩孔偏斜、位移及钻杆、钻具损害。

③ 钻孔至设计高程后或嵌入硬层深度后，停止钻进，开始泵送混凝土，当钻杆芯管充满混凝土后开始拔管。钻杆提升过程中，严格控制钻杆上升速度和混凝土泵的泵送量，保证桩体连续、均匀、密实。桩顶高程一般高出设计高程 50cm。

④ 浇筑完成，严格按工艺设计的顺序移动钻机，进行下一根桩的施工，机械移动需注意对桩身造成的影响。

质量检验主要分为复合地基承载力和桩身完整性，一般在成桩 28d 后进行，试验数量宜为总桩数的 0.2%，且每检验批不少于 3 根。

褥垫层一般采用砂石材料，人工配合机械铺设，12t 压路机静力碾压密实。

2. 刚性扩大基础施工

刚性扩大基础是将上部结构物传来的荷载通过其直接传递至较浅的支承地基的一种基础形式，通常分为：浆砌块石和混凝土基础。基础施工前应先对基坑进行验收，合格后测设基础的轴线、平面尺寸、顶面高程，实地放出大样，为基础施工做好准备。

（1）浆砌块石基础

石料应质地均匀，不风化、无裂纹，具有一定的抗冻性能，强度不低于设计要求，一般以花岗岩为宜。块石尺寸要有一定规格，形状大致方正，厚度不小于 200mm，顶面及底面应较为平整，其余四个面应有棱角。石料加工时，外露面要整齐，棱角方正，拼缝前口要直，尾部要略有斜面，但每边向内收口不得大于 5~10mm。

基础砌筑前要清理地基，不得留有浮泥等杂物。块石要清洗湿润，分层砌筑时要按每层厚度拉线，以便砌筑齐整。

开始砌筑时，第一层块石应先坐浆，先砌四周部分再填砌中间填心部分。面层块石需选择表面平整，高度大致相同，在转角处更应选择正方块（必要时应加修凿）作为基准面。四角的角石高度要大致相等，且与同层面石等高，以保证质量和美观。砂浆强度等级按设计规定，根据水泥品种及强度等级选择配合比。

面石砌筑时，上下二层的石块要错缝，同一层面石要按一丁一顺或一丁二顺砌筑。砌缝宽度不大于 30mm，上下层竖缝错开不小于 80mm。砌石要求坐浆挤紧，嵌缝后砂浆饱满无空洞。面石必须稳固，在砌好一、二块面石后，紧接着在其内侧砌填心石。砌筑中心部位时，应先铺一层砂浆，然后嵌砌石块，空隙处用砂浆插实，同时以中小块石填嵌，必须做到砌筑密实。严禁采取先排块石再灌砂浆。砌筑到顶时要找平、不得有显著高低。

变形缝的砌筑面应垂直，不得凹凸不平。块石表面接缝处应采用砂浆勾缝。

（2）混凝土基础

混凝土基础施工前一般应在基坑底部先铺筑一层混凝土垫层，以保护地基。当垫层混凝土达到一定强度后，在其上测放基础大样，弹线、支模、绑扎钢筋。

混凝土宜分段分层浇筑，各段各层间应互相衔接，呈阶梯形或斜坡形推进，并注意先使混凝土充满模板边角，然后再浇中间部分。混凝土自高处倾落时，其自由倾落高度不宜超过 2m。如超过应设置料斗，滑槽、串筒，以防止混凝土产生离析。混凝土应连续浇筑，以保证基础良好的整体性。混凝土基础浇筑完毕后，表面应覆盖并浇水养护。

3. 基坑施工

（1）无支护基坑施工

1）直壁与放坡规定

对于天然含水量接近最佳含水量、地质构造均匀、不致发生坍滑、移动、松散或不均匀下沉的地基，且基坑顶部无活荷载，可采用垂直坑壁的形式。不同土类垂直坑壁基坑容许深度见表 4-2。

无支护垂直坑壁基坑容许深度　表 4-2

土的类别	容许深度（m）
密实、中密的砂类土和砾类土（充填物为砂类土）	1.00
硬塑、软塑的低液限粉土、低液限黏土	1.25
硬塑、软塑的高液限黏土、高液限黏质土夹砂砾土	1.50
坚硬的高液限黏土	2.00

深度在 5m 以内时，当土具有天然湿度，构造均匀，水文地质条件好且无地下水，不加支撑的沟槽，必须放坡。具体见表 4-3。

深度小于 5m 的基坑（沟槽）不加支撑的边坡最陡坡度　表 4-3

土的类别	边坡坡度（高：宽）		
	坡顶无荷载	坡顶有静载	坡顶有动载
中密的砂土	1：1.00	1：1.25	1：1.50
中密的碎石类土（填充物为砂土）、砾类土	1：0.75	1：1.00	1：1.25
硬塑的黏质粉土、粉质土、粉土质砂	1：0.67	1：0.75	1：1.00
中密的碎石类土（填充物为黏性土）	1：0.50	1：0.67	1：0.75
硬塑的粉质黏土、黏土，黏质土	1：0.33	1：0.50	1：0.67

续表

土的类别	边坡坡度（高：宽）		
	坡顶无荷载	坡顶有静载	坡顶有动载
极软岩	1：0.25	1：0.33	1：0.67
老黄土	1：0.10	1：0.25	1：0.33
软质岩	1：0	1：0.1	1：0.25
硬质岩	1：0	1：0	1：0
软土（轻型井点降水后）	1：1.00	—	—

当土质变差时，应按实际情况加大边坡。

基坑深度大于 5m 时，坑壁坡度适当放缓，或加做平台，开挖深度超过 5.0m 时，应进行边坡稳定性计算，制订边坡支护专项施工方案。

当基坑开挖经过不同类别土层或深度超过 10m 时，坑壁边坡可按各层土质采用不同坡度。其边坡可做成折线形或台阶形。基坑开挖因邻近建筑物限制，应采用边坡支护措施。在坑壁坡度变换处，应设置宽度不小于 0.5m 的平台。

2）降、排水方法选择

为了保证工程质量和施工安全，在基坑开挖前和开挖过程中要做好排水、降水工作，降水方法与适用条件见表 4-4。基础施工中常用的基坑排水降水方法有明沟排水、轻型井点降水和管井降水等施工方法。通过降水、排水，可以达到在无水的条件下进行管道施工，保证工程施工质量及安全。

降水方法与适用条件一览表　　　　表 4-4

降水方法		适合地层	渗透系数（m/d）	降水深度（m）
明沟排水		黏质土、砂土	<0.5	<2
降水	真空井点	粉质土、砂土	0.1～20.0	单级<6　多级<20
	喷射井点	粉质土、砂土	0.1～20.0	<6
	引渗井	黏质土、砂土	0.1～20.0	由下伏含水层的埋藏和水头条件确定
	管井	砂土、碎石土	1.0～200.0	<20
	辐射井	黏质土、砂土、砾砂	0.1～20.0	<20

① 明沟排水

除了发生严重的流砂情况外，一般情况下均可采用明沟排水法。明沟排水一般在基坑或工作竖井内进行，轻型井点降水、管井降水一般在基坑边线外或结构边线外 1.5m 处布设。

明沟排水法是在基坑开挖过程中，沿坑底周围开挖排水沟，在排水沟最低处设置集水井，基坑底、排水沟底与集水井底应保持一定的水流坡度，使水流入集水井，然后用水泵抽走。

基坑顶缘四周适当距离处也应设置截水沟，及时排除地表水，防止地表水冲刷坑壁，影响坑壁稳定性。

② 井点降水施工

当土质较差有严重流砂现象、地下水位较高、基坑较深、坑壁不易稳定时，可采用井点降水法。

井点降水系统在基坑开挖前就应先行运行。常用的井点系统为轻型井点。轻型井点系统主要由井点管、连接管、集水总管和抽水设备等组成。

井点管是用直径 25～38mm 的无缝钢管制成，长 5～7m，管下端装有 1.0～1.2m 长的滤管。总管一般用直径 127～150mm 的无缝钢管，每节长 4m，每隔 0.8～1.0m 设一个连接管的接头以便和井点管接通。连接管可用胶皮管、塑料管制成。

抽水设备：在干式真空泵井点系统中由真空泵、离心泵和气水分离器组成抽水机组，在射流泵井点系统中由离心泵、喷射器和循环水箱组成。

轻型井点降水系统是沿基坑四周以一定间距埋入井点管至地下含水层内，井点管的上端通过连接管与总管相连接、利用抽水设备将地下水从井点管内不断抽出，使原有地下水位降至坑底以下不小于 500mm。在施工过程中要不断地抽水、保持降水效果，直至基础施工完毕并回填土为止。

轻型井点布置应根据基坑平面的大小与深度、土质、地下水位高低与流向、降水深度等要求确定，一般有单排、双排和环形布置等方式。井点管的间距一般选用 0.8m、1.2m 和 1.6m 三种，井点管距离基坑边缘应大于 1.0m，以防漏气，影响降水效果。

一套干式真空泵井点系统可接总管长度为 60～80m，一套射流泵井点系统可接总管长度在 30～40m。

井点降水应在基坑开挖前 3～5d 投入运行，在井点降水范围内宜设置水位观测井以观测降水效果。

③ 管井降水施工

管井可用混凝土管、钢管或铸铁管。管井孔径宜为 300～600mm，管径宜为 200～400mm。

管井可根据地层条件选用冲击钻、螺旋钻、回转钻成孔。钻孔深度宜比设计深 0.3～0.5m。成孔后应用大泵量冲洗泥浆，减少沉淀，并应立即下管。当注入清水稀释泥浆，相对密度接近 1.05 时，方可投入滤料，其量不少于计算量的 95%；滤料应填至含水层顶部以上 3～5m。封孔用黏土回填，其厚度不少于 2m。

滤料填完后，应及时进行洗井，不得搁置时间过长。洗井后，应进行单井试验性抽水。抽水设备应根据出水量、水深和设备性能选定。管井降水可采用潜水泵、离心泵、深井泵。遇有泥浆时应使用泥浆泵。

3）基坑开挖的基本要求

开挖应从上到下分层分段进行，人工开挖沟槽的深度超过 3.0m 时，分层开挖的每层深度不宜超过 2.0m。机械开挖时，分层深度应按机械性能确定。如采用机械开挖沟槽时，应合理确定开挖顺序、路线及开挖深度。挖土机沿挖方边缘移动时，机械距离边坡上缘的宽度不得小于沟槽或管沟深度的 1/2。

在开挖过程中，应随时检查槽壁和边坡的状态。深度大于 1.5m 时，根据土质变化情况，应做好沟槽的支撑准备，以防坍陷。沟槽的直壁和坡度，在开挖过程和敞露期间应防止塌方，必要时应加以保护。

在开挖槽边弃土时，应保证边坡和直壁的稳定。当土质良好时，抛于槽边的土方应距槽边缘 1.0m 以外，高度不宜超过 1.5m；在 1.0m 以内也不准堆放材料和机具。槽边堆土应考虑土质、降水影响等不利因素，制订相应措施。

基坑开挖完成，原状地基土不得扰动、受水浸泡或受冻。地基承载力必须达到设计要求，并经有关方面签认。

4）基底处理

① 岩石：清除风化层，松碎石块及污泥等，如岩石倾斜度大于15°时，应挖成台阶，使承重面与受力方向垂直，砌筑前应将岩石表面冲洗干净。

② 砂砾层：整平夯实，砌筑前铺一层20mm的浓稠砂浆。

③ 黏土层：铲平坑底，尽量不扰动土的天然结构；不得用回填土的方法来整平基坑，必要时，加铺一层厚100mm的碎石层，层面不得高出基底设计高程；基坑挖好后，要尽快处理，防止暴露过久或被雨水淋湿而变质。

④ 软硬不均匀地层：如半边岩石、半边土质时，应将土质部分挖除，使基底全部落在岩石上。

⑤ 溶洞：暴露的溶洞，应用浆砌片石或混凝土填灌堵满。

⑥ 淤泥、淤泥质土和垃圾土：淤泥、淤泥质土一般位于河道、池塘，垃圾填土一般位于垃圾坑。对于此类土，一般按要求进行挖除，清理干净，回填砂砾材料或碎石，分层整平夯实到基底标高。

（2）土钉墙支护基坑施工

1）适用条件

不具备自然放坡条件的基坑，通常采用土钉墙支护结构（图4-2）。土钉墙是通过钻孔、插筋、注浆来设置的，也可以直接打入角钢、粗钢筋形成土钉。注浆材料宜采用水泥浆或水泥砂浆，其强度等级不宜低于12MPa；喷射混凝土强度等级一般为C20；钢筋网片的钢筋直径宜为6~10mm，间距宜为150~300mm。

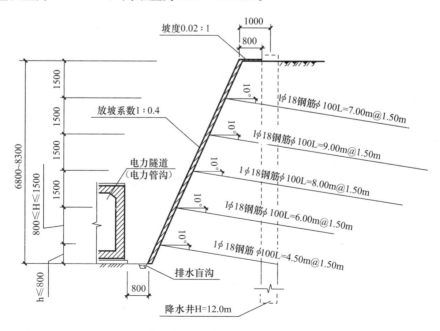

图4-2　土钉支护示意图（一）

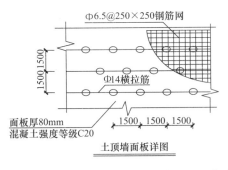
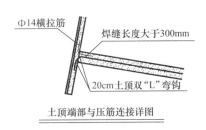

图 4-2   土钉支护示意图（二）

土钉墙支护适用于可塑硬塑或坚硬的黏性土、胶结或弱胶结包括毛细水粘结的粉土砂土和角砾填土、风化岩层等；基坑直立开挖或陡坡深度不大于 10m、无水条件的临时性支护，基坑安全等级为二级、三级。

2）施工流程与工序

工艺流程为开挖工作面→土钉施工→铺设固定钢筋网→喷射混凝土面层。

① 土方开挖

一般采用施工机械，根据分层厚度和作业顺序开挖，一般每层开挖深度控制在 100～150cm。分段进行开挖时，10～20m 为一段。对于易塌的土体，应采取的措施主要包括：

对修整后的边壁立即喷上一层薄的砂浆或混凝土待凝结后再进行钻孔；在作业面上先构筑钢筋网喷混凝土面层而后进行钻孔并设置土钉；在水平方向上分小段间隔开挖；先将作业深度上的边壁做成斜坡待钻孔并设置土钉后再清坡；在开挖前沿开挖面垂直击入钢筋或钢管或注浆加固土体；在支护面层设置长度为 400～600mm，$D＝30～40mm$ 的排水滤管，将土中积水排出。

② 土钉施工

土钉可选用冲击钻机、螺旋钻机、回转钻机、洛阳铲等成孔。钻孔前应按设计要求定出孔位并作出标记和编号，并按土钉支护设计要求进行。

钻孔后应进行清孔检查对孔中出现的局部渗水塌孔或掉落松土应立即处理。土钉全长设置金属或塑料定位支架，间距 2～3m，保证钢筋处于钻孔的中心部位。

土钉可采用重力、低压（0.4～0.6MPa）或高压（1～2MPa）方法注浆填孔。

水平孔应采用低压或高压方法注浆，压力注浆时应在钻孔口部设置止浆塞（如为分段注浆止浆塞置于钻孔内规定的中间位置），注满后保持压力重力 3～5min，注浆以满孔为止，但在初凝前需补浆次 1～2 次。

对于下倾的斜孔一般采用底部重力、低压注浆方式。注浆导管先插入孔底，随注浆导管随着撤出，出浆口始终处在孔内浆液的表面以下，保证孔中气体能全部逸出。

注浆浆液水胶比一般控制在 0.4～0.5。孔内浆体的充盈系数必须大于 1。每次向孔内注浆时，宜预先计算所需的浆体体积，确认实际注浆量超过孔的体积。

③ 铺设固定钢筋网

在喷射混凝土前，面层内的钢筋网片应牢固固定在边壁上，并符合规定的保护层厚度要求。钢筋网片可用插入土中的钢筋固定，在混凝土喷射下应不出现振动。

钢筋网片可用焊接或绑扎而成。钢筋网搭接长度不小于 1 个网格。

④ 喷射混凝土

喷射混凝土粗骨料最大粒径不宜大于 12mm，水胶比不宜大于 0.45，并掺加速凝剂。

喷射混凝土一般自下而上进行，射流方向垂直指向喷射面，喷头与受喷面距离宜 0.8～1.5m 范围内。每次喷射厚度宜为 50～70mm。当面层厚度超过 100mm 时，应分二次喷射完成。喷射混凝土作业前，应用高压空气、水清除施工缝上的尘土和松散碎屑，保证结合良好。在边壁面上设置钢筋标志进行厚度控制。喷射混凝土终凝后 2 小时，应根据当地条件采取连续喷水养护 5～7d 或喷涂养护剂。

3）冬雨期施工措施

① 雨期施工时，应在基坑周围修建排水沟和挡水墙以免降水影响施工。由于降水土质含水量大时，应在槽壁上插入引水管，将水排出后再进行作业。

② 冬期施工时应合理安排施工周期，缩短支护成形时间，为下一步工序创造条件。

③ 冬期进行喷射混凝土，作业温度不得低于 +5℃，混合料进入喷射机的温度和水温不得低于 +5℃；在结冰的面层上不得喷射混凝土。混凝土强度未达到 6MPa 时不得受冻。

④ 喷射混凝土原材料如砂子、石子的含水量必须严格控制，以在最低温度下施工不结块为准，现场砂石用岩棉被、帆布覆盖保温。

4. 桩基础

（1）桩基础组成与分类

城市桥梁桩基础由桩和承接上部结构的承台组成（图 4-3）。桩基础具有承载力高，沉降速度缓慢、沉降量小而均匀，并能承受水平力、上拔力、振动力，抗震性能较好等特点。

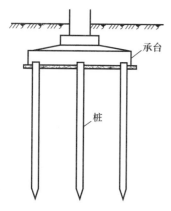

图 4-3　桩基础示意图

根据承台与地面的相对位置不同，一般有低承台与高承台桩基之分。低桩承台的承台底面位于地面以下，高桩承台的承台底面则高出地面以上，且其上部常处于水下。一般来说，采用高桩承台主要是为了减少水下施工作业和节省基础材料。而低桩承台承受荷载的条件比高桩承台好，特别是在水平荷载作用下，承台周围的土体可以发挥一定的作用。

按桩的承载性质不同，桩可分为摩擦桩和端承桩；按桩身材料不同可分混凝土桩、钢管桩；按桩的制作工艺可分预制沉入桩和钻孔灌注桩。

（2）预制沉入桩施工

预制桩采用沉入法施工。根据沉入土中的方法又可分为锤击法、静力压桩法、振动法、水冲法等。

1）沉入桩的施工要点

① 水泥混凝土预制桩要达到 100％设计强度并具有 28d 龄期方可沉入。桩身不得有裂缝。现场堆放桩的场地必须平整、坚实；不同规格的桩应分别堆放；钢筋混凝土方桩堆放不宜超过 4 层，钢管桩堆放不超过 3 层。桩在沉入前应在桩的侧面画上标尺，以便于沉桩

时显示桩的入土深度。配备适宜的桩帽与弹性垫层，及时更换垫层材料。预制钢筋混凝土桩在起吊时，吊点应符合设计要求，设计若无要求时，则应符合表 4-5 规定。

预制桩吊点示意位置　　　　　　　　　　　　　　　表 4-5

序　号	适用桩长（m）	吊点数目	图　示
1	5～6	一点起吊	l　0.293l
2	16～25	二点起吊	0.207l　l　0.207l
3	＞25	三点起吊 四点起吊	0.153l　0.347l　0.347l　0.153l　l 0.104l　0.292l　0.208l　0.292l　0.104l

② 打桩顺序：桩群施工时，桩会把土挤紧或使土上拱。因此，应由一端向另一端打，先深后浅，先坡顶后坡脚；密集群桩由中心向四边打；靠近建筑的桩先打，然后往外打。

③ 打桩方法：一般采用重锤低击，打入过程中，应始终保持锤、桩帽和桩身在同一轴线上。采用预埋钢板电焊焊接接桩时，必须周边满焊、焊缝饱满。打桩和接桩均须连续作业，中间不应有较长时间的停歇。在一个基础中，同一水平面内的接桩数不得超过桩基总数的 50%，相邻桩的接桩位置应错开 1.0m 以上。

承受轴向荷载为主的摩擦桩沉桩时，入土深度控制以桩尖设计标高为主，最后以贯入度作参考；端承桩的入土深度控制以最后贯入度为主，以桩尖设计标高为参考。

沉桩过程中，若遇到贯入度剧变，桩身突然发生倾斜、位移或有严重回弹，桩顶或桩身出现严重裂缝、破碎等情况时，应暂停沉桩，分析原因，采取有效措施。

在硬塑黏土或松散的砂土地层下沉群桩时，如在桩的影响区内有建筑物，应防止地面隆起或下沉对建筑物的破坏。

应详细、准确地填写打桩记录；特别是最后 50cm 桩长的锤击高度及桩的贯入度。

2）注意事项

① 在打桩过程中，桩周附近 3～5 倍桩径范围内的土受到很大的重塑作用。在饱和的细、中、粗砂中连续沉桩时，易使流动的砂紧密挤实于桩的周围，妨碍砂中水分沿桩上升，在桩尖下形成压力很大的"水垫"，使桩产生暂时的极大贯入阻力，休息一定时间之

后，贯入阻力就降低，这种现象称为桩的"假极限"。

②在黏性土中连续沉桩时，由于土的渗透系数小，桩周围水不能渗透扩散而沿着桩身向上挤出，形成桩周围水的滑润套，使桩周摩阻力大为减小，但休息一定时间后，桩周围水消失，桩周摩阻力恢复、增大，这种现象称为"吸入"。

沉桩发现上述两种情况时，均应暂停一定时间后进行复打，以确定桩的实际承载力。

③桩的上浮：包括有两种情况，被锤击的桩上浮和附近的桩上浮。对于前者，如使用坠锤时，可将坠锤停留在桩头的时间长一些；当用柴油锤时，如系空心管桩，桩尖不要封闭，将桩内土排除，可减少桩上浮。无论何种情况，桩都应进行复打。

（3）钻孔灌注桩

1）成孔方法与机械类型

钻孔灌注桩是指在工程现场采用机械钻孔、钢管挤土或人工挖掘等手段在地基土中形成桩孔，并在其内放置钢筋笼、灌注混凝土而做成的桩，依照成孔方法不同，灌注桩又可分泥浆护壁成孔、干作业成孔、护筒（沉管）灌注桩及爆破成孔等几类。

常用的钻孔机械有：正循环回转钻机、反循环回转钻机、旋挖钻机、螺旋钻机、潜水钻机、冲抓钻机、冲击钻机等。

2）分项工程施工

①施工准备

施工前应掌握工程地质资料、水文地质资料，完成专项施工方案编制、桩位测设、材料设备等进场检测。

场地要求平整坚实。浅水区施工采用黏土或粉质黏土围堰筑岛；深水区施工可搭设施工平台或岛，平台应高出施工最高水位 0.5m 以上。

②护筒埋设（图 4-4）

护筒种类有：木护筒、砖砌护筒、钢护筒、钢筋混凝土护筒等，常用的是钢护筒。按现场条件采用下埋式、上埋式和下沉式等埋设方法。下埋式适于旱地作业，上埋式适于旱地或水中作业，下沉式适于深水中作业。

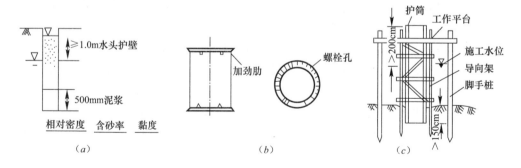

图 4-4　泥浆护壁与护筒示意图
（a）泥浆护壁原理图；（b）钢制护筒；（c）护筒安装

护筒底必须埋在稳定的黏土层中，要求坚固耐用，有足够的强度和刚度，接缝和接头紧密不漏水。护筒内径比桩径应大 20～40cm，长度根据施工水位决定，正、反循环成孔施工期间护筒内的泥浆面应高出地下水位 1.0m 以上，旋挖钻机护筒应高于地下水位

3.0m，保证钻孔内有高于地下水位 1.5～2.0m 的水头，防止钻孔坍塌。

在陆地或河滩埋设护筒时，可采用挖埋法。护筒应超过杂填土埋藏深度，且护筒底口埋进原土深度不应小于 200mm。在浅水区埋设护筒时，应采用机械振动或加压等方式将护筒穿过软弱土层沉入河底稳定的土层。沉入淤泥质黏土层不宜小于 3m，如为砂性土，则不宜小于 2m。在深水区埋设护筒时，应采用机械振动或加压等方式，但应有导向装置，导向架应有一定的长度和刚度，并与钻机平台的基桩临时固定，防止位移。下沉护筒宜选择平潮位时，一次下沉到预定深度。当流速较大时，护筒之间宜用型钢连接，以保持整体稳定。

③ 泥浆护壁成孔

泥浆护壁原理如图 4-4（a）所示。泥浆由水、黏土（膨润土）和添加剂组成，具有浮悬钻渣、冷却钻头、润滑钻具，增大静水压力，并在孔壁形成泥皮护壁，隔断孔内外渗流，防止塌孔的作用。

通常采用塑性指数大于 25、粒径小于 0.005mm 的黏土颗粒含量大于 50％的黏土（即高塑性黏性土）或膨润土。

外观特征为：黏土自然风干后不易用手掰开、捏碎；干土破碎后断面应有坚硬的尖锐棱角；用刀切开润湿后的黏土时，切面应光滑、颜色较深；水浸后有黏滑感，容易搓成直径 1mm 的细长泥条，用手捻感觉砂粒不多，泡在水中能大量膨胀。

理化指标：胶体率≥95％，含砂率≤4％，制浆能力≥2.5l/kg，塑性指数≥17，小于 0.005mm 的黏性土含量＞50％，不含石膏、石灰等钙盐。

冲击钻可直接把黏土投入钻孔中，依靠钻头的冲击作用成浆；回转钻需采用泥浆搅拌机或人工调和成浆，储存在泥浆池内，再用泥浆泵输入钻孔内。

钻孔泥浆的性能指标可参见表 4-6。

泥浆性能指标要求　　　　　　　　　　　　　　表 4-6

钻孔方法	地层情况	泥浆性能指标						
		相对密度	黏度（s）	静切力（Pa）	含砂率（％）	胶体率（％）	失水率（mL/30min）	酸碱度 pH
正循环回转、冲击	黏性土	1.05～1.20	16～22	1.0～2.5	<8～4	＞90～95	<25	8～10
	砂土碎石土卵石漂石	1.20～1.45	19～28	3～5	<8～4	＞90～95	<15	8～10
推钻冲抓	黏性土	1.10～1.20	18～24	1～2.5	<4	＞95	<30	8～11
	砂土碎石土	1.20～1.40	22～30	3～5	<4	＞95	<20	8～11
反循环回转	黏性土	1.02～1.06	16～20	1～2.5	<4	＞95	<20	8～10
	砂土	1.06～1.10	19～28	1～2.5	<4	＞95	<20	8～10
	碎石土	1.10～1.15	20～35	1～2.5	<4	＞95	<20	8～10

④ 正、反循环钻孔

正循环回转钻孔：系利用钻具旋转切削土体钻进，泥浆泵将泥浆压进泥浆笼头，通过钻杆中心从钻头喷入钻孔内，泥浆挟带钻渣沿钻孔上升，从护筒顶部排浆孔排出至沉淀池，钻渣在此沉淀而泥浆流入泥浆池循环使用，如图 4-5 所示。其特点是钻进与排渣同时连续进行，在适用的土层中钻进速度较快，但需设置泥浆槽、沉淀池等，施工占地较多，且机具设备较复杂。

反循环回转钻孔：与正循环法不同的是泥浆输入钻孔内，然后从钻头的钻杆下口连同钻渣吸进，通过钻杆中心排出至沉淀池内，如图 4-6 所示。其钻进与排渣效率较高，但接长钻杆时装卸麻烦，钻渣容易堵塞管路。另外，因泥浆是从上向下流动，孔壁坍塌的可能性较正循环法的大，为此需用较高质量的泥浆。

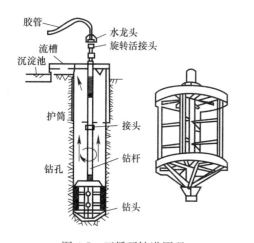

图 4-5　正循环钻进原理

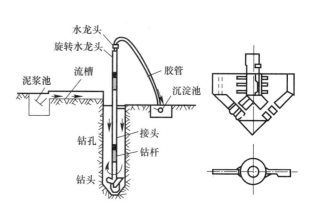

图 4-6　反循环钻进原理

钻机钻进参数及钻速见表 4-7。

钻机钻进参数表　　　　　　　　　　　表 4-7

钻进参数和钻速地层性质	钻压（kN）	钻头转速（r/min）	砂石泵排量（m³/h）	钻进速度（m/h）
黏土层、硬土层	10～25	30～50	180	4～6
砂土层	5～15	20～40	160～180	6～10
砂层、砂砾石层	3～10	20～40	160～180	8～12
中硬以下基岩	20～40	10～30	140～160	0.5～1.0

⑤ 冲击钻成孔（图 4-7）

冲击钻成孔主要是用于岩土层中成孔，成孔时将冲锥式钻头提升到一定高度后，以

（a）

（b）

图 4-7　冲击钻机示意图

（a）冲击钻；（b）冲抓钻

自由下落的冲击力破碎岩层、砾石，然后用掏渣桶来掏取孔内的渣浆。该工艺设备简单，操作方便，对于砂卵石地层及岩层十分有效；在冲孔过程中，由于一部分石渣与泥浆被挤入孔壁孔隙中，所以，孔壁坚实，不宜塌孔，对保证桩的质量极为有利。

⑥ 旋挖钻成孔

旋挖钻机是一种高度集成的桩基施工机械，采用一体化设计、履带式360°回转底盘及桅杆式钻杆。旋挖钻机采用筒式钻斗，当钻头下降到预定深度后，旋转钻斗施加压力，将土挤入钻斗内，筒满时钻斗底部关闭，直接取土出渣。通过钻斗的旋转、削土、提升、卸土和泥浆撑护孔壁，反复循环直至成孔。旋挖钻机带有自动垂直度控制和自动回位控制，成孔垂直度和孔位等能精确控制，孔口注浆以保持孔内泥浆高度即可，成孔时间大大缩短，施工效率提高。

旋挖钻机适用黏土、粉土、砂土、淤泥质土、回填土及含部分卵石、碎石的地层。

⑦ 长螺旋钻孔

螺旋钻机（图4-8）适用于细粒土层、无地下水的情况，不用泥浆护壁干钻法施工，一般不设护筒。钻机定位后，应进行复检，钻头与桩位点偏差不得大于20mm，开孔时下钻速度应缓慢，钻进过程中不宜反转或提升钻杆。

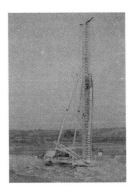

图4-8　长螺旋钻机示意图

后插钢筋笼（骨架）施工方法：钻孔至设计标高后，应先泵入混凝土并停顿10～20s，再缓慢提升钻杆。提钻速度应根据土层情况确定，并保证管内有一定高度的混凝土。混凝土压灌结束后，应立即将钢筋笼插至设计标高，并及时清除钻杆及泵管内的残留混凝土。

⑧ 钢筋笼制作与吊装

钢筋笼的制作应符合设计要求和规范规定，钢筋笼的成型宜采用加强箍筋成型法，加强箍筋应与全部主筋焊接并在下端主筋端部焊加强箍筋一道。钢筋笼可分段制作，主筋应采用焊接或套筒压接接头。如采用焊接接头，则同一截面内钢筋接头数不得多于主筋总数的50%；如采用套筒压接接头，则不受限制。在钢筋笼的顶端可焊挂环、挂环高度应使骨架在孔内的标高符合设计要求，并牢固定位。可采用设置元宝形撑筋或混凝土垫块的方式来控制混凝土保护层的厚度。现场制作时应在固定胎架上进行，以保证钢筋笼的顺直。

如需进行超声波检测桩身，则应在钢筋笼内按规定埋设检测管，其材料和位置应符合设计要求，检测管的接头必须牢固不渗漏。

钢筋笼沉放时不得碰撞孔壁，在沉放过程中，要观察孔内水位变化，如下沉困难，应查明原因，不得强行下沉。分段钢筋笼安装时，应在孔口设操作平台，将分段钢筋笼进行连接，连接方式可采用机械连接或焊接。钢筋笼就位后应固定在孔口平台上，防止移动。

⑨ 灌注水下混凝土

水下混凝土初凝时间不宜小于2.5小时，水泥的强度等级不宜低于42.5级，骨料最大粒径不应大于导管内径的1/6～1/8和钢筋最小净距的1/4，同时不应大于40mm。宜采用级配良好的中粗砂。

桩身混凝土试配强度应比设计强度提高 $15\% \sim 25\%$，水胶比采用 $0.5 \sim 0.6$，坍落度 $16cm \sim 22cm$，砂率 $40\% \sim 45\%$，最小胶凝材料用量不小于 $350kg/m^3$。混凝土应有良好的和易性、流动性，混凝土初凝时间宜为正常灌注时间的 2 倍。

水下混凝土应采用内径为 $200 \sim 350mm$ 钢导管灌注。导管使用前进行水密性和接头抗拉试验。灌注前导管底端与孔底的距离宜为 $300 \sim 500mm$。

在灌注过程中，特别是潮汐地区和有承压水地区，应注意保持孔内水头。应将孔内溢出的水或泥浆引流至适当地点处理，不得随意排放，污染环境及河流。

每根灌注桩在现场应制作混凝土抗压强度试件不少于 2 组；混凝土灌注过程应按规定指派专人做好记录。

（4）人工挖孔灌注桩

1）适用条件

人工挖孔法是用人力挖土形成桩孔。在向下挖进的同时，对孔壁进行支护，在孔内安放钢筋骨架、灌注混凝土形成桩基。

人工挖孔桩适用于钻机作业困难、施工范围无地下水，且较密实的土或岩石地层条件下施工，必须在保证施工安全的前提下选用。挖孔桩截面一般为圆形、方形，孔径 $1200 \sim 2000mm$，最大可达 $3500mm$，挖孔深度不宜超过 $25m$。有爆破要求时，应报公安部门审批。

2）施工要点

① 现浇混凝土护壁

护壁有许多形式，常用的是现浇混凝土护壁。

A. 等厚度护壁。多用于有渗水、涌水的土层和薄层流砂、淤泥土层中，在穿过块石、孤石的堆积层需要放炮时，也可使用。每挖掘 $1.2 \sim 1.5m$ 深时，即立模灌注混凝土护壁，厚度 $10 \sim 15cm$，强度等级一般 C20；混凝土护壁作桩身截面的一部分时，其强度等级应与桩身相同。两节护壁之间留 $20 \sim 30cm$ 空隙，以便灌注施工，空隙间宜用短木支承。

B. 外齿式护壁，如图 4-9（a）所示，其优点是护壁下端外扩增大桩侧摩阻力，抗塌孔的性能更好；便于人工用钢钎等捣实混凝土。

C. 内齿式护壁，如图 4-9（b）所示，其结构特点为护壁外侧面为等直径的圆柱，而内侧面则是圆锥台，上下护壁间搭接 $50 \sim 75mm$。

现浇混凝土护壁厚度，应由地下最深段护壁所承受的土压力及地下水的侧压力确定，地面上施工堆载产生的侧压力的影响可不计。

② 挖掘顺序

挖掘顺序视土质及桩孔布置而定，一般不得在相邻两孔同时开挖，当同一承台有多根桩基，应对角、间隔开挖。土层紧密、地

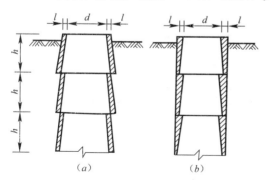

图 4-9　混凝土护壁形式
（a）外齿式；（b）内齿式

下水不大时，一个墩台基础的所有桩孔可同时开挖，便于缩短工期；但渗水量大的孔应超前开挖、集中抽水，以降低其他孔水位。土层松软、地下水位较大者，宜对角开挖，避免孔间间隔层太薄造成坍塌。若为梅花式布置，则先挖中心孔，待混凝土灌注后再对角开挖其他孔。

开挖时应组织连续作业，土料可用电动链滑车或架设三脚架，用 $10\sim20kN$ 慢速卷扬机提升。

③ 挖掘的工艺要求

在挖孔过程中，须经常检查桩孔尺寸和平面位置：群桩桩位误差不得大于 100mm；排架桩桩位误差不得大于 50mm；倾斜度不超过 1%；孔深必须符合设计要求。

挖孔时如有水渗入，应及时支护孔壁，防止水在孔壁流淌造成坍孔。渗水应设法排除（如用井点法降水或集水泵排水）。挖孔如遇到涌水量较大的潜水层承压水时，可采用水泥砂浆压灌卵石环圈，或其他有效的措施。

桩孔挖掘、支撑护壁必须连续作业，不得中途停顿。达到设计深度后，进行孔底处理。

在多年冻土地区施工，当季节融化层处于冻结状态，不受土层和水文地质的影响时，可采用孔底热融法，以提高挖孔效率。在季节融化层融化的夏季，一般不宜采用挖孔桩。

④ 孔内爆破

应编制专项施工方案，报当地公安主管部门批准后方可实施。

3）安全技术措施

挖孔工人必须配有安全帽、安全绳。取出土渣的吊桶、吊钩、钢丝绳、卷扬机等机具，必须经常检查。井口周围需用木料、型钢或混凝土制成框架（或围圈）予以围护，井口围护应高于地面 $20\sim30cm$，以防止土、石、杂物滚入孔内伤人。为防止井口坍塌，须在孔口用混凝土护壁，高约 2.0m。挖孔时应经常检查孔内的有毒有害气体含量，孔深超过 10m 时，应用机械通风。挖孔暂停时，孔口必须罩盖。井孔应安设牢固可靠的安全梯。

（二）城镇道路工程施工技术

道路工程是城市一项重要的基础设施工程，按照结构主要包括路基、垫层、基层和面层等部分。按照路面类型分为沥青路面、水泥混凝土路面和砌块路面。

1. 路基施工

（1）路堤填筑施工

1）填方准备工作

路堤填方的路基主要由机械分段进行施工，每段"挖、填、压"应连续完成。主要施工工艺流程为：现场清理、填前碾压→填筑→碾压→质量检验。

填方材料主要为土、石方、土石混合料。最大粒径不得大于 100mm。

填料的强度 CBR 值应符合设计要求，其最小强度值应符合表 4-8 的规定。

路基填料强度（CBR）最小值   表 4-8

填方类型	路床顶面以下深度（cm）	最小强度（%）	
		城市快速路、主干路	其他等级道路
路床	0～30	8.0	6.0
路床	30～80	5.0	4.0
路基	80～150	4.0	3.0
路基	>150	3.0	2.0

清除填方基底上的树根、杂草、垃圾、淤泥、杂物、拆迁物、旧路面以及坑穴中的积水等不适宜材料清理，并将原地面大致找平，并进行填前碾压，使基底达到规定的压实度标准。

2）填筑

填土采用同类土分层进行（图 4-10），一般方法有：人工填土、推土机填土、铲运机铺填土以及自卸汽车填土。

施工前进行全幅路基试验段填筑，确定设备类型、数量、组合、压实遍数、厚度、松铺系数等参数，试验长度一般为 200m。

原地面横向坡度在 1∶10～1∶5 时，应先翻松表土再进行填土；原地面横向坡度陡于 1∶5 时应作成台阶形（图 4-11），每级台阶宽度不得小于 1m，台阶顶面应向内倾斜。

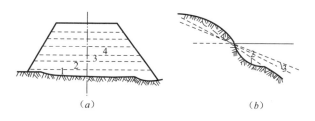

图 4-10   分层填筑法（土中数字为填筑顺序）
(a) 水平分层填筑；(b) 纵向分层填筑

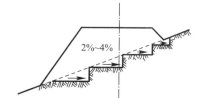

图 4-11   台阶施工法

修筑填石路堤一般先码砌边部，然后逐层水平砌筑石料，确保边坡稳定（图 4-12）。

3）碾压

碾压应在填土含水量接近最佳含水量时进行，按先轻后重、自路基边缘向中央的原则压实。压路机轮重叠 15～20cm，碾压 5～8 遍，至表面无明显轮迹，且达到要求压实度为止。路基两侧宽度增加 30～50cm，碾压成活后修整到设计宽度，保证边坡填土密实。

填石路堤宜选用 12t 以上的振动压路机、25t 以上的轮胎压路机或 2.5t 以上的夯锤压（夯）实。

4）质量检验

路堤质量检验分层进行。填土路基施工质量要求：路床平整、坚实，无显著轮迹、翻浆、波浪、起皮等现象，路堤边坡密实、稳定、平顺等。填方路基弯沉值不应大于设计要求，压实度应符合表 4-9 的要求。

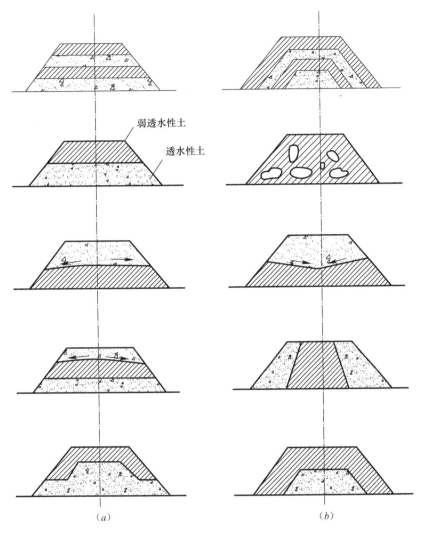

弱透水性土

透水性土

图 4-12　路堤分层填筑方案对比

(a) 正确方案；(b) 错误方案

路基土方压实度（重型击实标准）　　　　　　　　　表 4-9

填挖类型	路床顶面以下深度（cm）	道路类别	压实度（%）（重型击实）	检查频率		检验方法
				范围	点数	
填方	0～80	快速路和主干路	≥95	1000m²	每层 3 点	环刀法、灌水法或灌砂法
		次干路	≥93			
		支路及其他小路	≥90			
	80～150	快速路和主干路	≥95			
		次干路	≥93			
		支路及其他小路	≥90			
	>150	快速路和主干路	≥95			
		次干路	≥93			
		支路及其他小路	≥87			

填石路基施工质量要求：路床顶面嵌缝牢固，表面均匀、平整、稳定，无推移、浮石；边坡稳定、平顺，无松石，允许偏差应符合表 4-10 要求；沉降差符合试验确定的工艺要求。

填土（石）路基允许偏差　　　　　　　　　表 4-10

项 目	允许偏差	检验频率			检验方法
		范围（m）	点数		
路床纵段高程（mm）	-20 +10	20	1		用水准仪测量
路床中线偏位（mm）	≤30	100	2		用经纬仪、钢尺量取最大值
路床平整度（mm）	≤15（20）	20	路宽（m）	<9	1	用 3m 直尺和塞尺连续量两尺，取较大值
				9～15	2	
				>15	3	
路床宽度（mm）	不小于设计值+B	40	1		用钢尺量
路床横坡	±0.3%且不反坡	20	路宽（m）	<9	2	用水准仪测量
				9～15	4	
				>15	6	
边坡	不陡于设计值	20	2		用坡度尺量，每侧 1 点

（2）路堑开挖施工

城市路堑主要分为土质路基和石质路基，一般以机械开挖为主，石质路基中可能会用到爆破法。一般机械开挖路堑施工工艺流程为：路堑开挖→边坡施工→路床碾压→质量检验。

1）土质路基开挖

土方采用机械开挖，人工配合清理，开挖自上而下进行。

① 横挖法（图 4-13）：以路堑整个横断面的宽度和深度，从一端或两端逐渐向前开挖。适用于短而深的路堑。

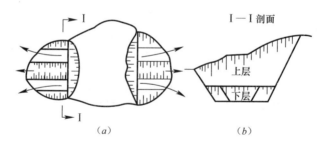

图 4-13 横挖法

（a）平面图；（b）纵断面图

人工横挖法挖路堑时，可在不同高度处分多个台阶挖掘，其挖掘深度一般为 1.5～2.0m。机械按横挖法挖路堑且弃土（或以挖作填）运距较远时，可用挖掘机配合自卸汽车进行。每层台阶高度可增加至 3.0～4.0m。

② 纵挖法：分为分层纵挖法、通道纵挖法、混合式开挖法和分段纵挖法。

分层纵挖法（图 4-14）：是沿路堑全宽以深度不大的纵向分层挖掘前进，适用于较长的路堑开挖。

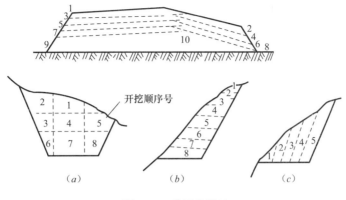

开挖顺序号

图 4-14　分层纵挖法

通道纵挖法（图 4-15）：是先沿路堑纵向挖一通道，然后将通道向两侧拓宽，上层通道拓宽至路堑边坡后，再开挖下层通道，向纵深开挖至路基标高。本法适用于路堑较长、较深，两端地面纵坡较小的路堑开挖。

图 4-15　通道纵挖法
1—第一次通道；2—第二次通道

混合式开挖法（图 4-16）：是将横挖法、通道纵挖法混合使用，即先顺路堑挖通道，然后沿横向坡面挖掘，以增加开挖坡面。在较大的挖土地段，还可横向再挖沟，以装置传动设备或布置运输车辆。本法适用于路堑纵向长度和挖深都很大的路堑。

分段纵挖法：是沿路堑纵向选择一个或几个适宜处，将较薄一侧堑壁横向挖穿，使路堑分成两段或数段，各段再纵向开挖。本法适用于路堑过长，弃土运距过远的傍山路堑，其一侧堑壁不厚的路堑开挖。

2）石质路基开挖

对软石和强风化岩石一般采用机械开挖；凡不能使用机械或人工开挖的岩石，可采用爆破法开挖。采用爆破法时，爆破方案应由专业单位进行设计和施工，并经政府主管部门的批准后方可实施。

石质路堑开挖应沿路堑纵向从一端或两端开始分段、分幅进行，爆破开挖应从上向下，从中间向两侧分层作业。分层作业的要求与土质路堑开挖相同。

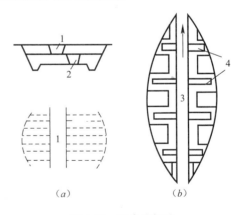

图 4-16　混合挖掘法
（a）利用横向坡面的路堑修筑法；（b）利用自动传送带的路堑修筑法
1—第一次通道；2—第二次通道；3—纵向运送道；4—横向运送道

清坡、修整应从开挖面向下分级进行，每开挖 2～3m，对新开挖的边坡进行清坡及修整，松石、危石必须清除干净，边坡不应陡于设计边坡。突出部分超过 20cm 凿除，凹进部分超过 20cm 的小坑采用喷射混凝土填平。

3）边坡施工

配合挖土及时进行挖方边坡的修整与加固。机械开挖路堑时，边坡施工配以挖掘机或人工分层修刮平整。

地质条件较好、无地下水、深度在 5.0m 以内的路基，其边坡坡度应符合设计要求。边坡土质变差，原设计不能保持边坡稳定时，施工中根据边坡不稳定的具体原因和严重程度采取植物防护（种草皮）、工程防护（干砌护坡、浆砌片石护坡）、支挡结构防护、修建边坡渗沟等措施加固。

4）路床碾压

路床碾压应"先轻后重"碾压，碾压遍数应按压实度、压实工具和含水量要求，经现场试验确定。碾压后采用环刀法或灌砂法检测压实度。

填石路堤通常选用 12t 以上的振动压路机、25t 以上的轮胎压路机或 2.5t 以上的夯锤压（夯）实。路床压实度应符合表 4-11 的规定。其他见路堤施工的质量检验内容。

路床土方压实度（重型击实标准）　　　　　表 4-11

填挖类型	路床顶面以下深度（cm）	道路类别	压实度（%）（重型击实）	检查频率		检验方法
				范围	点数	
挖方	0～30	快速路和主干路	≥95	1000m²	每层 3 点	环刀法、灌水法或灌砂法
		次干路	≥93			
		支路及其他小路	≥90			

2. 垫层施工

（1）砂石垫层施工

在温度和湿度状况不良的环境下城市道路，在基层和路基间增加砂石垫层。砂石垫层施工工艺流程为：砂砾铺筑→夯实、碾压→找平验收。

1）砂石铺筑

砂石铺筑分层、分段进行。每层厚度，一般为 15～20cm，最大不超过 30cm。

砂和砂石地基底面宜铺设在同一标高上，如深度不同时，基土面应挖成踏步和斜坡形，搭槎处应注意压（夯）实。施工应按先深后浅的顺序进行。

砂石铺筑应均匀，发现砂窝或石子成堆现象，应将该处砂子或石子挖出，分别填入级配好的砂石。

2）夯实、碾压

可选用夯实或压实的方法。大面积的砂石垫层，一般采用 6～10t 的压路机碾压。在夯实、碾压前合过程中，应根据其干湿程度和气候条件，适当地洒水以保持砂石的最佳含水量，一般为 8%～12%。

分段施工时，接槎处应做成斜坡，每层接槎处的水平距离应错开 0.5～1.0m，并应充分压（夯）实。

夯实或碾压的遍数，由现场试验确定。用夯机时，应保持落距为 400～500mm，要一夯压半夯，行行相接，全面夯实，一般不少于 3 遍。采用压路机往复碾压，一般碾压不少于 4 遍，其轮距搭接不小于 50cm。边缘和转角处应用人工或夯机补夯密实。

3）找平和验收

施工时应分层找平，夯压密实，并应采用纯砂式样，用灌砂法取样测密实度；测定干砂的质量密度。下层压实度合格后，方可进行上层施工。最后一层压（夯）完成后，表面应拉线找平，符合设计标高。

（2）水泥稳定粒料类垫层

适用于城市道路温度和湿度状况不良的环境下，提高路基抗冻性能，以改善路面结构的使用性能。施工详见水泥稳定土施工。

（3）石灰稳定粒料类垫层

适用于城市道路温度和湿度状况不良的环境下，提高路基抗冻性能，以改善路面结构的使用性能。施工详见石灰稳定土施工。

3. 基层施工

（1）石灰稳定土基层施工

石灰稳定土可分为：石灰土、石灰碎石土和石灰砂砾土。

石灰稳定土具有较高的抗压强度、一定的抗弯强度和抗冻性，稳定性较好，但干缩和温缩较大。石灰稳定土适用于各种交通类别的底基层，可作次干路和支路的基层，但石灰土不应作高级路面的基层。在冰冻地区的潮湿路段以及其他地区过分潮湿路段，不宜用石灰土作基层。如必须用石灰土作基层，应采取隔水措施，防止水分浸入石灰土层。

1）主要材料要求

宜采用塑性指数 10～15 的粉质黏土、黏土。使用旧路的级配砾石、砂石或杂填土等应先进行试验。级配砾石、砂石等材料的最大粒径不宜超过分层厚度的 60%，且不应大于 10cm。塑性指数小于 10 的土不宜用石灰稳定，塑性指数大于 15 的黏性土更宜于水泥石灰综合稳定。

宜用 1～3 级的新灰，石灰的技术指标应符合规范规定。生石灰在使用前 2～3d 充分消解，根据所用层位、强度要求、土质、石灰质量经试验选择合理的石灰剂量。消石灰宜过筛孔为 10mm 的筛，并尽快使用。

石灰剂量对石灰土强度影响显著。当剂量超过一定的范围，过多的石灰在空隙中以自由灰存在，将导致石灰土的强度下降。

2）施工工艺

石灰土基层施工分路拌法和厂拌法两种方法，工艺流程分别为：

路拌法施工工艺流程：土料摊铺→整平、轻压→石灰摊铺→拌合→整形→碾压成型→养护。

厂拌法施工工艺流程：石灰土拌合、运输→摊铺→粗平整形→稳压→精平整形→碾压成型→养护。

3）路拌法施工

路拌法施工在城镇区域内，应尽量不要采用。如需采用，应制定环境保护和文明施工具体措施。

用专用机械粉碎黏性土，或用旋转耕作机、圆盘耙粉碎塑性指数不大的土。对摊铺的土层进行机械整平，用 6～8t 双轮压路机碾压 1～2 遍，使其表面平整，并有一定的压实度。

一般采用专用稳定土拌合设备进行拌合，拌合深度达基层底并宜进入下承层 5～10mm。一般拌合两遍以上。采用塑性指数大的黏土时，第一次加 70%～100% 预定剂量的石灰进行拌合，闷放 1～2d，此后补足需用的石灰，再进行第二次拌合。混合料拌合均匀后，用平地机按规定的坡度和路拱初步整形。碾压应在最佳含水量时进行，先用 8t 压路机稳压，整形后一般采用 12t 以上压路机碾压。直线和不设超高的平曲线段分别自两路边开始向路中心碾压；设超高的平曲线段，应由内侧向外侧碾压。初压时，碾速宜为 20～30m/min；灰土初步稳定后，碾速宜为 30～40m/min。每次重轮重叠 1/2～1/3。碾压一遍后检查平整度和标高，即时修整，控制原则是"宁高勿低，宁刨勿补"。在检查井、雨水口等难以使用压路机碾压的部位，采用小型压实机具或人力夯压实。

施工间断或分段施工时，交接处预留 300～500mm 不碾压，便于新旧料衔接。常温季节，石灰土成活后应立即洒水（覆盖）湿润养护，直至上层结构施工为止。养护期内严禁车辆通行。

4）厂拌法施工

原材料进场检验合格后，按照生产配合比生产石灰土，当原材料发生变化时，应重新调整石灰土配合比。出厂前对石灰土的含水量、灰剂量进行及时检测。

石灰土采用有覆盖装置的车辆进行运输，合理配置运输车辆的数量，运输车按既定的路线进出现场。

摊铺前人工按虚铺厚度设置高程控制点，用推土机、平地机进行摊铺作业，装载机配合。松铺系数一般取 1.65～1.70，每层摊铺虚厚不宜超过 200mm。

可先用推土机进行粗平，在路基全宽范围内排压 1～2 遍，以暴露潜在的不平整，人工拉线再次放出高程点（预留松铺厚度），根据总体的平整情况，本着"宁高勿低"的原则，对局部高程相差较大（一般指超出设计高程±50mm 时）的面重新整平，基本平整高程相差不大时（一般指±30mm 以内时），用平地机整形。

石灰土摊铺长度约 50m 时宜在最佳含水量时进行试碾压，试碾压后及时进行高程复核。碾压原则上以"先慢后快"、"先轻后重"、"先低后高"为宜。具体与前述相同。

（2）石灰粉煤灰稳定砂砾基层

石灰粉煤灰稳定砂砾又称为二灰稳定粒料，具有有良好的力学性能、板体性、水稳性和一定的抗冻性，其抗冻性能比石灰土高很多。适用于城镇道路的基层和底基层，也可用于高等级路面的基层与底基层。

石灰粉煤灰稳定砂砾一般采用厂拌混合料，机械铺筑为主，人工配合，条件较好时，可采用摊铺机摊铺。其工艺流程为：拌合、运输→摊铺与整形→碾压成型→养护。

1）拌合、运输

混合料所用石灰、粉煤灰等原材料应经质量检验合格，按规范要求进行混合料配合比设计，使其符合设计与检验标准的要求。

采用厂拌（异地集中拌合）方式，宜采用强制式拌合机拌制，配料应准确，拌合应均匀。混合料含水量宜略大于最佳含水量，使运到施工现场的混合料含水量接近最佳含水量。

运输中一般采用有覆盖装置的车辆，做好防止水分蒸发和防扬尘措施。计算好每车混合料的铺筑面积，用白灰线标出卸料方格网，运料车到现场按方格网卸料。

2）摊铺与整形

摊铺前进行 100～200m 试验段施工，以确定机械设备组合效果、虚铺系数和施工方法。厂拌法拌合混合料的松铺系数一般取 1.2～1.4。

推土机按照虚铺厚度、控制高程点进行摊平料堆，人工拉线配合找平。推土机推出 20～30m 后，采用 6～8t 压路机由低到高、全幅静压一遍。测量人员应检测高程，挂线指示平地机作业。平地机按规定坡度和路拱初步整平。

应采用摊铺机进行上基层作业，以取得较好的平整度。路幅较宽时，可采用多台摊铺机多机作业。其高程控制与沥青混凝土摊铺高程控制相同。

3）碾压

碾压分初压、复压和终压，一般采用 12t 以上三轮压路机、轮胎压路机或重型振动压路机压实。基层厚度≤150mm 时，用 12～15t 三轮压路机；150mm＜基层厚度≤200mm 时，可用 18～20t 三轮压路机和振动压路机。

基层混合料施工时由摊铺时根据试验确定的松铺系数控制虚铺厚度，混合料每层最大压实厚度为 200mm，且不宜小于 100mm。

碾压时应采用先轻型后重型压路机组合。直线段由两侧向中心碾压，超高段由内侧向外侧碾压。压路机应逐次倒轴碾压，两轮压路机每次重叠 1/3 轮宽，三轮压路机每次重叠后轮宽度的 1/2。每层碾压完成后，质控人员应及时检测压实度，测量人员测量高程，并做好记录。如高程不符合要求时，应根据实际情况进行机械或人工整平，使之达到要求。应在混合料处等于或略大于最佳含水量时碾压，直至达到按重型击实试验法确定的压实度要求，碾压过程中，混合料的表面应始终保持湿润。如分层连续施工应在 24h 内完成。

4）养护

混合料的养生采用湿养，始终保持表面潮湿，也可采用沥青乳液和沥青下封层进行养护，养护期为 7～14d。

（3）水泥稳定土基层施工

水泥稳定土适用于高级沥青路面的基层，只能用于底基层。在快速路和主干路的水泥混凝土面板下，水泥土也不应用于基层。

水泥稳定土基层施工工艺流程为：水泥土混合料拌合、运输→摊铺→碾压→养护。

混合料拌合在厂内机械强制拌合。运输途中应对混合料进行苫盖，减少水分损失。

应采用摊铺机进行,摊铺应均匀,松铺系数一般取 1.3～1.5。正式摊铺施工前进行 100～200m 试验段施工,确定适宜的机械组合、压实虚铺系数和施工方法。

摊铺必须采用流水作业法,使各工序紧密衔接;混合料自搅拌至摊铺完成,不应超过 3h。应按当班施工段长度计算用料量。一般情况下,每一作业段以 200m 为宜。

碾压应在混合料处于最佳含水量＋(1～2)％时进行碾压,直到满足按重型击实试验标准确定的压实度要求。宜在水泥初凝前碾压成型。一般采用 12～18t 压路机作初步稳定碾压,混合料初步稳定后用大于 18t 的压路机继续碾压,压至表面平整、无明显轮迹,且达到要求的压实度。

摊铺混合料不宜中断,如因故较长时间中断,应设置横向接缝。通常应尽量避免纵向接缝。城镇快速路和主干路的基层宜采用多台摊铺机整幅摊铺、碾压,步距 5～8m。

水泥土基层必须保湿养护,防止忽干忽湿。常温下成型后应经 7d 养护,方可在其上铺筑上层。养护期内应封闭交通。

(4) 级配砂砾(碎石、碎砾石)基层施工

级配砂砾(碎石、碎砾石)基层可分为级配砂砾、级配碎石和级配碎砾石。其中级配砂砾是天然集料,碎石、碎砾石是经加工的集料。适用于城镇各类道路基层和底基层。级配砂砾(碎石、碎砾石)通常采用厂拌方式生产,施工前应采取招标形式选择供应商。

正式施工前应进行 100～200m 铺筑试验,以确定在不同压实条件下达到设计压实度时的松铺厚度、压实系数、压实机械设备组合、最少压实遍数和施工工艺流程等。施工工艺流程为:拌合→运输→摊铺→碾压→养护。

施工时按试验确定的松铺系数(通常约为 1.25～1.35)摊铺均匀,表面应力求平整,并具有规定的路拱,检查摊铺厚度,设专人消除粗细集料离析现象,对于粗集料窝或粗集料带应铲除,并用新级配碎石填补或补充细级配碎石并拌合均匀。

用 12t 以上压路机进行碾压成型,一般需碾压 6～8 遍,碾压至缝隙嵌挤密实、稳定,表面平整,轮迹小于 5mm。压路机的碾压速度,初压以 1.5～1.7km/h 为宜,复压、终压以 2.0～2.5km/h 为宜。两轮压路机每次重叠 1/3 轮宽,三轮压路机每次重叠后轮宽度的 1/2。

压实成型中应适量洒水,并视压实碎石的缝隙情况撒布嵌缝料。碾压成型后,发现粗细骨料集中的部位,应挖出,换填合格材料重新碾压成型。

4. 沥青混合料面层施工

(1) 沥青混合料的材料要求

1) 沥青

道路工程所用的沥青主要是道路石油沥青、乳化沥青、改性沥青和改性乳化沥青。道路沥青分为 A、B、C 三级沥青,每级沥青又分为 7 个标号;乳化沥青分为阳离子乳化沥青,阴离子乳化沥青,非离子乳化沥青三类;改性沥青根据使用改性材料(高分子聚合物)不同分为 SBS 类、SBR 类、EVA 及 PE 类;改性乳化沥青分为喷洒型改性乳化沥青及拌合用乳化沥青。

2）粗集料

沥青路面所用的粗集料包括碎石、破碎砾石、筛选砾石、矿渣等。粗集料应具有良好的颗粒形状及级配，集料应洁净、干燥、表面粗糙、无风化、无杂质。颗粒形状接近立方体并有多棱角，细长或扁平的颗粒（长边与短边或长边与厚度比大于3）含量应少于15％，压碎值应不大于26％～30％。

3）细集料

沥青面层的细集料包括天然砂、机制砂及石屑。细集料应洁净、干燥、无风化、无杂质，并有适当的颗粒组成。细集料应与沥青具有良好的粘结能力，与沥青粘结性能很差的天然砂及用花岗岩、石英岩等酸性石料破碎的机制砂或石屑不宜用做城市快速路、主干路的沥青面层。必须使用时，应采取抗剥落措施。

4）填料

沥青混合料的填料宜采用石灰岩或岩浆岩中的强基性岩石等憎水性石料经磨细得到的矿粉，石料中的泥土杂质应除净。矿粉要求干燥、洁净。当采用粉煤灰、石灰粉作填料时，其用量不宜超过填料总量的50％。城市快速路、主干路的沥青混合料面层不宜采用粉煤灰作填料。

（2）沥青混合料

沥青混合料按材料组成及结构分为连续级配、间断级配混合料，按矿料级配组成及空隙率大小分为密级配、开级配、半开级配混合料。按公称最大粒径的大小可分为特粗式（公称最大粒径大于31.5mm）、粗粒式（公称最大粒径等于或大于26.5mm）、中粒式（公称最大粒径16mm或19mm）、细粒式（公称最大粒径9.5mm或13.2mm）砂粒式（公称最大粒径小于9.5mm）沥青混合料。按制造工艺分为热拌沥青混合料、冷拌沥青混合料、再生沥青混合料等。

① 密级配沥青混合料。按密实级配原理设计组成的各种粒径颗粒的矿料与沥青结合料拌合而成，设计空隙率较小（3％～6％），包括密实式沥青混凝土混合料（以AC表示）、密实式沥青稳定碎石混合料（以ATB表示）和沥青玛蹄脂碎石混合料（以SMA表示）。

② 开级配沥青混合料。矿料级配主要由粗集料嵌挤组成，细集料及填料较少，设计空隙率大于18％的混合料，包括大孔隙开级配排水式沥青磨耗层（以OGFC表示）及排水式沥青碎石混合料基层（以ATPB表示）。

③ 半开级配沥青碎石混合料。由适当比例的粗集料、细集料及少量填料（或不加填料）与沥青结合料拌合而成，经马歇尔标准击实成型试件的剩余空隙率在6％～12％的称为半开式沥青碎石混合料（以AM表示）。

（3）透层、粘层施工

沥青混合料面层应在基层表面喷洒透层油，在透层油完全深入基层后方可铺筑面层。施工中应根据基层类型选择渗透性好的液体沥青、乳化沥青做透层油，喷洒后应保证渗入基层5mm。

双层式或多层式热拌热铺沥青混合料面层之间应喷洒粘层油。在水泥混凝土路面、沥青稳定碎石基层、旧沥青路面上加铺沥青混合料时，应在既有结构、路缘石和检查井等构筑物与沥青混合料层连接面喷洒粘层油。一般采用快裂或中裂乳化沥青、改性乳化沥青，也可采用快凝或中凝液体石油作粘层油。透层油、粘层油材料的规格、用量和撒布养护应符合《城镇道路工程施工与质量验收规范》CJJ 1—2008 的有关规定。

基本施工工艺流程为：洒布车撒布→人工补撒→洒布石屑→养护。

粘层施工应在沥青混合料摊铺施工当天进行，透层油在铺筑沥青层前 1～2d 洒布。透层油在基层碾压成型后表面稍变干燥、但尚未硬化的情况下喷洒。基层表面过分干燥时，需要在基面表层适量洒水，达到轻微湿润效果，待表面干燥后立即进行透层沥青喷洒工作，以保证透层沥青顺利下渗。

喷洒透层油、粘层油前应清扫路面，遮盖路缘石及人工构筑物，避免污染，喷洒均匀。

撒布石屑在洒布透层油后及时进行，要求洒布均匀。小型货车、装载机运输，人工配合洒布石屑，使用量控制在 2.0～3.0m³/1000m²，石屑粒径 5～10mm。洒布后，使用 8～10t 压路机碾压 2 遍。

透层油、粘层油施工完成后，立即由专人封闭并看守洒布段落，严禁各种车辆及非施工人员进入。洒布后的养护时间随透层油的品种和气候条件由试验确定，确保液体沥青中的稀释剂全部挥发，乳化沥青渗透且水分蒸发。

（4）热拌沥青混合料面层施工

1）热拌沥青混合料主要类型

热拌沥青混合料（HMA）适用于各种等级道路的沥青路面，其种类按集料公称最大粒径、矿料级配、空隙率划分，通常分为普通沥青混合料和改性沥青混合料。

普通沥青混合料即 AC 型沥青混合料，适用于城市次干路、辅路或人行道等场所。

改性沥青混合料 SMA 是指掺加橡胶、树脂、高分子聚合物、磨细的橡胶粉或其他填料等外掺剂（改性剂），使沥青或沥青混合料的性能得以改善制成的沥青混合料。适用城市主干道和城镇快速路。

降噪排水路面，即 OGFC 沥青混合料类沥青面层。

热拌热铺密级配沥青混合料，沥青层每层的压实厚度不宜小于集料公称最大粒径的 2.5～3 倍，对 SMA 和 OGFC 等嵌挤型混合料不宜小于公称最大粒径的 2～2.5 倍，以减少离析，便于压实。

2）施工准备

① 施工前应对各种材料调查试验，经选择确定的材料在施工过程中应保持稳定，不得随意变更。

② 做好配合比设计报送有关方面审批，对各种原材料进行符合性检验。

③ 施工前对各种施工机具应做全面检查，应经调试并使其处于良好的性能状态。应有足够的机械，施工能力应配套，重要机械宜有备用设备。

④ 铺筑沥青层前，应检查基层或下卧沥青层的质量，不符要求的不得铺筑沥青面层。旧沥青路面或下卧层已被污染时，必须清洗或经铣刨处理后方可铺筑沥青混合料。

⑤ 在验收合格的基层上恢复中线（底面层施工时）在边线外侧 0.3～0.5m 处每隔 5～10m 钉边桩进行水平测量，拉好基准线，画好边线。

⑥ 对下承层进行清扫，底面层施工前两天在基层上洒透层油。在中底面层上喷洒粘层油。

⑦ 正式铺筑沥青混凝土面层前宜进行试验段铺筑，以确定松铺系数、施工工艺、机械配备、人员组织、压实遍数，并检查压实度、沥青含量、矿料级配、沥青混合料马歇尔各项技术指标等。

3）沥青混合料生产

沥青混合料的矿料级配应符合工程设计要求的级配范围。设计配合比应经过现场试验确定沥青混凝土混合料的施工配比，以便具有良好的施工性能。确定的标准配合比在施工过程中不得随意变更。生产过程中应加强跟踪检测，严格控制进场材料的质量，如遇材料发生变化并经检测如沥青混合料的矿料级配、马歇尔技术指标不符合要求时，应及时调整配合比，使沥青混合料的质量符合要求并保持相对稳定，必要时重新进行配合比设计。沥青混合料必须在沥青拌合厂采用间歇式或连续式拌合机拌制，城市快速路、主干路一般采用间歇式拌合机拌合。

4）沥青混合料施工

沥青混合料进场时应验收出厂运料单，检测记录沥青混合料温度，记录进场时间。热拌沥青混合料施工温度见表4-12。

热拌沥青混合料的施工温度（℃）　表4-12

施工工序		石油沥青的标号			
		50 号	70 号	90 号	110 号
沥青加热温度		160～170	155～165	150～160	145～155
矿料加热温度	间隙式拌合机	集料加热温度比沥青温度高 10～30			
	连续式拌合机	矿料加热温度比沥青温度高 5～10			
沥青混合料出料温度		150～170	145～165	140～160	135～155
混合料贮料仓贮存温度		贮料过程中温度降低不超过 10			
混合料废弃温度，高于		200	195	190	185
运输到现场温度，不低于		150	145	140	135
混合料摊铺温度，不低于	正常施工	140	135	130	125
	低温施工	160	150	140	135
开始碾压的混合料内部温度，不低于	正常施工	135	130	125	120
	低温施工	150	145	135	130
碾压终了的表面温度，不低于	钢轮压路机	80	70	65	60
	轮胎压路机	85	80	75	70
	振动压路机	75	70	60	55
开放交通的路表温度，不高于		50	50	50	45

热拌沥青混合料应采用机械摊铺。摊铺机的受料斗应涂刷薄层隔离剂或防粘结剂。城市快速路、主干路宜采用两台以上摊铺机联合摊铺，其表面层宜采用多台摊铺机联合摊

铺，以减少施工接缝。摊铺机必须缓慢、均匀、连续不间断地摊铺，不得随意变换速度或中途停顿，以提高平整度，减少沥青混合料的离析。初压宜采用钢轮压路机静压1～2遍。碾压时应将压路机的驱动轮面向摊铺机，从外侧向中心碾压，在超高路段和坡道上则由低处向高处碾压。复压应紧跟在初压后开始。碾压路段总长度不超过80m。热拌沥青混合料路面应待摊铺层自然降温至表面温度低于50℃后，方可开放交通。

（三）城市桥梁工程施工技术

1. 桥梁基础施工

桥梁桩基础陆上施工见基础工程明挖基坑施工部分，水中施工常采取围堰施工方法。

（1）围堰基本要求

围堰高度应高出施工期内可能出现的最高水位（包括浪高）0.5～0.7m。这里指的施工期是：自排除堰内积水，边排水边挖除堰内基坑土（石）方，砌筑墩台基础及墩身（高出施工水位或堰顶高程），到可以撤除围堰时为止。基础应尽量安排在枯水期施工，这样，围堰高度可降低，断面可减小，基坑排水量也可减少。

围堰外形设计应考虑水深及河底断面被压缩后，流速增大而引起水流对围堰、河床的集中冲刷及航道影响等因素。围堰应经常检查，做好维修养护，尤其在汛期，更应加强检查，以保证施工安全。

（2）土围堰施工

水深在1.5m以内，流速0.5m/s以内，河床土质渗水性较小时可筑土围堰。堰顶宽度一般为1～2m，堰外边坡一般为1：2～1：3，堰内边坡一般为1：1～1：1.5；内坡脚与基坑边缘距离根据河床土质及基坑深度而定，但不得小于1.0m。筑堰宜用松散的黏性土或砂夹黏土，塑性指数应大于12，不得含有树根、草皮和有机物质，填出水面后应进行夯实。填土应自上游开始至下游合龙。

（3）土袋围堰

水深在3m以内，流速小于1.5m/s，河床土渗水性较小时，可筑土袋围堰。土袋围堰的堰顶宽度一般为1～2m，有黏土心墙时为2.0～2.5m；堰外边坡视水深及流速而定，一般为1：0.75～1：1.5；堰内边坡一般为1：0.5～1：0.75。坡脚与基坑边缘的距离根据河床土质及基坑深度而定，但不得小于1m。

筑应自上游开始至下游合龙。土袋上下层之间应填一层薄土，上下层与内外层搭接应相互错缝，搭接长度为1/3～1/2，堆码尽量密实平整，必要时可由潜水员配合施工，并整理坡脚。

（4）间隔有桩围堰

水深在3.0～4.5m，流速为1.5～2.0m/s时可筑间隔有桩围堰。间隔有桩围堰常用在靠岸边的月牙形或∩形围堰，桩可采用桐木或槽型钢板桩。间隔有桩围堰的堰顶宽度一般不应小于2.5m。桩的间距应根据桩的材质与规格、入土深度、堰身高度、土质条件等因素而定，一般桩与桩之间净距不大于0.75m，桩的入土深度与出土部分桩长相当。

排桩之间应设置水平拉结，水平拉结可采用槽钢和木板，内外排桩应用钢拉条连成一体，以增加堰身稳定，拉条间距宜为 2.0～2.5m。为防止堰身外倾，宜在岸上设置锚拉措施。

（5）钢板桩围堰

钢板桩围堰适用于水深在 3.0～5.0m，流速 2.0m/s 的各类土质（包括强风化岩）河床的深水基础。当围堰高度超过 5.0m 时，应采用锁口型钢板桩或按照设计规定。堰顶宽度应根据水深、水流速度及围堰的长宽比来决定，一般为 2.5～3.0m。

板桩施打顺序一般由上游分两头向下游合龙，宜先将钢板桩逐根或逐组施打到稳定深度，然后依次施打至设计深度。在垂直度有保证的条件下，也可一次打到设计深度。插打好的钢板桩应设置水平连系拉结，内外两排钢板桩应用螺栓对拉，使钢板桩连成一个整体。

拔除钢板桩前，宜先向围堰内灌水，使堰内外水位相平。拔桩时应从下游附近易于拔除的一根或一组钢板桩开始。宜采取射水或锤击等松动措施，并尽可能采用振动拔桩方法。

（6）套箱围堰

套箱围堰适用于埋置不深的水中基础或高桩承台。套箱围堰必须经过设计方可使用。

套箱分有底和无底两种，有底套箱一般用于水中桩基承台；无底套箱用于水中基础。套箱可用木材、钢材、钢丝网水泥或钢筋混凝土制成，内部可设置木、钢料作临时或固定支撑，使用套箱法修建承台时，宜在基桩沉入完毕后，整平河底下沉套箱，清除桩顶覆盖土至要求标高，灌注水下混凝土封底，抽干水后建筑承台。

套箱下沉应根据河道水位高低、流速大小以及套箱自重、制作位置和移动设备能力而定；可采用起重机直接吊装就位，也可采用卷扬机配索具浮运、定位、下沉、固定，或套箱就按排在承台上方工作平台上制作，然后直接下沉等方式。

2. 桥梁下部结构施工

桥梁下部结构包括桥墩、桥台、墩台帽（盖梁）等。

（1）桥墩

1）重力式桥墩

实体重力式桥墩主要靠自身的重量（包括桥跨结构重力）平衡外力保证桥墩的强度和稳定。实体重力式桥墩采用混凝土、浆砌块石或钢筋混凝土材料施工。

2）柱式桥墩

柱式桥墩又称为墩柱，是目前城市桥梁中广泛采用的桥墩形式。柱式桥墩一般可分为独柱、双柱和多柱等形式，可以根据桥宽的需要以及地物地貌条件任意组合。柱式桥墩由承台、柱墩和盖梁组成，上部结构为大悬臂箱形截面时，墩身可以直接与梁相接。

（2）桥台

1）重力式桥台

重力式桥台主要靠自重来平衡台后的土压力。桥台台身多数由石砌、钢筋混凝土或混凝土等圬工材料建造，并采用现场施工方法。U 形桥台较为常见，如图 4-17（a）所示。

2) 埋置式桥台

框架式桥台是一种在横桥向呈框架式结构的桩基础轻型桥台，埋置土中，所承受的土压力较小，适用于地基承载力较低、台身较高、跨径较大的梁桥。其构造型式有双柱式、多柱式、墙式、半重力式和双排架式、板凳式等（图 4-17b）。

3) 轻型桥台

钢筋混凝土轻型桥台，其构造特点是利用钢筋混凝土结构的抗弯能力来减少圬工体积而使桥台轻型化。常见的有薄壁轻型桥台、支承梁型桥台（图 4-17c）。

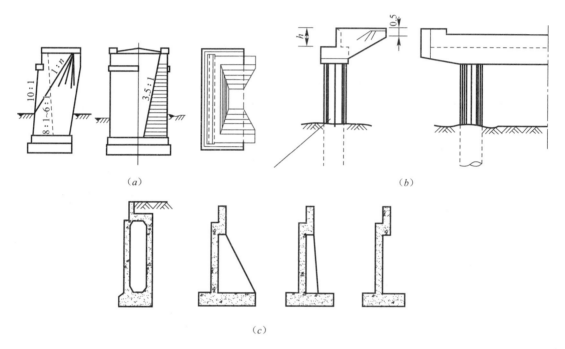

图 4-17　常用桥台构造示意图

(a) 重力式桥台；(b) 埋置式桥台；(c) 薄壁轻型桥台

（3）石砌墩台施工

墩台石料应符合设计要求，使用前浇水湿润，泥土、水锈清洗干净。砌筑墩台的第一层砌块时，若底面为岩层或混凝土基础、应先将底面清洗、湿润，再坐浆砌筑；若底面为土质，可直接坐浆砌筑。

砌筑斜面墩、台时，斜面应逐层收坡，以保证规定坡度。若用块石或料石砌筑，应分层放样加工，石料应分层分块编号，砌筑时对号入座。

墩台应分段分层砌筑，两相邻工作段的砌筑高差不超过 1.2m。分段位置宜尽量留置在沉降缝或伸缩缝处，各段水平砌缝应一致。应先砌外圈定位行列，然后砌筑里层，外圈砌块应与里层砌块交错连成一体。砌体外露面镶面种类应符合设计规定。位于流冰或有大量漂流物的河流中的墩台，宜选用较坚硬的石料进行镶砌。砌体里层应砌筑整齐，分层应与外围一致，应先铺一层适当厚度的砂浆再安放砌块和填塞砌缝。

砌块砌缝砂浆应饱满。上层石块应在下层石块上铺满砂浆后砌筑。竖缝可在先砌好的砌块侧面抹上砂浆。不得采取先堆积石块、后以稀浆灌缝的方法砌筑。

同层石料的水平灰缝厚度要均匀一致，每层按水平砌筑，丁顺相间，砌石灰缝互相垂直。

砌石顺序为先角石，再镶面，后填腹。填腹石的分层高度应与镶面相同。

砌体外露面均应进行勾缝，并应在砌筑时靠外露面预留深约 2cm 的空缝备作勾缝之用；砌体隐蔽面的砌缝可随砌随刮平，不另勾缝。

（4）钢筋混凝土墩台施工

1）模板

组合式模板是由各种尺寸的标准模板利用销钉连接并与拉杆、加劲构件等组成墩、台所需形状的模板。由于模板在厂内加工制造，因此板面平整、尺寸准确、体积小、质量小、拆装容易、运输方便。它适用于高大桥墩或在同类墩台较多时，待混凝土达到拆模强度后，可以整块拆下，直接或略加修整就可周转使用。组合模板可用钢材或木材加工制作。钢模板用 2.5～4mm 厚的薄钢板并以型钢为骨架，可重复使用，装拆方便，节约材料，成本较低。但钢模板需机械加工制作。

柱墩（方形或圆形）模板制作成多节，分成两半，预先拼装好后整体吊装就位，然后进行校正固定。柱墩施工时，模板、支架除应满足强度与刚度外，稳定计算中应考虑风力影响。

2）钢筋

钢筋应按设计图纸下料加工，运至工地现场绑扎成型。在配置垂直方向的钢筋时应使其有不同的长度，以便同一截面上的钢筋接头能相互错开，满足施工规范的要求。水平钢筋的接头也应内外、上下互相错开。钢筋保护层的净厚度应符合设计规范要求。条件许可时，可事先将钢筋加工成骨架或成型后整体吊装焊接就位。

3）混凝土浇筑

浇筑前应对承台（基础）混凝土顶面做凿毛处理，并清除模板内的垃圾、杂物。

墩台混凝土宜水平分层浇筑，每层浇筑高度一般为 1.5～2m，逐层振捣密实，控制混凝土下落高度，防止混凝土拌合料离析。第一层混凝土浇筑前，承台（基础）顶面应浇水湿润并坐浆。墩台柱的混凝土应一次连续浇筑整体完成，有系梁时，系梁应与柱同步浇筑。V 形墩柱混凝土应对称浇筑。混凝土浇筑过程中必须随时检查模板、支撑位移和变形情况，发现问题及时采取补救加固措施。

大体积墩台混凝土应合理分块进行浇筑，每块面积不宜小于 50m²，高度不宜超过 2m；块与块间的接缝面应与墩台平截面短边平行，与平截面长边垂直，上下邻层混凝土间的接缝应错开位置做成企口，并按施工缝处理。

4）大体积混凝土施工措施

优化混凝土级配、降低水胶比、掺入混合料、掺入外加剂等方法减少水泥的用量；应采用水化热低的大坝水泥、矿渣水泥、粉煤灰水泥；混凝土用料应采取棚户遮盖，以降低用料的初始温度；控制入模混凝土温度，或在混凝土内埋设冷却管通水冷却；减小浇筑分层厚度，加快混凝土散热速度。

（5）墩台帽（盖梁）

1）支架

支架一般采用满堂式扣件钢管支架或碗扣钢管支架。当墩台身与立柱较高、需搭设较高的支架或支架承受的荷载较大时，必须验算支架的强度、刚度和稳定性。

无支架施工条件时，可利用立柱作为竖向承重结构，在立柱适当高度处用两个半圆形夹具将立柱夹紧，在半圆夹具上探出牛腿，在牛腿上架设纵梁。也可在立柱适当高度处预留水平贯穿的孔洞，在孔洞内穿入型钢作为牛腿，在牛腿上架设纵梁。纵梁一般采用型钢，以纵梁作为搭设盖梁模板的施工平台。

2）模板

支架搭设完成后，以支架作为施工平台铺设墩台帽、盖梁底模板，在底模板上测设墩台帽与盖梁的纵横轴线与平面尺寸位置，弹上墨线作为安装钢筋与模板的基准。

3）钢筋

钢筋安装可采用预先加工、现场绑扎和预先绑扎成型整体吊装焊接两种方法。具体要求可参见墩台部分内容。

4）混凝土浇筑

墩台帽与盖梁混凝土浇筑可参见墩台内容。

3. 支座安装施工

1）板式橡胶支座安装

板式橡胶支座包括滑板式支座、四氟板支座、坡型板式橡胶支座等。一般工艺流程主要包括：支座垫石凿毛清理、测量放线、找平修补、环氧砂浆拌制、支座安装等。

垫石顶凿毛清理、人工用铁錾凿毛，将墩台垫石处清理干净。

根据设计图上标明的支座中心位置，分别在支座及垫石上画出纵横轴线，在墩台上放出支座控制标高。

支座安装前应将垫石顶面清理干净，用于硬性水泥砂浆将支承面缺陷修补找平，并使其顶面标高符合设计要求。

环氧砂浆的配制严格按配合比进行，强度不低于设计规定，设计无规定时不低于40MPa。在粘结支座前将乙二胺投入砂浆中并搅拌均匀，乙二胺为固化剂，不得放得太早或过多，以免砂浆过早固化而影响粘结质量。

支座安装在找平层砂浆硬化后进行；粘结时，宜先粘结桥台和墩柱盖梁两端的支座，经复核平整度和高程无误后，挂基准小线进行其他支座的安装。严格控制支座平整度，每块支座都必须用铁水平尺测其对角线，误差超标应及时予以调整。

支座与支承面接触应不空鼓，如支承面上放置钢垫板时，钢垫板应在桥台和墩柱盖梁施工时预埋，并在钢板上设排气孔，保证钢垫板底混凝土浇筑密实。

2）螺栓锚固盆式橡胶支座安装

先将墩台顶清理干净。在支座及墩台顶分别画出纵横轴线，在墩台上放出支座控制标高。配制环氧砂浆，配制方法见板式支座安装的有关内容。进行锚固螺栓安装，安装前按纵横轴线检查螺栓预留孔位置及尺寸，无误后将螺栓放入预留孔内，调整好标高及垂直度后灌注环氧砂浆并用环氧砂浆将顶面找平。

在螺栓预埋砂浆固化后找平层环氧砂浆固化前进行支座安装；找平层要略高于设计高程，支座就位后，在自重及外力作用下将其调至设计高程；随即对高程及四角高差进行检验，误差超标及时予以调整，直至合格。

3）球形支座安装

墩台顶凿毛清理。当采用补偿收缩砂浆固定支座时，应用铁錾对支座支承面进行凿毛，并将顶面清理干净；当采用环氧砂浆固定支座时，将顶面清理干净并保证支座支承面干燥。

安装锚固螺栓及支座。吊装支座平稳就位，在支座四角用钢楔将支座底板与墩台面支垫找平，支座底板底面宜高出墩台顶 20～50mm，然后校核安装中心线及高程。

灌注砂浆。用环氧砂浆或补偿收缩砂浆把螺栓孔和支座底板与墩台面间隙灌满，灌注时从一端灌入从另一端流出并排气，保证无空鼓。砂浆达到设计强度后撤除四角钢楔并用环氧砂浆填缝。安装支座与上部结构的锚固螺栓。

4）焊接连接球形支座

焊接连接球形支座安装采用焊接连接时，应用对称、间断焊接方法，焊接时应采取防止烧伤支座和混凝土的措施。

4. 桥梁上部结构施工

（1）预制梁板施工

1）预制场地、台座

根据预制梁板的需要，平整修筑场地，场地宜用水泥混凝土硬化。完善排水排污系统，布设安装水电管路，统筹规划台座位置、底模布置、钢筋模板加工场地、混凝土搅拌站位置、原材料堆场、预制梁板成品堆场、运输道路、试验室等平面布置。

根据梁的尺寸、数量、工期确定预制台座的长度、数量、尺寸，台座应坚固、平整、不沉陷，表面压光。

张拉台座由混凝土筑成，应具有足够的强度和刚度，其抗倾覆安全系数不得小于 1.5，抗滑移安全系数不得小于 1.3。张拉横梁应有足够的刚度，受力后的最大挠度不得大于 2mm。锚板受力中心应与预应力筋合力中心一致。在台座上注明每片梁的具体位置、方向和编号。

2）混凝土浇筑

先浇筑底板并振实，振捣时注意不得触及预应力筋。浇筑面板混凝土，振平后表面作拉毛处理。

混凝土强度、弹性模量符合设计要求时才能放松预应力筋。设计未规定时，不应低于设计混凝土强度等级值的 75%；当日平均气温不低于 20℃时，龄期不小于 5d；当日平均气温低于 20℃时，龄期不小于 7d。放张应分阶段、对称、均匀、分次完成，不得骤然放松。

3）先张法预应力筋张拉施工要点

预应力张拉时，应先调整到初应力，初应力宜为张拉控制应力（σ_{con}）的 10%～15%，伸长值应从初应力时开始量测。

同时张拉多根预应力筋时，应预先调整其初应力，使相互之间的应力一致，再正式分级整体张拉到控制应力。张拉过程中，应使活动横梁与固定横梁始终保持平行，并应抽查预应力值，其偏差的绝对值不得超过按一个构件全部力筋预应力总值的 5%。

张拉时，张拉方向与预应力钢材在一条直线上。同一构件内预应力钢丝、钢绞线的断丝数量不得超过 1%，否则，在浇筑混凝土前发生断裂或滑脱的预应力钢丝、钢绞线必须予以更换。对于预应力钢筋不允许断筋。预应力筋张拉完毕，与设计位置的偏差不大于 5mm，同时不大于构件最短边长的 4%。

4）后张法预应力筋张拉要点

预应力筋的张拉顺序和张拉程序应符合设计要求，设计无具体要求时可采取分批、分阶段对称张拉，先中间、后上下或两侧。预应力筋的张拉程序应符合表 4-13 的规定。

后张法预应力筋张拉程序

表 4-13

预应力筋种类		张拉程序	
钢绞线束	对夹片式等有自锚性能的锚具	普通松弛力筋	$0 \to$ 初应力 $\to 1.03\sigma_{con}$（锚固）
		低松弛力筋	$0 \to$ 初应力 $\to \sigma_{con}$（持荷 2min 锚固）
	其他锚具	$0 \to$ 初应力 $\to 1.05\sigma_{con}$（持荷 2min）$\to \sigma_{con}$（锚固）	
钢丝束	对夹片式等有自锚性能的锚具	普通松弛力筋	$0 \to$ 初应力 $\to 1.03\sigma_{con}$（锚固）
		低松弛力筋	$0 \to$ 初应力 $\to \sigma_{con}$（持荷 2min 锚固）
	其他锚具	$0 \to$ 初应力 $\to 1.05\sigma_{con}$（持荷 2min）$\to 0 \to \sigma_{con}$（锚固）	
精轧螺纹钢筋	直线配筋时	$0 \to$ 初应力 $\to \sigma_{con}$（持荷 2min 锚固）	
	曲线配筋时	$0 \to \sigma_{con}$（持荷 2min）$\to 0 \to$ 初应力 $\to \sigma_{con}$（持荷 2min 锚固）	

注：1. σ_{con} 为张拉时的控制应力值，包括预应力损失值；
2. 梁的竖向预应力筋可一次张拉到控制应力，持荷 5min 锚固。

预应力张拉采用应力控制，伸长值进行校核，实际伸长值与理论伸长值的差值应控制在 6% 之内。张拉时，应先调整到初应力，初应力宜为张拉控制应力（σ_{con}）的 10% ～ 15%，伸长值应从初应力时开始量测。预应力筋在张拉控制应力达到稳定后方可锚固，锚固阶段预应力筋的内缩量不得超过设计规定。预应力筋锚固后的外露长度不宜小于 30cm，锚具应采用封端混凝土保护。锚固完毕并经检验合格后，即可切割端头多余的预应力筋。切割宜用砂轮机，严禁使用电弧焊切割。

（2）预制钢筋混凝土梁板的安装

1）自行式起重机安装

吊装场地应满足起重机的布置和运梁车的停放，平整坚实，必要时采取地基加固措施。

起重机的选择应充分考虑梁板的自重、吊车的起吊能力和作业半径、吊索具的配置等因素。一般采用履带式或汽车式起重机，根据梁板的自重可采用"单机吊"或"双机吊"。

采用双机抬吊同一构件时，吊车臂杆应保持一定的距离，设专人指挥，双机操作时动作应一致，每一单机必须按降效 25% 作业。

2）架桥机安装

在桥跨内设置导梁，导梁上布置起重行车，用卷扬机将梁悬吊穿过桥孔，再行落梁、横移、就位，这种机械结构称为架桥机。架桥机的种类甚多，有专用的架桥机设备，也有施工单位运用常备构件（如万能杆件或贝雷桁架等）自行拼装而成的。按结构形式的不同，架桥机又分为单导梁、双导梁、斜拉式和悬吊式等等。

3）跨墩龙门吊机安装

在墩台两侧顺桥向设置轨道，在轨道上架立两副龙门吊机，当运梁车将梁运至龙门架下、桥孔的侧面后，即由龙门吊机上的起重小车一前一后将预制梁起吊，横移、落梁、就位。此法一般可将梁的预制场地安排在桥头引道上，以缩短运梁距离。

跨墩龙门吊机安装预制梁的特点为施工作业简单、快速、生产效率高，保证施工安全。但要求架设地点的地形应平坦且良好，桥墩不能太高，水上施工受到限制，且因设备费用较大，架设安装的桥跨数不能太少，否则不经济。

（3）现浇混凝土模板、支架施工

1）模板、支架和拱架应结构简单、制造与装拆方便，应具有足够的承载能力、刚度和稳定性，并应根据工程结构形式、跨径、荷载、地基类别、施工方法、施工设备和材料供应等条件及有关的设计、施工规范进行施工设计。

模板、拱架和支架的设计应符合国家现行标准《钢结构设计规范》GB 50017—2003、《木结构设计规范》GB 50005—2003、《组合钢模板技术规范》GB 50214—2001 和《公路桥涵钢结构及木结构设计规范》JTJ 025—2000 的有关规定。设计模板、支架和拱架时应按表4-14进行荷载组合。

计算模板、支架和拱架的荷载组合表　　　　表 4-14

模板构件名称	荷载组合	
	计算强度用	验算刚度用
梁、板和拱的底模及支承板、拱架、支架等	①+②+③+④+⑦	①+②+⑦
缘石、人行道、栏杆、柱、梁板、拱等的侧模板	④+⑤	⑤
基础、墩台等厚大建筑物的侧模板	⑤+⑥	⑤

表中：① 模板、拱架和支架自重；
② 新浇筑混凝土、钢筋混凝土或圬工、砌体的自重力；
③ 施工人员及施工材料机具等行走运输或堆放的荷载；
④ 振捣混凝土时的荷载；
⑤ 新浇筑混凝土对侧面模板的压力；
⑥ 倾倒混凝土时产生的荷载；
⑦ 其他可能产生的荷载，如风雪荷载、冬季保温设施荷载等。

2）验算模板、支架和拱架的抗倾覆稳定时，各施工阶段的稳定系数均不得小于1.3。验算模板、支架和拱架的刚度时，其变形值不得超过下列规定：

结构表面外露的模板挠度为模板构件跨度的1/400；

结构表面隐蔽的模板挠度为模板构件跨度的1/250；

拱架和支架受载后挠曲的杆件，其弹性挠度为相应结构跨度的1/400；

钢模板的面板变形值为 1.5mm；

钢模板的钢楞、柱箍变形值为 $L/500$ 及 $B/500$（L—计算跨度，B—柱宽度）。

3）模板、支架和拱架的设计中应设施工预拱度。预拱度应考虑下列因素：

设计文件规定的结构预拱度；支架和拱架承受全部施工荷载引起的弹性变形；

受载后由于杆件接头处的挤压和卸落设备压缩而产生的非弹性变形；支架、拱架基础受载后的沉降。超静定结构由于混凝土收缩、徐变及温度变化而引起的变形。

设计预应力混凝土结构模板时，应考虑施加预应力后张拉件的弹性压缩、上拱及支座螺栓或预埋件的位移等。

4）支架与模板安装

支架地基必须有足够承载力，立柱底端应放置垫板或混凝土垫块。地基严禁受水浸泡。支架安装，支架的横垫板应水平，立柱铅直，上下层立柱在同一中心线上。随安装随架设临时支撑。支架的构件连接应紧固，以减小支架变形和沉降。支架立柱在排架平面内应设水平横撑，立柱高度在 5m 以内时，水平撑不得少于两道；立柱高于 5m 时，水平撑间距不大于 2m，并应在两横撑之间加双向剪刀撑，每隔两道水平撑应设一道水平剪刀撑作为加强层。在排架平面外应设斜撑，斜撑与水平交角宜为 45°。架体的高宽比宜小于或等于 2；当高宽比大于 2 时，宜扩大下部架体尺寸或采取其他构造措施。

为了保证支架的稳定，支架不宜与施工脚手架和便桥相连。

船只或汽车通行孔的两侧支架应加设护桩，夜间设警示灯，标明行驶方向。受漂流物冲撞的河中支架应设置坚固防护设备。应通过预压的方式，消除支架地基的不均匀沉降和支架的非弹性变形，检验支架的安全性，获取弹性变形参数。预压荷载一般为支架需承受荷载的 1.05～1.10 倍，预压荷载的分布应模拟结构荷载及施工荷载。

安装模板应与钢筋工序配合进行，固定在模板上的预埋件和预留孔洞须安装牢固，位置准确。安装过程中，必须设置防倾覆设施。模板板面应平整，接缝严密不漏浆，如有缝隙必须采取措施密封。重复使用的模板应始终保持其表面平整、形状准确、不漏浆、有足够的强度与刚度。模板与混凝土接触面应涂刷隔离剂，外露面混凝土模板的隔离剂应采用同一品种，不得使用易粘在混凝土上或使混凝土变色的隔离剂。

模板安装完毕后，应对其平面位置、顶部标高、节点联系及纵横向稳定性进行检查，验收合格后方能浇筑混凝土。

（4）支架法现浇预应力混凝土箱梁施工

1）模板由底模、侧模及内模三个部分组成，一般预先分别制作成组件，在使用时再进行拼装。模板以胶合板材模板和钢模板为主，模板的楞木采用方木，钢管、方钢或槽钢组成，布置间距以 30～50cm 左右为宜，具体的布置需根据箱梁截面尺寸确定，并通过计算对模板及支撑强度、刚度进行验算。

在安装并调好底模及侧模后，开始底、腹板普通钢筋绑扎及预应力管道的安装。混凝土采用一次浇筑时，在底、腹板钢筋及预应力管道完成后，安装内模，再绑扎顶板钢筋及预应力管道。混凝土采用两次浇筑时，底、腹板钢筋及预应力管道完成后，浇筑第一次混凝土；混凝土终凝后，再安装内模顶板，绑扎顶板钢筋及预应力管道，进行混凝土的第二次浇筑。

预应力管道采用金属螺旋管道或塑料波纹管，预应力管道的位置按设计要求准确布设，并采用每隔 50cm 一道的定位筋进行固定。管道接头要求平顺严密，在管道的高点设置排气孔，低点设排水孔。预应力筋穿束可根据现场情况在混凝土浇筑前或浇筑后进行。

2）混凝土浇筑应根据实际情况综合比较确定箱梁混凝土采用一次或分次浇筑，合理安排浇筑顺序。混凝土浇筑时一般采用分层或斜层浇筑，先底板、后腹板、再顶板，底板浇筑时要注意角部位必须密实，如图 4-18 所示。其浇筑速度要确保下层混凝土初凝前覆盖上层混凝土。

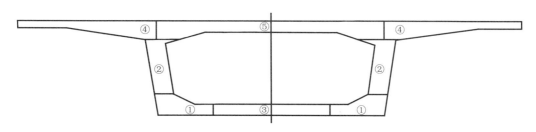

图 4-18　现浇箱梁浇筑顺序图

3）预应力的张拉

① 预应力筋张拉的理论伸长值 ΔL（mm）可按下式计算：

$$\Delta L = P_{\mathrm{P}} L / A_{\mathrm{P}} E_{\mathrm{P}}$$

式中　P_{P}——预应力筋的平均张拉力（N），直线筋取张拉端的拉力；两端张拉的曲线筋，取张拉端的拉力与跨中扣除孔道摩阻损失后拉力的平均值；

L——预应力筋的长度（mm）；

E_{P}——预应力筋弹性模量（N/mm²）；

A_{P}——预应力筋截面面积（mm²）。

② 预应力筋平均张拉力 P 按下式计算：

$$\bar{P} = \frac{P\left[1 - e^{-(kx + \mu\theta)}\right]}{kx + \mu\theta}$$

式中　P——预应力钢材张拉端的张拉力（N）；

x——从张拉端至计算截面的孔道长度（m）；

θ——从张拉端至计算截面曲线孔道部分切线的夹角之和（rad）；

k——孔道每 m 局部偏差对摩擦的影响系数参见表 4-15；

μ——预应力钢筋与孔道壁的摩擦系数，参见表 4-15。

注：当预应力钢材为直线且 $k=0$ 时，$\bar{P}=P$。

系数 k 及 μ 　　　　　　　　　　表 4-15

孔道成型方式	k	μ 值	
		钢丝束、钢绞线	精轧螺纹钢筋
预埋铁皮管道	0.003	0.35	
抽芯成型孔道	0.0015	0.55	
预埋金属螺旋管道	0.0015	0.20～0.25	0.50

③ 预应力钢束实际伸长量的测量和计算（夹片式锚具）

实际总伸长量 ΔL：

$$\Delta L = \Delta L_1 + \Delta L_2 - [\Delta L_0 - (2 \sim 3mm)]$$

式中　ΔL_1——从 0 到初应力的伸长量（mm）；

　　　ΔL_2——从初应力至最大张拉应力间的实际伸长量（mm）；

　　　ΔL_0——张拉前夹片外露量（mm）；

　$2\sim3mm$——张拉完成后夹片外露量（mm）。

4）孔道压浆、封锚

张拉完成后要尽快进行孔道压浆和封锚，压浆所用灰浆的强度、稠度、水胶比、泌水率、膨胀剂用量按施工技术规范及试验标准中的要求控制。每个孔道压浆到最大压力后，应有一定的稳定时间。压浆应使孔道另一端饱满和出浆。并使排气孔排出与规定稠度相同的水泥浓浆为止。压浆完成后，应将锚具周围冲洗干净并凿毛，设置钢筋网，浇筑封锚混凝土。

5）模板与支架的拆除

模板、支架和拱架拆除的时间、方法应根据结构的特点、部位和混凝土的强度决定。

钢筋混凝土结构的承重模板、支架和拱架的拆除，应符合设计要求。当设计无要求时，应在混凝土强度能承受自重力及其他可能的叠加荷载时，方可拆除，底模板拆除还应符合规范规定。非承重侧模应在混凝土强度能保证其表面及棱角不致因拆模受损害时方可拆除。一般应在混凝土抗压强度达到 2.5MPa 方可拆除侧模。

预应力混凝土结构构件模板的拆除，侧模应在预应力张拉前拆除，底模应在结构构件建立预应力后方可拆除。

（5）移动模架法现浇箱梁施工

移动模架法混凝土箱梁施工按照过孔方式不同，移动模架分为上行式（图 4-19）、下行式（图 4-20）和复合式三种形式（图 4-21）。主梁在待制箱梁上方，借助已成箱梁和桥墩移位的为上行式移动模架；主梁在待制箱梁下方，完全借助桥墩移位的为下行式移动模架；主梁在待制箱梁下方，借助已成箱梁和桥墩移位的为复合式移动模架，按过孔时后支撑是否在已成箱梁上滑移，复合式移动模架又分为后支撑滑移式和后支撑固定式两种形式。

图 4-19　上行式移动模架　　　图 4-20　下行式移动模架　　　图 4-21　复合式移动模架

移动模架施工工艺流程为：

移动模架组装→移动模架预压→预压结果评价→模板调整→绑扎钢筋→浇筑混凝土→

预应力张拉、压浆→移动模架过孔。主要施工要点为：

① 支架长度必须满足施工要求。

② 支架应利用专用设备组装，在施工时能确保质量和安全。

③ 浇筑分段工作缝，必须设在弯矩零点附近。

④ 箱梁内、外模板滑动就位时，模板平面尺寸、高程、预拱度的误差必须在容许范围内。

⑤ 混凝土内预应力筋管道、钢筋、预埋件设置应符合规范规定和设计要求。

（6）悬臂浇筑法施工

1）悬臂浇筑的主要设备是一对能行走的挂篮。挂篮在已经张拉锚固并与墩身连成整体的梁段上移动。绑扎钢筋、立模、浇筑混凝土、施加预应力都在其上进行。完成本段施工后，挂篮对称向前各移动一节段，进行下一梁段施工，循序前进，直至悬臂梁段浇筑完成。

连续梁施工需注意结构体系转化问题。以三孔连续梁悬臂施工为例，其施工程序如图 4-22 所示。

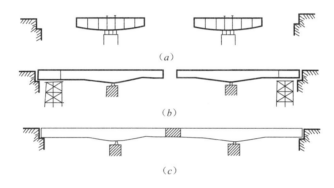

图 4-22　三孔连续梁悬臂施工施工工序

图 4-22（a）为平衡悬臂施工上部结构，此时结构体系如同 T 形刚构。

图 4-22（b）为锚孔不平衡部分施工（支架上浇筑或拼装）；安装端支座；拆除临时锚固，中间支点落到永久支座上，此时结构为单悬臂梁。

图 4-22（c）为浇筑中孔跨中连接段，使其连成为三跨连续梁。作为连续梁承载仅是后加荷载（桥面铺装及人行道）及活载。

2）悬臂浇筑梁体一般应分四大部分浇筑：墩顶梁段（0 号块）、墩顶梁段（0 号块）两侧对称悬浇梁段、边孔支架现浇梁段、主梁跨中合龙段。其主要浇筑顺序为：

① 在墩顶托架或膺架上浇筑 0 号段并实施墩梁临时锚固，如图 4-23 所示。托架、膺架应经过设计，计算其弹性及非弹性变形。

② 在 0 号块段上安装悬臂挂篮，向两侧依次对称分段浇筑主梁至合龙前段；

③ 在支架上浇筑边跨主梁合龙段；

④ 最后浇筑中跨合龙段形成连续梁体系。

3）预应力混凝土连续梁合龙顺序一般是先边跨、后次跨、再中跨。连续梁（T 构）的合龙、体系转换和支座反力调整应符合下列规定：

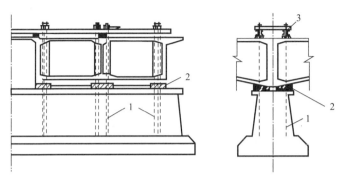

图 4-23 临时锚固构造
1—预应力锚固筋；2—混凝土楔形垫块；3—钢梁

合龙段的长度宜为 2m；合龙前应按设计要求，将两悬臂端合龙口予以临时连接，并将合龙跨一侧墩的临时锚固放松或改成活动支座。合龙宜在一天中气温最低时进行。合龙段的混凝土强度宜提高一级，以尽早施加预应力。

4）确定悬臂浇筑段前段标高时应考虑：挂篮（图 4-24）前端的垂直变形值、预拱度设置、施工中已浇段的实际标高、温度影响等因素。施工过程中的监测项目为前三项；必要时结构物的变形、应力也应进行监测，保证结构的强度和稳定。

图 4-24 悬臂浇筑施工

（7）顶推法施工

顶推法是先在两端桥台处路基上逐段浇筑等高度箱梁（约 10～30m 一段），待有 2～3 段后，即施加对中预应力（顶推过程需要），然后用水平千斤顶将支在聚四氟乙烯与不锈钢滑板上的箱梁顶推出去。这样反复浇筑顶推，直至最终落位，再施加抵抗活载的预应力。

为了减少悬臂负弯矩，在梁的前端安装一节轻型钢导梁。可以单向顶推，也可以双向相对顶推。当单向顶推跨径大于 50m 时，往往要加设临时墩，以减少梁中施工弯矩。对于三跨不等跨的连续梁，为了避免中跨过长的悬臂，往往从两岸相对顶推。顶推法适用于 10 孔以上 40～50m 跨径的连续梁施工。

5. 桥面系施工

（1）桥面铺装施工

桥面铺装采用沥青混凝土、水泥混凝土、高分子聚合物等材料铺筑在桥面板上的保护层，又称车道铺装。常用的桥面铺装有水泥混凝土、沥青混凝土两种铺装形式，城市桥梁以后者居多。

桥面铺装施工工艺流程：桥面防水层、排水系统验收合格→摊铺、压实设备就位→摊铺机预热→混合料运输到场→混合料温度检测→摊铺→压实→温度检测→封闭桥面→降温→开放交通。

（2）桥面防水卷材施工

防水卷材施工工艺流程：基面处理→涂刷基层处理→热熔滚铺→辊压排气→热熔封边

压牢→检查修理→养护。

① 基面的浆皮、浮灰、油污、杂物等应彻底清除干净；基面应坚实平整粗糙，不得有尖硬接槎、空鼓、开裂、起砂和脱皮等缺陷。

基层混凝土强度应达到设计强度并符合设计要求，含水率不得大于 9%。

② 将配好的基层处理剂涂刷在基层上，涂刷必须均匀，不得漏刷，不漏底，不堆积，阴阳角、泄水口部位可用毛刷均匀涂刷，做好附加层。

③ 防水卷材铺贴应按"先低后高"的顺序进行（顺水搭接方向），纵向搭接宽度为100mm，横向为150mm，铺贴双层卷材时，上下层搭接缝应错开 1/3~1/2 幅宽。纵向搭接缝尽量避开车行轮迹。热熔封边是卷材搭接缝处用喷枪加热，压合至边缘挤出沥青粘牢。卷材末端收头用橡胶沥青嵌缝膏嵌固填实。搭接尺寸符合设计要求，与基层粘结牢固。

（3）涂层防水施工

涂层防水施工工艺流程：基面处理及清理→涂刷（刮涂或喷涂）第一层涂料→干燥→清扫→涂刷第二层涂料→干燥养护。

① 先将基层彻底清理干净。

② 桥面涂层防水施工采用涂刷法、刮涂法或喷涂法施工。涂刷应先做转角处、变形缝部位，后进行大面积涂刷。涂刷应多遍完成，后遍涂刷应待前遍涂层干燥成膜后方能进行。

③ 涂料防水层施工不能一次完成需留接槎时，其甩槎应注意保护，预留槎应大于 30mm以上，搭接宽度应大于 100mm，下次施工前需先将甩槎表面清理干净，在涂刷涂料。

④ 对缘石、地袱、变形缝、泄水管、水落口等部位按设计与防水规程要求做增强处理。

（4）伸缩缝装置安装施工

1）伸缩缝施工工艺流程

进场验收→预留槽施工→测量放线→切缝→清槽→安装就位→焊接固定→浇筑混凝土→养护。

2）主要工序

① 预留槽施工

桥面混凝土铺装施工时按设计尺寸预留出伸缩缝安装槽口，锚栓钢筋、伸缩缝埋件按设计要求埋设好，并且将螺栓外露部分用塑料膜包裹，避免混凝土污染螺栓，使用水准仪和经纬仪严格控制预埋钢板高程和螺栓预埋位置，以保证伸缩缝的安装质量。

② 切缝

用路面切割机沿边缘标线匀速将沥青混凝土面层切断，切缝边缘要整齐、顺直，要与原预留槽边缘对齐。切缝过程中，要保护好切缝外侧沥青混凝土边角，防止污染破损。

③ 清槽

人工清除槽内填充物，并将槽内结合处混凝土凿毛，用洒水车高压冲洗、并用空压机吹扫干净。

④ 伸缩装置安装就位

安装前将伸缩缝内止水带取下。根据伸缩缝中心线的位置将伸缩缝顺利吊装到位。中心线与两端预留槽间隙中心线对正，其长度与桥梁宽度对正。伸缩装置与现况路面的调平采用专用门架、手拉葫芦等机具。

用填缝材料（可采用聚苯板）将梁板（或梁台）间隙填满，填缝材料要直接顶在伸缩装置橡胶带的底部。

⑤ 焊接固定

用对称点焊定位。在对称焊接作业时伸缩缝每 0.75～1m 范围内至少有一个锚固钢筋与预埋钢筋焊接。两侧完全固定后就可将其余未焊接的锚固筋完全焊接，确保锚固可靠。

⑥ 浇筑混凝土

伸缩缝混凝土坍落度宜控制在 50～70mm，采用人工对称浇筑，振捣密实，严格控制混凝土表面高度和平整度。

浇筑成型后用塑料布或无纺布等覆盖保水养护，养护期不少于 7d。待伸缩装置两侧预留槽混凝土强度满足设计要求后，清理缝内填充物，嵌入密封橡胶带，方可开放交通。

（四）市政管道工程施工技术

1. 沟埋管道施工

（1）沟槽开挖

1）沟槽断面形式

在市政管道开槽法施工中，常用的沟槽断面形式有直槽、梯形槽、混合槽和联合槽等；联合槽适用于两条或两条以上的管道埋设在同一沟槽内。

上层土质较好、下层土质松软，当环境条件许可、沟槽深度不超过 4.5m 时，可采用

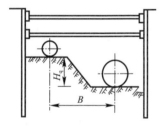

图 4-25 同沟槽施工示意图

混合槽断面。两条管道间距较小时，可以在同一沟槽内施工（图 4-25），以提高施工效率。

沟槽断面尺寸应根据土的种类、地下水位、管道断面尺寸、管道埋深、沟槽开挖方法、施工降排水措施及施工环境等因素综合考虑，一般情况下可参照表 4-16 确定。

沟槽深度较大时中部可设置台阶，台阶宽度一般为 0.8～1m，若在台阶上布置井点时，其宽度为 1.5～2m。

管道一侧的工作面宽度（mm）　　　　表 4-16

结构的外缘宽度 D_1	管道一侧的工作面宽度过 b	
	非金属管道	金属管道
$D_1 \leqslant 500$	400	300
$500 < D_1 \leqslant 1000$	500	400
$1000 < D_1 \leqslant 1500$	600	600
$1500 < D_1 \leqslant 2000$	800	800
$2000 < D_1$	1000	1000

2）沟槽开挖

① 挖槽前应认真核实挖槽断面的土质、地下水位、地下及地上构筑物以及施工环境

等情况，选用适宜的施工方法和施工机械。一般采用机械开挖为主，人工配合清理。机械应由专人指挥，挖掘机采取后退式分层挖土方法。当管径小、土方量少、施工现场狭窄、地下障碍物多或无法采用机械挖土时采用人工开挖。人工开挖的每层深度一般不超过 2m。

② 沟槽开挖时，先确定开挖顺序和分层开挖深度。如相邻沟槽开挖时，应遵循先深后浅的施工顺序。挖土应与支撑互相配合，挖土后及时支撑、防止槽壁失稳坍塌。

③ 土方开挖不得超挖，防止对基底土的扰动。采用机械挖土时，应使槽底留 20cm 左右厚度土层，由人工清槽底。若个别地方超挖时，应用碎石或砂石垫至标高并夯实。

④ 根据施工现场条件妥善安排堆土位置，搞好土方调配，多余土方及时外弃。沟槽边单侧临时堆土时必须并不影响施工，槽边单侧临时堆土高度不宜超过 1.5m，且距槽口边缘不小于 1.5m，保证槽壁土体稳定。堆土不得影响建筑物、各种管线和其他设施的安全；不得掩埋消防栓、管道闸阀、雨水口、测量标志以及各种地下管道的井盖等。

⑤ 沟槽开挖严禁带水作业，防止地面水、雨水流入沟槽，沟槽内的积水，及时排除。当含水层为砂性土或地下水位较高时，采取井点降水或明沟排水，提前将地下水位降至基底下 0.5m～1.0m。

⑥ 现有地下管线与沟槽交叉或邻近建（构）筑物、电杆、测量标志时，应采取相应加固措施，应会同有关权属单位协调解决。

⑦ 穿越道路时，架设施工临时便桥，设置明显标志，做好交通导行措施。

（2）沟槽支撑

1）支撑形式选择

常用支撑形式主要有：横撑（图 4-26a）、竖撑（图 4-26b）和板桩撑（图 4-26c）等。

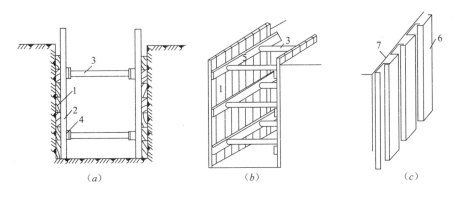

图 4-26　沟槽常用支撑形式

(a) 横撑；(b) 竖撑；(c) 板桩撑

1—撑板；2—纵梁；3—横撑；4—木楔；5—横梁；6—钢板桩；7—槽壁

撑板分木撑板和金属撑板，横梁和纵梁通常采用槽钢，横撑可用钢管工具式撑杠或圆木横撑，工具式撑杠由撑头和圆套管组成。如图 4-27 所示，通过调整圆套管长度，以适应不同的槽宽。

2）支撑施工要求

① 支撑形式应根据沟槽的土质、地下水位、开槽断面、荷载条件等因素确定。

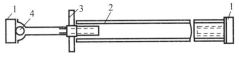

图 4-27　工具式撑杠

1—撑头板；2—圆套管；3—带柄螺母；4—球铰

② 槽壁铲除平整，撑板均匀地紧贴槽壁，当有空隙时，应填实。横排撑板应水平，立排撑板应顺直，密排撑板的对接应严密。

撑板支撑应随挖土随安装。撑板支撑时，每根横梁或纵梁不得少于 2 根横撑，横撑的水平间距宜为 1.5～2m，横撑的垂直间距不宜大于 1.5m。

支撑结构安装时，横梁应水平，纵梁应垂直，且必须与撑板密贴，连接牢固。横撑应水平并与横梁或纵梁垂直，且应支紧，连接牢固。雨期施工不得空槽过夜。

支撑后，沟槽中心线每侧的净宽不应小于施工设计的规定，横撑不得妨碍下管和稳管，支撑安装应牢固，安全可靠。

③ 采用横排撑板支撑，当遇有地下钢管或铸铁管道横穿沟槽时，管道下面的撑板上缘应紧贴管道安装；管道上面的撑板下缘距离管顶面小于 100mm。

④ 钢板桩支撑可采用槽钢、工字钢或定型钢板桩；钢板桩支撑应通过计算确定钢板桩的入土深度和横撑的位置、数量与断面；钢板桩支撑采用槽钢作横梁时，横梁与钢板桩之间的空隙应采用木板垫实，并应将横梁和横撑与钢板桩连接牢固。

⑤ 支撑应经常检查，当发现支撑构件有弯曲、松动、移位或劈裂等迹象时，应及时处理。上下沟槽应设安全梯，不得攀登支撑。

⑥ 在软土和其他不稳定土层中采用撑板支撑时，开始支撑的开挖沟槽深度不得超过 1m。以后开挖与支撑交替进行，每次交替的深度宜为 0.4～0.8m。

⑦ 拆除支撑前，应对沟槽两侧的建筑物、构筑物和槽壁进行安全检查，并应制订拆除支撑的实施细则和安全措施。

支撑的拆除应与回填土的填筑密切配合，先填后拆，多层支撑的沟槽，应在下层回填完成后再拆除上层支撑；当一次拆除横撑有危险时，宜采取替换拆撑法拆除支撑。钢板桩在回填达到规定要求高度后方可拔除；拔除后可采用砂灌、注浆等方法将桩孔填实。

（3）沟槽降排水

降水方法选择见表 4-4。

1）明沟排水

① 在开挖地下水水位以下的土方前应先修建集水井。

集水井一般布置在沟槽一侧，井的间距、深度与含水层的渗透系数、出水量的大小有关，一般为 50～80m。

② 集水井井底一般低于槽底不小于 1.2m。集水井井壁可用木板密撑或直径 $D=600～1000mm$ 的混凝土管，混凝土管竖直放置；井底一般采用木盘或卵石、碎石封底，防止井底涌砂。

③ 当沟槽开挖至接近地下水位时，视槽底宽度和土质情况，在槽底中心或两侧挖出排水沟，使水流向集水井。排水沟断面尺寸一般为 30cm×30cm，深度不小于 30cm，坡度为 3％～5％。配合沟槽的开挖，排水沟及时开挖并降低深度。沟槽开挖至设计高程后宜采用盲沟排水。

2）轻型井点降水

① 井点直径为井点管外径加 2 倍管外滤层厚度。滤层厚度宜为 10～15cm。井点孔应

垂直，其深度应大于井点管所需深度，超深部分应采用滤料回填。

②井点管的安装应居中，并保持垂直。填滤料时，应对井点管口临时封堵。滤料应沿井点管四周均匀灌入；灌填高度应高出地下水静水位。

③当采用横撑的沟槽宽度小4m，砂性土层中竖撑及钢板桩沟槽宽度小于3.5m，且降水深度为3～6m时，可采用单排线状井点平面布置。

④当采用横撑的沟槽宽度大于等于4m，竖撑及钢板桩沟槽宽度大于等于3.5m时，一般采用双排线状井点平面布置。

⑤井管距离槽壁一般应大于1m，以防砂井漏气。井管的间距一般选用0.8m、1.2m和1.6m三种。

⑥根据施工降低地下水位的需要，井管埋设深度H（不包括滤管）应满足下式要求：

$$H \geqslant H_1 + h + iL + 0.2$$

H_1——井管埋设面至槽底的距离（m）。

h——降低后的地下水位至槽底的最小距离，一般应大于50cm。

i——地下水降落坡度，环状或双排井点为1/10，单排线状井点为1/3～1/4。

L——井管至需要降低地下水位的水平距离，当环状或双排井点时为井管至沟槽中心线的距离，单排井点时应为井管至沟槽对侧底的距离，如图4-28所示。

H值小于6m可用单层井点，达到6m时可采用单层井点并适当降低抽水设备和进水总管的中心标高；单层井点达不到降水深度要求时，可采用双层井点。

⑦井点降水应使地下水水位降至沟槽底面以下，并距沟槽底面不应小于0.5m。

⑧轻型井点的集水总管底面及抽水设备的高程宜尽量降低。

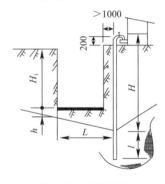

图4-28　单排井点
降水示意图

3）施工降排水注意事项

①施工排水系统排出的水，应输送至抽水影响半径范围以外，不得影响交通，且不得破坏道路、农田、河岸及其他构筑物。

②在施工排水过程中不得间断排水，并应对排水系统经常检查和维护。当管道未具备抗浮条件时，严禁停止排水。

③施工排水终止抽水后，集水井及拔除井点管所留的孔洞，应立即用砂、石等材料填实；地下水静水位以上部分，可采用黏土填实。

④冬期施工时，排水系统的管路应采取防冻措施；停止抽水后应立即将泵体及进出水管内的存水放空。

（4）预制钢筋混凝土管道施工

1）常用的管道基础

①弧形素土基础：在原土挖成弧形管槽，弧度中心角采用60°～90°，管道铺设在弧形槽内。它适用于无地下水且原土干燥并能挖成弧形槽的土质。管径为200～1200mm，埋

深 0.8～3.0m 的污水管线，但当埋深小于 1.5m，且管线敷设在车行道下时，则不宜采用。

② 砂垫层基础：在沟槽内用粗砂铺设，垫层厚 20cm，它适用于无地下水、坚硬岩石地区，管道埋深 1.5～3.0m，小于 1.5m 时不宜采用。

③ 灰土基础：灰土基础适用于无地下水且土质较松软的地区，管道直径 200～700mm，适用于水泥砂浆抹带接口、套管接口及承插接口。弧度中心角常采用 60°，灰土配合比为 3：7（重量比）。

④ 混凝土基础：混凝土基础分为混凝土带形基础和混凝土管枕两种。

混凝土管枕只在管道接口处设置，采用 C25 混凝土。混凝土管枕基础包括砾石砂垫层、混凝土垫板和混凝土管枕。

混凝土带形基础是沿管道全长铺设的基础，按管座的形式不同分为 90°、135°、180°三种管座基础。这种基础适用于各种土质及地基软硬不均匀的排水管道，管径为 200～2400mm。无地下水时在槽底原土上直接浇筑混凝土基础；有地下水时常在槽底铺 15～20cm 厚的卵石或碎石垫层，然后才在上面浇筑混凝土基础；一般采用强度等级为 C20 的混凝土。当管顶覆土厚度在 0.7～2.0m 时采用 90°基础；管顶覆土厚度为 2.0～3.5m 时用 135°基础；管顶覆土厚度在 3.5～6m 时采用 180°基础。

在地震区、土质特别松软和不均匀沉陷严重地段，采用钢筋混凝土带形基础。

2）下管与排管

人工下管适用于管径小、重要轻、施工现场狭窄、不便于机械操作、工程量较小或机械供应有困难的条件下。机械下管效率高，施工安全，可以减轻工人的劳动强度。

起重机下管时机械沿沟槽移动，一般宜单侧堆土，另一侧作为下管机械的工作面。机械距离沟槽边缘不得小于 0.8m。起吊索具和起吊过程中不得损坏管端接口，机械下管应有专人指挥。

3）管道铺设施工（以钢筋混凝土承插管铺设为例）

① 在管道铺设前由测量人员将管道的中心点和高程点测设在坡度板上，每一管段两头的检查井处和中间部位测放的三块坡度板应能通视。坡度板必须经复核后方可使用。施工过程中应经常复核，发现偏差及时纠正。

② 轴线位置的控制可采取中心线法或边线法。

③ 排管从下游开始排向上游，承口向上游、插口向下游。

④ 管节内外壁清理干净，不得有泥土、油污和杂物；承口和插口擦洗干净。

⑤ 采用橡胶密封圈接口时，应在插口处预先安装好橡胶密封圈，然后将插口向承口挤进，并应检查四周缝隙均匀，橡胶密封圈平顺无扭曲。

⑥ 管节连接可采用起吊设备入槽排管，手扳葫芦或电动卷扬机进行管节就位。

⑦ 用水平尺校正坡度，用中心线或边线校正管道中心位置，每排二节管节用坡度板复核一次管底标高。

⑧ 用稳管垫块或管枕垫实管节，以加强管道的稳定性。垫块离管端的距离不小于 15cm，管枕中心线离管端的距离保持在 22～23cm。每节管节应垫实稳固，排好后不得摇动。

⑨ 混凝土管座基础，管节中心和高程复验合格后应及时浇筑管座混凝土。

⑩ 管道铺设应顺直，管节必须垫稳，管底坡度不得有倒坡现象，管口接缝宽度保持均匀，不漏水渗水。

4）管道连接

① 常用接口的形式

根据接口材料的弹性，一般将接口分为柔性、刚性和半柔半刚性三种形式。

柔性接口允许管道纵向轴线交错 3～5mm 或交错一个较小的角度，而不致引起渗漏。柔性接口一般用在地基软硬不一，沿管道轴向沉陷不均匀的无压管道上。柔性接口施工复杂，造价较高，在软土地基或地震区采用有它独特的优越性。

刚性接口不允许管道有轴向的交错，但比柔性接口施工简单、造价较低，因此采用较广泛。刚性接口抗振性能差，用在地基比较良好，有带形基础的无压管道上。

② 钢丝网水泥砂浆抹带接口

此接口属于刚性接口。将抹带范围的管外壁凿毛，抹 1：2 水泥砂浆一层厚 15mm，中间采用 20 号 10×10 钢丝网一层，两端插入基础混凝土中，上面再抹砂浆一层厚 10mm。适用于地基土质较好的具有带形基础的雨水、污水管道上。

③ 承插式橡胶圈接口

此接口属柔性接口。承插式管道在插口处设有凹槽，防止橡胶圈脱落，该种接口的管道有配套的"O"形橡胶圈。此种接口施工方便，适用于地基土质较差，地基软硬不均匀或地震区。接口形式如图 4-29 所示。

④ 企口式橡胶圈接口

此接口属柔性接口。接口形式如图 4-30 所示。配有与接口配套的"q"形橡胶圈。该种接口适用于地基土质不好，有不均匀沉降地区，即可用于开槽施工，也可用于顶管施工。

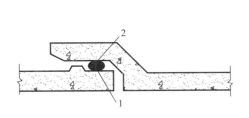

图 4-29　承插口橡胶圈接口
1—橡胶圈；2—承口管壁

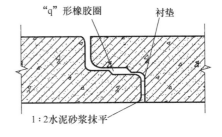

图 4-30　企口管橡胶圈接口

5）重力流管道严密性（闭水）试验

① 基本规定

A. 污水、雨污水合流及湿陷土、膨胀土地区的雨水管道，回填前应进行闭水法严密性试验；

B. 试验管段应按井距分隔，长度不宜大于 1km，且应带井试验；

C. 管道内径大于 700mm 时，应按井段数量抽验 1/3；管道内径小于 700mm 时，应全数闭水试验；

D. 试验前，管道及检查井外观质量应验收合格，接缝砂浆及混凝土应达到规定强度，沟槽未回填土，且槽内无积水，全部预留孔应封堵坚固，不得渗水。

E. 当试验段上游设计水头不超过管顶内壁时，试验水头应以试验段上游管顶内壁加2m；当试验段上游设计水头超过管顶内壁时，试验水头应以试验段上游设计水头加2m；当计算出的试验水头小于10m，但已超过上游检查井井口时，试验水头应以上游检查井井口高度为准。

② 试验要求

A. 试验管段灌水浸泡时间不应少于24h；

B. 试验水头应按1) 有关规定进行确定；

C. 当试验水头达规定水头时开始计时，观测管道的渗水量，直至观测结束时，应不断地向试验管段内补水，保持试验水头恒定。渗水量的观测时间不得小于30min；

D. 实测渗水量应按下式计算

$$q = W/(T \cdot L)$$

式中　q——实测渗水量（L/(min·m)）；

　　　W——补水量（L）；

　　　T——实测渗水量观测时间（min）；

　　　L——试验管段的长度（m）。

③ 管道合格标准

试验时应进行外观检查，不得有漏水现象；实测渗水量应小于或等于表4-17规定的允许渗水量或实测渗水量小于或等于按下式计算的允许渗水量。

$$Q = 1.25D^{1/2}$$

式中　Q——允许渗水量（m³/(24h·km)）；

　　　D——管道内径（mm）。

无压力管道严密性试验允许渗水量　　　　　表 4-17

管　材	管道内径 （mm）	允许渗水量 （m³/(24h·km)）	管　材	管道内径 （mm）	允许渗水量 （m³/(24h·km)）
混凝土、 钢筋混凝土管、 陶管及管渠	200	17.60	混凝土、 钢筋混凝土管、 陶管及管渠	1200	43.30
	300	21.62		1300	45.00
	400	25.00		1400	45.60
	500	27.95		1500	48.40
	600	30.60		1600	50.00
	700	33.00		1700	51.50
	800	35.35		1800	53.00
	900	37.50		1900	54.48
	1000	39.52		2000	55.90
	1100	41.45			

6）沟槽回填

① 沟槽回填必须在接缝砂浆和基座混凝土强度达到规定要求，闭水试验合格后进行。回填要及时进行，防止管道暴露时间过长。

② 回填时沟槽内不得有积水，严禁带水回填。回填前沟槽内的砖石，木块等杂物应清除干净，不得回填淤泥、腐殖土及有机物质，大于5cm的石料和混凝土块必须剔除，大的泥块应敲碎。

③ 沟槽回填时不得损伤管节及接口，在抹带接口处、防腐绝缘层周围，应用细粒土回填。

④ 采用石灰土、砂、砂砾等材料回填时，其质量要求应符合设计规定。

⑤ 回填土的含水量应控制在最佳含水量附近。

⑥ 管道两侧和管顶以上50cm范围内的回填材料，应由沟槽两侧对称回填，不得单侧回填或直接扔在管道上，并采用轻夯压实，管道两侧压实面的高差不应超过30cm。回填其他部位时也应均匀回填，不得集中堆积。

⑦ 需要拌合的回填材料，应在运入槽内前拌合均匀，不得在槽内拌合。

⑧ 沟槽回填压实应分层进行，每层铺筑厚度一般为30cm。采用夯实工具或机械夯实。每层回填土的虚铺厚度，应根据所采用的压实机具按表4-18的规定选取。

压实机具与虚铺厚度表 表4-18

压实机具	虚铺厚度（mm）	压实机具	虚铺厚度（mm）
木夯、铁夯	≤200	压路机	200～300
轻型压实设备	200～250	振动压路机	≤400

⑨ 采用压实机械压实管顶50cm以上填土时，管道顶部以上应有一定厚度的压实回填土，其最小厚度应通过计算确定。

⑩ 沟槽有支撑时，支撑拆除与回填土应交替进行，当天拆除的支撑部位当天应回填完毕并夯实。

⑪ 板桩撑应在填土达到密度后方可拔除，拔桩时应采取措施，及时灌填桩孔并注意邻近建筑物、构筑物和地下管线的安全。

⑫ 检查井周围回填压实时应沿井室中心对称进行，且不得漏夯。回填材料压实后应与井壁紧贴。

⑬ 管道沟槽位于路基范围内时，管顶以上50cm范围内回填土表层的压实度不应小于87%，黏性管道回填与压实要求如图4-31所示。

（5）钢管铺设施工

1）管道连接与安装

① 长距离钢管安装施工前，可在沟槽上将管道事先连接成一定长度，然后再吊装入沟槽进行连接、以方便施工。

② 保护好钢管的外保护层，吊运钢管采用宽软吊带、轻吊、轻放，防腐的管子不能在地上滚动，管道垫层中不得含有石块，碎砖等杂物。

③ 所有焊口统一编号，在焊口旁打上焊工号码，并按桩号做好排管图。

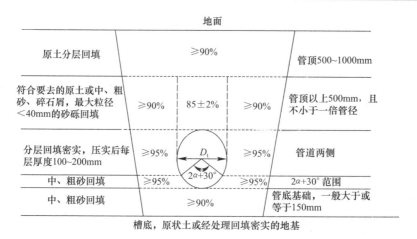

图 4-31   柔性管道沟槽回填部位与压实度示意图

④ 安装过程中钢管竖向变形要严格控制，不得大于设计规定，管径较大时，在回填土方时，可事先在管道内设临时支撑。

⑤ 法兰连接安装前，对法兰密封面及密封垫片进行外观检查，螺栓安装方向应一致，对称紧固，紧固好的螺栓应露出螺母之外 2～3 扣。

⑥ 与法兰连接两侧相邻的第一至第二个焊口，待法兰螺栓紧固后方可施焊。

⑦ 钢管焊口经无损检测合格，并经强度试验合格后进行除锈、防腐和保温施工。

2）直埋保温管道施工

① 直埋保温管道的施工分段补偿段划分，当管道设计有预热伸长要求时，应以一个预热伸长段作为一个施工分段。

② 直埋保温管道和管件在工厂预制，现场施工需补口、补伤和异形件等节点应符合设计要求和有关标准规定处理。

③ 直埋管道的现场切割应采取措施防止外保护管脆裂；管道系统的保温端头应采取措施进行密封；保护套管不得妨碍管道伸缩，损坏保温层及外保护层；预警系统连接检验合格后进行补偿器、阀门、固定支架等管件部位的保温安装。

④ 直埋管道接头的密封应符合：一级管网的现场安装的接头密封应进行 100% 的气密性检验。二级管网的现场安装的接头密封应进行不少于 20% 的气密性检验。气密性检验的压力为 0.02MPa 的规定。

⑤ 直埋保温管道预警系统应按设计要求进行，安装前应对单件产品预警线进行断路、短路检测；安装过程中，首先连接预警线，并在每个接头安装完毕后进行预警线断路、短路检测。

3）法兰和阀门安装

① 法兰安装应对法兰密封面及密封垫片进行外观检查，法兰端面应保持平行，偏差不大于法兰外径的 1.5%，且不得大于 2mm；不得采用加偏垫、多层垫或加强力拧紧法兰一侧螺栓的方法，消除法兰接口端面的间隙。

② 法兰与法兰、法兰与管道应保持同轴，法兰内侧应进行封底焊；法兰与附件组装时，垂直度允许偏差为 2～3mm。

③ 螺栓孔中心偏差不得超过孔径的 5%，使用同一规格的螺栓，安装方向一致，并对称紧固、均匀进行；丝扣外露长度应为 2～3 倍螺距。

④ 垫片的材质和涂料应符合设计要求；周边整齐、尺寸与法兰密封面相符；需要拼接时，采用斜口拼接或迷宫形式的对接。

⑤ 工程所用阀门必须有制造厂的产品合格证明及生产许可证。管网主干线及其他重要阀门经过检测部门进行强度和严密性试验。

⑥ 阀门运输、吊装时，保护阀门密封面及其重要部件，不得使用阀门手轮作为吊装的承重点。

⑦ 阀门安装时，有安装方向的阀门应按要求进行；其开关手轮应放在便于操作的位置；水平安装的闸阀、截止阀的阀杆应处于上半周范围内，其阀杆及传动装置应按设计规定安装，动作应灵活；有开关程度指示标志的应准确。

⑧ 当阀门与管道以法兰或螺纹方式连接时，阀门应在关闭状态下安装；当阀门与管道以焊接方式连接时，阀门不得关闭。

⑨ 焊接碟阀安装中，阀板的轴应安装在水平方向上，轴与水平面的最大夹角不应大于 60°；安装在立管上时，焊接前应向已关闭的阀板上方注入 100mm 以上的水；焊接完成后，进行三次完全的开启以检验其灵活性。

⑩ 焊接球阀安装中，焊接时要进行冷却；球阀应打开；焊接完成后应进行降温。

4）补偿器的安装

① 供热管道一般采用金属波纹管膨胀节型、填料型或球型补偿器吸收管道的热应力，在安装补偿器时一般应根据现场的实际情况，在地面预制成型，整体吊装。补偿器安装完成后，应按要求拆除运输固定装置，并按要求调整限位装置。

② 燃气管道一般采用金属波纹管膨胀节型，其施工按照产品说明及规范规定进行。

5）安全阀的安装

安全阀的安装应符合设计要求，并且要确保安全阀的排放点对其他操作点的安全性。安全阀的出入口的支架应牢固可靠。安全阀出口如果直接排入大气，则在出口处应加置凝液排放孔。

6）管道吹扫、冲洗

管道系统在安装结束，所有焊口的无损检验合格后，应按照设计要求或规范规定进行管道水压试验和严密性试验。试验前应进行吹扫、冲洗，蒸汽管道一般要求使用蒸汽进行管道系统的吹扫，吹扫时一定要注意管道系统的暖管过程对管道系统稳定性的影响，事先制订出防失稳的措施和操作规程并严格按照操作规程进行操作。热水、给水管道一般采用自来水进行冲洗。燃气管道吹扫一般采用通球方法进行。

7）管道系统的试压

供热、给水管道一般采用水压试验，燃气管道可采用气压试验。水压试验之前需检查待试压的管道系统，所有高点和低点应有放空和放净；为了水压试验时放空，也应在不能排除空气的高点设置永久或临时的放空点。

试验之前必须编制详细的管道水压试验方案并进行技术交底。试验合格后由参检各方签字。

(6) 化工建材（塑料）管道铺设施工

1) 聚乙烯给水管道施工

① 开槽时，沟底宽度一般为管外径加 0.5m，以满足管口连接作业需要。

② 柔性基础：聚乙烯给水管道应铺设在未经扰动的原土上，如基底为岩石、半岩石、块石或砾石时，应铲除至设计标高以下 0.15～0.2m，然后铺上砂土整平夯实。

③ 下管：管材在吊运及放入沟内时，应采用可靠的软带吊具，平稳下沟，不得与沟壁或沟底激烈碰撞。

④ 支墩：在安装法兰接口的阀门和管件时，应采取防止造成外加拉应力的措施。口径大于 100mm 的阀门下应设支墩。支墩与管道之间应设橡胶垫片，以防止管道的破坏。

⑤ 给水管道应采用法兰、熔接连接方式。

2) 硬聚氯乙烯排水管道施工

① 可以采用橡胶圈接口、粘接接口、法兰连接等形式。橡胶圈接口适用于管径为 63～315mm 的管道连接；粘接接口只适用于管外径小于 160mm 管道的连接；法兰连接一般用于硬聚氯乙烯管与铸铁管等其他管材阀件等的连接。

② 道路范围内应按照市政道路工程技术要求进行管道回填。

3) 玻璃钢夹砂管道施工

① 当沟槽深度和宽度达到设计要求后，在基础相对应的管道接口位置下挖下个长约 50cm、深约 20cm 的接口工作坑。

② 在承口内表面均匀涂上润滑剂，然后把两个"O"形橡胶圈分别套装在插口上。用纤维带吊起管道，将承口与插口对好，采用手动葫芦或顶推的方法将管道插口送入，直至限位线到达承口端为止。

③ 校核管道高程，使其达到设计要求，管道安装完毕。在试压孔上安装试压接头，进行打压试验，一般试验时间为 3～5min，压力降水为零即表示合格。

④ 玻璃钢管与钢管、球墨铸铁管的连接：按照厂家提供的工艺执行。

4) 高密度聚乙烯（HDPE）管道施工

① 砂垫层铺设：管道基础，应按设计要求铺设，基础垫层厚度，应不小于设计要求，即管径 315mm 以下为 100mm，管径 600mm 以下为 150mm。

基础垫层，应夯实紧密，表面平整。管道基础的接口部位，应挖预留凹槽以便接口操作，凹槽在接口完成后，随即用砂填实。

② 下管铺管：DN600 以下的管材一般均可采用人工下管，槽深大于 3m 或管径大于 D400mm 的管材，可用非金属绳索系住管身两侧溜管，使管材平稳地放在沟槽线位上。DN600mm 以上的管材一般机械吊管，人工配合管道就位。

③ 管道接口连接：一般采用电熔、热熔、套管或承插口连接形式。

④ 管道连接完成就位后，应采用有效方法对管道进行定位，防止管道中心、高程发生位移变化。管道连接就位后应按设计标高及设计中心线复测，管道位置偏差应控制在允许的误差范围内方可进行回填作业。

⑤ 管道敷设后，因意外原因发生局部破损时，必须进行修补或更换，当管外壁局部破损时，可由厂家提供专用焊枪进行补焊；当管内壁破损时，应切除破损管段，更换合格

管材并做好接口。

⑥ 管道与附件井连接：管道与检查井连接，应根据检查井结构形式按设计要求施工。管道与检查井连接时，管道与检查井的井壁应结合良好。管材承口部位不可直接砌筑在井壁中，宜在检查井两端各设置长 2m 的短管，管材插入检查井内壁应大于 30mm。采用管件连接管道与检查井时，应使用与管道同一生产企业提供的配套管件。

（7）球墨铸铁管道铺设施工

1）滑入式（又称 T 形推入式）接口球墨铸铁管

① 工艺流程

管道垫层→承口下挖工作坑→下管→清理承口（清膛）→清理胶圈、上胶圈→安装机具设备→在插口外表面和胶圈上刷润滑剂→顶推管节插入承口→检查

② 施工工序（分项工程）

管道垫层：按设计要求铺设，砂垫层的平整度、高程、宽度、厚度、压实度应符合设计要求。在地基上铺砂垫层，其厚度符合要求。

接口工作坑：接口工作坑每个管口设一个，砂垫层检查合格后，人工开挖管道接口工作坑。

下管：管节及管件应采用吊带或专用工具起吊。管节采用两点法吊装，平起平放，吊具与管节接触处应垫缓冲垫。把管节完整无损地下到沟槽，管子两端不要碰撞槽壁，不要污染管节。

清理承口：将承口内的所有杂物予以清除，并擦洗干净，因为任何附着物都可能造成接口漏水并污染水质。

清理胶圈、上胶圈：将胶圈上的粘结物清擦干净，把胶圈弯成心形或花形（大口径）装入承口槽内，并用手沿整个胶圈按压一遍，确保胶圈各个部分不翘不扭，均匀一致地卡在槽内。

安装机具设备：准备好的机具设备安装到位，安装时注意不要将已清理好的管子部位再次污染。

清理插口外表面、刷润滑剂：将润滑剂均匀地刷在承口内已安装好的胶圈表面和插口外表面。

顶推管节插入承口：采用撬杠顶入法、千斤顶拉杆法、吊链（手拉葫芦）拉入法等方法将插口对承口找正，顶推管子使插口装入承口内，推入深度应达到标记环。

检查：检查插口推入承口的位置是否符合要求；用探尺伸入承插口间隙中检查胶圈位置是否正确，并复查与其相邻已安好的第一至第二个接口推入深度。

转角安装：管道沿曲线安装时，先把槽开宽，适合转角和安装。管子先连成直线，然后再转至要求的角度。转角后，临近插口端的白线，将有一部分进入承口。管道沿曲线安装时，接口的允许转角符合规范规定。

切管与切口修补：当采用截断的管节进行安装时，管端切口与管体纵向轴线垂直。进行接口连接前，应将被截端部用砂轮机将切口毛刺磨平，切口端面外涂刷防腐剂，并划出插入深度的标志环。

2）机械式接口球墨铸铁管

① 工艺流程

下管→清理插口、压兰和橡胶圈→压兰和胶圈定位→清理承口→刷润滑剂→对口→临

时紧固→螺栓全方位紧固→检查螺栓扭矩。

② 施工工序

检查管节与配件：检查管节有无损坏和缺陷，管节的外径和周长的尺寸偏差是否在允许的范围内，对管节的承口和插口尺寸进行全面的量测，并编号记录保存，选用管径相差最小的管节相组合。清理管口，检查和修补防腐层，选配胶圈，选配压兰和螺栓。

其他准备工作：在管道安装前还应做好验槽、清槽工作，将接口工作坑挖好，准备好管节的吊装设备和安装工具。吊装机具应在安装前仔细检查，以确保安全。

下管：按下管要求将管节和配件放入沟槽，不得抛掷管节和配件以及其他工具和材料。管节放入槽底时应将承口端的标志置于正上方。

压兰与胶圈定位：插口、压兰及胶圈清洁后，在插口上定出胶圈的安装位置，先将压兰送入插口，然后把胶圈套在插口已定好的位置处。

刷润滑剂：刷润滑剂前应将承插口和胶圈再清理一遍，然后将润滑剂均匀地涂刷在承口内表面和插口及胶圈的外表面。

对口：将管节吊起稍许，使插口对正承口装入，调整好接口间隙后固定管身，卸去吊具。

临时紧固：将密封胶圈推入承插口的间隙，调整压兰的螺栓孔使其与承口上的螺栓孔对正，先用 4 个互相垂直方位上的螺栓临时紧固。

紧固螺栓：将全部的螺栓穿入螺栓孔，并安上螺母，然后按上下左右交替紧固的顺序，对称均匀地分数次上紧螺栓。

检查：螺栓上紧之后，用力矩扳手检验每个螺栓的扭矩。

曲线安装：机械式球墨铸铁管沿曲线安装时，接口的转角不能过大，接口的转角一般是根据管节的长度和允许的转角计算出管端偏移的距离进行控制。

2. 沉管施工

（1）沉管施工方法的选择

1）应根据管道所处河流的工程水文地质、气象、航运交通等条件，周边环境、建（构）筑物、管线，以及设计要求和施工技术能力等因素，经技术经济比较后确定。

2）不同施工方法的适应性

水文和气象变化相对稳定，水流速度相对较小时，可采用水面浮运法；水文和气象变化不稳定、沉管距离较长、水流速度相对较大时，可采用铺管船法；水文和气象变化不稳定，且水流速度相对较大、沉管长度相对较短时，可采用底拖法；预制钢筋混凝土管沉管工程，应采用浮运法；且管节浮运、系驳、沉放、对接施工时水文和气象等条件宜满足：风速小于 10m/s、波高小于 0.5m、流速小于 0.8m/s、能见度大于 1000m。

（2）沉管施工要求

1）水面浮运法可采取：整体组对拼装、整管浮运、整管沉放；分段组对拼装、分段浮运、分段管间接口水上连接后整管沉放；分段组对拼装、分段浮运、分段沉放后管段间接口水下连接等。

2）铺管船法的发送船应设置管段接口连接装置、发送装置；发送后的水中悬浮部分管段，可采用管托架或浮球等方法控制管道轴向弯曲变形。

3) 底拖法的发送可采取水力发送沟、小平台发送道、滚筒管架发送道或修筑牵引道等方式。

4) 预制钢筋混凝土管沉放的水下管道接口，可采用水力压接法柔性接口、浇筑钢筋混凝土刚性接口等形式。

5) 利用管道自身弹性能力进行沉管铺设时，管道及管道接口应具有相应的力学性能要求。

（3）施工要点

沉管工程施工方案主要内容，包括：施工平面布置图及剖面图；沉管施工方法的选择及相应的技术要求；沉管施工各阶段的管道浮力计算，并根据施工方法进行施工各阶段的管道强度、刚度、稳定性验算；管道（段）下沉测量控制方法；水上运输航线的确定，通航管理措施；水上、水下等安全作业和航运安全的保证措施；对于预制钢筋混凝土管沉管工程，还应包括：临时干坞施工、钢筋混凝土管节制作、管道基础处理、接口连接、最终接口处理等施工技术方案。

3. 桥管管道施工

（1）施工方法选择

应根据设计要求，结合工程具体情况确定施工方法，管道安装可采取整体吊装、分段悬臂拼装、在搭设的临时支架上拼装等方法。

（2）施工要求

变架施工应符合设计要求。随桥铺设时，桥梁结构安全应经计算与验算，并经桥梁权属单位同意。

（3）施工要点

桥管工程施工方案主要内容包括：施工平面布置图及剖面图；桥管吊装施工方法的选择及相应的技术要求；吊装前地上管节组对拼装方法；管道支架安装方法；施工各阶段的管道强度、刚度、稳定性验算；管道吊装测量控制方法；施工机械设备数量与型号的配备；水上运输航线的确定，通航管理措施；施工场地临时供电、供水、通信等设计；水上、水下等安全作业和航运安全的保证措施。

4. 不开槽管道施工方法

（1）施工方法选择

不开槽管道施工是相对于开槽管道施工而言，不开槽施工方法中，一般情况下，顶管法适用于直径 800~3000mm 管道施工；盾构法适用于直径 3000mm 以上管道施工；浅埋暗挖法适用于直径 2000mm 以上管道施工；水平钻机、气动矛、定向钻、夯管锤等机具适用于直径 100~1000mm 管道施工。不开槽施工法与适用条件见表 4-19。

不开槽法施工方法与适用条件　　　　　　　　表 4-19

施工工法	密闭式顶管	盾　构	浅埋暗挖	定向钻	夯　管
工法优点	施工精度高	施工速度快	适用性强	施工速度快	施工速度快成本较低
工法缺点	施工成本高	施工成本高	施工速度慢施工成本高	控制精度低	控制精度低，适用于钢管

续表

施工工法	密闭式顶管	盾　构	浅埋暗挖	定向钻	夯　管
适用范围	给水排水管道 综合管道	给水排水管道 综合管道	给水排水管道 综合管道	给水管道	给水排水管道
适用管径（mm）	300～4000	3000以上	1000以上	300～1000	200～1800
施工精度	小于±50mm	不可控	小于±1000mm	小于±1000mm	不可控
施工距离	较长	长	较长	较短	短
适用地质条件	各种土层	各种土层	各种土层	砂卵石及含水 地层不适用	含水地层不适用， 砂卵石地层困难

（2）顶管法施工

1）顶进长度与顶力计算

一次顶进长度应根据设计要求的管道穿越长度、井室位置、地面运输与开挖工作坑的条件、顶进需要的顶力、后背与管口可能承受的顶力以及支持性技术措施等因素综合确定。

顶管的顶进阻力应按以下公式计算：

$$F_P = \pi D_o L f_K + N_F$$

式中　F_P——顶进阻力（kN）；

D_o——管道的外径（m）；

L——管道的设计顶进长度（m）；

f_K——管道外壁与土的单位面积平均摩阻力（kN/m²），通过试验确定；对于采用触变泥浆减阻技术的宜按表4-20选用；

N_F——顶进时迎面阻力（kN），不同类型顶管机的迎面阻力宜按表4-21选择计算式。

采用触变泥浆的管外壁单位面积平均摩擦阻力 f（kN/m²）　　表4-20

管材＼土类	黏性土	粉　土	粉、细砂土	中、粗砂土
钢筋混凝土管	3.0～5.0	5.0～8.0	8.0～11.0	11.0～16.0
钢管	3.0～4.0	4.0～7.0	7.0～10.0	10.0～13.0

顶管机迎面阻力（N_F）的计算公式　　表4-21

顶进方式	迎面阻力（kN）	式中符号
敞开式	$N_F = \pi(D_g - t)tR$	e——开口率； t——工具管刃脚厚度（m）； α——网格截面参数，宜取0.6～1.0； P_n——气压强度（kN/m²）； P——控制土压力； D_g——顶管机外径（mm）； R——挤进阻力（kN/m²），取$R=300～500$kN/m²
挤压式	$N_F = \frac{\pi}{4}D_g^2(1-e)R$	
网格挤压	$N_F = \frac{\pi}{4}D_g^2 \alpha R$	
气压平衡	$N_F = \frac{\pi}{4}D_g^2(\alpha R + P_n)$	
土压平衡和泥水平衡	$N_F = \frac{\pi}{4}D_g^2 P$	

顶管宜采用工作坑壁的原土作后背。选择时应根据顶力，按有关规定对后背的安全进行核算。后背原土不能满足顶力要求时，应采取补强、加固措施或设计结构稳定可靠、拆

除方便的人工后背。

2）工作坑设置

① 工作坑平面尺寸（纵向尺寸如图 4-32），应根据工作坑类型、现场环境、土质、挖深、地下水位及支撑材料规格、管径、管长、顶管机具规格、下管及出土方法等条件确定。坑底尺寸按以下公式计算：

$$底宽 = D_1 + S$$
$$底长 = L_1 + L_2 + L_3 + L_4 + L_5$$

式中　D_1——管外径（m）；

　　　S——操作宽度（m），取 $2.4 \sim 3.2$m；

　　　L_1——管节顶进后，尾部压在导轨上的最小长度，钢筋混凝土管取 $0.3 \sim 0.5$m；金属管取 $0.6 \sim 0.8$m；机械挖土、挤压出土及管前使用其他工具管时，工具管长度如大于上述铺轨长度的要求，L_1 应取工具管长度；

　　　L_2——管节长度；

　　　L_3——出土工作间长度，根据出土工具而定，宜为 $1.0 \sim 1.8$m；

　　　L_4——液压油缸长度（m）；

　　　L_5——后背所占工作坑长度，包括横木、立铁、横铁，取 0.85m。

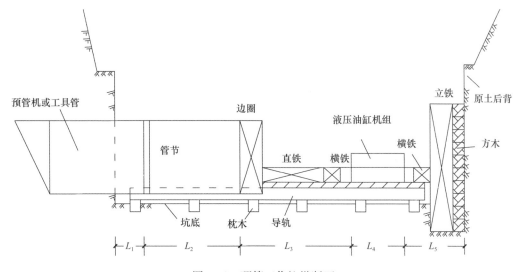

图 4-32　顶管工作坑纵断面

② 工作坑深度应按下列公式规定计算：

$$H_1 = h_1 + h_2 + h_3$$
$$H_2 = h_1 + h_2$$

式中　H_1——顶进坑地面至坑底的深度（m）；

　　　H_2——接受坑地面至坑底的深度（m）；

　　　h_1——地面至管道底部外缘的深度（m）；

　　　h_2——管道外缘底部至导轨底面的高度（m）；

　　　h_3——基础及其垫层的厚度（m）。

③ 工作坑的支撑形式应根据开挖断面、挖深、土质条件、地下水状况及总顶力确定。工作坑可采用钻孔桩、喷锚水泥混凝土、钢木支撑等支护方法，井深大于 6m 且有地下水时，宜采用地下连续墙、沉井等支护方法。支撑结构宜形成封闭式框构，框构应设斜撑加固。工作坑开挖深度达 2m 时，即应进行支撑。

管道穿越工作坑壁封门处的土体应根据封闭要求进行加固，其加固范围长度宜不小于掘进机长，其他各方向宜按掘进机直径及土体特征确定。

3）后背墙的施工

后背墙可采用原土或预制件、现浇混凝土制作。原土后背土壁应铲修平整，使壁面与管道顶进方向垂直。后背墙宜采用方木、型钢、钢板等组装，组装后的后背墙应有足够的强度和刚度，埋于坑底深度不小于 500mm，型钢、方木、预制后背等应贴紧土体横放，在其前面放置立铁，立铁前置放横铁。

后背墙采用预制件拼装时，各拼装件连接应牢固；现浇混凝土后背应振捣密实，外露工作面表面平整，强度符合设计要求。利用已完成顶进的管段作后背时，顶力中心须与现况管道中心重合，顶进顶力必须小于已完顶进管段的阻抗力。

4）导轨安装

导轨宜根据管材质量选择型号匹配的钢轨作导轨，基础采用水泥混凝土基础、枕铁、枕木。两根导轨应直顺、平行、等高，导轨安装牢固，其纵坡与管道设计坡度一致；导轨的高程和内距允许偏差为 ±2mm；中心线允许偏差为 3mm；顶面高程允许偏差为 0～＋3mm。保持置于导轨中的管材外壁与枕铁、枕木基础间 20mm 左右间隙。

5）液压顶进设备安装

① 顶铁安装

顶铁应有足够的刚度，顶铁宜有锁定装置，顶铁单块旋转时应能保持稳定。一般采用材质型号统一的型钢焊接成型。焊缝不得高出表面，且不得脱焊。顶铁长度应模数化。顶铁安装后其轴线应与管道轴线平行、对称，顶铁表面不得有泥土、油污。

② 液压油缸安装

液压油缸的着力中心宜位于管节总高的 1/4 左右处，且不小于组装后背高度的 1/3。使用一台液压油缸时，其平面中心应与管道中心线一致；使用多台液压油缸时，各液压油缸中心应与管道中心线对称。

高压油泵宜设置在液压油缸附近；油管应直顺、转角少；控制系统应布置在易于操作的部位。油泵应与液压油缸相匹配，并应有备用油泵。液压油缸的油路应并联，每台液压油缸均应有进油、退油的控制系统。

③ 顶进设备运行规定

A. 开始顶进时应慢速，待各接触部位密合后，再按正常顶进速度顶进。

B. 顶进中发现油压突然增高，应立即停止顶进，查明原因，排除故障后，方可继续顶进。

C. 液压油缸活塞退回时，油压不得过大，速度不得过快。

D. 顶进时，工作人员不得在顶铁上方及其侧面停留，并应随时观察顶铁有无异常迹象。

6）中继间顶进

中继间的加设及数量，应依据顶进作业总顶力的计算和顶进管材的管壁承受能力经施工设计确定。中继间的设计最大顶力不宜超过管节承压面抗压能力的70%。

中继间应具有足够刚度、卸装方便，在使用中具有良好的连接性、密封性。液压油缸应同时满足顶进与纠偏需要。中继间设备应简洁、体积小，其液压设备与工作坑顶进设备宜集中控制。中继间应在道轨上与顶进管连接牢固，顶进中不得错位。

中继间超过3个时，宜设中继间启动的联动装置，其工作顺序应自距顶管机或工具管最近的中继间开始。完成管段顶进作业后，中继间应从第一组（距顶管机最近）起逐组拆卸，并在中继间空隙将管节碰拢前安装止水材料，或在中继间空隙现浇钢筋混凝土。

7）触变泥浆减阻

顶管过程中，应在管节四周填注触变泥浆，使土体与管节间形成20～30mm厚的泥浆套，减少顶力和防止土层坍塌。前封闭外径宜比管节外径大40～60mm，可用顶管机作前封闭。触变泥浆灌注应从顶管的前端进行，待顶进数米后，再从后端及中间进行补浆。顶管终止顶进后，应向管外壁与土层间的空隙，进行充填注浆以置换触变泥浆层。注浆孔个数应根据所顶管节的管径而定，宜为4～6个，均匀布置。输浆管宜用钢管或高压胶管。

8）顶管用管材与接口

顶管施工钢筋混凝土管应符合现行《顶进施工法用钢筋混凝土排水管》JC/T 640—2010有关规定。宜优先选企口式（胶圈接口，图4-33a）、双插式（T形套环胶圈接口，图4-33b）和钢承口式（又称F形接口，图4-33c）等接口形式管材。

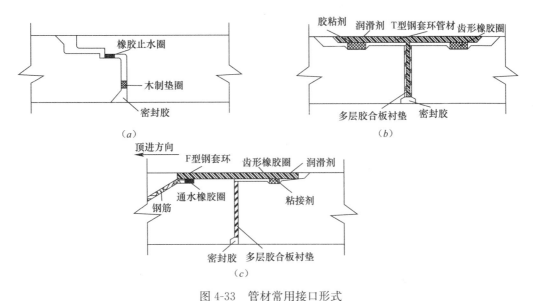

图4-33 管材常用接口形式

（a）企口管接口；（b）T形套环胶圈接口；（c）F形管接口

钢管管材应符合国家现行有关标准，并应在专业厂预制、涂塑管内、外壁的防腐层和耐磨保护层；并经现场试验和验证。

玻璃钢夹砂管应符合现行《玻璃纤维增强塑料类砂管》GB/T 21238—2007中有关规定。管端应采取保护措施。

（五）轨道交通工程施工技术

1. 明挖基坑施工

（1）基坑安全等级

地铁车站、区间隧道基坑通常属于深基坑，基坑侧壁安全等级应由设计提出要求，并依据表 4-22 规定确定。

基坑侧壁安全等级 表 4-22

安全等级	破坏后果
一级	支护结构破坏、土体失稳或过大变形对基坑周边环境及地下结构施工影响很严重
二级	支护结构破坏、土体失稳或过大变形对基坑周边环境及地下结构施工影响一般
三级	支护结构破坏、土体失稳或过大变形对基坑周边环境及地下结构施工影响不严重

（2）围护结构形式

地铁深基坑的围护结构形式很多，设计根据基坑深度、工程地质和水文地质条件、地面环境条件等，经技术经济综合比较后确定。不同类型围护结构的特点见表 4-23。

不同类型围护结构的特点 表 4-23

类 型	特 点
桩板式墙、板式桩	1. H 钢的间距在 1.2～1.5m； 2. 造价低，施工简单，有障碍物时可改变间距； 3. 止水性差，地下水位高的地方不适用，坑壁不稳的地方不适用； 4. 开挖深度达到 6m，无支撑；日本用于开挖深度 10m 以内的基坑（有支撑）
钢板桩	1. 成品制作，可反复使用； 2. 施工简便，但施工有噪声； 3. 刚度小，变形大，与多道支撑结合，在软弱土层中也可采用； 4. 新的时候止水性尚好，如有漏水现象，需增加防水措施
板式钢管桩	1. 截面刚度大于钢板桩，在软弱土层中开挖深度可大，在日本开挖深度达 30m； 2. 需有防水措施相配合
预制混凝土板桩	1. 施工简便，但施工有噪声； 2. 需辅以止水措施； 3. 自重大，受起吊设备限制，不适合大深度基坑。国内用于 10m 以内的基坑
灌注桩、墙	1. 刚度大，可用在深大基坑； 2. 施工对周边地层、环境影响小； 3. 需降水或和止水措施配合使用，如搅拌桩、旋喷桩等
地下连续墙	1. 刚度大，开挖深度大，可适用于所有地层； 2. 强度大，变位小，隔水性好，同时可兼作主体结构的一部分； 3. 可邻近建筑物、构筑物使用，环境影响小； 4. 造价高
SMW 工法桩	1. 强度大，止水性好； 2. 内插的型钢可拔出反复使用，经济性好； 3. 具有较好发展前景，国内上海、北京等城市已有工程实践
自立式水泥土挡墙/水泥土搅拌桩挡墙	1. 无支撑，墙体止水性好，造价低； 2. 墙体变位大

（3）支撑结构

深基坑支撑结构体系包括内支撑和外拉锚两种形式。内支撑一般由各种型钢撑、钢管撑、钢筋混凝土撑围檩等构成支撑系统；外拉锚有拉锚和土锚两种形式。在软弱地层的基坑工程中，支撑结构承受围护墙所传递的土压力、水压力。支撑结构挡土的应力传递路径是围护（桩）墙→围檩（冠梁）→支撑，在地质条件较好、有锚固力的地层中，基坑支撑可采用外拉锚形式。

深基坑常用的内支撑系统按其材料可分为现浇钢筋混凝土支撑体系和钢支撑体系两类。现浇钢筋混凝土支撑体系由围檩（圈梁）、支撑及角撑、立柱和围檩托架或吊筋、立柱等其他附属构件组成。钢结构支撑（钢管、型钢）体系通常为装配式，由围檩、角撑、支撑、预应力设备、监测监控装置、立柱等组成。内支撑系统形式和特点见表4-24。

两类支撑体系的形式和特点 表4-24

材 料	截面形式	布置形式	特 点
现浇钢筋混凝土	可根据断面要求确定断面形状和尺寸	有对撑、边桁架、环梁结合边桁架等，形式灵活多样	混凝土结硬后刚度大，变形小，强度的安全可靠性强，施工方便，但支撑浇制和养护时间长，围护结构处于无支撑的暴露状态的时间长，软土中被动区土体位移大，如对控制变形有较高要求时，需对被动区软土加固。施工工期长，拆除困难，爆破拆除对周围环境有影响
钢结构	单钢管、双钢管、单工字钢、双工字钢、H型钢、槽钢及以上钢材的组合	竖向布置有水平撑、斜撑；平面布置形式一般为对撑、井字撑、角撑。也有与钢筋混凝土支撑结合使用，但要谨慎处理变形协调问题	装、拆施工方便，可周转使用，支撑中可加预应力，可调整轴力而有效控制围护墙变形；施工工艺要求较高，如节点和支撑结构处理不当，或施工支撑不及时不准确，会造成失稳

支撑体系应合理选择、受力明确，充分协调发挥各杆件的力学性能，安全可靠，经济合理，稳定性和变形满足周围环境保护的要求；支撑体系布置能在安全可靠的前提下，最大限度地方便土方开挖和主体结构的快速施工。

（4）基坑土方开挖

基坑开挖应根据支护结构设计、降排水要求，确定开挖方案。基坑周围地面应设排水沟，且应避免雨水、渗水等流入坑内，同时，基坑也应设置必要的排水设施，保证开挖时通过及时排出雨水。

基坑必须分层、分块、均衡地开挖，分块开挖后必须及时施工支撑，软土地区应先支后挖，严格控制围护结构变形。对于有预应力要求的钢支撑或锚杆，应按设计要求施加预应力。

基坑开挖过程中，必须采取措施防止开挖机械等碰撞支护结构、格构柱、降水井点或扰动基底原状土。严格禁止在基坑顶部设计范围堆放材料、土方和其他重物以及停置或行驶较大的施工机械。

发生围护结构变形明显加剧、支撑轴力突然增大、围护结构渗漏、边坡出现失稳征兆等异常情况时，应立即停止挖土，查清原因和及时采取措施后，方能继续挖土。

基坑土方开挖时，应按设计要求开挖土方，不得超挖，不得在坡顶随意堆放土方、材料和设备。在整个基坑开挖和地下工程施工期间，应严密监测坡顶位移，随时分析观测数据。当围护结构有失稳迹象时，应及时采取坑顶卸荷或其他有效措施。

地铁车站等构筑物的长条形基坑在开挖过程中要考虑纵向放坡：一是保证开挖安全防止滑坡（图4-34），二是保证出土运输方便。放坡应以控制分级坡高和坡度为主，必要时辅以局部支护结构和保护措施，放坡设计与施工时应考虑雨水的不利影响。坑内纵向放坡是动态的边坡，在基坑开挖过程中不断变化，其安全性在施工时往往被忽视，非常容易产生滑坡事故。

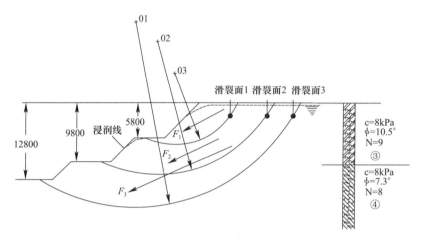

图 4-34 基坑纵向滑坡机制图

（5）基坑的变形控制

基坑开挖时，由于坑内开挖卸荷造成围护结构在内外压力差作用下产生水平向位移，近而引起围护外侧土体的变形，造成基坑外土体或建（构）筑物沉降；同时，开挖卸荷也会引起坑底土体隆起。可以认为，基坑周围地层移动主要是由于围护结构的水平位移和坑底土体隆起造成的，包括围护墙体水平变形、竖向变位、墙体沉降、坑底隆起、和地表沉降等。

当基坑邻近建（构）筑物时，必须控制基坑的变形以保证邻近建（构）筑物的安全。控制基坑变形的主要方法有：增加围护结构和支撑的刚度、增加围护结构的入土深度、加固基坑内被动区土体和地下水控制等。深基坑坑底稳定的方法主要有加深围护结构入土深度、坑底土体加固、坑内井点降水和适时施作底板结构等措施。

2. 盖挖逆作法施工

（1）施工顺序

先行构筑围护结构之地下连续墙和结构中间桩柱，继而开挖施工结构顶板，回填顶板以上土方，后往上施工地上建筑；同时往下开挖地下一层并构筑地下一层楼板，浇筑该层结构侧墙继续往下开挖完成下层结构直至底板。

（2）中间立柱施工

盖挖逆作法施工中间立柱，它既是盖挖逆作期间的临时支柱，又是车站结构的重要承载传力结构。中间立柱与车站梁、板结构相接形成结点结构。确保中间桩基础成孔质量、防止塌孔及中间立柱的安装精度，平面定位精度，垂直定位精度是决定能否安全优质完成车站工程任务的关键，亦是盖挖逆作车站的难点。中间桩成桩过程应注意：如孔深超过50m，成孔过程中应进行两次超声波检测垂直度。这样可以保证中间钢筋笼下放和钢管柱的精确定位安装；钢筋笼和下节钢护筒焊接一定要用双面焊，焊缝长度一定要够长，以满足吊装安全；钢护筒内加强肋板和钢护筒焊缝要符合规范要求。

（3）板梁结构地模施工

底板混凝土不设底模，采用地模的施工方法：基土夯实整平后，先铺设素混凝土层，局部采用水泥砂浆抹面找平，并对其进行赶光压浆处理。地模施做完毕，养护后，一般铺12mm隔离层木板。为确保边墙预留插筋垂直度，边梁底模采用设插筋孔的木底模，其下填细砂以保证插筋长度。对各阴阳角处的地模加强处理，控制其成型质量。地模施工中，按有关规定要求做好围护桩桩头部分的处理，防水层的找头甩槎等工作。

梁板地模结构如图 4-35 所示。

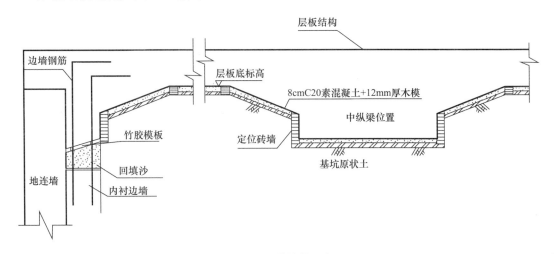

图 4-35　地模结构示意图

（4）盖挖法的土方开挖

1）开挖时机械开挖至每层板底设计标高以上 20cm 时，应采取人工清底，严禁超挖；边梁及中梁部位在保证开挖精度的前提下，采用机械开挖，并加强人工修边。开挖至设计标高后机械夯实。

2）侧墙、梁槽与基坑土方开挖一次开挖到位，基坑底严禁超挖，梁侧模避免超挖。

3）开挖过程中，在钢管柱附近处，使用挖机挖掘要注意钢管柱两侧土体高差不要过大。

4）施工中严禁机械碰撞立柱、井点管、围护墙。如有渗漏情况，迅速进行连续墙接缝堵漏。边墙及中梁部位梁槽采用机械开挖，人工修边。某一施工单元的土方工程结束后，具备施工条件，即可展开下道工序的施工。

5）基坑每层开挖过程中，若发生围护结构变形过大、漏水严重、基底管涌隆起、降水异常、地下水位变化过大、周边建筑物不均匀沉降和地表沉降超过警戒值等险情时，应立即启动应急预案进行处理，同时与监理、设计、建设相关单位共同分析查找原因，待险情处理完毕并稳定后方可进行后续施工。

6）基坑每层开挖过程中应与监测单位密切配合，对监测的重点项目进行重点控制，及时互通信息，适时分析检测结果，预测发展趋势，对可能产生的不良影响提前采取措施，实施预控。

3. 喷锚暗挖隧道施工

（1）开挖方式选择

市政公用地下工程，因地下障碍物和周围环境限制通常采用喷锚暗挖法施工，一般以浅埋暗挖法为主修建城市隧道。施工中坚持"管超前、严注浆、短开挖、强支护、快封闭、勤量测"的十八字原则，尽量减少围岩的扰动，严格控制开挖步距，力求在 4～6h 使隧道结构封闭成环。

浅埋暗挖法施工因开挖方式不同，可分为众多的具体施工方法，如全断面法、正台阶法、环形开挖预留核心土法、单侧壁导坑法、双侧壁导坑法、中隔壁法、交叉中隔壁法、中洞法、侧洞法、柱洞法等。开挖方式及其选择条件见表 4-25。

喷锚暗挖（矿山）法开挖方式与选择条件　　　　　　表 4-25

施工方法	示意图	选择条件比较					
		结构与适用地层	沉降	工期	防水	初期支护拆除量	造价
全断面法		地层好，跨度≤8m	一般	最短	好	无	低
正台阶法		地层较差，跨度≤10m	一般	短	好	无	低
环形开挖预留核心土法		地层差，跨度≤12m	一般	短	好	无	低
单侧壁导坑法		地层差，跨度≤14m	较大	较短	好	小	低
双侧壁导坑法		小跨度，连续使用可扩大跨度	大	长	效果差	大	高
中隔壁法（CD工法）		地层差，跨度≤18m	较大	较短	好	小	偏高

施工方法	示意图	选择条件比较					
		结构与适用地层	沉降	工期	防水	初期支护拆除量	造价
交叉中隔壁法（CRD 工法）		地层差，跨度≤20m	较小	长	好	大	高
中洞法	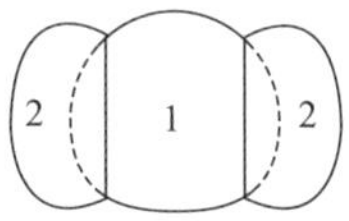	小跨度，连续使用可扩成大跨度	小	长	效果差	大	较高
侧洞法	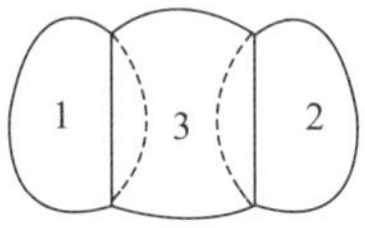	小跨度，连续使用可扩成大跨度	大	长	效果差	大	高
柱洞法		多层多跨	大	长	效果差	大	高

（2）开挖方式简介

1）全断面开挖法

全断面开挖法采取自上而下一次开挖成形，沿着轮廓开挖，按施工方案一次进尺并及时进行初期支护。适用于土质稳定、断面较小的隧道施工，适宜人工开挖或小型机械作业。要求围岩必须有足够的自稳能力。

2）台阶开挖法

台阶开挖法将结构断面分成两个以上部分，即分成上下两个工作面或几个工作面，分步开挖。根据地层条件和机械配套情况，台阶法又可分为正台阶法和中隔壁台阶法等。台阶开挖法适用于土质较好的隧道施工，软弱围岩、第四纪沉积地层隧道。

施工中台阶数不宜过多，台阶长度要适当，对城市第四纪地层，台阶长度一般以控制在 $1D$ 内（D 一般指隧道跨度）为宜。

3）环形开挖预留核心土法

环形开挖预留核心土法适用于一般土质或易坍塌的软弱围岩、断面较大的隧道施工。一般情况下，将断面分成环形拱部（见表 4-25 示意图中的 1、2、3）、上部核心土（4）下部台阶（5）等三部分。根据断面的大小，环形拱部又可分成几块交替开挖。环形开挖进尺为 0.5~1.0m，不宜过长。台阶长度一般以控制在 $1D$ 内（D 一般指隧道跨度）为宜。施工用人工或单臂掘进机开挖环形拱部、架立钢支撑、喷混凝土。

开挖过程中核心土支承着开挖面，及时施工拱部初次支护，保证开挖工作面稳定性。核心土和下部开挖都是在拱部初次支护保护下进行的，施工安全性好。

4）单侧壁导坑法

单侧壁导坑法是将断面横向分成 3 块或 4 块：侧壁导坑（1）、上台阶（2）、下台阶（3）（见表 4-25 中的示意图）。一般情况下侧壁导坑宽度不宜超过 0.5 倍洞宽，高度以到起拱线为宜，导坑可两次开挖和支护。

5）双侧壁导坑法

双侧壁导坑法又称眼镜工法。当隧道跨度很大，地表沉陷要求严格，围岩条件特别差，单侧壁导坑法难以控制围岩变形时，可采用双侧壁导坑法。

双侧壁导坑法一般是将断面分成四块：左、右侧壁导坑、上部核心土（2）、下台阶（3）（见表 4-25 中示意图）。导坑尺寸拟定的原则同前，但宽度不宜超过断面最大跨度的 1/3。左、右侧导坑错开的距离，应根据开挖一侧导坑所引起的围岩应力重分布的影响不致波及另一侧已成导坑的原则确定。

施工顺序：开挖一侧导坑，并及时地将其初次支护闭合。相隔适当距离后开挖另一侧导坑，并建造初次支护。开挖上部核心土，建造拱部初次支护，拱脚支承在两侧壁导坑的初次支护上。开挖下台阶，建造底部的初次支护，使初次支护全断面闭合。拆除导坑临空部分的初次支护。施作内层衬砌。

6）中隔壁法和交叉中隔壁法

中隔壁法也称 CD 工法，主要适用于地层较差和不稳定岩体且地面沉降要求严格的地下工程施工。当 CD 工法不能满足要求时，可在 CD 工法基础上加设临时仰拱，即所谓的交叉中隔壁法（CRD 工法）。CD 工法和 CRD 工法在大跨度隧道中应用普遍，在施工中应严格遵守正台阶法的施工要点，尤其要考虑时空效应，每一步开挖必须快速，必须及时步步成环，工作面留核心土或用喷混凝土封闭，消除由于工作面应力松弛而增大沉降值的现象。

7）中洞法、侧洞法、柱洞法、洞桩法

当地层条件差、断面特大时，一般设计成多跨结构，跨与跨之间有梁、柱连接，一般采用中洞法、侧洞法、柱洞法及洞桩法等施工，其核心思想是变大断面为中小断面，提高施工安全度。

中洞法施工就是先开挖中间部分（中洞），在中洞内施作梁、柱结构，然后再开挖两侧部分（侧洞），并逐渐将侧洞顶部荷载通过中洞初期支护转移到梁、柱结构上。由于中洞的跨度较大，施工中一般采用 CD、CRD 或双侧壁导航法进行施工。中洞法施工工序复杂，但两侧洞对称施工，比较容易解决侧压力从中洞初期支护转移到梁柱上时的不平衡侧压力问题，施工引起的地面沉降较易控制。中洞法的特点是初期支护自上而下，每一步封闭成环，环环相扣，二次衬砌自下而上施工，施工质量容易得到保证。

侧洞法施工就是先开挖两侧部分（侧洞），在侧洞内做梁、柱结构，然后再开挖中间部分（中洞），并逐渐将中洞顶部荷载通过初期支护转移到梁、柱上，这种施工方法在处理中洞顶部荷载转移时，相对于中洞法要困难一些。两侧洞施工时，中洞上方土体经受多次扰动，形成危及中洞的上小下大的梯形、三角形或楔形土体，该土体直接压在中洞上，中洞施工若不够谨慎就可能发生坍塌。

柱洞法施工是先在立柱位置施做一个小导洞，当小导洞做好后，在洞内再做底梁，形成一个细而高的纵向结构，柱洞法施工的关键是如何确保两侧开挖后初期支护同步作用在顶纵梁上，而且柱子左右水平力要同时加上且保持相等。

洞桩法就是先挖洞，在洞内制作挖孔桩，梁柱完成后，再施做顶部结构，然后在其保护下施工，实际上就是将盖挖法施工的挖孔桩梁柱等转入地下进行。

（3）辅助施工技术

1）小导管注浆加固技术

小导管注浆是喷锚暗挖法隧道施工常规施工工序，作为暗挖隧道常用的支护措施和超前加固措施，能配套使用多种注浆材料，施工速度快，施工机械简单，在软弱、破碎地层中成孔困难或易塌孔，且施作超前锚杆比较困难或者结构断面较大时，宜采取超前小导管注浆预加固处理方法。工序交换容易，其施工要点如下：

小导管超前支护必须配合钢拱架使用，管身钻孔，以便向土体进行注浆加固。小导管一般采用焊接钢管或无缝钢管，直径 30～50mm，钢管长 1.5m～2.0m，钢管钻设注浆孔间距为 100～150mm，钢管沿拱的环向布置间距为 300～500mm，钢管沿拱的环向外插角为 5°～15°，两排小导管沿隧道纵向有一定搭接长度，一般不小于 1.0m。

注浆材料可采用改性水玻璃浆、普通水泥单液浆、水泥-水玻璃双液浆、超细水泥四种注浆材料。一般情况下改性水玻璃浆适用于砂类土，水泥浆和水泥砂浆适用于卵石地层，浆液的选用和配比应根据工程条件经试验确定。水泥浆或水泥砂浆主要成分为P0.42.5级及以上的硅酸盐水泥、普通或水泥砂浆；水玻璃浓度应为 40～45Be，外加剂应视不同地层和注浆法工艺进行选择。

注浆工艺应简单、方便、安全，应根据土质条件选择。在砂卵石地层中宜采用渗入注浆法；在砂层中宜采用渗透注浆法；在黏土层中宜采用劈裂或电动硅化注浆法；在淤泥质软土层中宜采用高压喷射注浆法。

注浆时间和注浆压力应由试验确定，应严格控制注浆压力。一般条件下：改性水玻璃浆、水泥浆初压宜为 0.1～0.3MPa，砂质土终压一般应不大于 0.5MPa，黏质土终压不应大于 0.7MPa。水玻璃-水泥浆初压宜为 0.3～1.0MPa，终压宜为 1.2～1.5MPa。

2）管棚超前支护技术

管棚法是为防止隧道开挖引起的地表下沉和围岩松动，开挖掘进前沿开挖工作面的上半断面设计周边打入厚壁钢管，在地层中构筑的临时承载棚防护下，为安全开挖预先提供增强地层承载力的辅助施工方法；适用于软弱地层和特殊困难地段，如极破碎岩体、塌方体、砂土质地层、强膨胀性地层、强流变性地层、裂隙发育岩体、断层破碎带、浅埋大偏压等围岩，并对地层变形有严格要求的工程。

管棚是由钢管和钢拱架组成。钢管棚一般是沿地下工程断面周边的一部分或全部，以一定的间距环向布设，形成钢管棚护，沿周边布设的长度及形状主要取决于地形、地层、地中或地面及周围建筑物的状况，有帽形、方形、一字形及拱形等。钢管末端支架在钢拱架上，形成对开挖面前方围岩的预支护。

管棚所用钢管一般选用直径 70～180mm，壁厚 4～8mm 无缝钢管。管节长度是工程具体情况而定，一般情况下短管棚采用的钢管每节长小于 10m，长管棚采用的钢管每节长大于 10m，或可采用出厂长度。

施工工艺流程：测放孔位→钻机就位→水平钻孔→压入钢管→注浆（向钢管内或管周围土体）→封口→开挖。

钻孔开始前应在管棚孔口位置埋置套管，把钢管放在标准拱架上，钻孔孔位和钻机的中心一致。一般每隔 2～6m 对正在钻进的钻孔及插入钢管的弯曲及其趋势进行孔弯曲测定检查。在松软地层或不均匀地层中钻进时，管棚应设定外插角，角度一般不宜大于 3°。避免管节下垂进入开挖面，应注意检测钻孔的偏斜度，发现偏斜度超出要求应及时纠正。

钢管的打入随钻孔同步进行，接头采用厚壁管箍，上满丝扣，确保连接可靠。钢管打入土体就位后，及时向钢管内及周围压注水泥浆或水泥砂浆，使钢管与周围岩体密实，并增加钢管的刚度。

3）冻结法

冻结法是在地下结构开挖断面周围需加固的含水软弱地层中钻孔敷管，安装冻结器，利用人工制冷技术，将天然岩土变成冻土，形成完整性好、强度高、不透水的临时加固体，达到加固地层、隔绝地下水与拟建构筑物联系的目的；主要用于富水软弱地层的暗挖施工固结地层。当土体含水量大于 2.5％、地下水含盐量不大于 3％、地下水流速不大于 40m/d 时，均可适用常规冻结法，当土层含水量大于 10％和地下水流速不大于 7～9m/d 时，冻土扩展速度和冻结体形成的效果最佳。

冻结加固的地层强度高、地下水封闭效果好、地层整体固结性好、对工程环境污染小，但是成本较高、有一定的技术难度。

（4）暗挖施工主要分项工程

1）土方开挖

在第四纪地层中，隧道土方采用人工短台阶方法开挖，中间保留核心土体，以平衡工作面土压。土方开挖严格控制进尺，环向超挖一般不大于 50mm，开挖完成后及时安装隧道钢架。超挖空隙用喷射混凝土填实。

2）钢拱架制作安装

钢拱架宜选用钢筋、型钢、钢轨等制成，采用钢筋加工而成格栅的主筋直径不宜小于 18mm，其间采用受力较好、冷压成形"八"字或"8"字加强筋。钢拱架事先工厂化加工成型，现场洞内拼装。格栅钢架间距 0.5～0.75m，隧道纵向设连接筋，连接筋相互搭接焊接。隧道内满铺钢筋网，网片与主筋点焊绑扎牢固。钢筋网直径宜为 6～12mm，网格尺寸宜采用 150～300mm，搭接长度一般 1～2 个网孔。

土方开挖后立刻支立网构钢架，钢架与钢架之间用纵向连接筋焊牢，钢筋网与纵向连接筋焊牢。网构钢架的安装必须牢固、拱脚垫实，钢架平面必须保持水平，平面翘曲<2cm，钢架与钢架之间保持在同一垂直面上。

3）喷射混凝土

喷射混凝土应采用早强混凝土，其强度必须符合设计要求。根据工程需要掺用外加剂，速凝剂应根据水泥品种、水胶比等，通过不同掺量的混凝土试验选择最佳掺量，使用前应做凝结时间试验，要求初凝时间不应大于 5min，终凝不应大于 10min。

应根据工程地质及水文地质、喷射量等条件选择适宜的喷射方式。喷射混凝土前，应检查开挖断面尺寸，清除开挖面、拱脚或墙脚处的土块等杂物，设置控制喷层厚度的标志。对基面有滴水、淌水、集中出水点的情况，采用埋管等方法进行引导疏干。

喷射混凝土应紧跟开挖工作面，应分段、分片、分层，由下而上顺序进行，当岩面有较大凹洼时，应先填平。分层喷射时，一次喷射厚度可根据喷射部位和设计厚度确定。

钢架应与喷射混凝土形成一体，钢架与围岩间的间隙必须用喷射混凝土充填密实，钢架应全部被喷射混凝土覆盖，保护层厚度不得小于40mm。

4）填充注浆

为了保证喷射混凝土支护与地层密贴，要及时进行背后填充注浆，在喷射混凝土前事先埋设钢管，布置在拱顶，充填水泥砂浆，砂浆灰砂比1∶1.5～1∶3，水胶比1∶1～1∶1.1，注浆终压应小于0.4MPa，注完浆后用快硬性水泥砂浆封死管口。

5）防水施工

喷锚暗挖隧道的复合式衬砌，以结构自防水为根本，辅加防水层组成防水体系，以变形缝、施工缝、后浇带、穿墙洞、预埋件、桩头等接缝部位混凝土及防水层施工为防水控制的重点。

复合式衬砌防水层施工应优先选用射钉铺设，结构组成如图4-36所示。

防水层施工时喷射混凝土表面应平顺，不得留有锚杆头或钢筋断头，表面漏水应及时引排，防水层接头应擦净。防水层可在拱部和边墙按环状铺设，开挖和衬砌作业不得损坏防水层，铺设防水层地段距开挖面不应小于爆破安全距离，防水层纵横向铺设长度应根据开挖方法和设计断面确定。

衬砌施工缝和沉降缝的止水带不得有割伤、破裂，固定应牢固，防止偏移，提高止水带部位混凝土浇筑的质量。

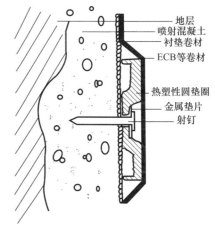

图4-36　复合式衬砌防水层
结构示意图

6）二衬混凝土施工

二衬采用补偿收缩混凝土，具有良好的抗裂性能，主体结构防水混凝土在工程结构中不但承担防水作用，还要和钢筋一起承担结构受力作用。

二衬混凝土浇筑应采用组合钢模板体系和模板台车两种模板体系。对模板及支撑结构进行验算，以保证其具有足够的强度、刚度和稳定性，防止发生变形和下沉。模板接缝要拼贴平密，避免漏浆。

混凝土浇筑采用泵送模注，两侧边墙采用插入式振捣器振捣，底部采用附着式振动器振捣。混凝土浇筑应连续进行，两侧对称，水平浇筑，不得出现水平和倾斜接缝；如混凝土浇筑因故中断，则必须采取措施对两次浇筑混凝土界面进行处理，以满足防水要求。

4. 盾构法隧道施工

（1）盾构类型

盾构机的种类繁多，按开挖面是否封闭划分有密闭式和敞开式两种；按平衡开挖面的土压与水压的原理不同，密闭式盾构机分为土压式（常用泥土压式）和泥水式两种。国内用于地铁或城市管道工程的盾构主要是土压式和泥水式两种。

（2）密闭式盾构施工步骤

1）在隧道的起始端和终止端各建一个工作井（城市地铁一般利用车站的端头）作为始发或接受工作井；

2）盾构在始发工作井内安装就位；

3）依靠盾构千斤顶推力（作用在工作井后壁或新拼装好的衬砌上）将盾构从起始工作井的墙壁开孔处推出；

4）盾构在地层中沿着设计轴线推进，在推进的同时不断出土（泥）和安装衬砌管片；

5）及时向衬砌背后的空隙注浆，防止地层移动和固定衬砌环位置；

6）盾构进入接收工作井并被拆除，如施工需要，也可穿越工作井再向前推进。

（3）盾构工作井施工

工作井主要用于盾构机的拼装和拆卸，井壁上设有盾构出洞口，井内设有盾构基座和盾构推进的后座，其平面尺寸应根据盾构装拆的施工要求来确定。井的宽度一般比盾构直径大 1.6～2.0m，以满足操作的空间要求。井口长度，除了满足盾构内安装设备的要求外，还要考虑盾构推进出洞时，拆除洞门封板和在盾构后面设置后座，以及垂直运输所需的空间。

（4）盾构始发与接收施工

1）洞口土体加固

盾构从始发工作井进入地层前，首先应拆除盾构掘进开挖洞体范围内的工作井围护结构，以便将盾构推入土层开始掘进；盾构到达接收工作井前，亦应先拆除盾构掘进开挖洞体范围内的工作井围护结构，以便隧道贯通、盾构进入接收工作井。由于拆除洞口围护结构会导致洞口土体失稳、地下水涌入、且盾构进入始发洞口开始掘进的一段距离内或到达接收洞口前的一段距离内难以建立起土压（土压平衡盾构）或泥水压（泥水平衡盾构）以平衡开挖面的土压和水压，因此拆除洞口围护结构前必须对洞口土体进行加固。常用加固方法主要有：注浆法、高压喷射搅拌法和冻结法。

2）盾构始发施工

盾构始发是指盾构自始发工作井内盾构基座上开始推进到完成初始段（通常 50～100m）掘进止，亦可划分为：洞口土体加固段掘进、初始掘进两个阶段。

① 洞口土体加固段掘进

由于拼装最后一环临时管片（负一环，封闭环）前，盾构上部千斤顶一般不能使用（最后一环临时管片拼装前安装的临时管片通常为开口环），因此从盾构进入土层到通过土体加固段前，要慢速掘进，以便减小千斤顶推力，使盾构方向容易控制；盾构到达洞口土体加固区间的中间部位时，逐渐提高土压仓（泥水仓）设定压力，出加固段达到预定的设定值。

盾构基座、反力架与管片上部轴向支撑的制作与安装要具备足够的刚度，保证负载后变形量满足盾构掘进方向要求。

通常盾构机盾尾进入洞口后，拼装整环临时管片（负一环），并在开口部安装上部轴向支撑，使随后盾构掘进时全部盾构千斤顶都可使用。

盾构机盾尾进入洞口后，将洞口密封与封闭环管片贴紧，以防止泥水与注浆浆液从洞门泄漏。

② 初始掘进

初始掘进阶段是盾构法隧道施工的重要阶段，其主要任务：收集盾构掘进数据（推力、刀盘扭矩等）及地层变形量测量数据，判断土压（泥水压）、注浆量、注浆压力等设定值是否适当，并通过测量盾构与衬砌的位置，及早把握盾构掘进方向控制特性，为正常掘进控制提供依据。

3）盾构接收施工

盾构接收是指自掘进距接收工作井一定距离（通常 100m 左右）到盾构机落到接收工作井内接收基座上止。

当盾构正常掘进至离接收工作井一定距离（通常 50～100m）时，盾构进入到达掘进阶段。到达掘进是正常掘进的延续，是保证盾构准确贯通、安全到达的必要阶段。

进入接收井洞口加固段后，逐渐降低土压（泥水压）设定值至 0MPa，降低掘进速度，适时停止加泥、加泡沫（土压式盾构）、停止送泥与排泥（泥水式盾构）、停止注浆，并加强工作井周围地层变形观测。

盾构暂停掘进，准确测量盾构机坐标位置与姿态，确认与隧道设计中心线的偏差值。根据测量结果制订到达掘进方案。

拼装完最后一环管片，千斤顶不要立即回收，及时将洞口段数环管片纵向临时拉紧成整体，拧紧所有管片连接螺栓，防止盾构机与衬砌管片脱离时衬砌纵向应力释放。

4）盾构掘进

盾构掘进过程中，施工控制内容见表 4-26。

密闭式盾构掘进控制内容构成　　　　　　　　表 4-26

控制要素		内　容	
开挖	泥水式	开挖面稳定	泥水压、泥浆性能
		排土量	排土量
	土压式	开挖面稳定	土压、塑流化改良
		排土量	排土量
		盾构参数	总推力、推进速度、刀盘扭矩、千斤顶压力等
线形		盾构姿态、位置	倾角、方向、旋转
			铰接角度、超挖量、蛇行量
注浆		注浆状况	注浆量、注浆压力
		注浆材料	稠度、泌水、凝胶时间、强度、配比
一次衬砌		管片拼装	椭圆度、螺栓紧固扭矩
		防水	漏水、密封条压缩量、裂缝
		隧道中心位置	蛇行量、直角度

（5）管片拼装

盾构推进结束后，应迅速拼装管片成环。除特殊场合外，大都采取错缝拼装。在纠偏或急曲线施工的情况下，有时采用通缝拼装。

拼装一般从下部的标准（A 形）管片开始，依次左右两侧交替安装标准管片，然后拼装邻接（B 形）管片，最后安装楔形（K 形）管片。楔形管片安装在邻接管片之间，为了不发生管片损伤、密封条剥离，必须充分注意正确地插入楔形管片。

先紧固环向（管片之间）连接螺栓，后紧固轴向（环与环之间）连接螺栓。采用扭矩扳手紧固，紧固力取决于螺栓的直径与强度。一环管片拼装后，利用全部盾构千斤顶均匀施加压力，充分紧固轴向连接螺栓。盾构继续掘进后，在盾构千斤顶推力、脱出盾尾后土（水）压力的作用下衬砌产生变形，拼装时紧固的连接螺栓会松弛。为此，待推进到千斤顶推力影响不到的位置后，用扭矩扳手等，再一次紧固连接螺栓。

拼装管片时，各管片连接面要拼接整齐，连接螺栓要充分紧固。施工中对每环管片的盾尾间隙认真检测，并对隧道线形与盾构方向严格控制。盾构纠偏应及时连续，过大的偏斜量不能采取一次纠偏的方法，纠偏时不得损坏管片，并保证后一环管片的顺利拼装。

（6）注浆要求与控制方式

注浆是向管片与围岩之间的空隙注入填充浆液，向管片外压浆的工艺，应根据所建工程对隧道变形及地层沉降的控制要求选择同步注浆或壁后注浆，一次压浆或多次压浆。

管片拼装完成后，随着盾构的推进，管片与洞体之间出现空隙。如不及时充填，地层应力得以释放，而产生变形。其结果发生地面沉降、邻近建（构）筑物沉降、变形或破坏等。注浆的主要目的就是防止地层变形、及早安定管片环和形成有效的防水层。

一次注浆分为同步注浆、即时注浆和后方注浆三种方式。

同步注浆是在空隙出现的同时进行注浆、填充空隙的方式，分为从设在盾构的注浆管注入和从管片注浆孔注入两种方式。前者，其注浆管安装在盾构外侧，存在影响盾构姿态控制的可能性，每次注入若不充分洗净注浆管，则可能发生阻塞，但能实现真正意义的同步注浆。后者，管片从盾尾脱出后才能注浆。即时注浆是一环掘进结束后从管片注浆孔注入的方式。后方注浆是掘进数环后从管片注浆孔注入的方式。

二次注浆是以弥补一次注浆缺陷为目的进行的注浆。

注浆控制分为压力控制与注浆量控制两种。压力控制是保持设定压力不变，注浆量变化的方法。注浆量控制是注浆量一定，压力变化的方法。一般应同时进行压力和注浆量控制。

（六）构筑物（场站）工程施工技术

1. 沉井施工

（1）适用条件

沉井施工技术，适用于含水、软土地层条件下地下或地下泵站及水池构筑物施工。施工流程是：先在地面制作成上、下开口钢筋混凝土井状结构，然后在沉井内挖土，借助结构自重下沉到设计标高后封底，构筑井内底板、梁、板、隔墙、盖板等构件，最终形成地下结构物。

（2）沉井形式

沉井按横截面形状可分为圆形、矩形沉井。矩形沉井可分为单孔、单排孔和多排孔。沉井按竖向剖面形状可分为柱形、阶梯形沉井。柱形沉井上、下井壁厚度是相同的，适合于建筑物中建造深度不大的沉井。阶梯形沉井井壁平面尺寸随深度呈台阶形加大，做成变截面。越接近地面，作用在井壁上的水土压力越小，井壁逐步减薄形成多阶梯形。

（3）沉井结构与组成

沉井一般由井壁（侧壁）、刃脚、凹槽、底梁等组成。

井壁：沉井井壁不仅要有足够的强度承受施工荷载，而且还要有一定的重量，以便满足沉井下沉的要求。因此，井壁厚度主要取决于沉井大小、下沉速度、土层的物理力学性质以及沉井能在足够的自重下顺利下沉的条件来确定。井壁厚度一般为 0.4～1.2m 左右。井壁的竖向断面形状有上下等厚的直墙形井壁、阶梯井壁。

刃脚：井壁最下端一般都做成刀刃状的"刃脚"，其主要功用是减少下沉阻力。刃脚还应具有一定的强度，以免在下沉过程中损坏。刃脚的式样根据沉井时所穿越土层的软硬程度和刃脚单位长度上的反力大小来决定。刃脚底的水平面称为踏面，踏面宽度一般不大于 50mm，斜面高度视井壁厚度而定，刃脚内侧的倾角一般为 40°～60°。当沉井湿封底时，刃脚的高度取 1.5m 左右，干封底时，取 0.6m 左右。

底梁：在大型沉井中，可在沉井底部增设底梁构成框架，以增加沉井的整体刚度。

凹槽：主要作用是在沉井封底时，使封底底板与井壁更好连接，防止渗水。

（4）沉井制作地基与垫层施工

制作沉井的地基应具有足够的承载力，地基承载力不能满足沉井制作阶段的荷载时，应按设计进行地基加固。刃脚的垫层采用砂垫层上铺垫木或素混凝土，且应满足下列要求：

① 垫层的结构厚度和宽度应根据土体地基承载力、沉井下沉结构高度和结构形式，经计算确定；素混凝土垫层的厚度还应便于沉井下沉前凿除；

② 砂垫层分布在刃脚中心线的两侧范围，应考虑方便抽除垫木；砂垫层宜采用中粗砂，并应分层铺设、分层夯实；

③ 垫木铺设应使刃脚底面在同一水平面上，并符合设计起沉标高的要求；平面布置要均匀对称，每根垫木的长度中心应与刃脚底面中心线重合，定位垫木的布置应使沉井有对称的着力点；

采用素混凝土垫层时，其强度等级应符合设计要求，表面平整。

沉井刃脚采用砖模时，其底模和斜面部分可采用砂浆、砖砌筑；每隔适当距离砌成垂直缝。砖模表面可采用水泥砂浆抹面，并应涂一层隔离剂。

（5）沉井预制

结构的钢筋、模板、混凝土工程施工应符合钢筋混凝土结构规范和设计要求；混凝土应对称、均匀、水平连续分层浇筑，并应防止沉井偏斜。

分节制作沉井时，分节制作、分次下沉的沉井，前次下沉后进行后续接高施工。每节制作高度应符合施工方案要求，且第一节制作高度必须高于刃脚部分；井内设有底梁或支撑梁时应与刃脚部分整体浇捣。

设计无要求时，混凝土强度应达到设计强度等级 75% 后，方可拆除模板或浇筑后节混凝土。

混凝土施工缝处理应采用凹凸缝或设置钢板止水带，施工缝应凿毛并清理干净；内外模板采用对拉螺栓固定时，其对拉螺栓的中间应设置防渗止水片；钢筋密集部位和预留孔底部应辅以人工振捣，保证结构密实。

沉井每次接高时各部位的轴线位置应一致、重合，及时做好沉降和位移监测；必要时应对刃脚地基承载力进行验算，并采取相应措施确保地基及结构的稳定。

（6）下沉施工

由于市政工程沉井下沉由于沉井深度较浅，沉井一般采用三种方法：人工或风动工具挖土法、抓斗挖土法、水枪冲土法。各种下沉方法，可根据具体情况单独或联合使用，以便适合各种土层下沉，其各种方法的使用条件和优缺点见表 4-27。

下沉方法的优、缺点　　　　　　　　　　　　　　　表 4-27

下沉方法		适用条件	优　点	缺　点
不排水下沉	抓斗挖土法	流硫层、黏土质砂土、砂质黏土层及胶结松散的砾、卵石层	设备简单、耗电量小、将下沉与排渣两道工序合一、系统简化、能抓取大块卵石	随着沉井深度的加大，效率逐渐降低；不能抓取硬土层和刃脚斜面下土层；双绳抓斗缠绳不易处理，应使用单绳抓斗
	水枪冲土法	流沙层、黏土质砂土	设备简单、在流硫层及黏土层下沉效果较高	耗电量大；沉井较深时，不易控制水枪在工作面的准确部位，破硬土效率较低
排水下沉	人工或风动工具挖土法	涌水量不超过 30m³/h 时，流硫层厚度不超过 1.0m 左右	设备简单；电耗较小；成本低；破土均匀	体力劳动强度大；壁后泥浆和砂有流入井筒的危险

① 排水下沉

挖土应分层、均匀、对称进行；对于有底梁或支撑梁沉井，其相邻格仓高差不宜超过 0.5m；开挖顺序应根据地质条件、下沉阶段、下沉情况综合运用和灵活掌握，严禁超挖。应采取措施，确保下沉和降低地下水过程中不危及周围建（构）筑物、道路或地下管线，并保证下沉过程和终沉时的坑底稳定。

下沉过程中应进行连续排水，保证沉井范围内地层水疏干。用抓斗取土时，井内严禁站人，严禁在底梁以下任意穿越。

② 不排水下沉

沉井内水位应符合施工设计控制水位；下沉有困难时，应根据内外水位、井底开挖几何形状、下沉量及速率、地表沉降等监测资料综合分析调整井内外的水位差。

机械设备的配备应满足沉井下沉以及水中开挖、出土等要求，运行正常；废弃土方、泥浆应专门处置，不得随意排放。

水中开挖、出土方式应根据井内水深、周围环境控制要求等因素选择。

③ 沉井下沉控制

下沉应平稳、均衡、缓慢，发生偏斜应通过调整开挖顺序和方式"随挖随纠、动中纠偏"。应按施工方案规定的顺序和方式开挖。沉井下沉影响范围内的地面四周不得堆放任何东西，车辆来往要减少振动。沉井下沉监控测量应符合施工方案要求。

④ 辅助法下沉

沉井外壁采用阶梯形时，可减少下沉摩擦阻力，在井外壁与土体之间应有专人随时用黄砂均匀灌入，四周灌入黄砂的高差不应超过 500mm。

采用触变泥浆套助沉时，应采用自流渗入、管路强制压注补给等方法；触变泥浆的性能应满足施工要求，泥浆补给应及时以保证泥浆液面高度；施工中应采取措施防止泥浆套损坏失效，下沉到位后应进行泥浆置换。

采用空气幕助沉时，管路和喷气孔、压气设备及系统装置的设置应满足施工要求；开气应自上而下，停气应缓慢减压，压气与挖土应交替作业；确保施工安全。

（7）沉井封底

① 干封底

干封底保持施工降水并稳定地下水位距坑底不小于 0.5m；在沉井封底前应用大石块将刃脚下垫实。封底前应整理好坑底和清除浮泥，对超挖部分应回填砂石至规定标高。因此，干封底又称排水法封底，如图 4-37 所示。

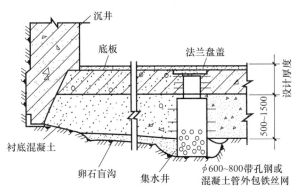

图 4-37　排水封底

采用全断面封底时，混凝土垫层应一次性连续浇筑；有底梁或支撑梁分格封底时，应对称逐格浇筑。

钢筋混凝土底板施工前，井内应无渗漏水，且新、老混凝土接触部位凿毛处理，并清理干净。

封底前应设置集水井，底板混凝土强度达到设计强度等级且满足抗浮要求时，方可封填集水井、停止降水。

② 水下封底

基底的浮泥、沉积物和风化岩块等应清除干净；软土地基应铺设碎石或卵石垫层。

混凝土凿毛部位应洗刷干净。浇筑混凝土的导管加工、设置应满足施工要求。浇筑前，每根导管应有足够的混凝土量，浇筑时能一次将导管底埋住。

水下混凝土封底的浇筑顺序，应从低处开始，逐渐向周围扩大；井内有隔墙、底梁或混凝土供应量受到限制时，应分格对称浇筑。每根导管的混凝土应连续浇筑，且导管埋入混凝土的深度不宜小于 1.0m；各导管间混凝土浇筑面的平均上升速度不应小于 0.25m/h；相邻导管间混凝土上升速度宜相近，最终浇筑成的混凝土面应略高于设计高程。

水下封底混凝土强度达到设计强度等级，沉井能满足抗浮要求时，方可将井内水抽除，并凿除表面松散混凝土进行钢筋混凝土底板施工。

2. 现浇（预应力）钢筋混凝土水池施工

（1）施工流程

1）整体式现浇钢筋混凝土池体结构施工流程

测量定位→土方开挖及地基处理→垫层施工→防水施工→底板浇筑→池壁及柱浇筑→

顶板浇筑→功能性试验

2）单元组合式现浇钢筋混凝土水池工艺流程

土方开挖及地基处理→中心支柱浇筑→池底防渗层施工→浇筑池底混凝土垫层→池内防水层施工→池壁分块浇筑→底板分块浇筑→底板嵌缝→池壁防水层施工→功能性试验

（2）模板、支架施工

模板、支架应按专项施工方案组织实施。模板安装位置正确、拼缝紧密不漏浆；对拉螺栓、垫块等安装稳固；模板上的预埋件、预留孔洞不得遗漏，且安装牢固；在安装池壁的最下一层模板时，应在适当位置预留清扫杂物用的窗口。在浇筑混凝土前，应将模板内部清扫干净，经检验合格后，再将窗口封闭。

采用穿墙螺栓来平衡混凝土浇筑对模板侧压力时，应选用两端能拆卸的螺栓或在拆模板时可拔出的螺栓；池壁模板施工时，应设置确保墙体直顺和防止浇筑混凝土时模板倾覆的装置。固定在模板上的预埋管、预埋件的安装必须牢固，位置准确。安装前应清除铁锈和油污，安装后应做标志。

池壁与顶板连续施工时，池壁内模立柱不得同时作为顶板模板立柱。顶板支架的斜杆或横向连杆不得与池壁模板的杆件相连接。池壁模板可先安装一侧，绑完钢筋后，分层安装另一侧模板，或采用一次安装到顶而分层预留操作窗口的施工方法。

对跨度不小于4m的现浇钢筋混凝土梁、板，其模板应按设计要求起拱；设计无具体要求时，起拱高度宜为跨度的$1/1000\sim3/1000$。

（3）止水带安装

塑料或橡胶止水带的形状、尺寸及其材质的物理性能，应符合设计要求，且无裂纹，无气泡。塑料或橡胶止水带接头应采用热接，不得采用叠接；接缝应平整牢固，不得有裂口、脱胶现象；T字接头、十字接头和Y字接头，应在工厂加工成型。

金属止水带应平整、尺寸准确，其表面的铁锈、油污应清除干净，不得有砂眼、钉孔。金属止水带接头应按其厚度分别采用折叠咬接或搭接；搭接长度不得小于20mm，咬接或搭接必须采用双面焊接。金属止水带在伸缩缝中的部分应涂防锈和防腐涂料。

止水带安装应牢固，位置准确，其中心线应与变形缝中心线对正，带面不得有裂纹、孔洞等。不得在止水带上穿孔或用铁钉固定就位。

（4）钢筋施工

加工前对进场原材料进行复试，合格后方可使用。根据设计保护层厚度、钢筋级别、直径和弯钩要求确定下料长度并编制钢筋下料表。钢筋连接的方式：根据钢筋直径、钢材、现场条件确定钢筋连接的方式。主要采取绑扎、焊接、机械连接方式。钢筋安装质量检验应在混凝土浇筑之前对安装完毕的钢筋进行隐蔽验收。

（5）无粘结预应力施工

无粘结预应力筋外包层材料，应采用聚乙烯或聚丙烯，严禁使用聚氯乙烯。预应力筋涂料层应采用专用防腐油脂。必须采用Ⅰ类锚具，锚具规格应根据无粘结预应力筋的品种、张拉吨位以及工程使用情况选用。

无粘结预应力筋锚固肋数量和布置，应符合设计要求；应保证张拉段无粘结预应力筋长不超过50m，且锚固肋数量为双数。

安装时，上下相邻两无粘结预应力筋锚固位置应错开一个锚固肋；以锚固肋数量的一半为无粘结预应力筋分段（张拉段）数量；每段无粘结预应力筋的计算长度应考虑加入一个锚固肋宽度及两端张拉工作长度和锚具长度；无粘结预应力筋不应有死弯，有死弯时必须切断；无粘结预应力筋中严禁有接头，应在浇筑混凝土前安装、放置；浇筑混凝土时，严禁踏压撞碰无粘结预应力筋、支撑架以及端部预埋件；张拉段无粘结预应力筋长度小于25m时，宜采用一端张拉；张拉段无粘结预应力筋长度大于25m而小于50m时，宜采用两端张拉；张拉段无粘结预应力筋长度大于50m时，宜采用分段张拉和锚固；安装张拉设备时，对直线的无粘结预应力筋，应使张拉力的作用线与预应力筋中心重合；对曲线的无粘结预应力筋，应使张拉力的作用线与预应力筋中心线末端重合。

凸出式锚固端锚具的保护层厚度不应小于50mm；外露预应力筋的保护层厚度不应小于50mm；封锚混凝土强度等级不得低于相应结构混凝土强度等级，且不得低于C40。

（6）混凝土施工

钢筋（预应力）混凝土水池（构筑物）是给水排水厂站工程施工控制的重点。对于结构混凝土外观质量、内在质量有较高的要求，设计上有抗冻、抗渗、抗裂要求。对此，混凝土施工必须从原材料、配合比、混凝土供应、浇筑、养护各环节加以控制，以确保实现设计的使用功能。

混凝土浇筑后应加遮盖洒水养护，保持湿润并不应少于14d。洒水养护至达到规范规定的强度。

（7）模板及支架拆除

用整体模板时，侧模板应在混凝土强度能保证其表面及棱角不因拆除模板而受损坏时，方可拆除；底模板应在与结构同条件养护的混凝土试块达到表4-28规定强度，方可拆除。模板及支架拆除时，应划定安全范围，设专人指挥和值守。

整体现浇混凝土底模板拆模时所需混凝土强度　　　　　　　　表4-28

序　号	构件类型	构件跨度 L（m）	达到设计的混凝土立方体抗压强度标准值的百分率（%）
1	板	≤2	≥50
		2<L≤8	≥75
		>8	≥100
2	梁、拱、壳	≤8	≥75
		>8	≥100
3	悬臂构件	—	≥100

3. 装配式预应力混凝土水池施工

（1）预制构件吊运安装

安装前应经复验合格；有裂缝的构件，应进行鉴定。预制柱、梁及壁板等构件应标注中心线，并在杯槽、杯口上标出中心线。预制壁板安装前应将不同类别的壁板按预定位置顺序编号。壁板两侧面宜凿毛，应将浮渣、松动的混凝土等冲洗干净，并应将杯口内杂物清理干净，界面处理满足安装要求。

预制构件应按设计位置起吊，曲梁宜采用三点吊装。吊绳与预制构件平面的交角不应小于 45°；当小于 45°时，应进行强度验算。预制构件安装就位后，应采取临时固定措施。曲梁应在梁的跨中临时支撑，待上部二期混凝土达到设计强度的 70% 及以上时，方可拆除支撑。安装的构件，必须在轴线位置及高程进行校正后焊接或浇筑接头混凝土。

预制混凝土壁板（构件）安装位置应准确、牢固、不应出现扭曲、损坏、明显错台等现象。池壁板安装应垂直、稳固，相邻板湿接缝及杯口填充部位混凝土应密实。池壁顶面高程和平整度应满足设备安装及运行的精度要求。

（2）现浇壁板缝混凝土

预制安装水池满水试验能否合格，除底板混凝土施工质量和预制混凝土壁板质量满足抗渗标准外，现浇壁板缝混凝土也是池壁防渗漏的关键；必须控制其施工质量。具体操作要点如下：

1）壁板接缝的内模宜一次安装到顶；外模应分段随浇随支。分段支模高度不宜超过 1.5m；

2）浇筑前，接缝的壁板表面应洒水保持湿润，模内应洁净；接缝的混凝土强度应符合设计规定，设计无要求时，应比壁板混凝土强度提高一级；

3）浇筑时间应根据气温和混凝土温度选在壁板间缝宽较大时进行；混凝土如有离析现象，应进行二次拌合；混凝土分层浇筑厚度不宜超过 250mm，并应采用机械振捣，配合人工捣固；

4）用于接头或拼缝的混凝土或砂浆，宜采取微膨胀和快速水泥，在浇筑过程中应振捣密实并采取必要的养护措施。

（3）池壁预应力施工

1）绕丝预应力施工

缠丝施加预应力前，应先清除池壁外表面的混凝土浮粒、污物，壁板外侧接缝处宜采用水泥砂浆抹平压光，洒水养护；施加预应力前，应在池壁上标记预应力钢丝的位置和次序号。

预应力钢丝接头应密排绑扎牢固，其搭接长度不应小于 250mm；缠绕预应力钢丝，应由池壁顶向下进行，第一圈距池顶的距离应按设计要求或按缠丝机性能确定，并不宜大于 500mm；池壁两端不能用绕丝机缠绕的部位，应在顶端和底端附近局部加密或改用电热张拉。池壁缠丝前，在池壁周围，必须设置防护栏杆；已缠绕的钢丝，不得用尖硬或重物撞击；施加预应力时，每缠一盘钢丝应测定一次钢丝应力值，并应按规范作记录。

2）电热张拉施工

张拉前，应根据电工、热工等参数计算预应力筋伸长值，并应取一环作试张拉，进行参数确定；预应力筋的弹性模量应由试验验证。

张拉顺序可由池壁顶端开始，逐环向下。与锚固肋相交处的钢筋应有良好的绝缘处理；端杆螺栓接电源处应除锈，并保持接触紧密。通电前，钢筋应测定初应力，张拉端应刻划伸长标记；通电后，应进行机、具、设备、线路绝缘检查，测定电流、电压及通电时间；电热温度一般不应超过 350℃；在张拉过程中、应采用木锤连续敲打各段钢筋。伸长值控制允许偏差不得超过 ±6%；经电热达到规定的伸长值后，应立即进行锚固，锚固必须牢固可靠。

每一环预应力筋应对称张拉，并不得间断；张拉应一次完成；必须重复张拉时，同一根钢筋的重复次数不得超过 3 次，发生裂纹时，应更换预应力筋。

张拉过程中，发现钢筋伸长时间超过预计时间过多时，应立即停电检查；

预应力钢丝用绕丝机连续缠绕于池壁的外表面，预应力钢丝的端头用锲形锚具锚固在沿池壁四周特别的锚固槽内。

3）预应力束环向张拉施工

采用无粘接预应力钢绞线时，应设锚固肋或扶壁柱。

（4）喷射水泥砂浆（细石混凝土）保护层施工

喷射水泥砂浆（细石混凝土）保护层，应在水池满水试验后施工（以便于直观检查壁板及板缝有无渗漏，也方便处理），而且必须在水池满水状况下施工。

砂浆（细石混凝土）配合比应符合设计要求，所用砂子最大粒径不大于 5mm，细度模量 2.3～3.7。

正式喷射作业前应先作试喷，对水压及水胶比调试，以保证护层施工质量。

喷射机罐内压力宜为 0.5（0.4）MPa，输送干拌料管径不宜小于 25mm，管长适度（不宜小于 10m）。输水管压力要稳定，喷射时谨慎控制供水量。喷射距离以砂子回弹量少为宜，斜面喷射角度不宜大于 15°。喷射应从水池上端往下进行，用连环式喷射不能停滞一点上喷射，并随时控制喷射均匀平整，厚度满足设计要求。

一般条件下，喷射保护层厚 50mm，喷射作业宜在气温高于 15℃ 时施工。在喷射保护层凝结后，应加遮盖、保持湿润不应小于 14d。

4. 构筑物满水试验

（1）构筑物满水试验程序

试验准备→水池注水→水池内水位观测→蒸发量测定→有关资料整理。

（2）构筑物满水试验要求

① 注水

向池内注水分 3 次进行，每次注入为设计水深的 1/3。注水水位上升速度不超过 2m/24h，相邻两次充水的间隔时间，应不少于 24h。每次注水后宜测读 24h 的水位下降值。

② 外观观测

对大中型水池，可充水至池壁底部的施工缝以上，检查底板的抗渗质量，当无明显渗漏时，再继续充水至第一次充水深度。在充水过程中和注水以后，应对池外观、沉降量进行检查，渗水量或沉降量过大时应停止充水，待作出妥善处理后方可继续注水。

③ 水位观测

池内水位注水至设计水位 24h 以后，开始测读水位测针的初读数。测读水位的末读数与初读数的时间间隔应不小于 24h。水位测针的读数精度应达到 0.1mm。测定时间必须连续。测定的渗水量符合标准时，须连续测定两次以上；测定的渗水量超过允许标准，而以后的渗水量逐渐减少时，可继续观测；延长观测的时间应在渗水量符合标准时止。

④ 蒸发量的测定

有盖水池的满水试验，对蒸发量可忽略不计。无盖水池的满水试验的蒸发量，可设现场蒸发水箱，蒸发箱可采用直径约为 500mm，高约 300mm 的敞口钢板水箱，水箱应做渗水检验，不得渗漏。水箱固定在水池中，充水深度可在200mm左右，并在水箱内设水位测针进行测定。测定水池中水位的同时，测定水箱中的水位。

（3）满水试验标准

水池构筑物满水试验，其允许渗水量按设计水位浸湿的池壁和池底总面积（m²）计算，钢筋混凝土水池不得超过 2L/(m²·d)，砖石砌体水池不得超过 3L/(m²·d)。

5. 气密性试验

（1）试验要求

需进行满水试验和气密性试验的池体，应在满水试验合格后，再进行气密性试验；工艺测温孔的加堵封闭、池顶盖板的封闭、安装测温仪、测压仪及充气截门等均已完成；所需的空气压缩机等设备已准备就绪。

（2）试验精确度

测气压的 U 形管刻度精确至 mm 水柱；测气温的温度计刻度精确至1℃；测量池外大气压力的大气压力计刻度精确至10Pa。

（3）测读气压

测读池内气压值的初读数与末读数之间的间隔时间应不少于 24h；每次测读池内气压的同时，测读池内气温和池外大气压力，并换算成同于池内气压的单位。

池内气压降按下式计算：

$$P = (P_{d1} + P_{a1}) - (P_{d2} + P_{a2}) \times \frac{273 + t_1}{273 + t_2}$$

式中　P——池内气压降（Pa）；

　　P_{d1}——池内气压初读数（Pa）；

　　P_{d2}——池内气压末读数（Pa）；

　　P_{a1}——测量 P_{d1} 时的相应大气压力（Pa）；

　　P_{a2}——测量 P_{d2} 时的相应大气压力（Pa）；

　　t_1——测量 P_{d1} 时的相应池内气温（0℃）；

　　t_2——测量 P_{d2} 时的相应池内气温（0℃）。

（4）气密性试验合格标准

试验压力宜为池体工作压力的 1.5 倍；24h 的气压降不超过试验压力的 20%。

（七）垃圾填埋施工技术

1. 泥质防水层施工

填埋场必须进行防渗处理，防止对地下水和地表水的污染，同时还应防止地下水进入填埋区。

泥质防水层施工技术的核心是掺加膨润土的拌合土层施工技术。理论上，土壤颗粒越细，含水量适当，密实度高，防渗性能越好。膨润土是一种以蒙脱石为主要矿物成分的黏土岩，膨润土含量越高抗渗性能越好。但膨润土是一种比较昂贵的矿物，且土壤如果过分加以筛选，会增大投资成本，因此实际做法是：选好土源，检测土壤成分，通过做不同掺量的土样，优选最佳配比；做好现场拌合工作，严格控制含水率，保证压实度；分层施工同步检验，严格执行验收标准，不符合要求的坚决返工。施工单位应根据上述内容安排施工程序和施工要点。

（1）施工程序

一般情况下，泥质防水层施工程序如图 4-38 所示：

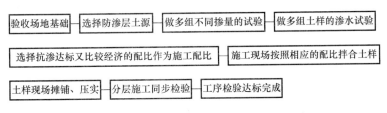

图 4-38　泥质防水层及膨润土垫的施工程序

（2）质量技术控制要点

1）施工人员技术培训和考核

选择专业施工队时应审查其所在施工单位的资质：营业执照、专业工程施工许可证、质量管理水平是否符合本工程的要求；从事本类工程的业绩和工作经验；合同履约情况是否良好，不合格者不能施工。

施工前对施工队作业人员进行技术培训和技能考核，合格者方可进行施工。

2）膨润土进货质量

应采用材料招标方法选择供货商，审核生产厂家的资质，核验产品出厂三证（产品合格证、产品说明书、产品试验报告单），进货时进行产品质量检验，组织产品质量复验或见证取样，确定合格后方可进场。进场后注意产品保护。通过严格控制，确保关键原材料合格。

3）膨润土掺加量的确定

应在施工现场内选择土壤，通过对多组配合土样的对比分析，优选出最佳配合比，达到既能保证施工质量，又可节约工程造价的目的。

4）拌合均匀度、含水量及碾压压实度

应在操作过程中确保掺加膨润土数量准确，拌合均匀，机拌不能少于 2 遍，含水量最大偏差不宜超过 2%，振动压路机碾压控制在 4～6 遍，碾压密实。

5）质量检验

应严格按照合同约定的检验频率和质量检验标准同步进行，检验项目包括压实度试验和渗水试验两项。

2. 土工合成材料膨润土垫（GCL）施工

（1）土工合成材料膨润土垫（GCL）特点

1）土工合成材料膨润土垫（GCL）是两层土工合成材料之间夹封膨润土粉末（或其他低渗透性材料），通过针刺、粘接或缝合而制成的一种复合材料，主要用于密封和防渗。

2）GCL 施工必须在平整的土地上进行；对铺设场地条件的要求比土工膜低。GCL 之间的连接以及 GCL 与结构物之间的连接都很简便，并且接缝处的密封性也容易得到保证。GCL 不能在有水的地面及下雨时施工，在施工完后要及时铺设其上层结构如 HDPE 膜等材料。大面积铺设采用搭接形式，不需要缝合，搭接缝应用膨润土防水浆封闭。对 GCL 出现破损之处可根据破损大小采用撒膨润土或者加铺 GCL 方法修补。

3）GCL 在坡面与地面拐角处防水垫应设置附加层，先铺设 500mm 宽沿拐角两面各 250mm 后，再铺大面积防水垫。坡面顶部应设置锚固沟，固定坡面防水垫的端部。对于有排水管穿越防水垫部位，应加设 GCL 防水垫附加层，管周围膨润土妥善封闭。每天防水垫操作后要逐缝、逐点位进行细致检验验收，如有缺陷立即修补。

（2）GCL 垫施工流程

GCL 垫施工主要包括 GCL 垫的摊铺、搭接宽度控制、搭接处两层 GCL 垫间撒膨润土等工序。施工工艺流程参见图 4-39。

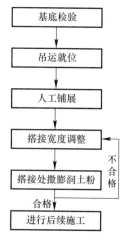

图 4-39 GCL 垫铺设
工艺流程图

（3）质量控制要点

1）填埋区基底检验合格后方可进行 GCL 垫铺设作业，每一工作面施工前均要对基底进行修整和检验。

2）对铺开的 GCL 垫进行调整，调整搭接宽度，控制在 250±50mm 范围内，拉平 GCL 垫，确保无褶皱、无悬空现象，与基础层贴实。

3）掀开搭接处上层 GCL 垫，在搭接处均匀撒膨润土粉，将两层垫间密封，然后将掀开的 GCL 垫铺回。

4）根据填埋区基底设计坡向，GCL 垫的搭接，尽量采用顺坡搭接，即采用上压下的搭接方式；注意避免出现十字搭接，而尽量采用品形分布。

5）GCL 垫需当日铺设当日覆盖，遇有雨雪天气停止施工，并将已铺设的 GCL 垫覆盖好。

3. 聚乙烯（HDPE）膜防渗层施工

高密度聚乙烯（HDPE）防渗膜具有防渗性好、化学稳定性好、机械强度较高、气候适应性强、使用寿命长、敷设及焊接施工方便的特点，已被广泛用作垃圾填埋场的防渗膜。HDPE 防渗膜施工技术要求简要介绍如下：

（1）施工基本要求

1）质量控制

高密度聚乙烯（HDPE）防渗膜施工是整个垃圾填埋场工程施工中关键的工序，整个工程的成败取决于防渗层的施工质量。采用 HDPE 膜防渗技术的核心是 HDPE 膜的施工质量。

HDPE 膜的施工质量的关键环节是 HDPE 膜的产品质量及焊接专业分包单位的资质和水平，包括使用机具的有效性、工序验收的严肃性和施工季节的合理性等。

2）施工程序

施工程序详见图 4-40。

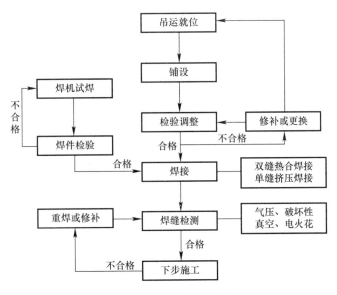

图 4-40　HDPE 膜施工程序

（2）施工控制要点

1）审查专业分包施工单位资质

应审查分包施工企业的资质：营业执照、特殊工种专业许可证施工范围、质量管理水平是否符合本工程的要求；该企业从事本类工程的业绩和工作经验；履约情况是否良好，不合格者不能施工。通过对企业的审核，保证由具备相应资质等级的企业进行施工。

2）施工人员的上岗资格

应审核操作人员的上岗证，确认其上岗资格，相关的技术管理人员（技术人员、专业试验检验人员）能否上岗到位，工人数量是否满足工期要求。通过验证使有资格的操作人员上岗，保证工期和操作质量。

3）HDPE 膜的进货质量

HDPE 膜的质量是工程质量的关键，应采用招标方式选择供货商，严格审核生产厂家的资质，审核产品三证（产品合格证、产品说明书、产品试验检验报告单）。特别要严格检验产品的外观质量和产品的均匀度、厚度、韧度和强度，进行产品复验和见证取样检验。确定合格后，方可进场，进场应注意产品的保护。通过严格控制，确保关键原材料合格，保证工程质量。

4）施工机具的有效性

应对进场使用的机具进行检查，包括审查须进行强制检验的机具是否在有效期内，机具种类是否齐全，数量是否满足工期需要。不合格的不能进场，种类和数量不齐的应在规定时间内补齐。

5）施工方案和技术交底

应审核施工方案的合理性、可行性，检查技术交底单内容是否齐全，交底工作是否在施工前落实。通过检查，以保证施工方法科学、可行。操作班组在作业前明确操作方法、步骤、工艺及检验标准。

6）施工场地及季节

应在施工前验收施工场地，达标后方可施工。HDPE膜不得在冬期施工。

（3）施工质量控制的有关规定

1）在垂直高差较大的边坡铺设土工膜时，应设锚固平台，平台高差应结合实际地形确定，不宜大于10m。边坡坡度宜小于1：2。

2）铺设HDPE土工膜应焊接牢固，达到强度和防渗漏要求，局部不应产生下沉现象。土工膜的焊（黏）接处应通过试验检验。

3）检验方法及质量标准符合合同要求及国家、地方有关技术规程的规定，并经过建设单位和监理单位的确认。

4）应认真执行现场检验程序和控制检验频率，不合格必须及时返工处理，并认真进行复检。

（八）园林绿化施工技术

1. 草坪建植

草坪建植的方法有籽播、喷播、植生带、铺植等。

（1）铺植草坪

1）密铺。应将选好的草坪切成300mm×300mm、250mm×300mm、200mm×200mm等不同草块，顺次平铺，草块下填土密实，块与块之间应留有20～30mm缝隙，再行填土，铺后及时滚压浇水。若草种为冷地型则可不留缝隙。

2）间铺。铺植方法应同密铺。用1m^{2}的草坪宜有规则地铺设2～3m^{2}面积。

3）点铺。应将草皮切成30mm×30mm，点种。用1m^{2}草坪宜点种2～5m^{2}面积。

4）茎铺。茎铺时间：暖地型草种以春末夏初为宜，冷地型草种以春秋为宜。撒铺方法：应选剪30～50mm长的枝茎，及时撒铺，撒铺后滚压并覆土10mm。

（2）建植草坪质量要求

1）草坪无虫害、无杂草、无枯黄，草坪的覆盖度应达到95%，集中空秃不得超过1m^2。

2）达到覆盖度95%所需的时间，满铺草坪应为一个月，其他方法建植的草坪应为3个月。

2. 花坛、花境建植

花坛是将同期开放的多种花卉，或不同颜色的同种花卉，根据一定的图案设计，栽种于特定规则式或自然式苗床内，使其发挥群体美的一种布置形式。花坛植物材料宜由一、二年生或多年生草本、球宿根花卉及低矮色叶花植物灌木组成。应选用花期一致、花朵显露、株高整齐、叶色和叶形协调，容易配置的品种。花坛花卉必须选择生物学特性符合当地条件者。

花境是在绿地中的路侧或在草坪、树林、建筑物等边缘配置花卉的一种布置形式，用来丰富绿地色彩。布置形式以带状自然式为主。花境用花宜以花期长、观赏效果佳的球（宿）根花卉和多年生草花及高度 40cm 以下的观花、观叶植物为主。

（1）植物质量要求

1）花坛植物质量应符合下列要求：

① 主干矮壮，分枝（分蘖）强健、株型整齐，抗病力强的一、二年生花卉。

② 规格统一，同一品种株高、花色、冠径、花期等无明显差异。

③ 花卉生长健壮，无明显病虫害，无枯黄叶，根系完好，无严重损伤。

④ 开花及时，盛花期符合设计时间要求。

⑤ 有效观赏期不少于各地规范规定天数。

⑥ 地栽花苗起掘应带宿土，用盛器运输，防止机械损伤，保持湿润状态。

2）花境植物质量应符合下列要求：

① 宿根花卉根系发育良好，每丛 3～4 个芽，选用常绿或绿色期长的品种，无明显病虫害或机械损伤。

② 根茎类多年花卉宜选用休眠不需每年挖掘地下部分作养护处理的种类。要求植株健壮、生长点多。

③ 球根花卉的种球大小基本一致，种球无明显病虫害。

④ 矮生木本植物应选用株型丰满、无明显病虫害的观花或观叶植物。木本植物宜经移栽或盆栽。

⑤ 一、二年生花卉质量要求同花坛用花。

（2）栽植

1）施工人员必须是经过专业技术培训的园林工人或具有相关知识与技能的人员。

2）应按设计要求对地形、坡度进行整理，做到表土平整、排水良好。

3）应按设计要求放样，根据花卉种类定好株行距，并按时种植。

4）种植穴稍大，使根系舒畅伸展。盆栽苗要除去花盆及垫片。栽植深度应保持花苗原栽植深度，严禁栽植过深。

5）栽后填土应充分压实，使穴面与地面相平或略凹。

6）栽后应用喷灌或者细眼喷头浇足水分，待水沉后再浇一次。结合浇水可施以腐熟的稀薄有机肥料，施后叶面要用清水喷淋。一、二年生草花第二天再一次浇透水，一周内加强水分管理。球根和木本花卉一般不需要再浇水，待土壤干时再浇。

7）大株的宿根花卉和木本花卉栽植时，应进行根部修剪，去除伤根、烂根、枯根。

（3）验收与备案

1）验收应在栽植过程中分段进行，分别为：定位放样、挖穴、换土、施肥、植株质量、修剪、栽植、筑堰、浇水。

2）植株成活率应达到各地规范规定的要求。

3）计算成活率和保存率时，应剔除由于不可抗拒因素造成的植株死亡。

4）竣工验收与备案程序应按当地有关规定执行。

3. 树木栽植

树木栽植成功与否，受各种因素的制约，如树木自身的质量及其移植期，生长环境的温度、光照、土壤、肥料、水分、病虫害等。

树木有深根性和浅根性两种。种植深根性的树木需有深厚的土壤，在栽植大乔木时比小乔木、灌木需要更厚的土壤。

(1) 树木栽植季节选择

应根据树木的习性和当地的气候条件，选择适宜的种植时期。

1) 春季移植

我国北方地区适宜春季植树，春季是树木休眠期，蒸腾量小，栽后容易达到地上、地下部分的生理平衡。此外春季也是树木的生长期，树体内贮藏营养物质丰富，生理机制开始活跃，有利于根系再生和植株生长。春季移植适期较短，应根据苗木发芽的早晚，合理安排移植顺序。落叶树早移，常绿树后移。

2) 秋季移植

在树木地上部分生长缓慢或停止生长后进行。北方冬季寒冷的地区，秋季移植植物均需要带土球栽植。

3) 雨季移植

南方在梅雨初期，北方在雨季刚开始时，适宜移植常绿树及萌芽力较强的树种。

4) 非适宜季节移植

不能在适宜季节移植时，可按照不同类别树种采取不同措施。

常绿树种起苗时应带较正常情况大的土球，通常土球大小是苗木胸径的 8~10 倍，对树冠进行疏剪、摘叶，做到随掘、随运、随栽，及时灌水，叶面经常喷水，晴热天气应遮阴。冬季应防风防寒，尤其是新栽植的常绿乔木，如雪松、油松、马尾松、大叶黄杨等。

落叶乔木采取以下技术措施：提前疏枝、环状断根、在适宜季节起苗用容器假植、摘去部分叶片等。另外，夏季可搭棚遮阴、树冠喷雾、树干保湿，也可采用现代科技手段，喷施抗蒸腾剂，树干注射营养液等措施，保持空气湿润；冬季应防风防寒。

(2) 树木栽植施工要点

1) 定点放线

施工定点放线要以设计提供的标准点或固定建筑物、构筑物为依据。定点放线应符合设计图纸要求，位置要准确，标记要明显。定点放线后应有设计或有关人员验点，合格后方可施工。

规则式种植，树穴位置必须排列整齐，横平竖直。行道树定点，行位必须准确，大约每 50m 钉一控制木桩，木桩位置应在株距之间。树位中心可用镐刨坑后放白灰。

孤立树定点时，应用木桩标志于树穴的中心位置上，木桩上写明树种和树穴的规格。绿篱和色带、色块，应在沟槽边线处用白灰线标明。

2) 挖种植穴、槽

挖种植穴、槽的位置应准确，严格以定点放线的标记为依据。穴、槽的规格应视土质情况和树木根系大小而定。一般要求树穴直径应较根系和土球直径加大 150~200mm，深度加 100~150mm。树槽宽度应在土球外两侧各加 100mm，深度加 150~200mm。如遇土质不好，需进行客土或采取施肥措施的应适当加大穴槽规格。

挖种植穴、槽应垂直下挖，穴槽壁要平滑，上下口径大小要一致，以免树木根系不能舒展或填土不实。底部应留一土堆或一层活土，挖出的表土和底土、好土、坏土分别置放。在新填土方地区挖树穴、槽，应将底部踏实。

3）栽植修剪

运输和栽植前树木都应进行修剪处理，以保持伤根后的根部吸收水分与枝叶蒸腾的平衡，从而提高成活率。在保持树冠整体形态的前提下，应根据情况，对不同部分进行轻重结合修剪，才能达到上述目的。

① 根系修剪：对已劈裂、严重磨损和生长不正常的偏根及过长根进行修剪。

② 灌木地上部分修剪：对灌木类修剪可较重，尤其是丛木类；做到中高外低，内疏外密。

③ 乔木地上部分修剪：对干性强又必须保留中干优势的树种，采用削枝保干的修剪法。应对主导枝截于饱满芽处，可适当长留，要控制竞争枝；对主枝适当重截饱满芽处（剪短 1/3～1/2）；对其他侧生枝条可重截（剪短 1/2～2/3）或疏除。对无中干的树种，按上述类似办法，以保持数个主枝优势为主，适当保留二级枝，重截或疏去小侧枝。对萌芽率强的可重截，反之宜轻截。

对行道树的修剪还应注意分枝点，应保持在 2.5m 以上，相邻树的分枝点要相近。较高的树冠应于种植前进行修剪；低矮树可栽后修剪。

在秋季挖掘落叶树木时，必须摘掉尚未脱落的树叶，但不得伤害幼芽。带土球苗可轻剪，其中常绿树可用疏枝、剪半叶或疏去部分叶片的办法来减少蒸腾；对其中具潜伏芽的，也可适当短截；对无潜伏芽的（如某些松树），只能用疏枝、叶的办法。

4）栽植

种植穴挖好之后，一般即可开始种树。但若种植土太瘦瘠，就要先在穴底垫一层基肥。基肥一定要用经过充分腐熟的有机肥，如堆肥、厩肥等。基肥层以上应当铺一层壤土，厚 50mm 以上。

定植时，应先将苗木的土丘或根苑放入种植穴内，使其居中，然后将树干扶起，使其保持垂直（如果树干有弯曲，其弯向应朝当地风方向）；分层回填种植土，填土后将树根稍向上提一提，使根群舒展开，每填一层土就用锄把将土压紧实，直到填满穴坑，并使土面能够盖住树木的根茎部位。将余土绕根茎一周进行培土，做成环形的拦水围堰，其直径应略大于种植穴的直径。堰土要拍压紧实，不能松散。围堰筑完后，将捆拢树冠的草绳解开取下，使枝条舒展。

栽植深度，裸根乔木，应较原根茎土痕深 50～100mm；灌木应与原土痕齐；带土球苗木比土球顶部深 20～30mm。

行列式植树必须保持横平竖直，左右相差最多不超过树干一半。因此，种植时应事先栽好"标杆树"。方法是：每隔 20 株左右，用皮尺量好位置，先栽好一株，然后以这些标杆树为瞄准依据，全面开展栽植工作。

5）树木定植后

树木定植后 24h 内必须浇上第一遍水（头水、压水），水要浇透。头水浇完后和次日，应检查树苗是否有倒、歪现象，发现后应及时扶直，并用细土将堰内缝隙填严，将苗木固定好。

常规做法为定植后必须连续灌水 3 次，之后视情况适时灌水。浇三水之间，都应中耕一次，用小锄或铁耙等工具，将堰内的土表锄松。浇第 3 遍水并待水分渗入后，用细土将灌水堰内填平，使封堰土堆高于地面。土中如果含有砖石杂质等物，应挑拣出来，以免影响下次开堰。

树木自挖掘至栽植后整个过程中，若遇高气温时，应适当疏稀枝叶，或搭棚遮阴保持树木湿润，天寒风大时，应采取防风保温措施。

乔木、大灌木、在栽植后均应支撑。应根据立地条件和树木规格进行三角支撑、四柱支撑、联排支撑及软牵拉。支撑物的支柱应埋入土中不少于 30cm，支撑物、牵拉物与地面连接点的连接应牢固。连接树木的支撑点应在树木主干上，其连接处应衬软垫，并绑缚牢固。

因受坑槽限制胸径在 12cm 以下树木，尤其是行道树，可用单柱支撑。支柱长 3.5m，于栽植前埋深 1.1m（从地面起），支柱应设在盛行风向的一面。支柱中心和树木中心距离为 35cm。

非栽植季节栽植，应按不同树种采取相应的技术措施：最大程度的强修剪应至少保留树冠的 1/3；凡可摘叶的应摘去部分树叶，但不可伤害幼芽；夏季要搭棚遮阴、喷雾、浇水，保持二、三级分叉以下的树干湿润，冬季要防寒。

凡列为工程的树木栽植，及非栽植季节的栽植均应做好记录，作为验收资料，内容包括：栽植时间、土壤特性、气象情况、栽植材料的质量、环境条件、种植位置、栽植后植物生长情况、采取措施以及栽植人工和栽植单位与栽植者的姓名等。

4. 大树移植

树木的规格符合下列条件之一的均属于大树移植：落叶和阔叶常绿乔木：胸径在 20cm 以上；针叶常绿乔木：株高在 6m 以上或地径在 18cm 以上；胸径是指乔木主干在 1.3m 处的树干直径；地径是指树木的树干接近地面处的直径。

（1）移植时间

大树移植的时间最好是在树木休眠期，春季树木萌芽期和秋季落叶后均为最佳时间。如有特别需要，也可以选择在生长旺季（夏季）移植，最好选择在连阴天或降雨前后移植。

（2）准备工作

移植大树前必须做好树体的处理。首先要对所移植树木，生长地的四周环境、土质情况、地上障碍物、地下设施、交通路线等进行详细了解。还要对树冠进行必要修剪，树干采用麻包片或者草绳围绕，一般包裹从根茎至分枝点的部分，这样既可减少蒸发又可以减少移植过程的擦伤。

选定的移植大树，应在树干南侧做出明显标识，标明树木的阴、阳面及出土线。

1）落叶树移植的树冠修剪：裸根移植一般采取重修剪，剪掉全部枝叶的 1/2～1/3；带土球移植应适当轻剪，剪去枝条的 1/3 即可。修剪时剪口必须平滑，截面尽量缩小，修剪 2 厘米以上的枝条，剪口应涂抹防腐剂。

2）常绿树移植前一般不需修剪：定植后可剪去移植过程中的折断枝、徒长枝、病虫枝等，修剪时应留 10～20mm 木橛，剪后涂防腐剂。

（3）挖掘包扎

根据起掘和包扎方式不同可分为三种不同的移植方法：土球挖掘、木箱挖掘和裸根挖掘。

裸根挖掘只适用于落叶乔木和萌芽力强的常绿树木，如樟树、白玉兰、悬铃木、柳树、银杏等。

树木胸径 20～25cm 时，可采用土球移栽进行软包装。当树木胸径大于 25cm 时，可采用土台移栽，用箱板包装，并符合下列要求：

1）土球规格应为树木胸径的 6～10 倍，土球高度为土球直径的 2/3，土球底部直径为土球直径的 1/3；土台规格应上大下小，下部边长比上部边长少 1/10；

2）树根应用手锯锯断，锯口平滑无劈裂并不得露出土球表面。

（4）大树的栽植

1）挖种植穴：按设计位置挖种植穴。

2）栽植：栽植时要栽正扶植。栽植深度应保持下沉后原土痕和地面等高或略高，树干或树木的重心应与地面保持垂直。

3）方向确定：栽植前要确定新栽植地的方向是否和原生长地的方向一致，这将极大地提高大树移植后的成活率。

4）还土：还土时要分层进行，每 300mm 一层，一般用种植土和腐殖土以 7：3 的比例混合均匀使用，注意肥土必须充分腐熟，填满后踏实即可。

5）开堰：裸根、土球树要开圆堰，土堰内径与坑沿相同。

（5）移植后养护管理

大树移植后为了确保移栽成活和树木健壮生长，后期养护管理不可忽视。如下措施可以提高大树的成活率。

1）支撑树干。一般采用支撑固定法来确保大树的稳固，一般一年后，大树根系恢复好方可撤除。

2）平衡株势。对移植于地面上的枝叶进行相应修减，保证植株根冠比，维持必要的平衡关系。

3）包裹树干。用浸湿的草绳从树干基部密密缠绕至主干顶部，保持树干的湿度，减少树皮水分蒸发。

4）合理使用营养液，补充养分和增加树木的抗性。

5）水肥管理。大树移植后应当连续浇 3 次水，浇水要掌握"不干不浇，浇则浇透"的原则。由于损伤大，在第一年不能施肥，第二年根据生长情况施农家肥。

5. 城市绿化植物与有关设施的距离要求

出于安全考虑，树木与架空线、地下线及建筑物等应保持一定的安全距离。

（1）树木与架空线的距离应符合下列要求：

1）电线电压 380V，树枝至电线的水平距离及垂直距离均不小于 1.00m。

2）电线电压 3000～10000V，树枝至电线的水平距离及垂直距离均不小于 3.00m。

（2）树木与地下管线的间距

1）乔木中心与各种地下管线边缘的间距均不小于 0.95m。

2）灌木边缘与各种地下管线边缘的间距均不小于 0.50m。

注：各种管线指给水管、雨水管、污水管、燃气管、电力电缆、弱电电缆。

（3）树木与建筑、构筑物的平面距离

树木与建筑、构筑物的平面距离见表 4-29。

树木与建筑、构筑物的平面距离　　　　　　　　　表 4-29

建筑物、构筑物名称	距乔木中心不小于（m）	距灌木边缘（m）
公路铺筑面外侧	0.8	2.00
道路侧石线（人行道外缘）	0.75	不宜种
高 2m 以下围墙	1.00	0.50
高 2m 以上围墙（及挡土墙基）	2.00	0.50
建筑物外墙上无门、窗	2.00	0.50
建筑物外墙上有门、窗（人行道旁按具体情况决定）	4.00	0.50
电杆中心（人行道上近侧石一边不宜种灌木）	2.00	0.75
路旁变压器外缘、交通灯柱	3.00	不宜种
警亭	3.00	不宜种
路牌、交通指示牌、车站标志	1.20	不宜种
消防龙头、邮筒	1.20	不宜种
天桥边缘	3.50	不宜种

（4）道路交叉口、里弄出口及道路弯道处栽植树木应满足车辆的安全视距。

五、施工项目管理

（一）施工项目管理的内容及组织

1. 施工项目管理的内容

在施工项目管理的全过程中，为了取得各阶段目标和最终目标的实现，在进行各项活动中，必须加强管理工作。必须强调，施工项目管理的主体是以施工项目负责人为首的项目负责人部，即作业管理层，管理的客体是具体的施工对象、施工活动及相关生产要素。

（1）建立施工项目管理组织

1）由企业采用适当的方式选聘称职的施工项目负责人。

2）根据施工项目组织原则，选用适当的组织形式，组建施工项目管理机构（项目部），并明确责任、权限和义务。

3）在遵守企业规章制度的前提下，根据施工项目管理的需要，制订施工项目管理制度。

（2）制订施工项目管理规划

施工项目管理规划是对施工项目管理目标、组织、内容、方法、步骤、重点进行预测和决策，做出具体安排的纲领性文件。施工项目管理规划的内容主要有：

1）进行工程项目分解，形成施工对象分解体系，以便确定阶段控制目标，从局部到整体地进行施工活动和进行施工项目管理。

2）建立施工项目管理工作体系，绘制施工项目管理工作体系图和施工项目管理工作信息流程图。

3）编制施工管理规划，确定管理点，形成文件，以利执行。现阶段施工项目管理规划已由施工组织设计所代替。

（3）进行施工项目的目标控制

施工项目的目标有阶段性目标和最终目标。实现各项目标是施工项目管理的目的所在。因此应当坚持以控制论原理和理论为指导，进行全过程的科学控制。施工项目的控制目标分为：进度控制目标；质量控制目标；成本控制目标；安全控制目标；施工现场控制目标。

由于在施工项目的目标控制过程中，会不断受到各种客观因素的干扰，各种风险因素有随时发生的可能性，故应通过组织协调和风险管理，对施工项目目标进行动态控制。

（4）对施工项目的生产要素进行优化配置和动态管理

施工项目的生产要素是施工项目目标得以实现的保证，主要包括：劳动力、材料、设备、资金和技术（即 5M）。生产要素管理的三项内容包括：

1）分析各项生产要素的特点。

2）按照一定原则、方法对施工项目生产要素进行优化配置，并对配置状况进行评价。

3）对施工项目的各项生产要素进行动态管理。

（5）施工项目的合同管理

由于施工项目管理是在市场条件下进行的特殊交易活动的管理，这种交易活动从投标开始，并持续于项目管理的全过程，因此必须依法签订合同，进行履约经营。合同管理的结果直接影响项目管理及工程施工的技术经济效果和目标实现。因此要从招投标开始，加强工程承包合同的签订、履行和管理。合同管理是一项执法、守法活动，市场有国内市场和国际市场，因此合同管理势必涉及国内和国际上有关法规和合同文本、合同条件，在合同管理中应予高度重视。为了取得经济效益，还必须注意搞好索赔，讲究方法和技巧，提供充分的证据。

（6）施工项目的信息管理

现代化管理要依靠信息。施工项目管理是一项复杂的现代化的管理活动，更要依靠大量信息及对大量信息的管理。而信息管理又要依靠计算机进行辅助。所以，进行施工项目管理和施工项目目标控制。动态管理，必须依靠信息管理，并应采用计算机和信息技术。需要特别注意信息的收集与储存，使本项目的经验和教训得到记录和保留；为以后的项目管理服务，应认真记录总结，建立档案及保管制度是非常重要的。

2. 施工项目管理的组织

施工项目管理组织机构与企业管理组织机构是局部与整体的关系。组织机构设置的目的是为了进一步充分发挥项目管理功能，提高项目整体管理效率，以达到项目管理的最终目标。因此，企业在推行项目管理中合理设置项目管理组织机构是一个至关重要的问题。高效率的组织体系和组织机构的建立是施工项目管理成功的组织保证。

（1）组织的概念

施工项目管理组织，是指为进行施工项目管理、实现组织职能而进行组织系统的设计与建立、组织运行和组织调整三个方面。组织系统的设计与建立，是指经过筹划、设计，建成一个可以完成施工项目管理任务的组织机构，建立必要的规章制度，划分并明确岗位、层次、部门的责任和权力，建立和形成管理信息系统及责任分担系统，并通过一定岗位和部门内人员的规范化的活动和信息流通实现组织目标。

（2）组织的职能

项目管理的组织职能包括五个方面：

1）组织设计：选定一个合理的组织系统，划分各部门的权限和职责，确立各种基本的规章制度，包括生产指挥系统组织设计、职能部门组织设计等。

2）组织联系：就是规定组织机构中各部门的相互关系，明确信息流通和信息反馈的渠道，以及它们之间的协调原则和方法。

3）组织运行：就是按分担的责任完成各自的工作，规定各组织体的工作顺序和业务管理活动的运行过程。组织运行要抓好三个关键性问题，一是人员配置；二是业务交圈；三是信息反馈。

4）组织行为：就是指应用行为科学、社会学及社会心理学原理来研究、理解和影响组织中人们的行为、言语、组织过程、管理风格以及组织变更等。

5）组织调整：组织调整是指根据工作的需要，环境的变化，分析原有的项目组织系统的缺陷、适应性和效率性，对原组织系统进行调整和重新组合，包括组织形式的变化、人员的变动、规章制度的修订或废止、责任系统的调整以及信息流通系统的调整等。

（3）施工项目管理组织机构的作用

1）组织机构是施工项目管理的组织保证项目负责人在启动项目实施之前，首先要做组织准备，建立一个能完成管理任务、令项目负责人指挥灵便、运转自如、效率很高的项目组织机构——项目部，其目的就是为了提供进行施工项目管理的组织保证。一个好的组织机构，可以有效地完成施工项目管理目标，有效地应付环境的变化，有效地供给组织成员生理、心理和社会需要，形成组织力，使组织系统正常运转，产生集体思想和集体意识，完成项目管理任务。

2）形成一定的权力系统，以便进行集中统一指挥权力，能够实现施工项目管理的目标。要合理分层：层次多，权力分散；层次少，权力集中。要在规章制度中把施工项目管理组织的权力阐述明白，固定下来。

3）形成责任制和信息沟通体系，责任制是施工项目组织中的核心问题。没有责任也就不称其为项目管理机构，也就不存在项目管理。一个项目组织能否有效地运转，取决于是否有健全的岗位责任制。施工项目组织的每个成员都应肩负一定责任，责任是项目组织对每个成员规定的一部分管理活动和生产活动的具体内容。

信息沟通是组织力形成的重要因素。信息产生的根源在组织活动之中，下级（下层）以报告的形式或其他形式向上级（上层）传递信息；同级不同部门之间为了相互协作而横向传递信息。越是高层领导，越需要信息，越要深入下层获得信息。原因就是领导离不开信息，有了充分的信息才能进行有效决策。

综上所述可以看出组织机构非常重要，在项目管理中是个重点。项目负责人建立了理想有效的项目团队，作为项目管理奠定了成功的基础。项目组织与管理是各国项目管理专家普遍重视的问题。

（二）施工项目目标控制

1. 施工项目目标控制的任务

施工项目目标控制的任务主要有质量目标控制、进度目标控制、成本目标控制和安全目标控制。

2. 施工项目目标控制的措施

目标控制应采用组织措施、技术措施、经济措施和合同措施。

（1）组织措施

建立健全目标控制组织，完善组织内各部门及人员的职责分工；落实控制的责任；制订有关规章制度；保证制度的贯彻与执行；建立健全控制信息流通的渠道。

（2）技术措施

项目目标控制中所用的技术措施有两大类：一类是硬技术，即工艺技术；一类是软技术，即管理技术。

（3）经济措施

经济是项目管理的保证，是目标控制的基础。建立健全经济责任制，根据不同的控制目标，制订完成目标值和未完成目标值的奖惩制度，制订一系列保证目标实现的奖励措施。

（4）合同措施

严格执行和完成合同规定的一切内容，阶段性检查合同履行情况，对偏离合同的行为应及时采取纠正措施。

（三）资源管理与现场管理

1. 资源管理的任务和内容

（1）资源管理的概念

资源管理是对项目所需人力、材料、机械设备、技术、资金和基础设施所进行的计划、组织、指挥、协调和控制等活动。

资源管理应以实现资源优化配置、动态控制和成本节约为目的。优化配置就是按照优化的原则安排各资源在时间和空间上的位置，满足生产经营活动的需要，在数量、比例上合理，实现最佳的经济效益。另外还要不断调整各种资源的配置和组合，最大限度地使用好项目部有限的人、财、物去完成施工任务，始终保持各种资源的最优组合，努力节约成本，追求最佳经济效益。

（2）人力资源管理

人力资源是能够推动经济和社会发展的体力和脑力劳动者，在施工项目中包括不同层次的管理人员和各种作业人员。施工项目人力资源管理是指项目组织对该项目的人力资源所进行的科学的计划、适当的培训、合理的配置、准确的评估和有效的激励等方面的一系列管理工作。

（3）材料管理

材料管理是项目部为顺利完成工程施工任务，合理使用和节约材料，努力降低材料成本所进行的材料计划、订货采购、运输、库存保管、供应加工、使用、回收等一系列的组织和管理工作。

（4）机械设备管理

机械设备管理是指项目负责人部根据所承担施工项目的具体情况，科学优化选择和配备施工机械，并在生产过程中合理使用、维修保养等各项管理工作。机械设备管理的中心环节是尽量提高施工机械设备的使用效率和完好率，严格实行责任制，依操作规程加强机械设备的使用、保养和维修。

（5）技术管理

技术管理是项目部在项目施工的过程中，对各项技术活动过程和技术工作的各种资源进行科学管理的总称。主要包括：技术管理基础性工作、项目实施过程中的技术管理工作、技术开发管理工作、技术经济分析与评价。技术活动过程是指技术计划、技术运用、技术评价等。技术工作资源是指技术人才、技术装备、技术规程等。技术作用的发挥，除决定于技术本身的水平外，很大程度上还依赖于技术管理水平。没有完善的技术管理，先进的技术是难以发挥作用的。

（6）资金管理

资金管理是指施工项目负责人根据工程项目施工过程中资金运动的规律，进行资金预测、编制资金计划、筹集投入资金、资金核算与分析等一系列资金管理工作。项目的资金管理要以保证收入、节约支出、防范风险和提高经济效益为目的。通过对资金的预测和对比及资金计划等方法，不断进行分析对比，调整与考核，以达到降低成本，提高效益的目的。

2. 施工现场管理的任务和内容

（1）施工现场管理的任务

工程施工项目部施工现场管理的主要任务有：

1）根据施工组织设计要求，及时调整施工平面布置，并设置各种临时设施、堆放物料、停放机械设备及疏导社会交通等。

2）通过设置围挡（墙）对施工现场实施封闭管理。

3）根据工程特点及施工的不同阶段，有针对性地设置、悬挂安全警示标志。

4）环境保护和文明施工管理。

（2）施工现场管理的内容

1）施工平面布置

① 施工图上一切地上、地下建筑物、构筑物以及其他设施的平面位置；

② 给水、排水、供电管线等临时位置；

③ 生产、生活临时区域及和仓库、材料构件、机械设备堆放位置；

④ 现场运输通道、便桥及安全消防临时设施；

⑤ 环保、绿化区域位置；

⑥ 围墙（挡）与入口位置。

2）施工现场封闭管理

① 施工现场围挡（墙）应沿工地四周连续设置，不得留有缺口，并根据地质、气候、围挡（墙）材料进行设计与计算，确保围挡（墙）的稳定性、安全性；

② 围挡的用材应坚固、稳定、整洁、美观，宜选用砌体、金属材板等硬质材料；

③ 围挡一般应高于1.8m，在市区内应高于2.5m；

④ 施工现场有固定的出入口，出入口处设置大门；

⑤ 大门应牢固美观，大门上应标有企业名称或企业标识；

⑥ 出入口处应当设置专职门卫保卫人员，制定门卫管理制度及交接班记录制度；

⑦ 施工现场的进口处设有整齐规范的"五牌一图"。

3）警示标牌

① 施工现场入口处、施工起重机械、临时用电设施、脚手架、出入通道口、楼梯口、电梯井口、孔洞口、桥梁口、隧道口、基坑边沿、爆破物及有害危险气体和液体存放处等属于危险部位，应当设置明显的安全警示标志。

② 根据危险部位的性质不同分别设置禁止标志、警告标志、指令标志、指示标志，夜间设红灯示警。

③ 安全标志设置后应当进行统计记录，并填写施工现场安全标志登记表。

3. 环境保护和文明施工管理

1）防治大气污染措施

① 为减少扬尘，施工场地的主要道路、料场、生活办公区域应按规定进行硬化处理；裸露的场地和集中堆放的土方应采取覆盖、固化、绿化、洒水降尘措施。

② 使用密目式安全网对在建筑物、构筑物进行封闭。拆除旧有建筑物时，应采用隔离、洒水等措施防止施工过程扬尘，并应在规定期限内将废弃物清理完毕。

③ 不得在施工现场熔融沥青，严禁在施工现场焚烧含有有毒、有害化学成分的装饰废料、油毡、油漆、垃圾等各类废弃物。

④ 根据风力和大气湿度的具体情况，进行土方回填、转运作业；沿线安排洒水车，洒水降尘。

⑤ 混凝土搅拌场所采取封闭、降尘措施；水泥和其他易飞扬的细颗粒建筑材料应密闭存放，砂石等散料应采取覆盖措施。

⑥ 设置密闭式垃圾站，施工垃圾、生活垃圾应分类存放，并及时清运出场；施工垃圾的清运，应采用专用封闭式容器吊运或传送，严禁凌空抛撒。

⑦ 从事土方、渣土和施工垃圾运输应采用密闭式运输车辆或采取覆盖措施；现场出入口处应采取保证车辆清洁的措施；并设专人清扫社会交通路线。

⑧ 城区、旅游景点、疗养区、重点文物保护地及人口密集区的施工现场应使用清洁能源；施工现场的机械设备、车辆的尾气排放应符合国家环保排放标准要求。

2）防治水污染措施

① 施工场地设置排水沟及沉淀池，污水、泥浆必须防止泄露外流污染环境；污水应尽可能重复使用，按照规定排入市政污水管道或河流，泥浆应采用专用罐车外弃。

② 现场存放的油料、化学溶剂等应设有专门的库房，地面应进行防渗漏处理。

③ 食堂应置隔油池，并及时清理。

④ 厕所的化粪池应进行抗渗处理。

⑤ 食堂、盥洗室、淋浴间的下水管线应设置隔离网，并与市政污水管线连接，保证排水通畅。

⑥ 严禁取用污染水源施工给水管道，如施工管段处于污染水水域较近时，须严格控制污染水进入管道；如不慎污染管道，应按有关规定处理。

3）防治施工噪声污染措施

① 按照《城市区域环境噪声标准》GB 3096—2008、《建筑施工场界环境噪声排放标

准》GB 12523—2011、《工业企业噪声控制设计规范》GB/T 50087—2013 制订降噪措施，并应对施工现场的噪声值进行监测和记录。

② 强噪声设备宜设置在远离居民区的一侧。

③ 对因生产工艺要求或其他特殊需要，确需在夜间进行强噪声施工的，施工前建设单位和施工单位应到有关部门提出申请，经批准后方施工，并公告附近居民。

④ 夜间运输材料的车辆进入施工现场，严禁鸣笛，装卸材料应做到轻拿轻放。

⑤ 对产生噪声和振动的施工机械、机具，应采取消声、吸声、隔声等措施有效控制和降低噪声。

4）防治施工固体废弃物污染

① 施工车辆运输砂石、土方、渣土和建筑垃圾，采取密封、覆盖措施，避免泄露、遗撒，并按指定地点倾卸，防止固体废物污染环境。

② 运送车辆不得装载过满并应加遮盖。车辆出场前设专人检查，在场地出口处设置洗车池，待土车出口时将车轮冲洗干净；应要求司机在转弯、上坡时减速慢行，避免遗洒；安排专人对土方车辆行驶路线进行检查，发现遗洒及时清扫。

5）防治施工照明污染

① 夜间施工严格按照建设行政主管部门和有关部门的规定，设置现场施工照明装置。

② 对施工照明器具的种类、灯光亮度就以严格控制，特别是在城市市区居民居住区内，减少施工照明对城市居民影响。

下篇 基础知识

六、力学基础知识

本部分主要介绍力的基本性质、力矩与力偶、平面一般力系的平衡方程及其应用、变形固体及其假设和几何图形的性质。要求掌握几种常见约束的约束反力、受力图的画法、平面力系的平衡方程及其应用；理解力的性质和投影、力矩的计算、力偶的概念；了解变形固体及其假设，强度、刚度、稳定性的概念，平面几何图形的性质。

（一）平 面 力 系

1. 力的基本性质

（1）力的基本概念

力是物体之间相互的机械作用，这种作用的效果是使物体的运动状态发生改变，或者使物体发生变形。力不可能脱离物体而单独存在。有受力物体，必定有施力物体。

1）力的三要素

力的三个要素是：力的大小、力的方向和力的作用点。

力是一个既有大小又有方向的物理量，所以力是矢量。力用一段带箭头的线段来表示。线段的长度表示力的大小；线段与某定直线的夹角表示力的方位，箭头表示力的指向；线段的起点或终点表示力的作用点。在国际单位制中，力的单位为牛顿（N）或千牛顿（kN）。1kN＝1000N。

2）静力学公理

① 作用力与反作用力公理：两个物体之间的作用力和反作用力，总是大小相等，方向相反，沿同一直线，并分别作用在这两个物体上。

作用力与反作用力的性质应相同。

② 二力平衡公理：作用在同一物体上的两个力，使物体平衡的必要和充分条件是，这两个力大小相等，方向相反，且作用在同一直线上。

③ 加减平衡力系公理：作用于刚体的任意力系中，加上或减去任意平衡力系，并不改变原力系的作用效应。

同时力具有可传递性。作用在刚体上的力可沿其作用线移动到刚体内的任意点，而不改变原力对刚体的作用效应。根据力的可传性原理，力对刚体的作用效应与力的作用点在作用线的位置无关。加减平衡力系公理和力的可传性原理都只适用于刚体。

（2）约束与约束反力

1）约束与约束反力的概念

一个物体的运动受到周围物体的限制时，这些周围物体就称为该物体的约束。约束对物体运动的限制作用是通过约束对物体的作用力实现的，通常将约束对物体的作用力称为约束反力，简称反力，约束反力的方向总是与约束所能限制的运动方向相反。通常主动力是已知的，约束反力是未知的。

2）力的分类

物体受到的力一般可以分为两类：一类是使物体运动或使物体有运动趋势，称为主动力，如重力、水压力等，主动力在工程上称为荷载；另一类是对物体的运动或运动趋势起限制作用的力，称为被动力。

（3）受力分析

1）物体受力分析及受力图的概念

在受力分析时，当约束被人为地解除时，必须在接触点上用一个相应的约束反力来代替。

在物体的受力分析中，通常把被研究的物体的约束全部解除后单独画出，称为脱离体。把全部主动力和约束反力用力的图示表示在分离体上，这样得到的图形，称为受力图。画受力图的步骤如下：

① 明确分析对象，画出分析对象的分离简图；

② 在分离体上画出全部主动力；

③ 在分离体上画出全部的约束反力，并注意约束反力与约束应一一对应。

2）力的平行四边形法则

作用于物体上的同一点的两个力，可以合成为一个合力，合力的大小和方向由这两个力为边所构成的平行四边形的对角线来表示（图6-1）。

一刚体受共面不平行的三个力作用而平衡时，这三个力的作用线必汇交于一点，即满足三力平衡汇交定理。

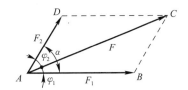

图6-1　力平行四边形

（4）计算简图

在对实际结构进行力学分析和计算之前必须加以简化。用一个简化图形（结构计算简图）来代替实际结构，略其次要细节，重点显示其基本特点，作为力学计算的基础。简化的原则如下：

1）结构整体的简化

除了具有明显空间特征的结构外，在多数情况下，把实际的空间结构（忽略次要的空间约束）分解为平面结构。对于延长方向结构的横截面保持不变的结构，如隧洞、水管、厂房结构，可做两相邻横截面截取平面结构（切片）计算。对于多跨多层的空间刚架，根据纵横向刚度和荷载（风载、地震力、重力等），截取纵向或横向的平面刚架来分析。若空间结构是由几种不同类型的平面结构组成（如框剪结构），在一定条件下可以把各类平面结构合成一个总的平面结构，并算出每类平面结构所分配的荷载，再分别计算。

2）杆件的简化

除了短杆深梁外，杆件用其轴线表示，杆件之间的连接区域用结点表示，并由此组成杆件系统（杆系内部结构）。杆长用结点间的距离表示，并将荷载作用点转移到杆件的轴线上。

3）杆件间连接的简化

杆件间的连接区简化为杆轴线的汇交点（称结点），杆件连接理想化为铰结点、刚结点和组合结点。各杆在铰结点处互不分离，但可以相互转动（如木屋架的结点）；各杆在刚结点处既不能相对移动，也不能相对转动，因此相互间的作用除了力以外还有力偶（如现浇钢筋混凝土结点）。组合结点即部分杆件之间属铰结点，另外部分杆件之间属刚结点（有时也称半铰结点或半刚结点）。

4）约束形式的简化图

① 柔体约束：由柔软的绳子、链条或胶带所构成的约束称为柔体约束。由于柔体约束只能限制物体沿柔体约束的中心线离开约束的运动，所以柔体约束的约束反力必然沿柔体的中心线而背离物体，即拉力，通常用 F_T 表示。如图 6-2（a）所示的起重装置中，桅杆和重物一起所受绳子的拉力分别是 F_{T1}、F_{T2} 和 F_{T3}（图 6-2b），而重物单独受绳子的拉力则为 F_{T4}（图 6-2c）。

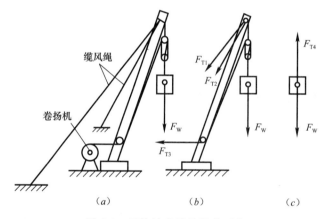

图 6-2 柔体约束及其约束反力

② 光滑接触面约束：当两个物体直接接触，而接触面处的摩擦力可以忽略不计时，两物体彼此的约束称为光滑接触面约束。光滑接触面对物体的约束反力一定通过接触点，沿该点的公法线方向指向被约束物体，即为压力或支持力，通常用 F_N 表示（图 6-3）。

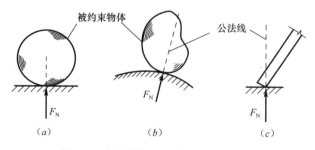

图 6-3 光滑接触面约束及其约束反力

③ 圆柱铰链约束：圆柱铰链约束是由圆柱形销钉插入两个物体的圆孔构成，如图 6-4（a）、（b）所示，且认为销钉与圆孔的表面是完全光滑的，这种约束通常如图 6-4（c）所示。圆柱铰链约束只能限制物体在垂直于销钉轴线平面内的任何移动，而不能限制物体绕销钉轴线的转动，如图 6-5 所示。

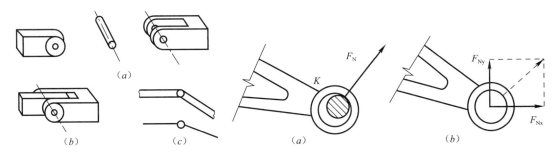

图 6-4　圆柱铰链约束　　　　　　图 6-5　圆柱铰链约束的约束反力

④ 链杆约束：两端用铰链与不同的两个物体分别相连且中间不受力的直杆称为链杆，图 6-6（a）、图 6-6（b）中 AB、BC 杆都属于链杆约束。这种约束只能限制物体沿链杆中心线趋向或离开链杆的运动。链杆约束的约束反力沿链杆中心线，指向未定。链杆约束的简图及其反力如图 6-6（c）、（d）所示。链杆都是二力杆，只能受拉或者受压。

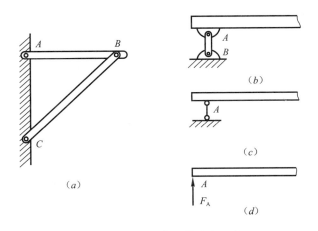

图 6-6　链杆约束及其约束反力

⑤ 固定铰支座：用光滑圆柱铰链将物体与支承面或固定机架连接起来，称为固定铰支座，如图 6-7（a）所示，计算简图如图 6-7（b）所示。其约束反力在垂直于铰链轴线的平面内，过销钉中心，方向不定，如图 6-7（a）所示。一般情况下可用图 6-7（c）所示的两个正交分力表示。

⑥ 可动铰支座：在固定铰支座的座体与支承面之间加辊轴就成为可动铰支座，其简图可用图 6-8（a）、图 6-8（b）表示，其约束反力必垂直于支承面，如图 6-8（c）所示。在房屋建筑中，梁通过混凝土垫块支承在砖柱上，如图 6-8（d）所示，不计摩擦时可视为可动铰支座。

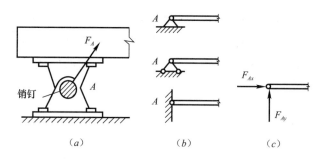

图 6-7 固定铰支座及其约束反力

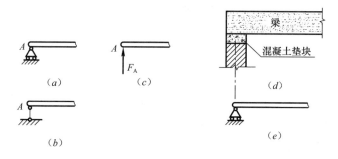

图 6-8 可动铰支座及其约束反力

⑦ 固定端支座：构件一端嵌入墙里（图 6-9a），墙对梁的约束既限制它沿任何方向移动，同时又限制它的转动，这种约束称为固定端支座。其简图可用图 6-9（b）表示，它除了产生水平和竖直方向的约束反力外，还有一个阻止转动的约束反力偶，如图 6-9（c）所示。

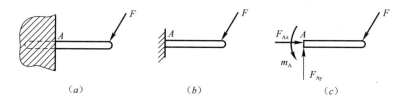

图 6-9 固定端支座及其约束反力

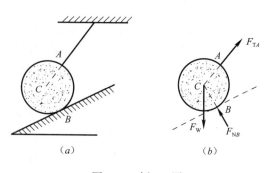

图 6-10 例 6-1 图

物体的受力图举例：

【例 6-1】 重量为 F_W 的小球放置在光滑的斜面上，并用绳子拉住，如图 6-10（a）所示。画出此球的受力图。

【解】 以小球为研究对象，解除小球的约束，画出分离体，小球受重力（主动力）F_W、绳子的约束反力（拉力）F_{TA} 和斜面的约束反力（支持力）F_{NB}（图 6-10b）的共同作用。

【**例 6-2**】 水平梁 AB 受已知力 F 作用，A 端为固定铰支座，B 端为移动铰支座，如图 6-11（a）所示。梁的自重不计，画出梁 AB 的受力图。

【**解**】 取梁为研究对象，解除约束，画出分离体，画主动力 F；A 端为固定铰支座，它的反力可用方向、大小都未知的力 F_A，或者用水平和竖直的两个未知力 F_{Ax} 和 F_{Ay} 表示；B 端为移动铰支座，它的约束反力用 F_B 表示，但指向可任意假设，受力图如图 6-11（b）、图 6-11（c）所示。

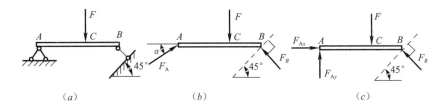

图 6-11 例 6-2 图

【**例 6-3**】 如图 6-12（a）所示，梁 AC 与 CD 在 C 处铰接，并支承在三个支座上，画出梁 AC、CD 及全梁 AD 的受力图。

【**解**】 取梁 CD 为研究对象并画出分离体，如图 6-12（b）所示。

取梁 AC 为研究对象并画出分离体，如图 6-12（c）所示。

以整个梁为研究对象，画出分离体，如图 6-12（d）所示。

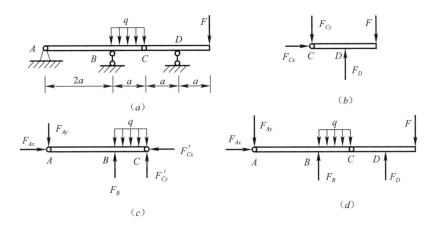

图 6-12 例 6-3 图

2. 平面汇交力系

凡各力的作用线都在同一平面内的力系称为平面力系。

（1）平面汇交力系的合成

在平面力系中，各力的作用线都汇交于一点的力系，称为平面汇交力系；各力作用线互相平行的力系，称为平面平行力系；各力的作用线既不完全平行又不完全汇交的力系，称为平面一般力系。

1）力在坐标轴上的投影

如图 6-13（a）所示，设力 F 作用在物体上的 A 点，在力 F 作用的平面内取直角坐标系 xOy，从力 F 的两端 A 和 B 分别向 x 轴作垂线，垂足分别为 a 和 b，线段 ab 称为力 F 在坐标轴 x 上的投影，用 F_x 表示。同理，从 A 和 B 分别向 y 轴作垂线，垂足分别为 a' 和 b'，线段 $a'b'$ 称为力 F 在坐标轴 y 上的投影，用 F_y 表示。

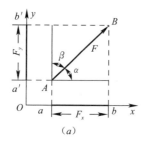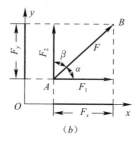

图 6-13　力在坐标轴上的投影

力的正负号规定如下：力的投影从开始端到末端的指向，与坐标轴正向相同为正；反之，为负。

若已知力的大小为 F，它与 x 轴的夹角为 α，则力在坐标轴的投影的绝对值为：

$$F_x = F\cos\alpha \qquad (6-1)$$

$$F_y = F\sin\alpha \qquad (6-2)$$

投影的正负号由力的指向确定。

反过来，当已知力的投影 F_x 和 F_y，则力的大小 F 和它与 x 轴的夹角 α 分别为：

$$F = \sqrt{F_x^2 + F_y^2} \qquad \alpha = \arctan\left|\frac{F_y}{F_X}\right| \qquad (6-3)$$

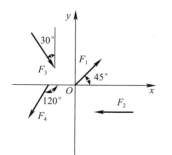

图 6-14　例 6-4 图

【例 6-4】　图 6-14 中各力的大小均为 100N，求各力在 x、y 轴上的投影。

【解】　利用投影的定义分别求出各力的投影：

$$F_{1x} = F_1\cos45° = 100 \times \sqrt{2}/2 = 70.7\text{N}$$

$$F_{1y} = F_1\sin45° = 100 \times \sqrt{2}/2 = 70.7\text{N}$$

$$F_{2x} = -F_2 \times \cos0° = -100\text{N}$$

$$F_{2y} = F_2\sin0° = 0$$

$$F_{3x} = F_3\sin30° = 100 \times 1/2 = 50\text{N}$$

$$F_{3y} = -F_3\cos30° = -100 \times \sqrt{3}/2 = -86.6\text{N}$$

$$F_{4x} = -F_4\cos60° = -100 \times 1/2 = -50\text{N}$$

$$F_{4y} = -F_4\sin60° = -100 \times \sqrt{3}/2 = -86.6\text{N}$$

2）平面汇交力系合成的解析法

合力投影定理：合力在任意轴上的投影等于各分力在同一轴上投影的代数和。

数学式子表示为：

如果
$$F = F_1 + F_2 + \cdots + F_n \tag{6-4}$$
则
$$F_x = F_{1x} + F_{2x} + \cdots + F_{nx} = \Sigma F_x \tag{6-5}$$
$$F_y = F_{1y} + F_{2y} + \cdots + F_{ny} = \Sigma F_y \tag{6-6}$$

平面汇交力系的合成结果为一合力。

当平面汇交力系已知时，首先选定直角坐标系，求出各力在 x、y 轴上的投影，然后利用合力投影定理计算出合力的投影，最后根据投影的关系求出合力的大小和方向。

【例 6-5】 如图 6-15 所示，已知 $F_1 = F_2 = 100\text{N}$，$F_3 = 150\text{N}$，$F_4 = 200\text{N}$，试求其合力。

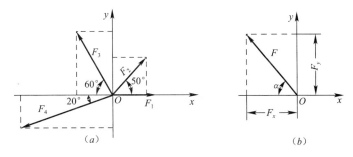

图 6-15 例 6-5 图

【解】 取直角坐标系 xOy。

分别求出已知各力在两个坐标轴上投影的代数和为：
$$F_x = \Sigma F_x = F_1 + F_2\cos50° - F_3\cos60° - F_4\cos20°$$
$$= 100 + 100 \times 0.6428 - 150 \times 0.5 - 200 \times 0.9397$$
$$= -98.66\text{N}$$
$$F_y = \Sigma F_y = F_2\sin50° + F_3\sin60° - F_4\sin20°$$
$$= 100 \times 0.766 + 150 \times 0.866 - 200 \times 0.342$$
$$= 138.1\text{N}$$

于是可得合力的大小以及与 x 轴的夹角 α：
$$F = \sqrt{F_x^2 + F_y^2}$$
$$= \sqrt{(-98.66)^2 + 138.1^2}$$
$$= 169.7\text{N}$$
$$\alpha = \arctan\left|\frac{F_y}{F_x}\right| = \alpha = \arctan1.4 = 54°28'$$

因为 F_x 为负值，而 F_y 为正值，所以合力在第二象限，指向左上方（图 6-15b）。

3）力的分解

利用四边形法则可以进行力的分解（图 6-16a）。通常情况下将力分解为相互垂直的两个分力 F_1 和 F_2，如图 6-16（b）所示，则两个分力的大小为：

$$F_1 = F\cos\alpha \tag{6-7}$$
$$F_2 = F\sin\alpha \tag{6-8}$$

力的分解和力的投影既有根本的区别又有密切联系。分力是矢量，而投影为代数量；分力 F_1 和 F_2 的大小等于该力在坐标轴上投影 F_x 和 F_y 的绝对值，投影的正负号反映了分力的指向。

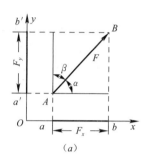 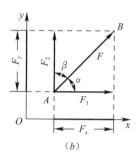

图 6-16　力在坐标轴上的投影

（2）平面汇交力系的平衡

1）平面一般力系的平衡条件：平面一般力系中各力在两个任选的直角坐标轴上的投影的代数和分别等于零，各力对任意一点之矩的代数和也等于零。用数学公式表达为：

$$\Sigma F_x = 0$$
$$\Sigma F_y = 0$$
$$\Sigma M_O(F) = 0 \tag{6-9}$$

此外，平面一般力系的平衡方程还可以表示为二矩式和三力矩式。二矩式为：

$$\Sigma F_x = 0$$
$$\Sigma M_A(F) = 0$$
$$\Sigma M_B(F) = 0 \tag{6-10}$$

三力矩式为：

$$\Sigma M_A(F) = 0$$
$$\Sigma M_B(F) = 0$$
$$\Sigma M_C(F) = 0 \tag{6-11}$$

2）平面力系平衡的特例

① 平面汇交力系：如果平面汇交力系中的各力作用线都汇交于一点 O，则式中 $\Sigma M_O(F)=0$，即平面汇交力系的平衡条件为力系的合力为零，其平衡方程为：

$$\Sigma F_x = 0 \tag{6-12a}$$
$$\Sigma F_y = 0 \tag{6-12b}$$

平面汇交力系有两个独立的方程，可以求解两个未知数。

② 平面平行力系：力系中各力在同一平面内，且彼此平行的力系称为平面平行力系。设有作用在物体上的一个平面平行力系，取 x 轴与各力垂直，则各力在 x 轴上的投影恒等于零，即 $\Sigma F_x \equiv 0$。因此，根据平面一般力系的平衡方程可以得出平面平行力系的平衡

方程：

$$\Sigma F_y = 0 \qquad\qquad (6\text{-}13a)$$

$$\Sigma M_O(F) = 0 \qquad\qquad (6\text{-}13b)$$

同理，利用平面一般力系平衡的二矩式，可以得出平面平行力系平衡方程的又一种形式：

$$\Sigma M_A(F) = 0 \qquad\qquad (6\text{-}14a)$$

$$\Sigma M_B(F) = 0 \qquad\qquad (6\text{-}14b)$$

注意，式中 A、B 连线不能与力平行。平面平行力系有两个独立的方程，所以也只能求解两个未知数。

③ 平面力偶系：在物体的某一平面内同时作用有两个或者两个以上的力偶时，这群力偶就称为平面力偶系。由于力偶在坐标轴上的投影恒等于零，因此平面力偶系的平衡条件为：平面力偶系中各个力偶的代数和等于零，即：

$$\Sigma M = 0 \qquad\qquad (6\text{-}15)$$

【例 6-6】　求图 6-17（a）所示简支桁架的支座反力。

【解】

（1）取整个桁架为研究对象。

（2）画受力图（图 6-17b）。桁架上有集中荷载及支座 A、B 处的反力 F_A、F_B，它们组成平面平行力系。

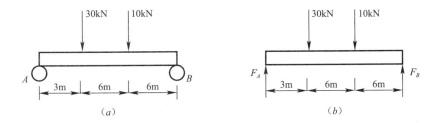

图 6-17　例 6-6 图

（3）选取坐标系，列方程求解：

$$\Sigma M_B = 0$$
$$= 30 \times 12 + 10 \times 6 - F_A \times 15 = 0$$
$$F_A = (360 + 60)/15 = 28\text{kN}(\uparrow)$$
$$\Sigma F_y = 0$$
$$F_A + F_B - 30 - 10 = 0$$
$$F_B = 40 - 28 = 12\text{kN}(\uparrow)$$

校核：$\Sigma M_A = F_B \times 15 - 30 \times 3 - 10 \times 9 = 12 \times 15 - 90 - 90 = 0$

物体实际发生相互作用时，其作用力是连续分布作用在一定体积和面积上的，这种力称为分布力，也叫分布荷载。单位长度上分布的线荷载大小称为荷载集度，其单位为牛顿/米（N/m），如果荷载集度为常量，即称为均匀分布荷载，简称均布荷载。对于均布荷载可以进行简化计算：认为其合力的大小为 $F_q = qa$，a 为分布荷载作用的长度，合力作用于受载长度的中点。

【例 6-7】 求图 6-18（a）所示梁支座的反力。

【解】

（1）取梁 AB 为研究对象。

（2）画出受力图（图 6-18b）。梁上有集中荷载 F、均布荷载 q 和力偶 M 以及支座 A、B 处的反力 F_{Ax}、F_{Ay} 和 M。

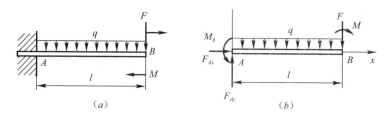

图 6-18　例 6-7 图

（3）选取坐标系，列方程求解：

$$\Sigma F_x = 0 \quad F_{Ax} = 0$$
$$\Sigma M_A = 0 \quad M_A - M - Fl - ql^2 \cdot 1/2 = 0$$
$$M_A = M + Fl + 1/2ql^2$$
$$\Sigma F_y = 0 \quad F_{Ay} - ql - F = 0$$
$$F_{Ay} = F + ql$$

以整体为研究对象，校核计算结果：

$$\Sigma M_B = F_{Ay}l + M - M_A - 1/2ql^2 = 0$$

说明计算无误。

总结例 6-6、例 6-7，可归纳出物体平衡问题的解题步骤如下：

A. 选取研究对象；

B. 画出受力图；

C. 依照受力图的特点选取坐标系，注意投影为零和力矩为零的应用，列方程求解；

D. 校核计算结果。

3. 力偶、力矩的特性及应用

（1）力偶和力偶系

1）力偶

① 力偶的概念：把作用在同一物体上大小相等、方向相反但不共线的一对平行力组成的力系称为力偶，记为 (F, F')。力偶中两个力的作用线间的距离 d 称为力偶臂。两个力所在的平面称为力偶的作用面。

在实际生活和生产中，物体受力偶作用而转动的现象十分常见。例如，司机两手转动方向盘，工人师傅用螺纹锥攻螺纹，所施加的都是力偶。

② 力偶矩：用力和力偶臂的乘积再加上适当的正负号所得的物理量称之为力偶，记作 $M(F, F')$ 或 M，即

$$M(F,F') = \pm Fd \qquad (6\text{-}16)$$

力偶正负号的规定：力偶正负号表示力偶的转向，其规定与力矩相同。若力偶使物体逆时针转动，则力偶为正；反之，为负。

力偶矩的单位与力矩的单位相同。力偶对物体的作用效应取决于力偶的三要素，即力偶矩的大小、转向和力偶的作用面的方位。

③ 力偶的性质

A. 力偶无合力，不能与一个力平衡和等效，力偶只能用力偶来平衡。力偶在任意轴上的投影等于零。

B. 力偶对其平面内任意点之矩，恒等于其力偶矩，而与矩心的位置无关。

实践证明，凡是三要素相同的力偶，彼此相同，可以互相代替。如图 6-19 所示。

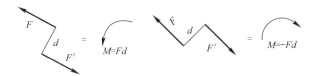

图 6-19　力偶

2）力偶系

作用在同一物体上的若干个力偶组成一个力偶系，若力偶系的各力偶均作用在同一平面，则称为平面力偶系。

力偶对物体的作用效应只有转动效应，而转动效应由力偶的大小和转向来度量，因此，力偶系的作用效果也只能是产生转动，其转动效应的大小等于各力偶转动效应的总和。可以证明，平面力偶系合成的结果为一合力偶，其合力偶矩等于各分力偶矩的代数和。即：

$$M = M_1 + M_2 + \cdots + M_n = \Sigma M_i \qquad (6\text{-}17)$$

（2）力矩

1）力矩的概念

从实践中知道，力可使物体移动，又可使物体转动，例如当我们拧螺母时（图 6-20），在扳手上施加一力 F，扳手将绕螺母中心 O 转动，力越大或者 O 点到力 F 作用线的垂直距离 d 越大，螺母将容易被拧紧。

将 O 点到力 F 作用线的垂直距离 d 称为力臂，将力 F 与 O 点到力 F 作用线的垂直距离 d 的

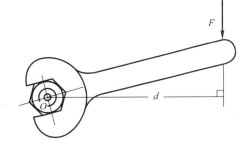

图 6-20　力矩的概念

乘积 Fd 并加上表示转动方向的正负号称为力 F 对 O 点的力矩，用 $M_O(F)$ 表示，即

$$M_O(F) = \pm Fd \qquad (6\text{-}18)$$

O 点称为力矩中心，简称矩心。

正负号的规定：力使物体绕矩心逆时针转动时，力矩为正；反之，为负。

力矩的单位：牛米（N·m）或者千牛米（kN·m）。

2）合力矩定理

可以证明：合力对平面内任意一点之矩，等于所有分力对同一点之矩的代数和。即：

若

$$F = F_1 + F_2 + \cdots + F_n \tag{6-19}$$

则

$$M_O(F) = M_O(F_1) + M_O(F_2) + \cdots + M_O(F_n) \tag{6-20}$$

该定理不仅适用于平面汇交力系，而且可以推广到任意力系。

【例6-8】 图6-21所示每1m长挡土墙所受的压力的合力为F，它的大小为160kN，方向如图所示。求土压力F使墙倾覆的力矩。

【解】 土压力F可使墙绕点A倾覆，故求F对点A的力矩。

采用合力矩定理进行计算比较方便。

$$M_A(F) = M_A(F_1) + M_A(F_2) = F_1 \times h/3 - F_2 b$$
$$= 160 \times \cos30° \times 4.5/3 - 160 \times \sin30° \times 1.5$$
$$= 87\text{kN} \cdot \text{m}$$

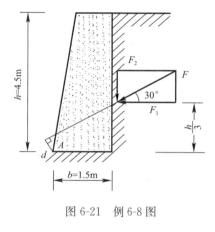

图6-21　例6-8图

（二）杆件的内力

1. 单跨静定梁的内力

（1）静定梁的受力

静定结构只在荷载作用下才产生反力、内力；反力和内力只与结构的尺寸、几何形状有关，而与构件截面尺寸、形状、材料无关，且支座沉陷、温度变化、制造误差等均不会产生内力，只产生位移。

静定结构在几何特性上无多余联系的几何不变体系。

在静力特征上仅由静力平衡条件可求全部反力内力。

1）单跨静定梁的形式

以轴线变弯为主要特征的变形形式称为弯曲变形或简称弯曲。以弯曲为主要变形的杆件称为梁。

单跨静定梁的常见形式有三种：简支（图6-22）、伸臂（图6-23）和悬臂（图6-24）。

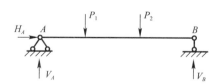

图6-22　简支单跨静定梁

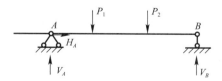

图6-23　伸臂单跨静定梁

2）静定梁的受力

横截面上的内力：

A. 轴力：截面上应力沿杆轴切线方向的合力，使杆产生伸长变形为正，画轴力图要注明正负号（图6-25）。

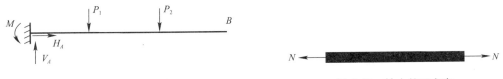

图 6-24 悬臂单跨静定梁

图 6-25 轴力的正方向

B. 剪力：截面上应力沿杆轴法线方向的合力，使杆微段有顺时针方向转动趋势的为正，画剪力图要注明正负号；由力的性质可知：在刚体内，力沿其作用线滑移，其作用效应不改变。如果将力的作用线平行移动到另一位置，其作用效应将发生改变，其原因是力的转动效应与力的位置有直接的关系（图6-26）。

C. 弯矩：截面上应力对截面形心的力矩之和，不规定正负号。弯矩图画在杆件受拉一侧，不注符号（图6-27）。

图 6-26 剪力的正方向

图 6-27 弯矩的正方向

（2）用截面法计算单跨静定梁

计算单跨静定梁常用截面法，即截取隔离体（一个结点、一根杆或结构的一部分），建立平衡方程求内力。

截面一侧上外力表达的方式：

ΣF_x＝截面一侧所有外力在杆轴平行方向上投影的代数和。

ΣF_y＝截面一侧所有外力在杆轴垂直方向上投影的代数和。

ΣM＝截面一侧所有外力对截面形心力矩代数和，使隔离体下侧受拉为正。为便于判断哪边受拉，可假想该脱离体在截面处固定为悬臂梁。

【例6-9】 求图6-28所示单跨梁跨中截面内力。

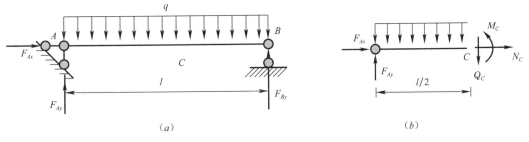

（a）

（b）

图 6-28 例 6-9 图

【解】 单跨梁的支座反力如图6-28（a）所示：

$$F_{Ax} = 0, \quad F_{Ay} = ql/2(\uparrow)$$

$$F_{By} = = ql/2(\uparrow)$$

利用截面法截取跨中截面，如图 6-28 (b) 所示：

$$N_C = \Sigma F_x = 0$$

$$Q_C = \Sigma F_y = \frac{ql}{2} - \frac{ql}{2} = 0$$

$$M_C = \Sigma m_c = \frac{ql}{2} \times \frac{l}{2} - \frac{ql}{2} \times \frac{l}{4} = \frac{ql^2}{8}$$

2. 多跨静定梁内力的基本概念

多跨静定梁是指由若干根梁用铰相连，并用若干支座与基础相连而组成的静定结构。

多跨静定梁的受力分析遵循先附属部分，后基本部分的分析计算顺序。即首先确定全部反力（包括基本部分反力及连接基本部分与附属部分的铰处的约束反力），作出层叠图；然后将多跨静定梁折成几个单跨静定梁，按先附属部分后基本部分的顺序绘内力图。

如图 6-29 所示梁，其中 AC 部分不依赖于其他部分，独立地与大地组成一个几何不变部分，称它为基本部分；而 CE 部分就需要依靠基本部分 AC 才能保证它的几何不变性，相对于 AC 部分来说就称它为附属部分。

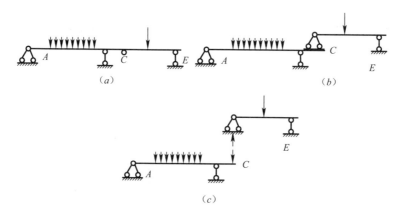

图 6-29　多跨静定梁的受力分析

从受力和变形方面看：基本部分上的荷载通过支座直接传于地基，不向它支持的附属部分传递力，因此仅能在其自身上产生内力和弹性变形；而附属部分上的荷载要先传给支持它的基本部分，通过基本部分的支座传给地基，因此可使其自身和基本部分均产生内力和弹性变形。

3. 静定平面桁架内力的基本概念

桁架是由链杆组成的格构体系，当荷载仅作用在结点上时，杆件仅承受轴向力，截面上只有均匀分布的正应力，这是最理想的一种结构形式（图 6-30）。

一般平面桁架内力分析利用截面法，由

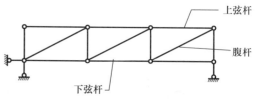

图 6-30　理想结构

于杆件仅承受轴向力，因此可利用：

$$\Sigma X = 0$$
$$\Sigma Y = 0 \tag{6-21}$$
$$\Sigma M = 0$$

的平衡关系式求解内力。

（三）杆件强度、刚度和稳定的基本概念

1. 变形固体基本概念及基本假设

构件是由固体材料制成的，在外力作用下，固体将发生变形，故称为变形固体。

在进行静力分析和计算时，构件的微小变形对其结果影响可以忽略不计，因而将构件视为刚体，但是在进行构件的强度、刚度、稳定性计算和分析时，必须考虑构件的变形。

构件的变形与构件的组成和材料有直接的关系，为了使计算工作简化，把变形固体的某些性质进行抽象化和理想化，做一些必要的假设，同时又不影响计算和分析结果。对变形固体的基本假设主要有：

（1）均匀性假设

即假设固体内部各部分之间的力学性质都相同。宏观上可以认为固体内的微粒均匀分布，各部分的性质也是均匀的。

（2）连续性假设

即假设组成固体的物质毫无空隙地充满固体的几何空间。

实际的变形固体从微观结构来说，微粒之间是有空隙的，但是这种空隙与固体的实际尺寸相比是极其微小的，可以忽略不计。这种假设的意义在于当固体受外力作用时，度量其效应的各个量都认为是连续变化的，可建立相应的函数进行数学运算。

（3）各向同性假设

即假设变形固体在各个方向上的力学性质完全相同。具有这种属性的材料称为各向同性材料。铸铁、玻璃、混凝土、钢材等都可以认为是各向同性材料。

（4）小变形假设

固体因外力作用而引起的变形与原始尺寸相比是微小的，这样的变形称为小变形。由于变形比较小，在固体分析、建立平衡方程、计算个体的变形时，都以原始的尺寸进行计算。

对于变形固体来讲，受到外力作用发生变形，而变形发生在一定的限度内，当外力解除后，随外力的解除而变形也随之消失的变形，称为弹性变形。但是也有部分变形随外力的解除而变形不随之消失，这种变形称为塑性变形。

2. 杆件的基本受力形式

（1）杆件

在工程实际中，构件的形状可以是各种各样的，但经过适当的简化，一般可以归纳为

四类，即：杆、板、壳和块。所谓杆件，是指长度远大于其他两个方向尺寸的构件。杆件的形状和尺寸可由杆的横截面和轴线两个主要几何元素来描述。杆的各个截面的形心的连线叫轴线，垂直于轴线的截面叫横截面。

轴线为直线、横截面相同的杆称为等值杆。

（2）杆件的基本受力形式及变形

杆件受力有各种情况，相应的变形就有各种形式。在工程结构中，杆件的基本变形有以下四种：

1）轴向拉伸与压缩（图 6-31a、图 6-31b）

这种变形是在一对大小相等、方向相反、作用线与杆轴线重合的外力作用下，杆件产生长度的改变（伸长与缩短）。

2）剪切（图 6-31c）

这种变形是在一对相距很近、大小相等、方向相反、作用线垂直于杆轴线的外力作用下，杆件的横截面沿外力方向发生的错动。

3）扭转（图 6-31d）

这种变形是在一对大小相等、方向相反、位于垂直于杆轴线的平面内的力偶作用下，杆的任意两横截面发生的相对转动。

4）弯曲（图 6-31e）

这种变形是在横向力或一对大小相等、方向相反、位于杆的纵向平面内的力偶作用下，杆的轴线由直线弯曲成曲线。

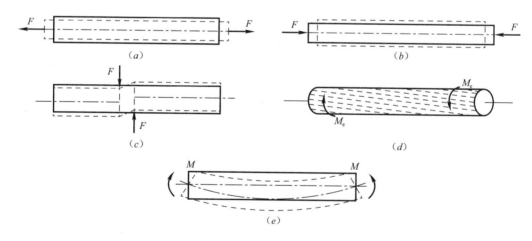

图 6-31　杆件变形的基本形式

3. 杆件强度的概念

构件应有足够的强度。所谓强度，就是构件在外力作用下抵抗破坏的能力。对杆件来讲，就是结构杆件在规定的荷载作用下，保证不因材料强度发生破坏的要求，称为强度要求。即必须保证杆件内的工作应力不超过杆件的许用应力，满足公式：

$$\sigma = N/A \leqslant [\sigma] \tag{6-22}$$

4. 杆件刚度和稳定的基本概念

（1）刚度

刚度是指构件抵抗变形的能力。

结构杆件在规定的荷载作用下，虽有足够的强度，但其变形不能过大，超过了允许的范围，也会影响正常的使用，限制过大变形的要求即为刚度要求。即必须保证杆件的工作变形不超过许用变形，满足公式：

$$f \leqslant [f] \tag{6-23}$$

拉伸和压缩的变形表现为杆件的伸长和缩短，用 ΔL 表示，单位为长度。

剪切和扭矩的变形一般较小。

弯矩的变形表现为杆件某一点的挠度和转角，挠度用 f 表示，单位为长度，转角用 θ 表示，单位为角度。当然，也可以求出整个构件的挠度曲线。

梁的挠度变形主要由弯矩引起，叫弯曲变形，通常我们都是计算梁的最大挠度，简支梁在均布荷载作用下梁的最大挠度作用在梁中，且 $f_{\max} = \dfrac{5qL^4}{384EI}$。

由上述公式可以看出，影响弯曲变形（位移）的因素为：

1）材料性能：与材料的弹性模量 E 成反比；

2）截面大小和形状：与截面惯性矩 I 成反比；

3）构件的跨度：与构件的跨度 L 的 2、3 或 4 次方成正比，该因素影响最大；

（2）稳定性

稳定性是指构件保持原有平衡状态的能力。

平衡状态一般分为稳定平衡和不稳定平衡，如图 6-32 所示。

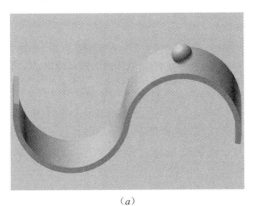
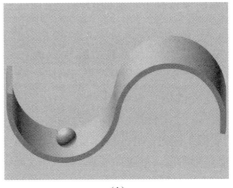

(a)	(b)

图 6-32　平衡状态分类

(a) 不稳定平衡；(b) 稳定平衡

两种平衡状态的转变关系如图 6-33 所示。

因此对于受压杆件，要保持稳定的平衡状态，就要满足所受最大压力 $F_{\max}$ 小于临界压力 F_{cr}。临界力 F_{cr} 计算公式如下：

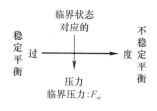

图 6-33　两种平衡状态
的转变关系

$$F_\sigma = \frac{\pi^2 EI_{\min}}{L^2} \qquad (6\text{-}24)$$

公式（6-24）的应用条件：

1）理想压杆，即材料绝对理想；轴线绝对直；压力绝对沿轴线作用。

2）线弹性范围内。

3）两端为球铰支座。

5. 应力、应变的基本概念

（1）内力、应力的概念

1）内力的概念

构件内各粒子间都存在着相互作用力。当构件受到外力作用时，形状和尺寸将发生变化，构件内各个截面之间的相互作用力也将发生变化，这种因为杆件受力而引起的截面之间相互作用力的变化称为内力。

内力与构件的强度（破坏与否的问题）、刚度（变形大小的问题）紧密相连。要保证构件的承载必须控制构件的内力。

2）应力的概念

内力表示的是整个截面的受力情况。在不同粗细的两根绳子上分别悬挂重量相同的物体，则细绳将可能被拉断，而粗绳不会被拉断，这说明构件是否破坏不仅仅与内力的大小有关，而且与内力在整个截面的分布情况有关，而内力的分布通常用单位面积上的内力大小来表示，我们将单位面积上的内力称为应力。它是内力在某一点的分布集度。

应力根据其与截面之间的关系和对变形的影响，可分为正应力和切应力两种。

垂直于截面的应力称为正应力，用 σ 表示；相切于截面的应力称为切应力，用 τ 表示。在国际单位制中，应力的单位是帕斯卡，简称帕（Pa）。

$$1\text{Pa} = 1\text{N/m}^2$$

工程实际中应力的数值较大，常以千帕（kPa）、兆帕（MPa）或吉帕（GPa）为单位。

3）应变的概念

① 线应变：杆件在轴向拉力或压力作用下，沿杆轴线方向会伸长或缩短，这种变形称为纵向变形；同时，杆的横向尺寸将减小或增大，这种变形称为横向变形。如图 6-34（a）、图 6-34（b）所示，其纵向变形为：

$$\Delta l = l_1 - l \qquad (6\text{-}25)$$

式中　l_1——受力变形后沿杆轴线方向长度；

　　　l——原长度。

为了避免杆件长度的影响，用单位长度的变形量反映变形的程度，称为线应变。纵向线应变用符号 ε 表示。

$$\varepsilon = \Delta l / l = (l_1 - l)/l \qquad (6\text{-}26)$$

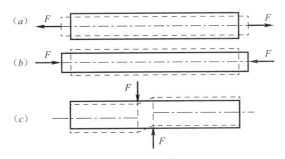

图 6-34 杆件的应变变形

② 切应变：图 6-34（c）为一矩形截面的构件，在一对剪切力的作用下，截面将产生相互错动，形状变为平行四边形，这种由于角度的变化而引起的变形称为剪切变形。直角的改变量称为切应变，用符号 γ 表示。切应变 γ 的单位为弧度。

（2）虎克定律

实验表明，应力和应变之间存在着一定的物理关系，在一定条件下，应力与应变成正比，这就是虎克定律。

用数学公式表达为：

$$\sigma = E\varepsilon \tag{6-27}$$

式中比例系数 E 称为材料的弹性模量，它与构件的材料有关，可以通过试验得出。

七、市政工程基本知识

（一）城镇道路工程

1. 城镇道路工程的组成和特点

（1）城镇道路工程的组成

城镇道路由机动车道、人行道、分隔带、排水设施、交通设施和街面设施等组成。工程内容如下：

1）机动车道：供各种车辆行驶的地表（或地下隧洞内）路面部分。可分为机动车道和非机动车道。供带有动力装置的车辆（大小汽车、电车、摩托等）行驶的为机动车道，供无动力装置的车辆（自行车、三轮车等）行驶的为非机动车道。

2）人行道（非机动车道）：人群步行的道路，包括地下人行通道。

3）分隔带（隔离带）：是安全防护的隔离设施。防止越道逆行的分隔带设在道路中线位置，将左右或上下行车道分开，称为中央分隔带。

4）排水设施：包括用于收集路面雨水的平式或立式雨水口（进水口）、支管、检查井等。

5）交通辅助性设施：为组织指挥交通和保障维护交通安全而设置的辅助性设施。如：信号灯、标志牌、安全岛、道口花坛、护栏、人行横道线（斑马线）、分车道线及临时停车场和公共交通车辆停靠站等。

6）街面设施：为城市公用事业服务的照明灯柱、架空电线杆、消防栓、邮政信箱、清洁箱等。

7）地下设施：为城市公用事业服务的人行地道和给水管、排水管、燃气管、供热管、通信电缆、电力电缆等。

8）公共广场和停车场。

（2）城镇道路工程特点

城镇道路与公路比较，具有以下特点：

1）功能多样、组成复杂、艺术要求高；

2）车辆多、类型混杂、车速差异大；

3）道路交叉口多、易发生交通阻滞和交通事故；

4）城镇道路需要大量附属设施和交通管理设施；

5）城镇道路规划、设计和施工的影响因素多；

6）行人交通量大，交通吸引点多，使得车辆和行人交通错综复杂，非机动车相互干涉严重；

7) 城镇道路规划、设计应满足城市建设管理的需求。

2. 城镇道路的分类与技术标准

（1）城镇道路的分类

我国城镇道路按道路在道路交通网中的地位、交通功能以及对沿线的服务功能等，分为快速路、主干路、次干路和支路四个等级，见表 7-1。

城市道路等级、路面结构与使用年限（年）　表 7-1

道路等级	路面结构类型		
	沥青路面	水泥混凝土路面	砌块路面
快速路	15	30	—
主干路	15	30	—
次干路	15	20	—
支路	10	20	10（石材 20）

1) 快速路

快速路设置在特大或大城市外环，主要为城镇间提供大流量、长距离的快速交通服务，为联系城镇各主要功能分区及为过境交通服务。快速路由于车速高、流量大，快速路设计标准与高速公路类似，但应中央分隔、全部控制出入、控制出入口间距及形式，应实现交通连续通行。单向设置不应少于两条车道，并应设有配套的交通安全与管理设施。快速路两侧不宜设置吸引大量车流、人流的公共建筑物的出入口。

2) 主干路

主干路应连接城市各主要分区（如工业区、生活区、文化区等）的干路，以交通功能为主，主干路两侧不宜设置吸引大量车流、人流的公共建筑物的出入口。

3) 次干路

次干路应与主干路结合组成城市干路网，是城市中数量较多的一般交通道路，应以集散交通的功能为主，兼有服务功能。

4) 支路

支路宜与次干路和居住区、工业区、交通设施等内部道路相连接，是城镇交通网中数量较多的道路；其功能以解决局部地区交通，以服务功能为主。

（2）城镇道路分级

除快速路外，每类道路按照所在城市的规模、涉及交通量、地形等分为Ⅰ、Ⅱ、Ⅲ级。大城市应采用各类道路中的Ⅰ级标准；中等城市应采用Ⅱ级标准；小城镇应采用Ⅲ级标准。

城镇道路按道路的断面形式可分为以下四类（见表 7-2）和特殊形式。

城镇道路断面形式与适用条件　表 7-2

道路断面形式	车辆行驶情况	适用范围
单幅路	机动车与非机动车混合行驶	用于交通量不大的次干路、支路
双幅路	分流向，机、非混合行驶	机动车交通量较大，非机动车交通量较少的主干路、次干路
三幅路	机动车与非机动车分道行驶	机动车与非机动车交通量均较大的主干路、次干路
四幅路	机动车与非机动车分流向分道行驶	机动车交通量大，车速高；非机动车多的快速路、次干路

（3）路面分类与分级

1）路面按力学特性通常分为柔性路面和刚性路面两种类型。

柔性路面主要包括用各种基层（水泥混凝土除外）和各类沥青面层、碎（砾）石面层、块料面层所组成的路面结构。柔性路面在荷载作用下所产生的弯沉变形较大，路面结构本身抗弯拉强度较低，车轮荷载通过各结构层向下传递到土基，使土基受到较大的单位压力，因而土基的强度、刚度和稳定性对路面结构整体强度有较大影响。

刚性路面主要指用水泥混凝土作面层或基层的路面结构。水泥混凝土的强度，比其他各种路面材料要高得多，它的弹性模量也较其他各种路面材料大，故呈现较大的刚性。水泥混凝土路面板在车轮荷载作用下的垂直变形极小，荷载通过混凝土板体的扩散分布作用，传递到地基上的单位压力要较柔性路面小得多。

2）路面面层类型及其适用范围见表7-3。

路面面层类型及适用范围　　　　　　　　　　　表 7-3

序　号	面层类型	适用范围
1	沥青混合料路面	快速路、主干路、次干路、支路、公共广场、停车场
2	水泥混凝土路面	快速路、主干路、次干路、支路、公共广场、停车场
3	沥青贯入式、沥青表面处治路面	支路、停车场、公共广场
4	砌块路面	快速路、主（次）干路、支路、公共广场、停车场、人行道

3）道路经过景观要求较高的区域或突出显示道路线形的路段，面层宜采用彩色；综合考虑雨水收集利用的道路，路面结构设计应满足透水性的要求；道路经过噪声敏感区域时，宜采用降噪路面；对环保要求较高的路段或隧道内的沥青混凝土路面，宜采用温拌沥青混凝土。

4）沥青路面层应根据使用要求、气候特点、交通荷载与结构层功能要求等因素结合沥青各层厚度和当地经验选用沥青混合料类型。

5）水泥混凝土面层应满足强度和耐久性的要求，表面应抗滑、耐磨、平整。水泥混凝土面层类型可根据适用条件按表7-4选用。

水泥混凝土面层类型的适用条件　　　　　　　　表 7-4

序　号	面层类型	适用条件
1	连续配筋混凝土面层、预应力水泥混凝土路面	特重交通的快速路、主干路
2	沥青上面层与连续配筋混凝土或横缝设传力杆的普通水泥混凝土下面层组成的复合式路面	特重交通的快速路
3	钢纤维混凝土面层	标高受限制路段、收费站、桥面铺装
4	混凝土预制块面层	广场、人行道、停车场、支路

3. 城市道路网布局

城市道路网布局形式主要分为方格网状、环形放射状、自由式和混合式四种形式。

(1) 方格网式道路网

方格网式道路网又称棋盘式道路系统，是道路网中最常见的一种。其干道相互平行，间距约 800～1000m，干道之间布置次要道路，将市区分为大小合适的街区。我国一些古城的道路系统，多采用轴线对称的方格网形，如北京旧城、西安、洛阳、福州、苏州等均属于方格网式道路网。

(2) 环型放射式道路网

环形放射式是由中心向外辐射路线，四周以环路沟通。环路可分为内环路和外环路，环路设计等级不宜低于主干道。

(3) 自由式道路网

自由式道路系统多以结合地形为主，路线布置依据城市地形起伏而无一定的几何图形。我国山丘城市的道路选线通常沿山麓或河岸布设，地形高差较大时，宜设人、车分行道路系统。

(4) 混合式道路系统

混合式道路系统也称为综合式道路系统，是以上三种形式的组合。可以充分吸引其他各种形式的优点，组合成一种较为合理的形式。目前我国大多数大城市采用方格网式或环形放射式的混合式。如北京、上海、天津、南京、合肥等城市在保留原有旧城方格网式的基础上，以减少市中心的交通压力而设置了环路或辐射路。

4. 城市道路线形组合

(1) 道路横断面

城市道路的横断面由车行道、人行道、绿化带和分车带等部分组成。根据道路功能和红线宽度的不同，可有各种不同形式的组合。

横断面反映出道路设计各组成部分的位置、宽度和相互关系，也反映出道路建设有关的地面和地下共用设施布置的情况。它包括道路总宽度（红线宽度）、机动车道、非机动车道、分隔带和人行道等组成部分的位置和宽度，并表明地面上有照明灯和地下管道布置的位置、间距、管径等基本情况。

(2) 道路平面线形

道路的平面线形，通常指的是道路中线的平面投影，主要由直线和圆曲线两部分组成。对于等级较高的路线，在直线和圆曲线间还要插入缓和曲线，此时，该平面线形则由直线、圆曲线和缓和曲线三部分组成。这种线形比起前者，对行车更为平顺有利，对于城市主干道的弯道设计，宜尽可能设置缓和曲线。

在道路平面线形中，直线是最简单，最常用的线形，前进方向明确，里程最短，测设和施工最方便，行车迅速通畅。圆曲线是其次使用的线形，圆曲线在现场容易设置，可以自然地表明方向的变化。采用平缓而适当的圆曲线，既可引起驾驶员的注意，又常常促使他们紧握方向盘，而且可以正面看到路侧的景观，起到诱导视线的作用。从行车的要求来说，道路线形首先要求顺直，不可弯弯曲曲，二是车辆能以平稳的车速行驶。

道路平面设计必须遵循保证行车安全、迅速、经济以及舒适的线形设计的总原则，并符合设计规范、技术标准等规定。综合考虑平、纵、横三个断面的相互关系，平面线形确定后，将会影响交通组织和沿街建筑物的布置、地上地下管线网布置以及绿化、照明灯设施的布置，所以平面定线时须综合分析有关因素的影响，做出适当的处理。

（3）道路纵断面

沿道路中心线的竖向剖面即为道路的纵断面，表示了道路在纵向的起伏变化状况。

城市道路纵断面设计线根据地形的起伏，有时上坡，有时下坡，在纵坡变化点处常用线把直线坡段连接起来，这就组成了道路的纵断面线形，如图7-1所示。

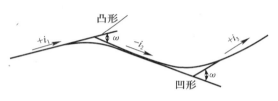

图7-1　道路纵断面线形

道路纵断面设计是根据所设计道路的等级、性质以及水文、地质、土质和气候等自然条件下，在完成道路平面定线及野外测量的基础上进行的。

纵断面设计应与平面线形配合，特别是平曲线与竖曲线的协调。一般来说，考虑到自行车和其他非机动车的爬坡能力，最大纵坡宜取小些，一般不大于2.5%，最小纵坡应满足纵向排水的要求，一般应不小于0.3%～0.5%；道路纵断面设计的标高应保持管线的最小覆土深度，管顶最小覆土深度一般不小于0.7m。

道路纵断面设计如图7-2所示。

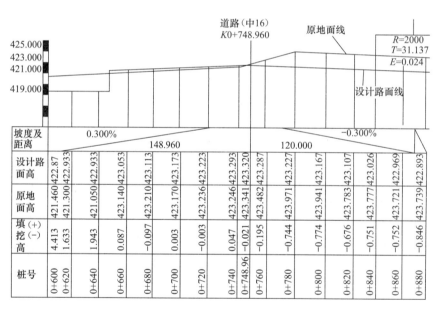

坡度及距离	0.300%　148.960								-0.300%　120.000							
设计路面高	422.87	422.933	422.933	423.053	423.113	423.173	423.223	423.293	423.320	423.287	423.227	423.167	423.107	423.026	422.969	422.893
原地面高	421.460	421.300	421.050	423.140	423.210	423.170	423.236	423.246	423.341	423.482	423.971	423.941	423.783	423.777	423.721	423.739
填(+)挖(-)高	4.413	1.633	1.943	0.087	-0.097	0.003	-0.003	0.047	-0.021	-0.195	-0.744	-0.774	-0.676	-0.751	-0.752	-0.846
桩号	0+600	0+620	0+640	0+660	0+680	0+700	0+720	0+740	0+748.96	0+760	0+780	0+800	0+820	0+840	0+860	0+880

图7-2　道路纵断面图

（4）城市道路交叉口

交叉口是城市道路系统中的重要组成部分，相交道路的各种车辆和行人都要在交叉口处汇集、通过，并进行转向，直接影响到整条道路的通行能力。

为了减少交叉口上的冲突点，保证交叉口的交通安全，常用来减少或消除冲突点的方法有：交通管制，渠化交通和立体交叉。其中，立体交叉是两条道路在不同高程上交叉，两条道路上的车流互不干涉，各自保持原有车速通行。

平面交叉口范围内的地面水应能迅速排除，交叉口范围内的地下管线布置、交叉口范围内的雨水口布置、绿化、照明及与周围建筑物的协调等。交叉口竖向设计的目的是合理地设计交叉口的标高，以利行车和排水。常用等高线设计法，如图 7-3 所示。

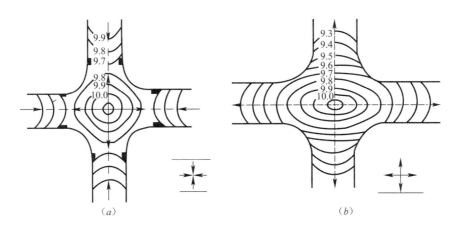

图 7-3　交叉口等高线立面图

(a) 凹形地形交叉口立面设计；(b) 凸形地形交叉口立面设计

5. 城镇道路路基与路面工程

（1）道路路基

1）路基基本构造

路基要素有宽度、高度和边坡坡度等。

① 路基宽度

路基宽度是指在一个横断面上两路缘之间的宽度。

行车道宽度主要取决于车道数和各车道的宽度。车道宽度一般为 3.5～3.75m。

② 路基高度

路基高度是指路基设计标高与路中线原地面标高之差，称为路基填挖高度或施工高度。路基高度影响路基稳定、路面的强度和稳定性、路面厚度和结构及工程造价。

③ 路基边坡

路基边坡坡度是以边坡的高度 H 与宽度 b 之比来表示，如图 7-4 所示。为方便起见，习惯将高度定为 1，相应的宽度是 b/H，如 1：0.5。

路基边坡坡度对路基稳定起着重要的作用。m 值愈大，边坡愈缓，稳定性愈好，但边坡过缓而暴露面积过大，易受雨、雪侵蚀。

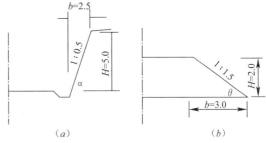

图 7-4　路基边坡坡度示意图

(a) 路堑；(b) 路堤

2) 对路基的基本要求

道路路基位于路面结构的最下部，路基应满足下列要求：

① 路基横断面形式及尺寸应符合标准规定；

② 具有足够的整体稳定性；

③ 具有足够的强度；

④ 具有足够的抗变形能力和耐久性。

⑤ 岩石或填石路基顶面应铺设整平层。

（2）道路路面

1) 路面结构层

路面是由各种材料铺筑而成的，通常由一层或几层组成。路面可分为面层、垫层和基层。路面结构层所选材料应满足强度、稳定性和耐久性的要求，由于行车荷载和自然因素对路面的作用，随着路面深度的增大而逐渐减弱，因而对路面材料的强度、刚度和稳定性的要求也随着深度而逐渐降低。

① 面层应满足结构强度、高温稳定性、低温抗裂性、抗疲劳、抗水损害及耐磨、平整、抗滑、低噪声等表面特性的要求。磨耗层又称为表面层，宜采用 SMA、AC-C 和 OG-FC 沥青混合料。各层结构中至少有一层为密级配沥青混合料。

② 基层应满足强度、扩散荷载的能力以及水稳定性和抗冻性的要求。基层分上基层和下基层。基层采用为刚性、半刚性或柔性材料。贫混凝土或碾压混凝土为刚性基层；水泥稳定类、石灰稳定类、二灰稳定类基层为半刚性；沥青稳定碎层、级配碎（砾）石为柔性基层。

③ 垫层应满足强度和水稳定性的要求。垫层宜采用砂、砂砾等颗粒材料。垫层通常设在排水不良和有冰冻翻浆路段。在地下水位较高地区铺设的垫层称为隔离层，能起隔水作用；在冻深较大的地区铺设的垫层称为防冻层，能起防冻作用。

2) 路面结构组成

沥青混合料路面结构图如图 7-5 所示，双层式沥青面层结构分为由表面层、下面层；三层式沥青面层结构分为表面层、中面层和下面层；单层式沥青面层应加铺封层式微表处作为磨耗层。水泥混凝土路面结构图如图 7-6 所示（接缝细部）。

6. 旧路面补强和改建

（1）旧路面结构补强和改建工程设计方案。应在调查旧路面的结构性能、使用历史，以及路面环境条件基础上并应依据路面的交通需求，以及材料、施工技术、实践经验和环境保护要求等，通过技术经济分析论证确定。

（2）旧路面的补强和加铺面层应符合下列要求：

1) 当路面平整度不佳，抗滑能力不足，但路面结构强度足够，结构损坏轻微时，沥青路面宜采用稀浆封层、薄层加铺等措施，水泥混凝土路面宜采用刻槽、板底灌浆和磨平错台等措施恢复路面表面使用性能。

2) 当路面结构破损较为严重或承载能力不能满足未来交通需求时，应采用加铺结构层补强。

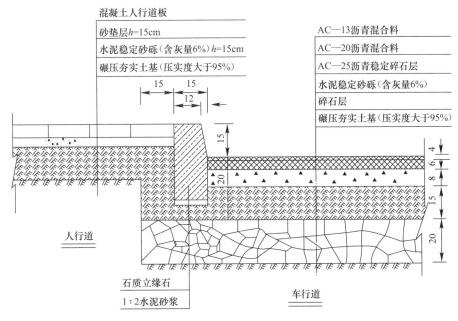

图 7-5　沥青混合料路面结构图（单位：cm）

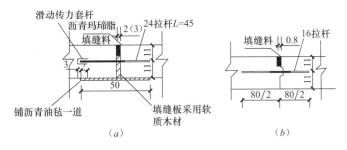

图 7-6　水泥混凝土路面结构图（单位：cm）

(a) 横向缩缝大样图；(b) 纵向缝大样图

3）当路面结构破损严重，或纵、横坡需作较大调整时，宜采用新建路面，或将旧路面作为新路面结构层的基层或下基层。

（3）旧沥青混凝土路面的加铺层宜采用沥青混合料。加铺层厚度应按补足路面结构层总承载能力要求确定，新旧路面之间必须满足粘结要求。

（4）当旧水泥混凝土路面的断板率较低、接缝传荷能力良好，且路面纵、横坡基本符合要求、板的平面尺寸和接缝布置合理时，可选用直接式水泥混凝土加铺层；否则，应采用分离式水泥混凝土加铺层。当旧水泥混凝土路面强度足够，且断板和错台病害少时，可选择直接加铺沥青面层的方案，并应根据交通荷载、环境条件和旧路面的性状等，选择经济有效的防止放射裂缝的措施。

7. 道路附属工程

（1）雨水口和雨水支管

一条完好的道路，必定配备一套完好的排水设施，才能保证其正常的使用寿命。雨水口、连接管和检查井是道路上收集雨水的构筑物，路面的雨水经过雨水口和连接管排入城市雨水管道。

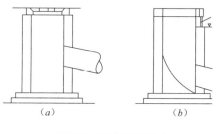

图 7-7　雨水口的形式

(*a*) 落地雨水口；(*b*) 不落地雨水口

雨水口分为落地和不落地两种形式，落地雨水口具有截流冲入雨水的污秽垃圾和粗重物体的作用。不落地雨水口指雨水进入雨水口后，直接流入沟管。具体形式如图 7-7 所示。

雨水口的进水方式有平箅式、立式和联合式等。平箅式雨水口有缘石平箅式和地面平箅式。缘石平箅式雨水口适用于有缘石的道路，地面平箅式适用于无缘石的路面、广场、地面低洼聚水处等。立式雨水口有立孔式和立箅式。联合式雨水口是平箅式与立式的综合形式，适用于路面较宽、有缘石、径流量较集中且有杂物处。

雨水口需一般设置在下行道路汇水点、道路平面交叉口、周边单位出入口、出水口等地点。雨水口的间距宜为 25～50m，位置与雨水检查井的位置协调。雨水支管管径一般 200～300mm，坡度一般不小于 10%，覆土厚度一般不小于 0.7m 或当地冰冻深度。

（2）路缘石和步道砖

1）路缘石

路缘石可分为立缘石和平缘石两种，立缘石也称为道牙或侧石（图 7-8），是设在道路边缘，起到区分车行道、人行道、绿地、隔离带和道路其他路面水的作用；平缘石也称平石，是顶面与路面平齐的缘石，有标定路面范围、整齐路容、保护路面边缘的作用。平石是铺筑在路面与立缘石之间，常与侧石联合设置，有利于路面施工或使路面边缘能够被机械充分压实，是城市道路最常见的设置方式。

立缘石一般高出车行道 15～18cm，对人行道等起侧向支撑作用。

路缘石可用水泥混凝土、条石、块石等材

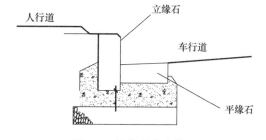

图 7-8　城市道路路缘石

料制作，混凝土强度一般不小于 30MPa。外形有直的、弯弧形和曲线形。应根据要求和条件选用。

2）步道砖

人行道设置在城市道路的两侧，起到保障行人交通安全和保证人车分流的作用。人行道面常用预制人行道板块、石料铺筑而成，混凝土强度一般不小于 30MPa。

（3）交通标志和标线

1）交通标志

道路交通标志是用图案、符号和文字传递特定信息，用以对交通进行导向、限制或警告等管理的安全设施。一般设置在路侧或道路上方。主要包括色彩、形状和符号等三要素。主标志可分为下列四类：

① 警告标志。警告车辆、行人注意危险地点的标志。

② 禁令标志。禁止或限制车辆、行人交通行为的标志。

③ 指示标志。指示车辆、行人行进的标志。

④ 指路标志。传递道路前进方向、地点、距离信息的标志。

辅助标志是铺设在主标志下，起辅助说明作用的标志。按用途不同分为表示时间、车辆种类、区域或距离、警告与禁令理由及组合辅助标志五种。

2）交通标线

交通标线是由各种路面标线、箭头、文字、立面标记，突起路标和路边线轮廓标等所构成的交通安全设施。

路面标线应根据道路断面形式、路宽以及交通管理的需要画定。路面标线的形式主要有车行道中心线、车行道边缘线、车道分界线、停止线、人行横道线、导向车道线、导向箭头以及路面文字或图形标记等（图 7-9）。

突起路标是固定于路面上突起的标记块，一般应和路面标线配合使用，可起辅助和加强标线的作用，一般作为定向反射型。

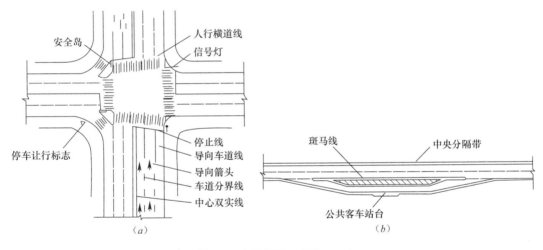

图 7-9　交通标线（单位：cm）

(a) 路面标线；(b) 港湾式停靠站标线

（4）道路照明与绿化景观

1）照明灯杆设置在两侧和分隔带中，立体交叉处还应设有独立灯杆。

2）分离带不宜种植乔木，广场宜进行景观设计。

（二）城市桥梁工程

1. 城市桥梁的基本组成

城市桥梁包括隧道（涵）和人行天桥。

桥梁一般由上部结构、支座、下部结构、基础和附属结构组成（图 7-10），具体如下：

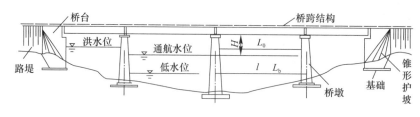

图 7-10 跨河桥的基本组成

（1）上部结构：即桥跨结构，是在线路中断时跨越障碍的主要承载结构。包括桥面系、承重梁板结构。桥面系包括桥面铺装、人行道、栏杆、排水和防水系统、伸缩缝等。

承重梁板结构是桥梁上部结构的主体，承受着桥梁上部结构的自重、人群和车辆荷载等，并将其传递至桥梁下部结构。

（2）支座：在桥跨结构与桥墩或桥台的支承处所设置的传力装置。它不仅要传递很大的荷载，并且还要保证桥跨结构能产生一定的变位。

（3）下部结构：是支承桥跨结构并将恒载和车辆等活载传至地基的构筑物。包括桥墩、桥台、墩柱、系梁、盖梁等。桥台位于桥梁的两端，并与路堤衔接，具有承重、挡土和连接作用，桥墩是多跨桥的中间支撑结构，主要起承重的作用。

（4）基础：桥梁的自重以及桥梁上作用的各种荷载都要通过它传递和扩散给地基。基础是埋置于地层内的隐蔽工程，基础涉及复杂的水文、地质条件，是桥梁工程中的难点。

（5）附属设施：桥梁的附属设施有挡土墙、锥形护坡、护岸、河道护砌等。锥形护坡是在路堤与桥台衔接处设置的圬工构筑物（图 7-11），它保证迎水部分路堤边坡的稳定。

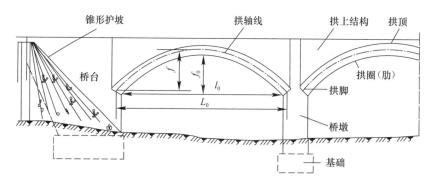

图 7-11 跨河拱桥梁结构示意图

2. 城市桥梁的分类和设计荷载

（1）城市桥梁的分类

按跨越障碍物的性质来分，有跨河桥、跨海桥、跨谷桥、高架桥、立交桥、地下通道等。

按主要承重结构所用的材料分，有木桥、圬工桥、钢筋混凝土桥、预应力混凝土桥、钢桥和钢—混凝土结合梁桥等。钢筋混凝土和预应力混凝土是目前应用最广泛的桥梁，钢桥的跨越能力较大，跨度位于各类桥梁之首。

按上部结构的行车道位置分为上承式、下承式和中承式。桥面在主要承重结构之上的为上承式，桥面在主要承重结构之下的为下承式，桥面在主要承重结构中部的为中承式。如图 7-12 所示。

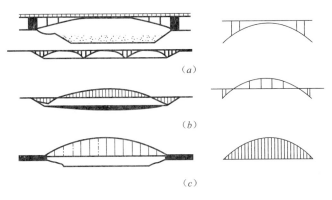

图 7-12　上（中、下）承式桥与受力示意图

(a) 上承式；(b) 中承式；(c) 下承式

按桥梁全长和跨径的不同分为特大桥、大桥、中桥、小桥四类，见表 7-5。

桥梁按总长或路径分类　　　　　　　　　　　　　　表 7-5

桥梁分类	多孔路径总长 L（m）	单孔路径 L_k（m）
特大桥	$L>1000$	$L_k>150$
大桥	$1000 \geqslant L \geqslant 100$	$150 \geqslant L_k \geqslant 40$
中桥	$100>L \geqslant 30$	$40>L_k \geqslant 20$
小桥	$30 \geqslant L \geqslant 8$	$20>L_k \geqslant 5$

注：1. 单孔跨径系指标准跨径。梁式桥、板式桥以两桥墩中线之间桥中心线长度或桥墩中线与桥台台背前缘线之间桥中心线长度为标准跨径；拱式桥以净跨径为标准跨径。
　　2. 梁式桥、板式桥的多孔跨径总长为多孔标准跨径的总长；拱式桥为两岸桥台起拱线间的距离；其他形式的桥梁为桥面系的行车道长度。

按桥梁力学体系可分为梁式桥、拱式桥、刚架桥、悬索桥、斜拉桥五种基本体系以及它们之间的各种组合。

1）梁式桥

梁式桥是一种在竖向荷载作用下无水平反力的结构，桥的主要承重构件是梁或板，构件受力以受弯为主是一种使用最广泛的桥梁形式，可细分为简支梁桥、连续梁桥和悬臂梁桥，如图 7-13 所示。所谓简支梁是指梁的两端分别为铰支（固定）端与活动端的单跨梁式桥。连续梁桥是指桥跨结构连续跨越两个以上桥孔的梁式桥。在桥墩上连续，在桥孔内中断，线路在桥孔内过渡到另一根梁上的称为悬臂梁，采用这种梁的桥称为悬臂梁桥。

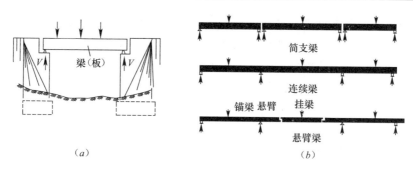

图 7-13　梁式桥示意图

2）拱式桥

拱式桥由拱上建筑、拱圈和墩台组成，如图 7-14（a）所示。拱桥在竖向荷载作用下承重构件是拱圈或拱肋，构件受力以受压为主。作为主要承重结构的拱肋主要承受压力，在竖直荷载作用下，拱桥的支座除产生竖向反力外，还产生较大的水平推力如图 7-14（b）所示，拱脚基础既要承受竖向力，又要承受水平力，因此拱式桥对基础与地基的要求比梁式桥要高。

拱式桥按桥面位置可分为上承式拱桥、中承式拱桥和下承式拱桥，如图 7-14。

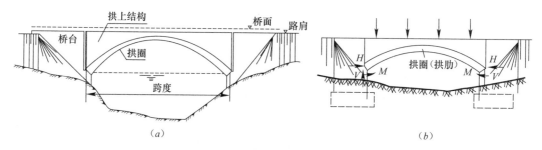

图 7-14　拱式桥
（a）拱式桥示意图；（b）拱式桥受力简图

3）刚构桥

刚构桥是指桥跨结构与桥墩式桥台连为一体的桥。刚构桥根据外形可分为门形刚构桥，斜腿刚构桥和箱形桥，如图 7-15 所示。斜腿刚构桥可应用于山谷、深河陡坡地段，避免修建高墩或深水基础。箱形桥的梁跨、腿部和底板联成整体，刚性好。

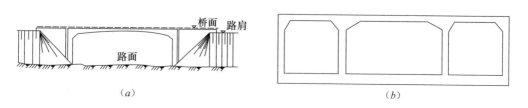

图 7-15　刚构桥示意图（一）
（a）门形刚构桥；（b）箱形桥

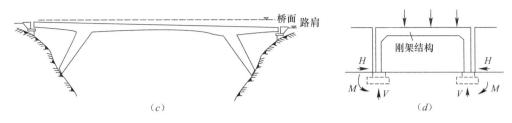

图 7-15　刚构桥示意图（二）

(*c*) 斜腿刚构桥；(*d*) 刚构桥受力简图

　　刚构桥将上部结构的梁与下部结构的立柱进行刚性连接，在竖向荷载作用下，梁部主要受弯，柱脚则要承受弯矩、轴力和水平推力，如图 7-15（*d*）所示，受力介于梁和拱之间。它的主要承重结构是梁和柱构成的刚构结构，梁柱连接处具有很大的刚性。

　　4）悬索桥

　　悬索桥是桥面支承在悬索（也称主缆）上的桥，又称吊桥，如图 7-16（*a*）所示。它是以悬索跨过塔顶的鞍形支座锚固在两岸的锚锭中，作为主要承重结构。在缆索上悬挂吊杆，桥面悬挂在吊杆上。由于这种桥可充分利用悬索钢缆的高抗拉强度，具有用料省、自重轻的特点，是现在各种体系桥梁中能达到最大跨度的一种桥型。

　　悬索桥（吊桥）在竖向荷载作用下，通过吊杆使缆索承受拉力，而塔架除承受竖向力作用外，还要承受很大的水平拉力和弯矩，如图 7-16（*b*）所示，它的主要承重构件是主缆，以受拉为主。

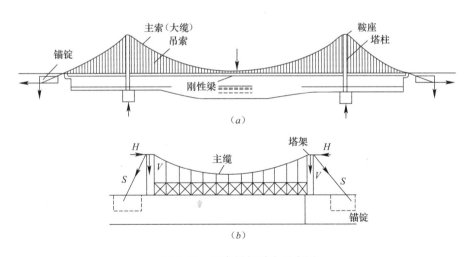

图 7-16　悬索桥与受力示意图

　　5）斜拉桥

　　斜拉桥是将梁用若干根斜拉索拉在塔柱上的桥，由梁、斜拉索和塔柱三部分组成，如图 7-17 所示。斜拉桥是一种自锚式体系，斜拉索的水平力由梁承受、梁除支承在墩台上外，还支承在由塔柱引出的斜拉索上。按梁所用的材料不同可分为钢斜拉桥、结合梁斜拉桥和混凝土梁斜拉桥。

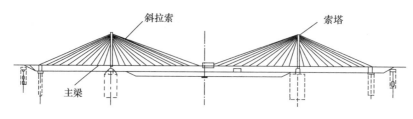

图 7-17   斜拉桥示意图

斜拉桥是由梁、塔和斜拉索组成的结构体系，在竖向荷载作用下，梁以受弯为主，塔以受压为主，斜索则承受拉力。

6）组合体系桥

组合体系桥是指由上述 5 种不同基本体系的结构组合而成的桥梁。系杆拱桥是由梁和拱组合而成的结构体系，竖向荷载作用下，梁以受弯为主，拱以受压为主，以九江长江大桥为代表，如图 7-18（a）所示；梁与悬吊系统的组合，以丹东鸭绿江大桥为代表，如图 7-18（b）；梁与斜拉索的组合，以芜湖长江大桥为代表，如图 7-18（c）等。

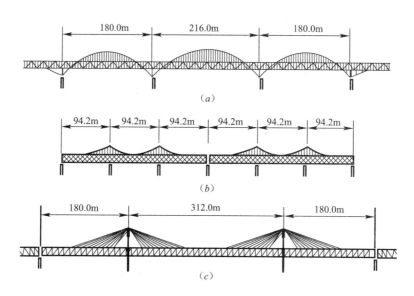

图 7-18   组合体系桥示意图
（a）九江长江大桥；（b）丹东鸭绿江大桥；（c）芜湖长江大桥

（2）设计荷载

根据《城市桥梁设计规范》GJJ 11—2011，城市桥梁设计汽车荷载由车道荷载和车辆荷载组成，分为两个等级，即城—A 级和城—B 级。城—A 级车辆标准载重汽车应采用五轴式货车加载，总重 700kN，前后轴距为 18.0m，行车限界横向宽度为 3.0m；城—B 级标准载重汽车应采用三轴式货车加载，总重 300kN，前后轴距为 4.8m，行车限界横向宽度为 3.0m。

桥梁设计采用的作用可分为永久作用、可变作用和偶然作用三类，见表 7-6。

作用分类表 表 7-6

编号	分类	名称	编号	分类	名称
1	永久作用	结构重力（包括结构附加重力）	10	可变作用	汽车荷载
2		预加应力	11		汽车冲击力
3		土的重力及土侧压力	12		汽车离心力
4		混凝土收缩及徐变影响力	13		汽车引起的土侧压力
5		基础变位作用	14		人群荷载
6	偶然作用	水的浮力	15		风荷载
7		地震作用	16		汽车制动力
8		船只或漂流物的撞击作用	17		流水压力
9		汽车撞击作用	18		冰压力
			19		温度（均匀、梯度）作用
			20		支座摩擦力

3. 城市桥梁的构造

（1）桥面系

梁桥的桥面系一般由桥面铺装层、防水和排水系统、伸缩缝、安全带、人行道、栏杆、灯柱等构成。

1）桥面铺装层

梁桥桥面铺装一般采用厚度不小于 5cm 的沥青混凝土，或厚度不小于 8cm 的水泥混凝土，混凝土强度等级不应低于 C40。为使铺装层具有足够的强度和良好的整体性，一般在混凝土中铺设直径不小于 8mm 的钢筋网。

2）排水防水系统

桥面排水是借助于纵坡和横坡的作用，使桥面雨水迅速汇向集水碗，并从泄水管排出桥外。桥面横坡一般为 1.5%～2.0%，可采用铺设混凝土三角垫层或在墩台上直接形成横坡。除了通过纵横坡排水外，桥面应设有排水设施。

桥面防水是使将渗透过铺装层的雨水挡住并汇集到泄水管排出，防水层的设置可避免或减少钢筋的锈蚀，以保证桥梁结构的质量。一般地区可在桥面上铺 8～10cm 厚的防水混凝土或铺贴防水卷材作为防水层。

3）桥梁伸缩装置

桥梁伸缩一般设在梁与桥台之间、梁与梁之间，伸缩缝附近的栏杆、人行道结构也应断开，以满足自由变形的要求。按照常用伸缩缝的传力方式和构造特点，伸缩缝可分成对接式伸缩缝、钢制支承式伸缩缝、橡胶组合剪切式伸缩缝、模数支承式伸缩缝和无缝式伸缩缝五大类。

4）其他附属设施

① 人行道：城市桥梁一般均应设置人行道，可采用装配式人行道板。人行道顶面应做成倾向桥面 1%～1.5% 的排水横坡。

② 安全带：在快速路、主干路、次干路或行人稀少地区，可不设人行道，而改用安全带。

③ 栏杆：是桥梁的防护设备，同时城市桥梁栏杆应美观实用，高度不小于 1.1m。

④ 灯柱：城市桥梁应设照明设备，灯柱一般设在栏杆扶手的位置上，高度一般高出车道约 8～12m。

⑤ 安全护栏：在特大桥和大、中桥梁中，一般根据防撞等级在人行道与车行道之间设置桥梁护栏，常用的有金属护栏、钢筋混凝土护栏等。

特大桥、大桥还应设置检查平台、避雷设施、防火照明和导航设备等装置。

（2）钢筋混凝土梁桥上部结构

钢筋混凝土梁是利用抗压性能良好的混凝土和抗拉性能良好的钢筋结合而成的，具有耐久性好、适应性强、整体性好和美观的特点，多用于中小跨径桥梁。

按承重结构的横截面形式，钢筋混凝土梁桥可分为板桥、肋梁桥、箱形梁桥等。板桥的承重结构是矩形截面的钢筋混凝土板或预应力混凝土板。

按承重结构的静力体系分类有简支梁桥、悬臂梁桥、连续梁桥。

按施工方法分类有整体浇筑式梁桥、预制装配式梁桥。城市桥梁多采用钢筋混凝土简支结构。

1）钢筋混凝土简支板桥

① 整体式简支板桥

整体式简支板桥一般做成等厚度的矩形截面，具有整体性好，横向刚度大，而且易于浇筑成复杂形状等优点，在 5.0～10.0m 跨径桥梁中得到广泛应用。

整体式板桥配置纵向受力钢筋和与之垂直的分布钢筋，按计算一般不需设置箍筋和斜筋，但习惯上仍在跨径的 $\frac{1}{6}$～$\frac{1}{4}$ 处部分主筋按 30°～45° 弯起，当板宽较大时，尚应在板的顶部适当地配置横向钢筋。

② 装配式钢筋混凝土简支板桥

装配式简支板桥的板宽，一般为 1.0m，预制宽度通常为 0.9m，以便于构件的运输与安装。按其横截面形式主要有实心板和空心板两种，空心板截面形式如图 7-19 所示。

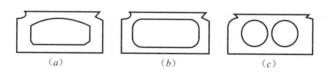

（a）　　　　（b）　　　　（c）

图 7-19　空心板截面形式

实心板桥一般适用跨径为 4.0～8.0m。空心板较同跨径的实心板重量轻，运输安装方便，而建筑高度又较同跨径的 T 形梁小，因此目前使用较多。钢筋混凝土空心板桥适用跨径为 8.0～13.0m，板厚为 0.4～0.8m；预应力混凝土空心板适用跨径为 8.0m～16.0m，板厚为 0.4m～0.7m。常用的横向连接方式有企口混凝土铰连接和钢板焊接连接。

2）现浇钢筋混凝土简支梁桥

① 整体式简支梁桥

整体式简支 T 形梁桥多数在桥孔支架模板上现场浇筑，个别也有整体预制、整孔架设的情况。

② 装配式钢筋混凝土简支 T 形梁桥

装配式简支 T 形梁桥由 T 形主梁和垂直于主梁的横隔梁组成，主梁包括主梁梁肋和梁肋顶部的翼缘（也称行车道板）。预制主梁通过设在横隔梁顶部和下部的预埋钢板焊接连接成整体，或用就地浇筑混凝土连接而成的桥跨结构，如图 7-20 所示。

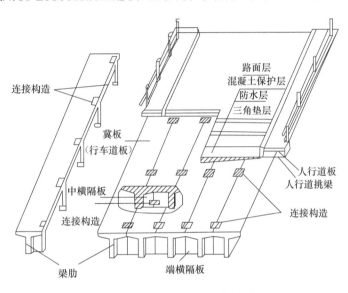

图 7-20 装配式 T 形梁桥构造

装配式钢筋混凝土简支 T 形梁桥常用跨径为 8.0～20m，主梁间距一般采用 1.8～2.2m。横隔梁在装配式 T 形梁桥中的作用是保证各根主梁相互连成整体共同受力，横隔梁刚度越大，梁的整体性越好，在荷载作用下各主梁就越能更好地共同受力，一般在跨内设置 3～5 道横隔梁，间距一般 5.0～6.0m 为宜。预制装配式 T 形梁桥主梁钢筋包括纵向受力钢筋（主筋）、弯起钢筋、箍筋、架立钢筋和防收缩钢筋。由于主筋的数量多，一般采用多层焊接钢筋骨架。

为保证 T 形梁的整体性，防止在使用过程中因活载反复作用而松动，应使 T 形梁的横向连接具有足够的强度和刚度，一般可采用横隔梁横向连接和桥面板横向连接方法。

装配式预应力混凝土简支 T 形梁桥常用跨径为 25.0～50.0m，主梁间距一般采用 1.8～2.5m。横隔梁采用开洞形式，以减轻桥梁自重。装配式预应力混凝土 T 形梁主梁梁肋钢筋由预应力筋和其他非预应力筋组成，其他非预应力筋主要有受力钢筋、箍筋、防收缩钢筋、定位钢筋、架立钢筋和锚固加强钢筋等。

装配式预应力混凝土简支 I 形梁桥与 T 形梁桥类似。

③ 装配式钢筋混凝土简支箱形梁桥

装配式简支箱形梁桥由箱形主梁和垂直于主梁的横隔梁组成。预制主梁通过就地现浇混凝土横隔梁连接成整体，形成桥跨结构。

装配式预应力混凝土简支箱形梁桥常用跨径为 25.0～50.0m，主梁间距一般采用 2.5～3.5m。装配式预应力混凝土箱形梁主梁钢筋由预应力筋和其他非预应力筋组成。其他非预应力筋主要有受力钢筋、箍筋、防收缩钢筋、定位钢筋、架立钢筋和锚固加强钢筋等。

3）钢筋混凝土悬臂梁桥

悬臂梁桥可减小跨中弯矩值，因而可适用于较大跨径桥梁，悬臂梁桥分为双悬臂梁和单悬臂梁，此外，将悬臂梁桥的墩柱与梁柱固结后便形成了带挂梁和带铰结构的 T 形刚构桥。

4）预应力混凝土连续梁桥

连续梁桥是中等跨径桥梁，一般分为等截面连续梁桥、变截面连续梁桥、连续刚构桥。连续梁桥通常是将 3～5 孔做成一联，连续梁桥施工时，一般先将主梁逐孔架设成简支梁然后互相连接成为连续梁，也可以整联现浇而成，或者采用悬臂施工；采用顶推法施工，即在桥梁一端（或两端）路堤上逐段连续制作梁体逐段顶向桥孔；另外还有采用移动吊支模架和转体施工连续梁。

预应力混凝土连续梁是超静定结构，具有变形和缓、伸缩缝少、刚度大、行车平稳、超载能力大、养护简单等优点。其跨径一般在 30～150m 之间，主要用于地基条件较好、跨径较大的桥梁上。

① 跨径布置

预应力混凝土连续梁的跨径布置有等跨和不等跨两种，如图 7-21 所示。

图 7-21（a）为等跨连续梁，图 7-21（b）为不等跨连续梁，边跨与中跨之比值一般为 0.5～0.7。当比值小于 0.3 时如图 7-21（c）所示，则连续梁将变为固端梁，两边端支座上将产生负的反力（拉力），支座构造要作特殊考虑。

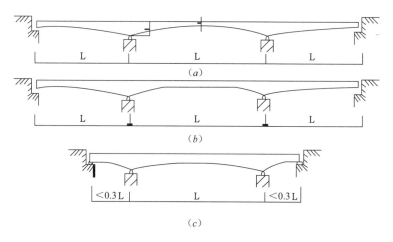

图 7-21　预应力混凝土连续梁

② 截面形式

梁的横截面形式有板式、T 形截面和箱形截面等，纵截面分等截面与变截面两大类。

等截面连续梁构造简单，用于中小跨径时，梁高 $h=(1/15～1/25)l$。采用顶推法施工时梁高宜较大些，$h=(1/12～1/16)l$。当跨径较大时，恒载在连续梁中占主导地位，宜采用变高度梁，跨中梁高 $h=(1/25～1/35)l$，支点梁高 $H=(2～5)h$，梁底设曲线连接。

连续板梁高 $h=(1/30～1/40)l$，宜用于梁高受限制场合；同时，实心板能适应任何形式的钢束布置，所以在有特殊情况要求时，如斜度很大的斜桥、弯道桥等，可用连续板桥。为了受力和构造上要求，T 形截面的下缘常加宽成马蹄形。较大跨径的连续梁一般都采用箱形截面。采用顶推法施工时，一般为单孔单箱。

③ 钢（筋、预应力筋）束布置

钢束布置必须分别考虑结构在使用阶段与施工阶段的受力特点，有直线与曲线布置两种。正弯矩钢筋置于梁体下部；负弯矩钢筋则置于梁体上部；正负弯矩区则上下部均需配置钢筋，如图 7-22 所示。

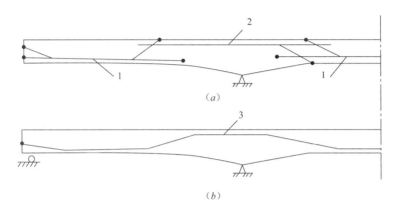

图 7-22　钢束布置图

（a）钢筋布置；（b）预应力束布置

1—正弯矩钢筋；2—负弯矩钢筋；3—预应力筋束

预应力筋锚固于梁端通长布置，也可根据受力需要在跨径范围内弯出锚固于梁顶或梁底。

（3）支座

支座（图 7-23）设在桥梁上部结构与墩台之间，按照功能分为固定支座和活动支座。固定支座用于将桥跨结构固定在墩台上，可以转动，但不能移动，活动支座用来保证桥跨结构在各种因素作用下可以水平移动和转动。

图 7-23　支座示意图

常用的支座有：垫层支座、平面钢板支座、弧形钢板支座、钢筋混凝土摆柱式支座、钢筋混凝土铰支座、铸钢支座、橡胶支座、聚四氟滑板支座等。其中橡胶支座分为板式橡胶支座、盆式橡胶支座、聚四氟乙烯滑板支座、球形橡胶支座等。

板式橡胶支座由多层天然橡胶与薄钢板镶嵌、粘合、硫化而成，具有足够的竖向刚度以承受垂直荷载，且能将上部构造的压力可靠地传递给墩台；有良好的弹性以适应梁端的转动；有较大的剪切变形以满足上部构造的水平位移。

聚四氟乙烯滑板式橡胶支座是在普通板式橡胶支座的表面粘复一层 1.5mm～3mm 厚的聚四氟乙烯板，又称为四氟滑板式支座。聚四氟乙烯板与梁底不锈钢板之间的低摩擦系数，使上部构造的水平位移不受支座本身剪切变形量的限制，能满足一些桥梁的大位移量需要。

盆式橡胶支座由顶板、不锈钢滑板、聚四氟乙滑板、中间钢板、橡胶板、密封圈、底盆、支座锚栓等组成，盆式橡胶支座具有承载能力大，变形量小，水平位移量大，转动灵活等特点。

球形橡胶支座与普通盆式橡胶支座相比，具有转角更大、转动灵活、承载力大、容许位移量大等特点，而且能更好地适应支座大转角的需要。

（4）下部结构

桥墩、桥台以及基础是桥梁的下部结构，主要作用是承受上部结构传来的荷载，并将荷载传递给地基，桥墩一般系指多跨桥梁的中间支承结构通称墩柱。

1）桥墩（柱）

桥墩按其构造可分为重力式、空心式、柱式、柔性排架桩式、钢筋混凝土薄壁桥墩等。

① 重力式桥墩

重力式桥墩由墩帽、墩身组成（图 7-24），主要特点是靠自身重量来平衡外力而保持稳定，适用于地基良好的桥梁，通常使用天然石材或片石混凝土砌筑，基本不用钢筋。墩

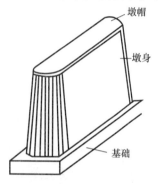

图 7-24　重力式桥墩

帽设置在桥墩顶部，通过支座承托上部结构的荷载并传递给墩身。墩帽内一般设置构造钢筋，墩帽的支座处设置垫石，其内设置水平钢筋网。墩帽顶部常做成一定的排水坡，四周挑出墩身约 5～10cm 作为滴水（檐口）。墩身是桥墩的主体，一般采用料石、块石或混凝土建造。墩身平面形状通常做成圆端形、尖端形、矩形或破冰体。

② 空心桥墩

在一些高大的桥墩中，为了减少圬工体积，节约材料，减轻自重，减少地基的负荷，将墩身内部做成空腔体，就是空心桥墩。它在外形上与重力式桥墩无大的差别，只是自重较轻，但抵抗流水、含泥含砂流体或冰块冲击的能力差，不宜在有上述情况的河流中采用。

③ 柱式桥墩

柱式桥墩是由基础之上的承台、分离的立柱（墩）和盖梁组成，是目前城市桥梁中广泛采用的桥墩形式之一，特别是在较宽较大的立交桥、高架桥中。常用的形式有单柱式、双柱式、哑铃式以及混合双柱式四种（图 7-25）。柱式桥墩的墩身沿横向常有 1～4 根立柱组成，柱身为 0.6～1.5m 的大直径圆柱或方形、六角形，当墩身高度大于 6～7m 时，可设横系梁加强柱身横向联系。

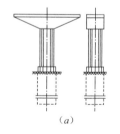 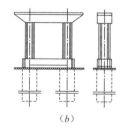 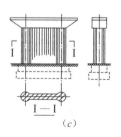 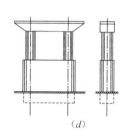

（a）　　　　　　（b）　　　　　　（c）　　　　　　（d）

图 7-25　柱式桥墩

（a）单柱式；（b）双柱式；（c）哑铃式；（d）混合双柱式

④ 柔性排架桩墩

柔性排架桩墩是将钻孔桩基础向上延伸作为桥墩，通称桩接柱。在桩顶浇筑盖梁，由单排或双排钢筋混凝土桩与顶端的钢筋混凝土盖梁连接而成（图 7-26）；依靠支座摩阻力使桥梁上下部构成一个共同承受外力和变形的整体，通常采用钢筋混凝土结构。适合平原地区建桥，有漂流物和流速过大的河道不宜采用。

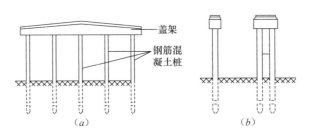

图 7-26　柔性排架桩墩
(a) 横向布置；(b) 纵向布置

⑤ 钢筋混凝土薄壁墩

钢筋混凝土薄壁墩墩身可做得很薄（30～50cm），高度不宜大于 7m，主要分为钢筋混凝土薄壁墩和双壁墩以及 V 形墩三类（图 7-27）。其特点是在横桥向的长度基本和其他形式的墩相同，但是在纵桥向的长度很小。可以减轻桥墩的自重，同时双壁墩可以增加桥墩的刚度，减少主梁支点负弯矩，增加桥梁美观。

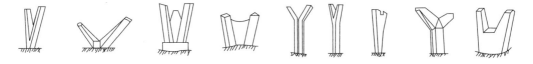

图 7-27　钢筋混凝土薄壁墩示意图

2）桥台

梁桥桥台按构造可分为重力式桥台、轻型桥台、框架式桥台和组合式桥台。

① 重力式桥台

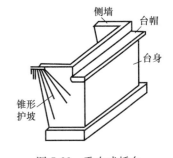

图 7-28　重力式桥台

重力式桥台也称为实体式桥台（图 7-28），主要依靠自身来平衡后台土压力。常用类型有 U 形、埋式、耳墙式。U 形重力式桥台是常用的桥台形式，由于台身由前墙和两个侧墙构成的 U 字形结构，故而得名。U 形桥台构造简单，自重大，对地基要求高，适用于填土高度不大的中、小桥梁中。埋式桥台适用于填土较高时，为减少桥台长度节省圬工，可将桥台前缘后退，使桥台埋入锥体填土中而成的一种桥台形式。耳墙式桥台在台尾上部用两片钢筋混凝土耳墙代替实体台身并与路堤连接，借以节省圬工。

重力式桥台一般由台帽、台身（前墙、背墙和侧墙）组成。桥台的前墙一方面承受上部结构传来的荷载，另一方面承受路堤填土侧压力。前墙设台帽以安放支座，上部设置挡土的背墙，背墙临台帽一面一般直立，另一面采用前墙背坡。侧墙与前墙结合成整体，兼有挡土墙和支撑墙的作用。侧墙外露面一般直立，其长度由锥形护坡位置确定，长度不小于 0.75m，以保证桥台与路堤有良好的衔接，侧墙内应填透水性良好的砂土或砂砾。桥台两边需设锥形护坡，以保证路堤坡脚不受水流冲刷。为保证桥与路堤衔接顺适，快速路、主干道应在背墙后设搭板。

② 轻型桥台

轻型桥台的主要特点是利用结构本身的抗弯能力来减少圬工体积而使桥台轻型化、自重小，适用于软土地基，但构造较复杂。多采用钢筋混凝土材料，分为薄壁和带支撑梁两种类型。

薄壁轻型桥台是由扶壁式挡土墙和两侧的薄壁侧墙构成，挡土墙由前墙和间距为 2.5～3.5m 的扶壁组成。台顶由竖直小墙和扶壁上的水平板构成，用以支承桥跨结构。两侧的薄壁和前墙垂直的为 U 形薄壁桥台，与前墙斜交的为八字形薄壁桥台。

带支撑梁的桥台是由台身直立的薄壁墙、台身两侧的翼墙、同时在桥台下部设置钢筋混凝土支撑梁、上部结构与桥台由锚栓连接构成四铰框架结构系统，并借助两端台后的土压力来保持稳定。

③ 框架式桥台

框架式桥台是一种在横桥向呈框架式结构的桩基础轻型桥台，所受的土压力较小，适用于地基承载力较低、台身较高、跨径较大的梁桥。其构造形式有双柱式、多柱式、墙式、半重力式和双排架式、板凳式等。

④ 组合式桥台

为使台式轻型化，桥台本身主要承受跨结构传来的竖向力和水平力，而台背的土压力由其他结构来承受，形成组合式桥台。组合的方式很多，如桥台与锚定板组合、桥台与挡土墙组合、桥台与梁及挡土墙组合、框架式的组合、桥台与重力式后座组合等。

⑤ 承拉桥台

承拉桥台主要在斜弯桥中使用，用来承受由于荷载的偏心作用而使支座受到的拉力。

(5) 基础

基础按埋置深度分为浅基础和深基础两类，浅基础埋深一般在 5m 以内，最常用的是天然地基上的扩大基础；埋置深度超过 5m 的基础为深基础，深基础有桩基、管柱基础、沉井基础、地下连续墙和锁口钢管桩基础。

1) 扩大基础

扩大基础是直接在墩台位置开挖基坑，在天然地基上修建的实体基础，属于刚性浅基础。该基础自重大，对地基要求高，平面形状一般为矩形，立面形状可分为单层或多层台阶扩大形式，扩大部分最小宽度为 20～50cm，台阶高度为 50～100cm。常用材料有混凝土、片石混凝土、浆砌片石。

2) 桩基础

桩基础是由若干根桩和承台组成，桩在平面上可为单排或多排，桩顶由承台联成一个整体；在承台上修筑桥墩、桥台等结构，如图 7-29 所示。桩身可全部或部分埋入地基之中，当桩身外露较高时，在桩之间应加系梁，以加强各桩的横向连系。

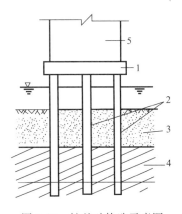

图 7-29　桩基础构造示意图

1—承台；2—基桩；3—土层；4—持力层；5—墩身

桥梁桩基础按传力方式有端承桩和摩擦桩。通常可分为沉入桩基础和灌注桩基础，按成桩方法可分为：沉入桩、钻孔灌注桩、人工挖孔桩。

常用的沉入桩有钢筋混凝土桩、预应力混凝土桩、钢管桩。

钻孔灌注桩依据成桩方式可分为泥浆护壁成孔、干作业成孔、沉管成孔及爆破成孔。施工机具及使用条件见表7-7。

成桩方式与使用条件表　　　　　　　　表 7-7

序号	成桩方式与设备		土质适用条件
1	泥浆护壁成孔桩	冲抓钻	黏性土、粉土、砂土、填土、碎石土及风化岩层
2		冲击钻	
3		旋挖钻	
4		潜水钻	黏性土、淤泥、淤泥质土及砂土
5	干作业成孔桩	长螺旋钻	地下水位以上的黏性土、砂土及人工填土、非密实的碎石土、强风化岩
6		钻孔扩底	地下水位以上的坚硬、硬塑的黏性土及中密以上的风化岩层
7		人工挖孔	地下水位以上的黏性土、黄土及人工填土
8		全套管钻机	砂卵石、砾石、漂石
9	沉管成孔桩	夯扩	桩端持力层埋深不超过20m的中、低压缩性黏性土、粉土、砂土、碎石类土
10		振动	黏性土、砂土、粉土
11	爆破成孔桩	爆破成孔	地下水位以上的黏性土、黄土碎石土及风化岩

3）管柱基础

管柱基础是一种大直径桩基础，适用于深水、有潮汐影响以及岩面起伏不平的河床。它是将预制的大直径（直径 1.5～5.8m，壁厚 10～14cm）钢筋混凝土、预应力混凝土管柱或钢管柱，用大型的振动沉桩锤沿导向结构将桩竖向振动下沉到基岩，然后以管壁作护筒，用水面上的冲击式钻机进行凿岩钻孔，再吊入钢筋笼架并灌注混凝土，将管柱与基岩牢固连接。管柱施工需要有振动沉桩锤、凿岩机、起重设备等大型机具，动力要求也高，一般用于大型桥梁基础。

4）沉井基础

由开口的井筒构成的地下承重结构物，适用于持力层较深或河床冲刷严重等水文地质条件，具有很高的承载力和抗振性能。这种基础系由井筒、封顶混凝土和井盖等组成，其平面形状可以是圆形、矩形或圆端形，立面多为垂直边，井孔为单孔或多孔，沉井一般采用钢筋混凝土结构。

5）地下连续墙基础

用地下连续墙体作为土中支撑单元的桥梁基础。一种是采用分散的板墙，墙顶设钢筋混凝土承台；另一种是用板墙围成闭合结构，墙顶设钢筋混凝土盖板，在大型桥基中使用较多。

（三）市政管道工程

1. 管道分类与特点

市政管道工程，又称为城市管道工程包括城市供（排）水、气、热、电和通信工程，是城市赖以生存和发展的基础设施，被誉为城市的生命线。

市政管道工程包括的种类很多，按其功能主要分为：给水、排水、中水、燃气、供热、电力和电信。

市政管道可分为沟埋（地）式、高架式和沉管。沟埋（地）式管道一般铺设在城市道路下，各种管道位置错综复杂，且施工的先后次序也不一样，彼此间相互影响，相互制约。

根据城市规划布置要求，市政管道应尽量布置在人行道、非机动车道和绿化带下，部分埋深大、维修次数少的污水管道和雨水管道可布置在机动车道下。管线平面布置的次序一般是：从道路红线向中心线方向依次为：电力、电信、燃气、供热、中水、给水、雨水、污水。当市政管线交叉敷设时，自地面向地下竖向的排列顺序一般为：电力、电信、供热、燃气、中水、给水、雨水、污水。当各种管线布置发生矛盾时，处理的原则是：新建让现况、临时让永久、有压让无压、可弯管让不可弯管、小管让大管。

目前，我国正在推广和应用地下综合管廊，将各专业管线有序布置在同一管沟内进行运营和管理。

本教材主要介绍沟埋（地）式的给水与排水管道、燃气管道和供热管道等市政管道。

2. 给水管道

（1）给水管道系统的构成

给水管道系统是将符合用户要求的成品水输送和分配到各用户，一般通过泵站、输水管道、配水管网和调节构筑物等设施共同完成。

输水管道是从水源向给水厂，或从给水厂向配水管网输水的管道。配水管网是用来向用户配水的管道系统，分布在整个供水区域范围内，接受输水管道输送来的水量，并将其分配到各用户的接管点上。一般配水管网由配水干管、连接管、配水支管、分配管、附属构筑物和调节构筑物组成。

（2）给水管道常用管料

给水常用的管材有钢管、球墨铸铁管、钢筋混凝土压力管、预应力钢筒混凝土管

（PCCP 管）和化学建材管等。

管材要有足够的强度、刚度、密闭性，具有较强的抗腐蚀能力，内壁整齐光滑，接口应施工简便，且牢固可靠符合国家相关标准。

1）铸铁管

我国生产的铸铁管有灰口铸铁管和球墨铸铁管，接口分承插式和法兰盘式两种。住房和城乡建设部已明确限制灰口铸铁管应用，推广球墨铸铁管。

承插口球墨铸铁管多采用橡胶圈柔性接口，填料式接口已逐渐被淘汰（图 7-30）。橡胶圈柔性接口可分为滑入式或机械式柔性接口。安装滑入式橡胶圈接口时，推入深度应达到标记环，并复查与其相邻已安好的第一至第二个接口推入深度。安装机械式柔性接口时，应使插口与承口法兰压盖的轴线相重合；螺栓安装方向应一致，用扭矩扳手均匀、对称地紧固。

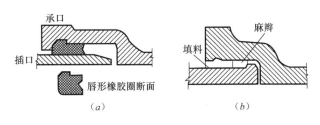

图 7-30　承插口球墨铸铁管示意图
（a）橡胶承插接口；（b）填料承插接口

2）钢管

钢管具有自重轻、强度高、抗应变性能好等优点，使其在给水管道应用较多。尽管钢管的耐腐蚀性能差，使用前应进行防腐处理如涂塑或防腐层。

其中应用量较大的有普通无缝钢管和纵向焊缝或螺旋形焊缝的焊接钢管。大直径钢管通常在加工厂用钢板卷制焊接，称为卷焊钢管。不锈钢管在市政管道中应用极少见。

3）钢筋混凝土压力管

钢筋混凝土压力管按照生产工艺分为预应力钢筋混凝土管和自应力钢筋混凝土管两种，适宜做长距离输水管道，主要缺点是管道的转向、分支与变径部位必须设置金属配件，连接部位防腐性能较差。

预应力钢筋混凝土管是在管身预先施加纵向与环向应力制成的双向预应力钢筋混凝土管，管口一般为承插式，具有良好的抗变位性能，其耐土壤电化腐蚀的性能远比金属管好。

4）预应力钢筒混凝土管（PCCP 管）

预应力钢筒混凝土管是由钢板、钢丝和混凝土构成的复合管材，分为两种形式：一种是内衬式预应力钢筒混凝土管（PCCP-L 管），是在钢筒内衬以混凝土，钢筒外缠绕预应力钢丝，再敷设砂浆保护层而成。另一种是埋置式预应力钢筒混凝土管（PCCP-E 管），是将钢筒埋置在混凝土里面，在混凝土管芯上缠绕预应力钢丝，最后在表面敷设砂浆保护层。

预应力钢筒混凝土管兼有钢管和混凝土管的性能，具有较好的抗渗、抗腐蚀性能和可施工性。

5）化学建材管

目前国内用于给水管道的化学建材管有玻璃钢纤维管或玻璃钢纤维增强热固性塑料管（简称玻璃钢管）、实壁聚乙烯管（PE）、聚丙烯管（PP-R）及其钢塑复合管等。

（3）钢管、球墨铸铁管的内外防腐层

1）水泥砂浆内防腐层（厚度要求见表7-8）采用机械喷涂、人工抹压、拖筒或离心预制法施工；工厂预制时，在运输、安装、回填土过程中，不得损坏水泥砂浆内防腐层。

钢管水泥砂浆内防腐层厚度要求　　　　　表 7-8

管径（D，mm）	厚度（mm）	
	机械喷涂	手工涂抹
500～700	8	—
800～1000	10	—
1100～1500	12	14
1600～1800	14	16
2000～2200	15	17
2400～2600	16	18
2600 以上	18	20

2）液体环氧涂料内防腐层采用高压无气喷涂工艺，在工艺条件受限时，可采用空气喷涂或挤涂工艺，通常在工厂内喷涂成型，称为涂塑工艺。

3）埋地管道外防腐层分为石油沥青涂料外防腐层、环氧煤沥青涂料外防腐层和环氧树脂玻璃钢外防腐层，通常在工厂内喷涂。

4）钢管阴极保护系统常用的有牺牲阳极阴极保护系统和外加电流阴极保护系统。牺牲阳极阴极保护系统根据工程条件确定阳极施工方式；立式阳极宜采用钻孔法施工，卧式阳极宜采用开槽法施工；外加电流法的联合保护的平行管道可同沟敷设；均压线间距和规格应根据管道电压降、管道间距及管道防腐层质量等因素综合考虑。

（4）给水管道接口及管道基础

1）给水管道接口

① 橡胶圈接口：适用于混凝土管、球墨铸铁管和化学建材管。

② 焊接接口：适用于钢管和化学建材管。

③ 法兰接口：适用于钢管球墨铸铁管和化学建材管。

④ 化学粘合剂接口：适用于化学建材管。

⑤ 石棉水泥打口接口：适用于预应力混凝土管、灰口铸铁管。

⑥ 丝扣接口：适用于钢管。

2）给水管道基础

给水管道基础主要有天然基础、砂基础或混凝土基础，如图 7-31 所示。

① 天然基础：当管底地基土层承载力较高，地下水位较低时，可采用天然地基作为管道基础。施工时将天然地基整平，管道铺设在未经扰动的原状土上即可。天然地基土质较好时，可将槽底做成90°～135°的弧形槽。

② 砂垫层基础：当管底为岩石、碎石或多石地基时，对金属管道应铺垫不小于

100mm 厚的中砂或粗砂，对非金属管道应铺垫不小于 150mm 厚的中砂或粗砂，构成砂基础。

在沟槽内用带棱角的中砂垫层厚 200mm，适用于承插式混凝土管、金属管和化学建材管。

③ 混凝土基础：当管底地基土质松软、承载力低或铺设大管径的钢筋混凝土管道时，应采用混凝土基础。根据地基承载力的实际情况，可采用混凝土条形基础或混凝土枕基。混凝土条形基础是沿管道全长做成的基础，而混凝土枕基是只在管道接口处用混凝土块垫起，其他地方用中砂或粗砂填实。

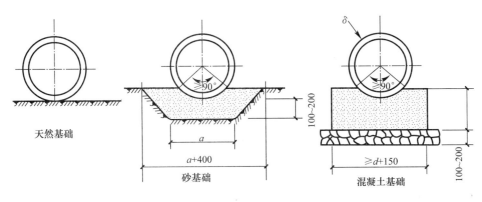

图 7-31　给水管道基础

3）给水管道的附属构筑物

① 阀门井

给水管网中的闸门等附件一般都安装在阀门井中，使其有良好的操作和养护环境。阀门井的形状有圆形和矩形两种。

阀门井一般用砖、石砌筑，也可用钢筋混凝土现场浇筑。

② 消火栓井

给水管网中的地下式消火栓均安装在消火栓井中。一般采用砌体砌筑，采用带有"消"字标识的专用井盖。

③ 泄水阀井

泄水阀一般设置在阀门井中构成泄水阀井，当由于地形因素排水管不能直接将水排走时，还应建造一个与阀门井相连的湿井。当需要泄水时，由排水管将水排入湿井，再用水泵将湿井中的水排走。

④ 排气阀门井、测流井

与阀门井类似，井盖采用具有相应标识的专用井盖。

⑤ 水表井

用户安装管线的一般均有水表井，井盖采用专用井盖。

⑥ 支墩

承插式接口的给水管道，在弯管、三通、变径管及水管末端盖板等处，由于水压的作用，都会产生向外的推力。当推力大于接口承载力时，就可能导致接头松动脱节而漏水，因此必须设置支墩以承受此推力，防止漏水事故的发生。

支墩一般用混凝土现浇，也可用砖、石砌筑，一般有水平弯管支墩、垂直向下弯管支墩、垂直向上弯管支墩等。

3. 排水管道

（1）排水管道系统

排水工程管道系统可分为雨水系统和污水系统。其中污水系统主要由管道、检查井、泵站等设施组成。雨水系统的组成主要有：管道系统、排洪沟（河）、雨水泵站和出水口等。

在城市污水按其来源的不同可分为：生活污水、工业污水和初次降水。

1）生活污水：是指人们日常生活中用过的水。含有大量腐败性的有机物以及各种细菌、病毒等致病菌的微生物，也含有植物生长所需的氮、磷、钾等肥分。

2）工业污水：是指在工业生产中排出的废水，来自工矿企业。按照污染程度不同，可分为生产废水和生产污水两类。

① 生产废水是指在生产过程受到轻度污染的污水，或水温有所增高的水。

② 生产污水是指在生产使用过程中受到严重污染的水。

3）初次降水：是指在年度首次雨水和冰雪融化的水；这类水比较清洁，但含有一定的污染物。

（2）排水系统的体制

排水系统的体制，一般分为合流制和分流制两种类型。

1）合流制排水系统：是将生活污水、工业废水和降水在同一个管渠内排出的系统。

2）分流制排水系统：将生活污水、工业废水和雨水分别在两个或两个以上各自独立的管渠系统内排除的系统（如图7-32所示）。排除生活污水、工业废水的系统称污水系统；排除雨水的系统称雨水系统。汇集的污水和部分工业废水送到污水处理厂，经处理后排放；汇集的雨水可就近排入水体。

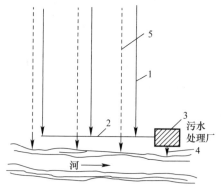

图 7-32　分流制排水系统
1—污水干管；2—污水主干管；3—污水处理厂；
4—出水口；5—雨水干管

（3）排水管道常用管材

依据所用材料，排水管道可分为：混凝土管、金属管、化学建材管、砌筑管渠等。管材应满足排水工程的使用要求，并符合以下要求：

① 管道必须具有足够的强度，以承受外部的荷载和内部的水压，保证管道在运输和施工中不至于破裂。

② 管道应具有抵抗雨污水的冲刷和磨损作用，具有抵抗腐蚀、侵蚀的性能。

③ 管道应能防止雨污水渗出或地下水渗入。

④ 管道的内壁应整齐光滑，尽量减小水流阻力。

⑤ 管道应就地取材，便于预制、快速施工和方便运输。

按照管体结构受力形式，埋地管道分为刚性管道和柔性管道两个大类。刚性管道是指主要依靠管体材料强度支撑外力的管道，在外荷载作用下其变形很小。管道失效由管壁强度控制；如钢筋混凝土管、预应力混凝土管等。柔性管道是指在外荷载作用下变形显著的管道，竖向荷载大部分由管道两侧土体所产生的弹性抗力所平衡，管道的失效由变形造成，而不是管壁的破坏。如钢管、化学建材管和柔性接口的球墨铸铁管管道。

1）混凝土管

混凝土管包括钢筋混凝土管、预应力混凝土管和预应力钢筒混凝土管等。管口形式有平口式（图 7-33）、企口式（图 7-34）、承插式（图 7-35）、钢承口式（图 7-36）和双插口式（图 7-37）等，一般用于雨水和污水。混凝土管分类与施工方法见表 7-9。

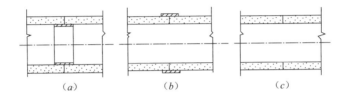

图 7-33　平口混凝土管接口示意
(a) 内设钢套环；(b) 外套钢环；(c) 外设刚性管基和水泥抹带

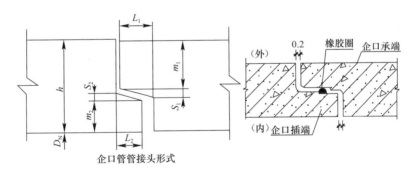

图 7-34　企口管形式与接头

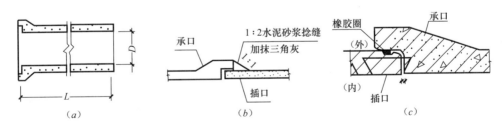

图 7-35　承插口管与接口
(a) 管节外形；(b) 捻缝接口；(c) 承插接口

用于顶管施工的混凝土管主要有钢承口管，接口形式如图 7-36 所示，双插口混凝土管也称 T 形套环管接口管，接口形式如图 7-37 所示。双插口管又称为 T 形接口管，其结构形式是用一个 T 形钢套环把两只管子连接在一起的接口形式。接口的止水部分由安装在混凝土管与钢套环之间的齿形橡胶圈承担，为了保护管端和尽量增加管端间的接触面积，在两个管端与钢套环的筋板两侧都安装有一个衬垫。衬垫一般用多层胶合板制成。

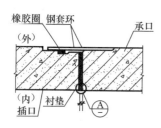

图 7-36　钢承口混凝土管接口细部

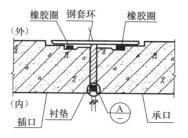

图 7-37　双插口混凝土管接口细部

混凝土管分类与施工方法　　　　　　　　　　　　　表 7-9

施工方法		开槽法施工					顶进法施工		
管口形式		平口管、企口管			企口管	承插口管	双插口管	钢承口管	企口管
接口形式		钢丝网水泥砂浆抹带	现浇混凝土套环接口		橡胶圈	刚性填料	橡胶圈	橡胶圈	
			整体混凝土	加止水带					
接口类型	柔性接口	—	—	√	√	—	√	√	√	√
	刚性接口	√	√	—	—	√	—			
基础形式	混凝土基础	√		√	—	—	√	—	—	—
	砂石（土弧）基础	—			√	√	√	√	√	√

钢承口管接口形式是把钢套环的前面一半埋入到混凝土管中去，又称为 F 形管接口。为了防止钢套环与混凝土管结合面产生渗漏，插口端凹槽处设遇水膨胀橡胶止水圈。

混凝土管在排水管道工程中应用广泛，适用于管道埋深较大，以及穿越铁路、城市道路、河流等工程。

2）金属管

金属管在排水管道工程中很少用，只有在地震烈度大于 8 度或地下水位高、流砂严重的地区，或承受高内压、高外压及对渗漏要求特别高的地段才采用。在使用时必须涂刷耐腐蚀的涂料并设防腐装置绝缘。常用的金属管有 PCCP 管和球墨铸铁管。

3）化学建材管

目前排水工程常用的化学建材管主要有玻璃钢纤维管或玻璃钢纤维增强热固性塑料管（FRP）（简称玻璃钢管）、硬聚氯乙烯管（UPVC）、高密度聚乙烯管（HDPE）及其钢塑复合管等。

4）管渠

排水管渠（图 7-38）是指采用砖、石、混凝砌块砌筑或钢筋混凝土现场浇筑或采用钢筋混凝土预制构件装配的矩形、拱形等异型（非圆形）断面的排水通道。

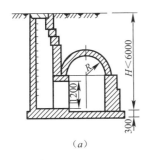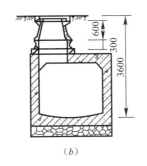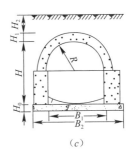

（a）　　　　　　　（b）　　　　　　　（c）

图 7-38　排水管渠（单位：mm）

（a）砌筑拱形渠道；（b）矩形钢筋混凝土渠道；（c）拼装马蹄形钢筋混凝土渠道

（4）排水管道接口及管道基础

1）管道接口形式

排水管道的不透水性和耐久性，在很大程度上取决于管道接口形式与施工质量。管道接口应具有足够的强度、密封性能和抗侵蚀能力，并且施工方便。管道接口的形式主要有以下两种：

① 柔性接口：多为橡胶圈接口，能承受一定量的轴向线变位（一般 3～5mm）和相对角变位且不引起渗漏的管道接口，一般用在抗地基变形的无压管道上。

② 刚性接口：采用水泥类材料密封或用法兰连接的管道接口。不能承受一定量的轴向线变位和相对角变位的管道接口。刚性接口抗变位性能差，一般用在地基比较良好，有条形基础的无压管道上，但也需设置变形缝。

2）接口的方法与基础

① 水泥砂浆抹带接口（图 7-39）：属于刚性接口，在管子接口处用 1：2.5～1：3 水泥砂浆抹成半椭圆形或其他形状的砂浆带，带宽 120～150mm。适用于地基土质较好的雨水管道，或用于地下水位的污水支线上。混凝土平口管、企口管和承插管等可采用此接口形式。

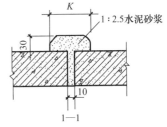

图 7-39　水泥砂浆抹带
接口（单位：mm）

② 钢丝网水泥砂浆抹带接口：属于刚性接口。将抹带范围的管外壁凿毛，抹 1：2.5 水泥砂浆一层厚 15mm，中间采用 20 号 10mm×10mm 钢丝网一层，两端插入基础混凝土中，上面再抹砂浆一层厚 10mm。刚性接口的雨水、污水管道均需设置条形混凝土基础，如图 7-40 所示。混凝土平口管、企口管和承插管等可采用此接口形式。

③ 柔性接口：分为承插式橡胶圈接口、企口式橡胶圈接口、双插口橡胶圈接口和钢承口橡胶圈接口。适用于地基土质较差、地基硬度不均匀、有不均匀沉降或地震区。承插式混凝土管、球墨铸铁管和化学建材管可采用此接口形式。

④ 焊接接口：适用于 PCCP 管和化学建材管。

⑤ 法兰接口：适用于 PCCP 管和化学建材管。

⑥ 化学粘合剂接口：适用于化学建材管。

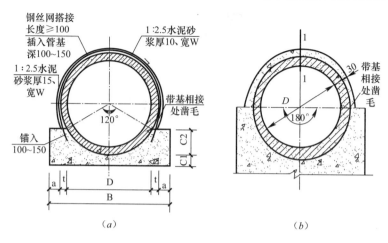

图 7-40　刚性接口与基础（单位：mm）

（a）钢丝网水泥抹带接口；（b）水泥砂浆抹带接口

⑦ 石棉水泥捻口接口：适用于承插式混凝土管、灰口铸铁管，目前已很少应用。

3）砂基础

① 砂垫层基础（图 7-41）：在沟槽内用中砂垫层厚 150～200mm，适用于承插式混凝土管、金属管和化学建材管。

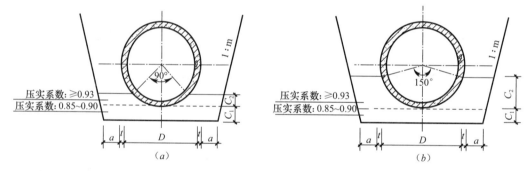

图 7-41　砂垫层基础示意图

（a）支承角 90°；（b）支承角 150°

② 灰土基础：灰土基础适用于无地下水且土质较松软的地区，管道直径 150～700mm，适用于水泥砂浆抹带接口及承插接口。灰土配合比为 3：7（重量比）。

③ 混凝土基础：一般由地基、基础和管道座三个部分组成。分为混凝土条形基础和混凝土枕基两种。

混凝土条形基础是沿管道全长铺设的基础（见图 7-42），按管座的形式不同分为 90°、135°、180°、360°四种管座基础。适用于各种土层及地基软硬不均匀的地基。

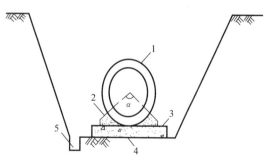

图 7-42　混凝土条形基础示意图

1—管道；2—管座；3—管基；4—地基；5—排水沟

混凝土枕基是设置在管道接口处的管道局部基础，采用C15混凝土，适用于污水支管及无水地层中的雨水管道。

（5）排水管道的附属构筑物

1）检查井

检查井通常设在管道交汇、转弯、管道尺寸或坡度改变处、跌水处等，为便于对管渠系统定期检查和清通，每隔一定距离必须设置检查井。在直线管段上检查井的间距参见表7-10。

直线管道中检查井的间距　　　　　　　表7-10

管道类型	管径或管渠净高（mm）	最大间距（m）	常用间距（m）
污水管道	≤400	40	20～35
	500～900	50	35～50
	1000～1400	75	50～65
	≥1500	100	65～80
雨水管道合流管道	≤600	50	25～40
	700～1100	65	40～55
	1200～1600	90	55～70
	≥1800	125	70～85

检查井主要有圆形、矩形和扇形三种类型。检查井结构基本相似，主要由基础、井身、井盖、盖座和爬梯组成。井身可以用砖、石、砌块等砌筑，也可用钢筋混凝土现场浇筑、预制拼装和整体预制塑料井。

基础上部按上下游管道管径大小砌成流槽。检查井管道接入与流槽平面形式如图7-43所示。

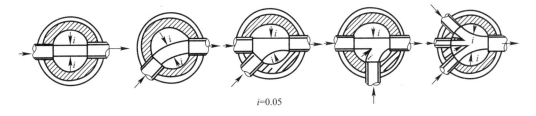

i=0.05

图7-43　检查井底流槽与管道接入形式示意图

井身在构造上分为工作室、渐缩部分和井筒三部分。工作室是管道养护人员作业时下井进行临时操作的地方，其直径不宜小于1.0m，高度一般不小于1.8m。圆形井的渐缩部分一般为高度为0.60～2.8m。井筒直径一般为0.7m。

2）特殊类型的检查井

① 带沉泥槽的检查井：检查井底做成低于进、出水管标高0.5～1.0m的沉泥槽，水中夹带泥沙可沉淀其中。

② 水封井：当废水能产生引起爆炸或火灾的气体时，其废水管道系统中必须设水封井。水封井深度一般采用 0.25m。井上宜设通风管，井底宜设沉泥槽。

③ 跌水井：是指设有消能设施的检查井。当落差大于 1.0m、井内地面坡度太大时，须在管线上设跌水井。跌水井主要形式有内竖管式跌水井、外竖管式跌水井、阶梯式跌水井。

④ 溢流井：在截流式合流制排水系统中设置溢流井，晴天的污水送往污水处理厂处理。在雨天，超过节流管道输水能力的部分污水不作处理，直接排入水体。

3）雨水口

雨水口一般位于道路两侧。

雨水口的构造包括进水箅、井筒和连接管三部分。其形式主要有：单箅式、双箅式、多箅式，以及为排除集中雨水而设的联合式。其形式主要有：有平箅式（图 7-44）、立箅式（图 7-45）、联合式（图 7-46）。按雨水口数量可分为：单箅式、双箅式、多箅式以及联合式。

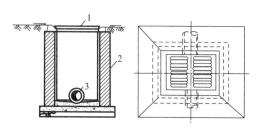

图 7-44 平箅式雨水口
1—进水箅；2—井筒；3—连接管

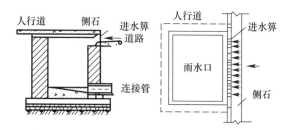

图 7-45 立箅式水口示意图

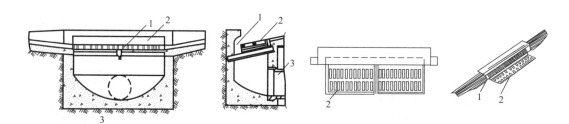

图 7-46 联合式与水口示意图
1—边石进水箅；2—边沟进水箅；3—连接管

雨水口的箅子一般采用铸铁或钢筋混凝土、石料制成。雨水口的深度一般在 1.0m 左右，间距一般为 25～50m。单箅雨水口一般可排泄 15～20L/s 的地面径流量，在道路低洼和易积水的地段，应根据需要适当增加雨水口的数量。

雨水口以连接管与雨水检查井相连。连接管的最小管径为 200mm，坡度一般为 1%，长度不宜超过 25m。可将雨水口用同一连接管串联，串联个数一般不宜超过 3 个。

4）出水口

管道和管渠的尾端无论排入江湖还是排入河渠，都要设置出水口。

出水口的形式：污水管渠出水口一般采用淹没式；雨水管渠出水口可采用非淹没式，

管底标高一般在常水位上，高于最高水位，以免水流倒灌。

4. 燃气管道

（1）燃气管道系统

1）燃气管道系统组成

燃气包括天然气、人工燃气和液化石油气。燃气经长距离输气系统输送到燃气分配站（也称做燃气门站），在燃气分配站将燃气压力降至城市燃气供应系统所需的压力后，由城市燃气管网系统输送分配到各用户使用。

城市燃气管网系统是指自气源厂或城市门站到用户引入管的室外燃气管道。现代化的城市燃气输配系统一般由燃气管网、燃气分配站、调压站、储配站、监控与调度中心、维护管理中心组成，如图 7-47 所示。

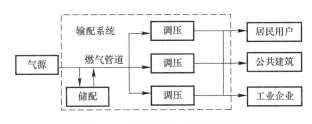

图 7-47　燃气输配系统示意图

2）燃气管道系统分级

城市燃气管网系统根据所采用的压力级制的不同，可分为一级系统、两级系统、三级系统和多级系统四种。

一级系统由低压管网来输送和分配燃气，适用于小城镇的燃气供应系统。

两级系统由低压和中压 B 或低压和中压 A 两级管网组成。

三级系统由低压、中压和高压三级管网组成。

多级系统由低压、中压 B、中压 A 和高压 B，甚至高压 A 的管网组成。

高、中压输气管网的主要作用是输气，并通过调压站向低压管网配气。低压管网的主要作用是直接向各类用户配气。

3）输气管道压力分类

燃气管道设计压力不同，对其安装质量和检验要求也不尽相同，燃气管道按压力分为不同的等级，其分类见表 7-11（表压力）。

城镇燃气管道压力分类（MPa）　　　　　　　　　　　　　　　表 7-11

低　压	中压		次高压		高压	
	B	A	B	A	B	A
<0.01	0.1~0.2	0.2~0.4	0.4~0.8	0.8~1.6	1.6~2.5	2.5~4.0

高压和中压 A 燃气管道，应采用钢管；中压 B 和低压燃气管道，宜采用钢管或机械接口铸铁管。中、低压地下燃气管道采用聚乙烯管材时，应符合有关标准的规定。

（2）燃气管道常用管材

1）用于输送燃气的管材种类较多，应根据燃气的性质、系统压力和施工要求来选用，并要满足机械强度、抗腐蚀、抗振及气密性等要求。一般而言，常用的燃气管材主要有以下几种：

① 钢管

常用的钢管主要有普通无缝钢管和焊接钢管。焊接钢管中用于输送燃气的常用管道是直焊缝钢管，常用管径为 DN60~DN150。对于大口径管道，可采用直缝焊管（DN200~DN1800）和螺旋焊接管（DN200~DN700）。

钢管壁厚应根据埋设地点、土壤和路面荷载情况而定，一般不小于 3.5mm，在道路红线内不小于 4.5mm，当管道穿越重要障碍物以及土壤腐蚀性较强的地段时，应不小于 8mm。

钢管具有承载力大、可塑性好、管壁薄、便于连接等优点，但抗腐蚀性差，须采取可靠的防腐措施。

② 球墨铸铁管

用于燃气输配管道的铸铁管，球墨铸铁管的抗拉强度、抗弯曲和抗冲击能力不如钢管，但其抗腐蚀性比钢管好，在中、低压燃气管道中还在采用。

③ 化学建材管

化学建材管具有耐腐蚀、质轻、流动阻力小、使用寿命长、施工简便、抗拉强度高等优点，近年来在燃气输配系统中得到了广泛应用，目前应用最多的是中密度聚乙烯和尼龙-11 塑料管。化学建材管主要做直埋燃气管道保护管或直埋管道，施工时必须夯实槽底土，才能保证管道的敷设坡度。

2）附件

① 阀门

阀门的种类很多，在燃气管道上常用的有闸阀、蝶阀、截止阀、球阀、旋塞。

② 补偿器

补偿器是消除管道因胀缩所产生的应力的设备，补偿器安装在阀门的下游，利用其伸缩性能，方便阀门的拆卸与检修。为防止补偿器中存水锈蚀，由套管的注入孔灌入石油沥青．安装时注入孔应在下方。补偿器的安装长度应是螺杆不受力时补偿器的实际长度，否则不但不能发挥其补偿作用，反而使管道或管件受到不应有的应力。

③ 排水器

为排除燃气管道中的冷凝水和石油伴生气管道中的轻质油，管道敷设应有一定的坡度，在低处设排水器，将汇集的油或水排出，其间距一般为 500m。

低压燃气管道上，一般安装不能自喷的低压排水器，水或油要依靠抽水设备来排除。在高、中压燃气管道上，安装自喷的高、中压排水器，水或油在排水管旋塞打开后自行排除。

④ 放散管

放散管是一种专门用来排放管道内部的空气或燃气的装置。在管道投入运行时利用放散管排除管道内的空气；在检修管道或设备时，利用放散管排除管道内的燃气，防止在管道内形成爆炸性的混合气体。

（3）燃气管道接口及管道基础

1）燃气管道接口

① 焊接接口：适用于钢管和化学建材管。

② 法兰接口：适用于钢管和化学建材管。

2）燃气管道基础

燃气管道基础有天然基础、砂基础和混凝土基础三种，燃气管道多属于柔性管道。回填施工质量对管道安全运行至关重要。

（4）燃气管道的附属构筑物

天然气管道的附属构筑物主要是阀门井和地沟（隧道），与给水管道阀门井类似。煤气管道类似供热管道。

5. 供热管道

（1）供热管网系统

1）供热管网系统组成

市政供热管网系统是将热媒从热源输送分配到用户的管道所组成的系统，包括输送热媒的管道、管道附件和附属建筑物，大型供热管网，有时还包括中继泵站或控制分配站。

2）供热管网分类

① 根据输送热媒的不同，市政供热管网一般有蒸汽管网和热水管网两种形式，目前工程应用较多为后者。

A. 工作压力小于或等于 1.6MPa，介质温度小于或等于 350℃ 的蒸汽管网。

B. 工作压力小于或等于 2.5MPa，介质温度小于或等于 200℃ 的热水管网。

在蒸汽管网中，凝结水一般不回收，所以为单根管道。在热水管网中，一般为两根管道，一根为供水管，另一根为回水管。

② 按所处位置不同分为一级管网和二级管网。一级管网是由热源至供热站的供热管道，亦称为一次线；二级管网是由供热站至热用户的供热管道，亦称为二次线。

③ 根据敷设形式的不同，供热管道分桥管敷设和沟埋敷设两种类型。桥管敷设是指管道敷设在地面以上的独立支架或建（构）筑物的墙壁旁。根据支架高度的不同，一般有低支架敷设、中支架敷设、高支架敷设三种形式。沟埋敷设是供热管网广泛采用的方式，分沟道敷设和直埋敷设两种形式。

④ 按系统形式分为闭式系统和开式系统。闭式系统是指一次热网与二次热网采用换热器连接，热网的循环水仅作为热媒，供给热用户热量而不从热网中取出使用。开式系统是指热网的循环水部分地或全部地从热网中取出，直接用于生产或热水供应热用户中。中间设备极少，但一次补充量大。

（2）供热管道常用管料及附件

1）供热管道常用管料

供热管道一般采用无缝钢管和钢板卷焊管。

2）附件

① 阀门

供热管道上的阀门通常有三种类型，一是起开启或关闭作用的阀门，如截止阀、闸阀；二是起流量调节作用的阀门，如蝶阀；三是起特殊作用的阀门，如单向阀、安全阀、减压阀等。

② 补偿器

为了防止市政供热管道升温时，由于热伸长或温度应力而引起管道变形或破坏，需要在管道上设置补偿器，以补偿管道的热伸长，从而减小管壁的应力和作用在阀件或支架结构上的作用力。

供热管道补偿器有两种，一种是利用材料的变形来吸收热伸长的补偿器，如自然补偿器、方形补偿器和波纹管补偿器，如图 7-48 所示；另一种是利用管道的位移来吸收热伸长的补偿器，如套管补偿器和球形补偿器，如图 7-49 所示。

图 7-48   波纹补偿器

图 7-49   球形补偿器

（3）供热管道接口及管道基础

1）供热管道接口

供热管道接口主要是焊接和法兰接口。

2）供热管道基础

直埋供热管道基础主要有天然基础、砂基础，如图 7-50 所示。

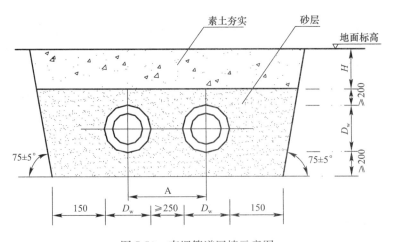

图 7-50   直埋管道回填示意图

3）管道支架（座）

管道的支承结构称为支架（座），其作用是支承管道，并限制管道的变形和位移，承受从管道传来的内压力、外载荷及温度变形的弹性力，通过它将这些力传递到支承结构上或地上。根据支架对管道的约束作用不同，可分为活动支架和固定支架；按结构形式可分为托架、吊架和管卡三种。

① 固定支架（座）

固定支架主要用于固定管道，均匀分配补偿器之间管道的伸缩量，保证补偿器正常工作，多设置在补偿器和附件旁。

在直埋敷设或管沟中，固定支座也有做成钢筋混凝土固定墩的形式。

② 活动支架（座）

活动支架的作用是直接承受管道及保温结构的重量，并允许管道在温度作用下，沿管轴线自由伸缩。活动支架可分为：滑动支架、导向支架、滚动支架和悬吊支架等四种形式。

（4）供热管道的附属构筑物

1）地沟

地沟分为通行地沟、半通行地沟和不通行地沟，主要用于管道维护。

2）检查井（小室）

地下敷设的供热管道，在管道分支处和装有套筒补偿器、阀门、排水装置等处，都应设检查井（小室），以便进行检查和维修，井室有圆形、矩形及异形几种形式。

（四）城市轨道交通工程

1. 城市轨道交通分类与特点

城市轨道交通是指城市中使用车辆在固定轨道上运行，且主要用于城市客运的交通系统。通常意义的轨道交通系统是"钢轮钢轨"系统，钢轮钢轨是点接触（图 7-51），滚动摩擦阻力很小，轨道起支撑和导向作用，而且钢轨可以看成弹性地基上的无限长梁，连续的长梁把轮子荷载通过轨枕分散分布到路基上。

图 7-51 钢轨——弹性地基上的无限长梁

（1）城市轨道交通的分类

城市轨道交通系统种类繁多。按照运能范围和车辆类型划分，可分为：地下铁道、轻轨交通、独轨交通和有轨电车等。

① 地下铁道（以下简称地铁）是指轴重相对较重，单方向输送能力在 3 万人次/h 以上的城市轨道交通系统。一般线路全封闭，在市中心区域大部分位于地下隧道内；容量

大，速度快，安全，准时，舒适；单位能耗低，建设成本高。适用于出行距离较长、客运量需求大的城市中心区域。

② 轻轨交通是在有轨电车基础上发展起来的，单方向输送能力在 1.5～3.0 万人次/h 的城市轨道交通系统。轻轨交通一般位于城区或郊区，与地铁交通相比，具有施工速度快，投资相对少优点；但对线路景观要求高，施工工期及环保要求也有所不同。既可作为中小城市轨道交通网络的主干线，也可作为大城市轨道交通网络的补充。

其中，快速轻轨交通是指具有专用路权的轻轨系统。地下铁道与快速轻轨交通统称为快速轨道交通，是具有专用路权的大容量客运列车系统。有地下、高架和采用立交的地面铁路，具有高标准的站台，并有不同程度的自动化设施。

③ 独轨交通是指以单一轨道或梁支承、悬挂车厢并提供导向作用而运行的轨道交通系统。该系统适宜于在市区较窄的街道上建造高架线路，一般用于运动会、体育场、机场和大型展览会等场所与市区的短途联系。

④ 有轨电车是运量比公共汽车略大，在地面行驶，路权可以共用的轨道交通系统。其运行所受干扰较多、速度慢、通行能力低，单向输送能力一般在 1.0 万人次/h 以下。

几种城市轨道交通方式的主要技术参数见表 7-12。

几种城市轨道交通方式的主要技术参数   表 7-12

指　标		单　位	地下铁道	轻轨交通	独轨交通	有轨电车
平均站间距离	市区	m	500～800	800～1000	700～1500	600～1200
	市郊	m	1000 以上	1000 以上	2000 以上	
最高行车速度		km/h	90	80	80	60
旅行速度	市区	km/h	30～35	25～30	25～35	16～20
	市郊	km/h	40～45	35～38	35 以上	
行车最小间隔		s	50～90	90	90	90
列车编组		辆	4～10	2～6	2～4	1～3
单向运输能力		万人/h	4～6	2～4	1～2	1～2

（2）城市轨道交通的特点

城市轨道交通具有以下特点：

① 输送能力大。

② 快速、准时、安全。

③ 节省能源，与公共汽车、小汽车比较，轨道交通每公里耗能量最低。

④ 对土地利用性质及城市结构布局影响很大。

⑤ 服务水平高。站间距离和发车间隔较短，乘客利用非常方便。

⑥ 建设费用昂贵。一般在大城市交通需求很大的区域才考虑建设城市轨道交通。

2. 城市轨道交通的轨道结构组成

轨道（通称为线上）结构是由钢轨、轨枕、连接零件、道床、道岔和其他附属设备等组成的构筑物。

城市轻轨交通和地铁交通的轨道结构与组成。

（1）轨道组成

1）轨道结构要求

① 组成轨道部件材料的力学性质差异极大，通过科学而可靠的方式把它们组合在一起，用以导向列车的运行、承受高速行驶列车的荷载并把荷载传递给支撑轨道结构的基础。

② 轨道结构应具有足够的强度、稳定性、耐久性和适量弹性，应有利于养护维修，以确保列车安全、平稳、快速运行和乘客舒适。轨道结构应采用成熟、先进的技术和施工工艺。在新建的路基、隧道、桥梁上铺设轨道，应考虑工程沉降、徐变的时间要求。

③ 轨道一般采用 1435mm 标准轨距。轨道结构及主要部件应符合城市轨道交通列车运行技术要求。区间曲线最大超高为 120mm，车站内曲线超高为 15mm。

④ 在隧道内和高架桥上宜铺设无缝线路和混凝土整体道床，并应具有良好绝缘性能和对杂散电流的防护措施。在道岔铺设地段应避开结构沉降缝（或施工缝）。在振动超标地段，应采取有效的减振、降噪措施。

⑤ 高架桥跨越铁路、河流、重要路口或小半径曲线地段应采取防脱轨措施。

2）轨道结构特点

城市轨道交通的轨道结构由于线路一般穿过居民区（地下、地面或高架），还要另外考虑以下一些问题：

① 为保护城市环境，对噪声控制要求较高，除了车辆结构采取减振措施，必要时修筑声屏障外，轨道也应采用相应的减振轨道结构。

② 轨道交通行车密度大，运营时间长，留给轨道维修作业的时间很短，因而一般采用较强的轨道部件。近年新建轨道交通系统的浅埋隧道和高架桥结构，基本采用无碴道床等少维修轨道结构。

③ 轨道交通车辆一般采用电力牵引，以走行轨作为供电回路。为减小因漏泄电流而造成周围金属设施的腐蚀，要求钢轨与轨下基础有较高的绝缘性能。

④ 受原有街道和建筑物所限，城市轨道交通曲线区段占很大比例，曲线半径一般比常规铁路小得多。在正线半径小于 400m 的曲线地段，应采用全长淬火钢轨或耐磨钢轨。钢轨铺设前应进行预弯，运营时钢轨应进行涂油以减少磨耗。

（2）轨道形式与选择

1）轨道形式及扣件、轨枕

① 地铁正线及辅助线钢轨应依据近、远期客流量，并经技术经济综合比较确定，宜采用 60kg/m 钢轨，也可采用 50kg/m 钢轨。车场线宜采用 50kg/m 钢轨。轨道采用 1435mm 标准轨距。

② 不同道床形式的扣件宜符合表 7-13 规定。

2）道床与轨枕

① 长度大于 100m 的隧道内和隧道外 U 形结构地段及高架桥和大于 50m 的单体桥地段，宜采用短枕式或长枕式整体道床；

扣件类型　　　　　　　　　　　　　　　　表 7-13

道床形式	型　式	扣压件	与轨枕连接方式
一般整体道床	弹性分开式	有螺栓弹条、无螺栓弹条	在轨枕预埋套管
高架桥上整体道床		有螺栓弹条、小阻力	
混凝土枕碎石道床	弹性不分开式	有螺栓弹条、无螺栓弹条	在轨枕内预埋螺栓或铁座
木枕碎石道床	弹性分开式	有螺栓弹条、无螺栓弹条	采用螺纹道钉
车场库内整体道床、检查坑			在轨枕或立柱内预埋套管

② 地面正线宜采用混凝土枕碎石道床，基底坚实、稳定，排水良好的地面车站地段可采用整体道床；

③ 车场库内线应采用短枕式整体道床，地面出入线、试车线和库外线宜采用混凝土枕碎石道床或木枕碎石道床。

3）减振结构

① 一般减振轨道结构可采用无缝线路、弹性分开式扣件和整体道床或碎石道床；

② 线路中心距离一般建筑物小于 20m 及穿越地段，宜采用高级减振的轨道结构，即在一般减振轨道结构的基础上，采用轨道减振器扣件或弹性短枕式整体道床或其他较高减振轨道结构形式；

③ 线路中心与特殊建筑物距离小于 20m 或穿越地段，宜采用特殊减振轨道结构，即在一般减振轨道结构的基础上，采用浮置板整体道床或其他特殊减振轨道结构形式。

3. 城市轨道交通的车站

（1）车站形式与结构组成

1）车站形式分类

城市轨道交通的车站根据其所处位置、埋深、运营性质、结构横断面、站台形式等进行不同分类，具体详见表 7-14。

城市轨道交通车站的分类　　　　　　　　　　　表 7-14

分类方式	分类情况	备　注
车站与地面相对位置	高架车站	车站位于地面高架结构上，分为路中设置和路侧设置两种
	地面车站	车站位于地面，采用岛式或侧式均可，路堑式为其特殊形式
	地下车站	车站结构位于地面以下，分为浅埋、深埋车站
运营性质	中间站	仅供乘客上、下乘降用，是最常用、数量最多的车站形式
	区域站	在一条轨道交通线中，由于各区段客流的不均匀性，行车组织往往采取长、短交路（亦称大、小交路）的运营模式。设于两种不同行车密度交界处的车站，称之为区域站（即中间折返站，短交路列车在此折返）
	换乘站	位于两条及两条以上线路交叉点上的车站。具有中间站的功能外，还可让乘客在不同线上换乘
	枢纽站	枢纽站是由此站分出另一条线路的车站。该站可接、送两条线路上的列车
	联运站	指车站内设有两种不同性质的列车线路进行联运及客流换乘。联运站具有中间站及换乘站的双重功能
	终点站	设在线路两端的车站。就列车上、下行而言，终点站也是起点站（或称始发站）。终点站设有可供列车全部折返的折返线和设备，也可供列车临时停留检修

分类方式	分类情况	备　注
结构横断面	矩形	矩形断面是车站中常选用的形式。一般用于浅埋、明挖车站。车站可设计成单层、双层或多层；跨度可选用单跨、双跨、三跨及多跨形式
	拱形	拱形断面多用于深埋或浅埋暗挖车站，有单拱和多跨连拱等形式。单拱断面由于中部起拱较高，而两侧拱脚相对较低，中间无柱，因此建筑空间显得高大宽阔。如建筑处理得当，常会得到理想的建筑艺术效果。明挖车站采用单跨结构时也有采用拱形断面的
	圆形	为盾构法施工时常见的形式
	其他	如马蹄形、椭圆形等
站台形式	岛式站台	站台位于上、下行线路之间。具有站台面积利用率高、提升设施共用，能灵活调剂客流、使用方便、管理较集中等优点。常用于较大客流量的车站。其派生形式有曲线式、双鱼腹式、单鱼腹式、梯形式和双岛式等
	侧式站台	站台位于上、下行线路两侧。侧式站台的高架车站能使高架区间断面更趋合理。常见于客流不大的地下站和高架的中间站。其派生形式有曲线式，单端喇叭式，双端喇叭式，平行错开式和上、下错开式等形式
	岛、侧混合站台	将岛式站台及侧式站台同设在一个车站内。常见的有一岛一侧，或一岛两侧形式。此种车站可同时在两侧的站台上、下车。共线车站往往会出现此种形式

2）构造组成

① 轨道交通车站通常由车站主体（站台、站厅、设备用房、生活用房）、出入口及通道，通风道及地面通风亭等三大部分组成。

② 车站主体是列车在线路上的停车点，其作用即是供乘客集散、候车、换车及上、下车；又是地铁运营设备设置的中心和办理运营业务的地方。

③ 出入口及通道（包括人行天桥）是供乘客进、出车站的建筑设施。

④ 通风道及地面通风亭的作用是保证地下车站具有一个舒适的地下环境。

（2）施工方法

轨道交通工程通常是在城镇中修建的，其施工方法选择会受到地面建筑物、道路、城市交通、环境保护、施工机具以及资金条件等因素影响。

1）明挖法施工

明挖法是先从地表面向下开挖基坑至设计标高，然后在基坑内的预定位置由下而上地建造主体结构及其防水措施，最后回填土并恢复路面。

明挖法是修建地铁车站的常用施工方法，具有施工作业面多、速度快、工期短、易保证工程质量、工程造价低等优点。明挖基坑可分为敞口放坡基坑和有围护结构的基坑（图 7-52）两类。具体分类如图 7-53 所示。

在无水地层中，可选用分离式灌注桩、工字钢桩、钢板桩等围护结构；当有地下水时，在饱和软土或流砂地层中，可在排桩基础上采用旋喷、注浆、水泥土搅拌等措施形成止水帷幕围护结构或采用地下连续墙。

2）盖挖法施工

盖挖法施工是在现有道路上按所需宽度，以预制棚盖结构（包括纵、横梁和路面板）或现浇混凝土顶（盖）板结构置于桩（或墙）柱结构上维持地面交通，在棚盖结构支护下进行开挖和施做主体结构、防水结构。盖挖法是明挖施工的一种特殊形式。

图 7-52 明挖基坑围护结构和钢支撑

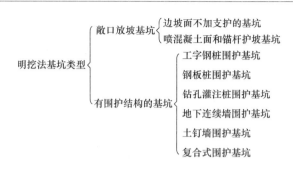

图 7-53 明挖法基坑类型

盖挖法具有诸多优点：围护结构变形小，能够有效控制周围土体的变形和地表沉降，有利于保护邻近建筑物和构筑物；基坑底部土体稳定，隆起小，施工安全；盖挖逆作法施工一般不设内部支撑或锚锭，施工空间大；在城市施工时，可尽快恢复路面，对交通影响较小。

盖挖法施工时，混凝土结构的水平施工缝的处理较为困难；盖挖逆作法施工时，暗挖施工难度大、费用高；盖挖法每次分部开挖与浇筑或衬砌的深度，应综合考虑基坑稳定、环境保护、永久结构形式和混凝土浇筑作业等因素来确定。

盖挖法可分为盖挖顺作法（图 7-54）、盖挖逆作法（图 7-55）及盖挖半逆作法（图 7-56）。目前，城市中施工采用最多的是盖挖逆做法。

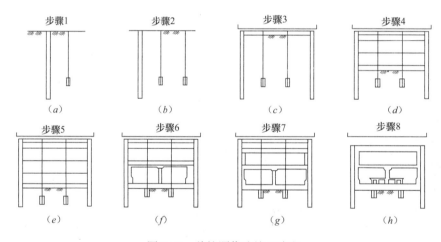

图 7-54 盖挖顺作法施工流程

(a) 构筑连续墙；(b) 构筑中间支承桩；(c) 构筑连续墙及覆盖板；(d) 开挖及支撑安装；(e) 开挖及构筑底板；
(f) 构筑侧墙、柱；(g) 构筑侧墙及顶板；(h) 构筑内部结构及路面复旧

盖挖逆作法施工时，先施作车站围护桩和结构主体桩柱，然后将结构盖板置于桩（围护桩）、柱（钢管柱或混凝土柱）上，自上而下完成土方开挖和边墙、中隔板及底板衬砌的施工。施工过程中不设临时支撑，是借助结构顶板、中板自身的水平刚度和抗压强度实现对基坑围护桩（墙）的支撑作用。

其工法特点是：快速覆盖、缩短中断交通的时间；自上而下的顶板、中隔板及水平支撑体系刚度大，可营造一个相对安全的作业环境；占地少、回填量小、可分层施工，也可

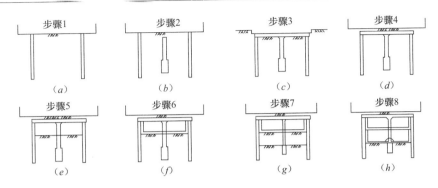

图 7-55　盖挖逆作法施工流程

（a）构筑围护结构；（b）构筑主体结构中间立柱；（c）构筑顶板；（d）回填土、恢复路面；（e）开挖中层土；
（f）构筑上层主体结构；（g）开挖下层土；（h）构筑下层主体结构

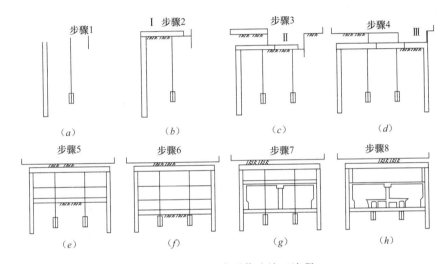

图 7-56　盖挖半逆作法施工流程

（a）构筑连续墙中间支承桩及临时性挡土设备；（b）构筑顶板（Ⅰ）；（c）打设中间桩、临时性挡土及构筑顶板（Ⅱ）；
（d）构筑连续墙及顶板（Ⅲ）；（e）依序向下开挖及逐层安装水平支撑；（f）向下开挖、构筑底板；
（g）构筑侧墙、柱及楼板；（h）构筑侧墙及内部之其余结构物

分左右两幅施工，交通导改灵活；不受季节影响、无冬期施工要求；低噪声、扰民少；设备简单、不需大型设备，操作空间大、操作环境相对较好。

3）喷锚暗挖法

① 新奥法

"新奥法"是以维护和利用围岩的自承能力为基点，使围岩成为支护体系的组成部分，支护在与围岩共同变形中承受的是形变应力。要求初期支护有一定柔度以充分利用和发挥围岩的自承能力，同时要求初期支护有一定刚度，以减少地表沉陷，并没有充分考虑利用围岩的自承能力，地层压力和支护刚柔度关系不大。

② 浅埋暗挖法

在城市软弱围岩地层中、浅埋条件下修建地下工程，是以改造地质条件为前提，以控

制地表沉降为重点，将格栅（或钢结构）和锚喷作为初期支护手段，按照"十八字"原则（即管超前、严注浆、短开挖、强支护、快封闭、勤量测）进行隧道的设计和施工，称之为浅埋暗挖技术。浅埋暗挖法适用条件：不允许带水作业，开挖面具有一定的自立性和稳定性。因此，浅埋暗挖技术必须辅以地层加固、降水等等配套技术，常用的单跨隧道浅埋暗挖方法选择（根据开挖断面大小）如图 7-57 所示。

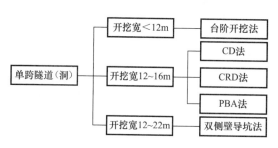

图 7-57　常用的单跨隧道浅埋暗挖方法选择

（3）不同方法施工的地铁车站结构

1）明挖法施工车站结构

明挖法施工的车站主要采用矩形框架结构或拱形结构。

① 矩形框架结构

这是明挖车站中采用最多的一种形式，根据功能要求，可以双层于单跨、双跨或多层多跨等形式。侧式车站一般采用双跨结构；岛式车站多采用双跨或三跨结构。站台宽度≤10m 时宜采用双跨结构，有时也采用单跨结构。

明挖车站结构由底板、侧墙及顶板等围护结构和楼板、梁、柱及内墙等构件组合而成。当采用地下连续墙支护时，可作为主体结构侧墙的一部分或全部。

② 拱形结构

一般用于站台宽度较窄的单跨单层或单跨双层车站。结构由具有拱形和平底板组成，墙脚与底板之间采用铰接，并在其外侧设有与底板整体浇筑的挡墙，用以抵抗刚构的水平推力。

2）盖挖法施工车站结构

盖挖法施工车站多采用矩形框架结构。软土地区车站一般采用地下连续墙或钻孔灌注桩等围护结构。地下墙可作为侧墙结构的一部分，或与内部现浇钢筋混凝土组成双层衬砌结构。

3）喷锚暗挖（矿山）法施工车站结构

喷锚暗挖（矿山）法施工的地铁车站，可采用单拱式车站、双拱式车站或三拱式车站，并根据需要可作成单层或双层。此类车站的开挖断面一般为 $150\sim250m^2$。由于断面较大，开挖方法对洞室稳定、地面沉降和支护受力等有重大影响，开挖时常需采用辅助施工措施。

① 单拱车站隧道

这种结构形式由于可以获得宽敞的空间和宏伟的建筑效果，在岩石地层中采用较多；近年来国外在第四纪地层中也有采用的实例，但施工难度大、技术措施复杂、造价也高。

② 双拱车站隧道

双拱车站有两种基本形式，即双拱塔柱式和双拱立柱式。

③ 三拱车站

三拱车站亦有塔柱式和立柱式两种基本形式，在土层中大多采用三拱立柱式车站。

4. 地铁区间隧道结构

地铁区间隧道不同的结构形式，具有相应的施工方法。

（1）地铁明挖法施工区间隧道

明挖区间隧道结构通常采用矩形断面，整体浇筑或装配式结构。

现浇整体式衬砌结构按断面分单跨、双跨形式，结构整体性好，防水性能容易保证，适用于各种工程、水文地质条件。预制装配式衬砌的结构形式以单跨和双跨较为通用。

（2）喷锚暗挖（矿山）法施工区间隧道

隧道一般采用拱形结构，其基本断面形式为单拱、双拱和多跨连拱。前者多用于单线或双线的区间隧道或联络通道，后两者多用在停车线、折返线或岔线上。

复合式衬砌结构由初期支护、防水层和二次衬砌组成。初期支护是衬砌结构中的主要承载单元，最适宜采用喷锚支护，包括喷混凝土、钢筋网、锚杆或钢支撑等。

喷锚暗挖法施工基本流程如图 7-58 所示。

（3）盾构法施工区间隧道

盾构法施工如图 7-59 所示，其基本施工步骤：

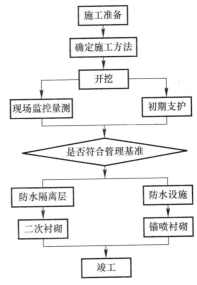

图 7-58　喷锚暗挖法施工流程

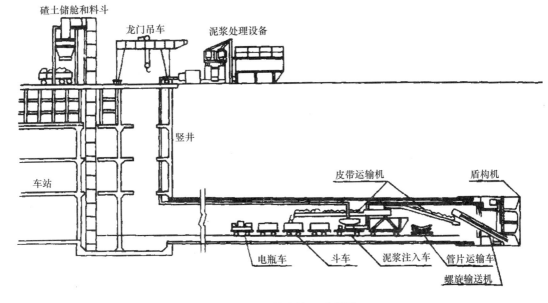

图 7-59　盾构法施工示意图

① 在盾构法隧道的始发端和接收端各建一个工作（竖）井；

② 盾构在始发端工作井内安装就位；

③ 依靠盾构千斤顶推力（作用在已拼装好的衬砌环和工作井后壁上）将盾构从始发工作井的墙壁开孔处推出；

④ 盾构在地层中沿着设计轴线推进，在推进的同时不断出土和安装衬砌管片；

⑤ 及时地向衬砌背后的空隙注浆，防止地层移动和固定衬砌环位置；

⑥ 盾构进入接收工作井并被拆除，如施工需要，也可穿越工作井再向前推进。

盾构法区间隧道衬砌有预制装配式衬砌、预制装配式衬砌和模注钢筋混凝土整体式衬砌相结合的双层衬砌以及挤压混凝土整体式衬砌三大类，如图 7-60 所示。

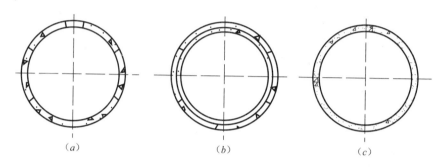

图 7-60　盾构法隧道衬砌横断面示意图

(a) 单层装配式衬砌；(b) 双层复合式衬砌；(c) 挤压混凝土整体式衬砌

① 预制装配式衬砌

隧道是由管片拼装而成。管片种类按材料可分为钢筋混凝土、钢、铸铁以及由几种材料组合而成的复合管片。其中钢筋混凝土管片应用最为广泛，目前可生产抗压强度达 60MPa，渗透系数小于 10^{-11} m/s 的管片。钢管片的强度高，可焊接性良好，重量轻，便于加工、维修和安装。铸铁管片强度高，防水和防锈蚀性能好。

按管片螺栓手孔成形大小，可将管片分为箱形和平板形两类。一般地，只有强度较大的金属管片才采用箱形结构，如图 7-61 所示。平板形管片是指因螺栓手孔较小或无手孔而呈曲板形结构的管片，由于管片截面削弱少或无削弱，故对盾构千斤顶推力具有较大的抵抗力，对通风的阻力也较小。无手孔的管片也称为砌块，现代的钢筋混凝土管片多采用平板形结构如图 7-62 所示。

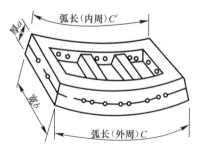

图 7-61　钢筋混凝土箱形管片示意图

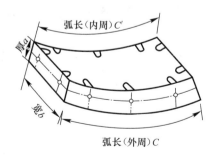

图 7-62　钢筋混凝土平板管片示意图

衬砌环内管片之间以及各衬砌环之间的连接方式，从其力学特性来看，可分为柔性连接和刚性连接，前者允许相邻管片间产生微小的转动和压缩，使衬砌环能按内力分布状态产生相应的变形，以改善衬砌环的受力状态。目前较为通用的是柔性连接，常用的有：单排螺栓连接、销钉连接及无连接件等。

② 双层衬砌

为了防止隧道渗水和衬砌腐蚀，修正隧道施工误差，减少噪声和振动以及作为内部装饰，可以在装配式衬砌内部再做一层整体式混凝土或钢筋混凝土内衬。根据需要还可以在装配式衬砌与内层之间铺设防水隔离层。双层衬砌主要用在含有腐蚀性地下水的地层中。

③ 挤压混凝土整体式衬砌

挤压混凝土衬砌（Extrude Concrete Lining，简称 ECL）就是随着盾构向前掘进，用一套衬砌施工设备在盾尾同步灌注的混凝土或钢筋混凝土整体式衬砌，因其灌注后即承受盾构千斤顶推力的挤压作用，故有此称谓。挤压混凝土衬砌可以是素混凝土，也可以是钢筋混凝土，但应用最多的是钢纤维混凝土。

挤压混凝土衬砌一次成型，内表面光滑，衬砌背后无空隙，故无需注浆，且对控制地层移动特别有效。但挤压混凝土衬砌需要较多的施工设备，其中包括混凝土成型用的框模，拼拆框模的系统，混凝土配制车、泵、阀、管等组成的混凝土配送系统。挤压混凝土衬砌的应用尚不广泛。

5. 轻轨交通高架桥梁结构

（1）高架桥墩台和基础

高架桥墩台的基础应根据当地地质资料确定。当地质情况良好时，应尽可能采用扩大基础。软土地基条件下，为保证基础的承载能力，防止沉陷，宜采用桩基础。

高架桥墩除应有足够的强度和稳定性外，还应结合上部结构的选型使上下部结构协调一致，轻巧美观，与城市景观和谐、匀称，尽量少占地，透空好，保证桥下行车有较好的视线，给行人一种愉快感。常用的桥墩形式有以下几种。

1）倒梯形桥墩（图 7-63a）

倒梯形桥墩构造简单，施工方便，受力合理，具有较大的强度、刚度和稳定性，对于单箱单室箱梁和脊梁来说，选用倒梯形桥墩在外观和受力上均较合理。

2）T 形桥墩（图 7-63b）

T 形桥墩占地面积小，是城镇轻轨高架桥最常用的桥墩形式。这种桥墩既为桥下交通提供最大的空间，又能减轻墩身重量，节约圬工材料。特别适用于高架桥和地面道路斜交的情况。墩身一般为普通钢筋混凝土结构，圆形、矩形或六角形，具有较大的强度和刚度，与上部结构的轮廓线过渡平顺，受力合理。大伸臂盖梁，承受较大的弯矩和剪力，可采用预应力混凝土结构。墩身高度一般不超过 8～10m。

3）双柱式桥墩（图 7-63c）

双柱式桥墩在横向形成钢筋混凝土刚构，受力情况清晰，稳定性好，其盖梁的工作条件比 T 形桥墩的盖梁有利，无须施加预应力，其使用高度一般在 30m 以内。上海市明珠线的双柱式桥墩设计成无盖梁结构，上部结构箱梁直接支承在双柱上，双柱上部设一横系梁。这种构造须在箱梁内设置强大的端横隔板。

4）Y 形桥墩（图 7-63d）

Y 形桥墩结合了 T 形桥墩和双柱式墩的优点，下部成单柱式，占地少，有利于桥下交通，透空性好，而上部成双柱式，对盖梁工作条件有利，无须施加预应力，造型轻巧，比较美观。

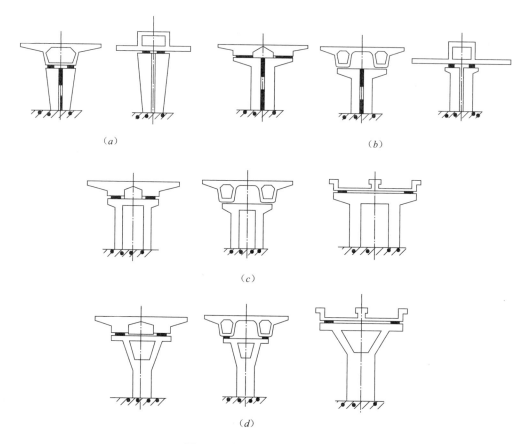

图 7-63　桥墩基本形式示意图

（2）高架桥的上部结构

站间高架桥可以分为一般地段的桥梁和主要工程节点的桥梁。跨越主要道路、河流及其他市内交通设施的主要工程节点可以采用任何一种适用于城市桥梁的大跨度桥梁结构体系。采用最多的是连续梁、连续刚构、系杆拱。

一般地段的桥梁虽然结构形式简单，然而就工程数量和土建工程造价而言，却可能占据全线高架桥的大部分份额，对于城市景观和道路交通功能的影响不可轻视。因此，其结构形式的选择必须慎重行事，多方比较。从城市景观和道路交通功能考虑，宜选用较大的桥梁跨径给人以空透舒适感，按桥梁经济跨径的要求，当桥跨结构的造价和下部结构（墩台、基础）造价接近相等时最为经济；从加快施工进度着眼，宜大量采用预制预应力混凝土梁。桥梁形式的选定往往是因地制宜综合考虑的结果。

在建筑高度不受限制，或刻意压低建筑高度得不偿失的场合，一般适用于城市桥或公路桥的正常高度桥跨结构均可用于城市轨道交通的高架桥。

（五）垃圾处理工程

1. 垃圾分类与处理

垃圾（固体废物）指人类在生产、消费、生活和其他活动中产生的固态、半固态废弃物质。按照固体废弃物的来源分为城市生活垃圾、工业垃圾和农业垃圾。

目前我国城市垃圾的处理方法主要分为卫生填埋、焚烧和堆肥三种方法。

（1）卫生填埋

填埋处理是大量消纳城市生活垃圾的有效方法，也是所有垃圾处理工艺剩余物的最终处理方法。填埋处理是将垃圾填入防渗的坑（库）分层压实后封场，使其发生生物化学变化，分解有机物，达到减量化和无害化的目的。

填埋处理工艺主要包括场底防渗、分层填放压实、每天覆盖土、填埋气导排等环节；渗漏水应进行处理，填埋气体可用于发电。垃圾的填埋处理流程如图 7-64 所示。

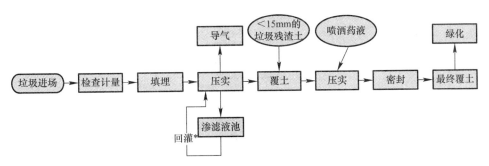

图 7-64　卫生填埋场处理工艺流程图

注 * 回灌：特定情况下应用。

填埋处理技术关键是对渗滤液及填埋气体进行有效控制，达到卫生、保护环境的目的。

（2）焚烧处理

焚烧处理是将垃圾置于高温炉中，使其中可燃成分充分氧化的过程，产生的热量用于发电和供暖，其实质是碳、氢、硫等元素与氧的化学反应，是减量处理的重要手段。垃圾焚烧后，释放出热能，同时产生烟气和固体残渣。

通常，一座大型垃圾焚烧系统主要由前处理/进料系统、焚烧系统、废气处理系统、废热回收/发电系统、灰渣处理系统等部分组成。具体工艺流程如图 7-65 所示。

焚烧处理技术的特点是处理量大，减容性好，无害化彻底，焚烧过程产生的热量用来发电或者供暖可以实现垃圾的能源化。几乎所有的有机性废物都可以用焚烧法处理。

（3）有机堆肥

有机堆肥是使垃圾、粪便中的有机物，在微生物作用下，进行生物化学反应，有机

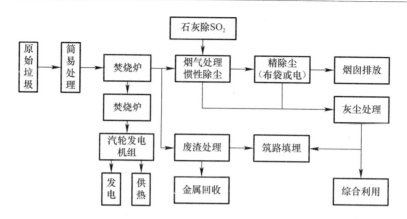

图 7-65 垃圾焚烧工艺流程图

物、氧气和细菌相互作用,析出二氧化碳、水和热,最后形成一种类似腐殖质土壤的物质,用作肥料或改良土壤。堆肥是处理垃圾、粪便,制作农肥的古老技术。堆肥方法适用于垃圾中可腐有机物含量高时或待处理生活垃圾产品的消纳能力强的地区。

根据堆肥原理,可分为厌氧分解与好氧分解两种。常用的好氧分解过程如图 7-66 所示。堆肥处理的关键在于提供一种使微生物活跃生长的环境,以加速其致菌分解过程,使之达到稳定。堆肥主要受废物中的养分、温度、湿度、pH 等因素的控制。

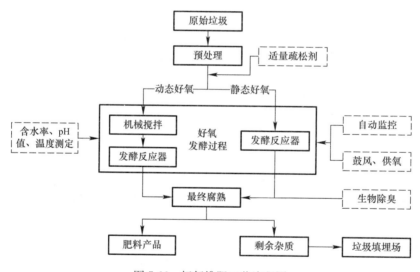

图 7-66 好氧堆肥工艺流程图

填埋、焚烧及有机堆肥是当前城市垃圾处理的主要方法,方案选择需要综合考虑垃圾构成、经济状况、地理状况、环境污染等多方面因素。

2. 垃圾填埋与环境保护要求

目前,我国城市垃圾的处理方式基本采用封闭型填埋场,封闭型垃圾填埋场是目前我国通行的填埋类型。垃圾填埋场选址、设计、施工、运行都与环境保护密切相关。

（1）垃圾填埋场选址

1）基本规定

① 因为垃圾填埋场的使用期限很长，达 10 年以上，因此应该慎重地对待垃圾填埋场的选址，注意其对环境产生的影响。

② 垃圾填埋场的选址，应考虑地质结构、地理水文、运距、风向等因素，位置选择得好，直接体现在投资成本和社会环境效益上。

③ 垃圾填埋场选址应符合当地城乡建设总体规划要求，符合当地的大气污染防治、水资源保护、自然保护等环保要求。

2）标准要求

① 垃圾填埋场必须远离饮用水源，尽量少占良田，利用荒地、利用当地地形。一般选择在远离居民区的位置，填埋场与居民区的最短距离为 500m。

② 生活垃圾填埋场应设在当地夏季主导风向的下风向。填埋场的运行会给当地居民生活环境带来种种不良影响，如垃圾的腐臭味道、噪声、轻质垃圾随风飘散、招引大量鸟类等。

③ 填埋场垃圾运输、填埋作业、运营管理必须严格执行相关规范规定。

3）生活垃圾填埋场不得建在下列地区：

① 国务院和国务院有关主管部门及省、自治区直辖市人民政府划定的自然保护区、风景名胜区、生活饮用水源地和其他需要特别保护的区域内；

② 居民密集居住区；

③ 直接与航道相通的地区；

④ 地下水补给区、洪泛区、淤泥区；

⑤ 活动的坍塌地带、断裂带、地下蕴矿带、石灰坑及熔岩洞区。

（2）垃圾填埋场建设与环境保护

1）有关规范规定

封闭型垃圾填埋设计概念要求严格限制渗滤液渗入地下水层中，将垃圾填埋场对地下水的污染减小到最低限度。填埋场必须进行防渗处理，防止对地下水和地表水的污染，同时还应防止地下水进入填埋区。填埋场内应铺设一层到两层防渗层、安装渗滤液收集系统、设置雨水和地下水的排水系统，甚至在封场时用不透水材料封闭整个填埋场。

2）填埋场防渗与渗滤液收集

填埋场必须采用水平防渗，并且生活垃圾填埋场必须采用 HDPE 膜和黏土矿物相结合的复合系统进行防渗。我国现行的填埋技术规范中也有技术规定。

3）渗滤液处理

生活垃圾填埋场的渗滤液无法达到规定的排放标准，需要进行处理后排放。但在暴雨的时候因渗滤液超出处理能力而直接排放，严重污染环境。垃圾填埋场渗滤液对环境污染日益引起人们的关注。

（3）填埋气体

对填埋气体应进行回收利用，无回收利用价值的则需集中收集燃烧排放。

3. 垃圾填埋场填埋区防渗系统结构

在垃圾卫生填埋场填埋区中通常设置渗沥液防渗系统和收集导排系统，将垃圾堆体产生的渗沥液屏蔽在防渗系统上部、通过收集导排系统导出，经污水处理、实现达标排放，是填埋场工程的技术关键。

垃圾卫生填埋场填埋区工程的结构层次从上至下主要为渗沥液收集导排系统、防渗系统和基础层。垃圾卫生填埋场的防渗系统、收集导排系统施工工艺。

防渗系统主要有泥质防水层、膨润土垫（GCL）和聚乙烯（HDPE）膜防渗层三种及其组合形式。目前，垃圾卫生填埋场防渗系统主流设计采用 HDPE 膜为主防渗材料，与辅助防渗材料和保护层共同组成防渗系统，如图 7-67 所示。

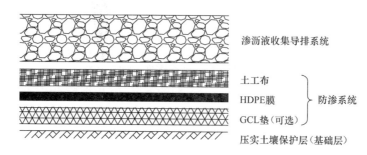

图 7-67　渗沥液防渗系统、收集导排系统断面示意图

垃圾卫生填埋场建成后需有效地检测渗漏，以验证防渗系统效果。通常在填埋场的影响范围内设置一定数量的水质检测井。将填埋场投入使用前的地下水质水样作为本底值，与以后使用过程中检测的水样进行比较。以便验证处置效果和对环境（主要是地下水）的影响。

（六）城市绿化和园林附属工程

1. 城市园林绿化工程

城市园林工程包括土方工程、理水工程、园路与广场铺装工程、景观桥梁工程、假山工程、绿化工程、用电及照明工程等。城市绿化工程主要包括树木栽植、草坪建植、花坛花境建植等。

（1）树木、植物与周边建筑物的关系要求

出于安全考虑，树木与架空线、地下管线及建筑物等应保持一定的安全距离。

1）树木与架空线的距离应符合下列要求：树木与架空电力线路导线的最小垂直距离应符合《城市道路绿化规划与设计规范》和表 7-15 的要求。

树木与架空电力线路导线的最小垂直距离　表 7-15

电线电压（kV）	树木至架空电线净距（m）	
	最小水平距离（A）	最小垂直距离（B）
1—10	1.0	1.5
35—110	2.0	3.0
154—220	3.5	3.5
330	4.0	4.5

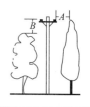

2）树木与地下管线外缘最小水平距离应符合表 7-16 的要求。

树木与地下管线外缘最小水平距离　　　　　　　表 7-16

管线名称	距乔木中心距离（m）	距灌木中心距离（m）
电力电缆	1.0	1.0
电信电缆（直埋）	1.0	1.0
电信电缆（管道）	1.5	1.0
给水管道	1.5	—
雨水管道	1.5	—
污水管道	1.5	—
燃气管道	1.2	1.2
供热管道	1.5	1.5
排水盲沟	1.0	—

树木根茎中心到底线管线外缘最小距离应符合表 7-17 的要求。

树木根茎中心到地下管线外缘最小距离　　　　　　表 7-17

管线名称	距乔木根茎中心距离（m）	距灌木根茎中心距离（m）
电力电缆	1.0	1.0
电信电缆（直埋）	1.0	1.0
电信电缆（管道）	1.5	1.0
给水管道	1.5	1.0
雨水管道	1.5	1.0
污水管道	1.5	1.0

3）绿化植物与建筑物、构筑物的平面间距应满足表 7-18 的要求。

绿化植物与建筑物、构筑物的平面间距　　　　　　表 7-18

建筑物、构筑物名称	距乔木中心不小于（m）	距灌木边缘（m）
建筑物外墙：有窗	4.00	0.50
无窗	2.00	0.50
挡土墙顶内和墙角外	1.00	0.50
高 2m 以下的围墙	1.00	0.50
高 2m 以上的围墙（及挡土墙基）	2.00	0.50
标准轨距铁路中心线	5.00	3.50
道路路面边缘	1.00	0.50
人行道路面边缘	2.00	2.00
体育用场地	3.00	3.00
电杆中心	2.00	0.75
路旁变压器外缘、交通灯柱	3.00	不宜种
警亭	3.00	不宜种
路牌、交通指示牌、车站标志	1.20	不宜种
消防龙头、邮筒	1.20	不宜种
测量水准点	2.00	2.00

续表

建筑物、构筑物名称	距乔木中心不小于（m）	距灌木边缘（m）
天桥边缘	3.50	不宜种
排水沟边缘	1.00	0.50
冷却塔边缘	1.5 倍塔高	不限
冷却池边缘	40.00	不限

4）行道树与道路交叉口的最小距离应符合表 7-19 的要求。

行道树与道路交叉口的最小距离　　　　表 7-19

交叉口类型	植树区	图　示
机动车交叉口 （行车速度≤40km/h）	30m	
机动车道与非机动车道交叉口	10m	
机动车道与铁路交叉口	50m（距铁路） 8.0m（距机动车道）	
工厂内部道路交叉口 （行车速度≤25km/h）	14m	

（2）树木栽植

树木栽植成功与否，受各种因素的制约，如树木自身的质量及其移植期，生长环境的温度、光照、土壤、肥料、水分、病虫害等。

树木有深根性和浅根性两种。种植深根性的树木应有深厚的土壤，在移植大乔木时比小乔木、灌木需要更多的根土。所以栽植地要有较大的有效深度。具体可见表 7-20。

植物生长所必需的最低限度土层厚度　　　　表 7-20

种　类	植物生存的最小厚度（cm）	植物培育的最小厚度（cm）
草类、地被	15	30
小灌木	30	45
大灌木	45	60
浅根性乔木	60	90
深根性乔木	90	150

树木栽植施工要点：

根据设计要求，将绿化地段与其他地界区划开来，在栽植前 3 个月以上整理地形。

规则式种植，树穴位置必须排列整齐，横平竖直。行道树定点，行位必须准确。穴、槽的规格应视土质情况和树木根系大小而定。一般树穴直径应较根系和土球直径加大15～20cm，深度加10～15cm。树槽宽度应在土球外两侧各加10cm，深度加15～20cm。穴、槽应垂直下挖，槽壁要平滑，口径上下一致，底部留土。

定植时，应分层回填种植土，根群舒展开，每层填土紧实，盖住树木根茎。树木定植后24h内必须浇上第一遍水（头水、压水），水要浇透。定植后必须连续灌水3次，之后视情况适时灌水。

乔木、大灌木在栽植后均应支撑。支撑可用十字支撑、扁担支撑、三角支撑或单柱支撑。非栽植季节栽植，应按不同树种采取相应的技术措施：最大程度的强修剪应至少保留树冠的1/3；凡可摘叶的应摘去部分树叶，但不可伤害幼芽；夏季要搭棚遮阴、喷雾、浇水，保持二、三级分叉以下的树干湿润，冬季要防寒。

凡列为工程的树木栽植，及非栽植季节的栽植均应做好记录，作为验收资料，内容包括：栽植时间、土壤特性、气象情况、栽植材料的质量、环境条件、种植位置、栽植后植物生长情况、采取措施以及栽植人工和栽植单位与栽植者的姓名等。

（3）草坪建植

草坪建植的方法有籽播、喷播、植生带、铺植等。

草坪铺植分为密铺、间铺、点铺和茎铺等方法。密铺是将选好的草坪切成300mm×300mm、250mm×300mm、200mm×200mm等不同草块，顺次平铺，草块下填土密实，块与块之间应留有20～30mm缝隙，再行填土，铺后及时滚压浇水。间铺方法与密铺相同，是用1m²的草坪宜有规则地铺设2～3m²面积。点铺是将草皮切成30mm×30mm进行点种，用1m²草坪宜点种2～5m²面积。茎铺应注意种植时间：暖地型草种以春末夏初为宜，冷地型草种以春秋为宜。铺植后的草坪管理应符合表7-21的规定。

草坪铺植后的管理　　　　　　　　　　　　　　表7-21

	密铺、间铺、点铺	茎　铺
浇水	每周一次浇透、浇匀	及时、浇透、浇匀
松土、除草、防病虫害	及时松土、除草、防治病虫害	及时松土、除草、防治病虫害
其他管理	铺植2～3d后滚压，每周至少一次	茎铺后有裸露根基时用砂、土补覆

建植的草坪质量要求：草坪的覆盖度应达到95％，集中空秃不得超过1m²。达到覆盖度95％所需的时间，满铺草坪应为1个月，其他方法建植的草坪应为3个月。

（4）花坛、花境建植

花坛是将同期开放的多种花卉，或不同颜色的同种花卉，根据一定的图案设计，栽种于特定规则式或自然式苗床内，使其发挥群体美的一种布置形式。花坛植物材料宜由一、二年生或多年生草本、球宿根花卉及低矮色叶花植物灌木组成。一般选用花期一致、花朵显露、株高整齐、叶色和叶形协调，容易配置的品种。花坛花卉的生物学特性应符合当地条件。

花境是在绿地中的路侧或在草坪、树林、建筑物等边缘配置花卉的一种布置形式，用来丰富绿地色彩。布置形式以带状自然式为主。花境用花宜以花期长、观赏效果佳的球

（宿）根花卉和多年生草花及高度 40cm 以下的观花、观叶植物为主。

2. 园林喷灌系统施工

（1）对于不同形式的喷灌系统，其施工的内容不同。移动式喷灌系统只是在绿地内布置水源（井、渠、塘等），主要是土石方工程。固定式喷灌系统需进行泵站和管道系统的铺设。

（2）基本施工流程

1）定线

水泵应确定水泵的轴线位置和泵房的基脚位置和开挖深度；管道应确定干管的轴线位置，弯头、三通、四通及喷点（即竖管）的位置和管槽深度。

2）挖基坑和管槽

沟槽的底面要挖平以减少不均匀沉陷。开挖后应立即浇筑基础铺设管道，以免长期敞开造成塌方和土基扰动。

3）确定水源和给水方式

水源可以是市政给水或淡水的湖水、河水等，也可在水源地通过水泵供水，选用的水泵主要有离心泵和潜水泵两种。如果用水量小，宜选用潜水泵供水。

4）安装管道

管道安装工作包括布管、管节加工、接头、装配等。管道安装应注意以下几点：

① 管道铺设应符合设计要求。

② 给水管道的基础应坚实和密实，不得铺设在冻土和未经处理的松土上。冰冻地区，应埋设于当地冰冻线以下，不冻或轻冻地区，覆土深度不小于 700mm。

③ 安装过程中应防止砂石进入管道。

④ 金属管道安装前应进行防锈处理。

⑤ 化学建材管应有伸缩节以适应温度变形。

⑥ 管道的套箍、接口应牢固、紧密，管端清洁不乱丝，对口间隙准确。

5）冲洗

管子装好后先不装喷头，开泵冲洗管道，把竖管敞开任其自由溢流把管中砂石冲出来，以免以后堵塞喷头。

6）水压试验与泄水试验

管道使用前必须进行水压试验。方法是：将开口部分全部封闭，竖管用堵头封闭，逐段进行试压。试压的压力应比工作压力大 1.5 倍，且不小于 0.6kPa。试验压力下 10min（化学建材管为 1h）内压力降不应大于 0.05kPa，然后降至工作压力进行检查，压力保持不变，不渗不漏。如发现漏水应及时修补，直至不漏为止。

水压试验合格后，立即泄水并进行泄水试验。泄水试验对于冬季有冻害的地区是必需的。泄水试验时，打开所有的手动泄水阀，截断立管堵头，以免管道中出现负压，影响泄水效果。只要管道中无满管积水现象，即认为泄水试验合格。

7）回填

经试验证明整个系统施工质量合乎要求，才可以回填。管道的沟槽还土后应进行分层夯实。用塑料管应掌握回填时间，最好在气温接近土壤温度时回填，以减少温度变形。

8）试喷

最后装上喷头进行试喷，必要时还应检查正常工作条件下各喷点处是否达到喷头的工作压力。

施工单位应绘制埋在地下的管道与管件的实际位置图，以便检修使用。

3. 园林假山工程

（1）假山工程与分类

假山、叠石、置石工程是园林附属工程之一。假山叠石工程（假山工程）指采用自然山石进行堆叠而成的假山、溪流、水池、花坛、立峰等工程。

1）按材料可分为土假山、石假山、石土混合假山。

2）按施工方式可分为筑山、掇山、凿山和塑山。

3）按假山在园林中的位置和用途可分为园山、庭山、池山、楼山、阁山、壁山、厅山、书房山和兽山。

假山种类的划分是相对的，在实际工作中经常是复合式的。

（2）材料种类与性能

1）素土

堆假山的素土主要有壤土、黏土、植物种植土等。素土假山一般坡度较缓，主要用于微地形的塑造。坡脚如果加入石头，可以节约土地，形成大型的假山。

2）人工仿石

主要用水泥、灰泥、混凝土、玻璃钢、有机树脂、GRC（低碱度玻璃纤维水泥）作材料，进行"塑石"，投资少，见效快。

3）山石

园林中用于堆山、置石的山石种类常见的有如下几种：

① 太湖石：太湖洞庭西山所产的一种石灰岩石块，有大小不同、变化丰富的窝和洞。

② 英石：广东英德所产。灰黑色，石形轮廓多转角，外观线条较硬朗。

③ 房山石：产于北京房山。色土红、土黄、日久变灰黑，多小孔穴而无大洞。外观浑厚，沉实。

④ 宣石：产宁国市。白色矿物成分覆于灰色石上，似冬日积雪。

⑤ 黄石：产于苏州、常州、镇江等地，是带橙黄颜色的细砂岩。石形体顽夯，棱角分明，节理面近乎垂直，显得方正，具雄浑之势。

⑥ 青石：青灰色细砂岩。北京西郊产。石呈片状，有交叉斜纹。

⑦ 石笋：形长而如竹笋类的山石总称。

⑧ 黄蜡石：色黄，表面圆润光滑有蜡质感。石形圆浑如大卵石状。

（3）假山基本要求

假山是按照设计图纸的尺寸进行定位、放线、堆叠、整修而成的。假山的外形千变万化，但其基本结构和程序是相通的。假山的掇叠过程分为施工准备、分层施工、山石结体、假山洞、假山蹬道施工、艺术处理等工序环节。

假山设计图不可能标明每块山石的位置、大小、结构等，即使详细，其施工也很难完全按照施工图去做。假山施工应自下而上、自后向前、由主及次、分层进行，确保稳定实用。

假山基础常用的材料有桩基、石基、灰土基和钢筋混凝土基。桩基用于湖泥沙地，石基多用于较好的土基，灰土基用于干燥地区，钢筋混凝土基多用于流动水域或不均匀土基。一般基础表面高程应在上表或常水位线以下 0.3～0.5m。现代的假山多采用浆砌块石或混凝土基础，这类基础具有耐压强度大、施工速度快的特点。浇筑基础时注意留白、栽植、防渗、埋管以及山体与地面的自然过渡。

在基础上铺置最底层的自然山石即为拉底。一般选用大块平整山石，坚实、耐压，高度以一层大块石为准，北方多采用满拉底石的做法。

中层是指底层以上，顶层以下的大部分山体。这一部分是掇山工程的主体，掇山的造型手法与工程措施的巧妙结合主要体现在这一部分。要求：堆叠时应注意调节纹理，竖纹、横纹、斜纹、细纹等一般宜尽量同方向组合，石色要统一，色泽的深浅力求一致，差别不能过大，更不允许同一山体用多种石料。一般假山多运用"对比"手法，显现出曲与直、高与低、大与小、远与近、明与暗、隐与显各种关系，运用水平与垂直错落的手法，使假山或池岸、掇石错落有致，富有生气，表现出山石沟壑的自然变化。

收顶即处理假山最顶层的山石，具有画龙点睛的作用。叠筑时要用轮廓和体态都富有特征的山石，注意主、从关系。收顶一般分峰、峦和平顶三种类型，可根据山石形态分别采用剑、堆秀、流云等手法。

假山洞结构形式一般分为"梁柱式"、"挑梁式"和"券拱式"，应根据需要采用。假山洞的叠砌做法与假山工程相同。假山洞有单洞与复洞，水平洞与爬山洞，单层洞与多层洞，旱洞与水洞之分。山洞应利用洞口，洞间天井和洞壁采光，兼作通风。

假山蹬道是水平空间与垂直空间联系中不可缺少的重要构成部分，多用石块叠置而成；随山势而弯曲、延伸，并有宽窄和级差的变化；或穿过浓荫林丛，或环绕于树的盘根错节之处，或阻挡于峰石之后，给人一种深邃幽美的感觉。假山蹬道要有相握而不及足、相闻而不及见、峰回路转、小中见大的艺术效果，同时又能与排水、瞭望、种植相结合。整个假山结构施工完成以后，要到不同的地点去观赏探究，也要到山洞、磴道去体验一下意境与景观的表现情况。对于远观的部位可粗略、从简处理，而近看的部位要精细加工。人工痕迹明显的地方要用立景石、栽植物、刻字画的形式来处理，达到作假如真的效果。

八、市政工程预算的基本知识

（一）市政工程定额

1. 市政工程定额分类

（1）市政工程定额概念

市政工程定额是指完成规定计量单位（分部、分项工程）所需人工、材料、施工机械台班的消耗数量及价值的标准，适用于新建、扩建和改建市政工程。

（2）市政工程定额的分类

市政工程定额种类很多，通常可按生产要素、建设用途、性质与适用范围进行分类，如图 8-1 所示。

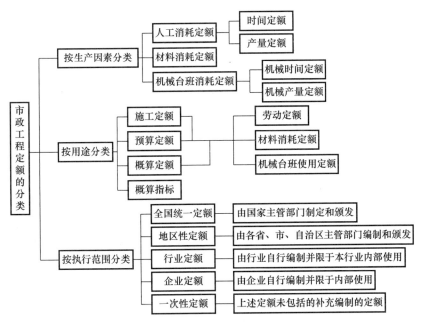

图 8-1　市政工程定额的分类示意图

1）按生产要素分类

按生产要素分类可分为劳动消耗定额、材料消耗定额与机械台班消耗定额。

① 劳动消耗定额

劳动定额也称为人工定额，规定了在正常施工条件下，某工种的某一等级工人为生产单位合格产品，所必须消耗的劳动时间，或在一定的劳动时间内，所生产合格产品的数量。劳动定额按其表现形式不同，可分为时间定额和产量定额。

② 材料消耗定额

料消耗定额是指在正常施工和合理使用材料的条件下，生产单位合格产品所必须消耗的各种材料、燃料、成品、半成品或构配件等的数量。

③ 机械台班消耗定额

机械台班消耗定额又称为机械台班使用定额，简称机械定额，是在合理的劳动组织与正常施工条件下，利用机械生产单位合格产品所必需消耗的机械工作时间，或在单位时间内，机械完成合格产品的数量。机械消耗定额也可分为时间定额和产量定额。

2）按建设用途性质分类

按建设用途性质分类可分为施工定额、预算定额、概算定额与概算指标。

① 施工定额

施工定额是直接用于市政工程施工管理的一种定额，由劳动定额、材料消耗定额和机械台班使用定额三个部分组成，是最基本的定额。

施工定额是直接用于基层施工管理，可以计算不同工程项目的人工、材料和机械台班的需用量。

施工定额是编制预算定额，确定人工、材料、机械消耗数量标准的基础依据。

② 预算定额

预算定额是一种计价的定额，在工程建设定额中占有很重要的地位。预算定额是确定一定计量单位（分项工程或结构构件）的人工、材料（包括成品、半成品）和施工机械台班消耗量以及费用标准。也可以说预算定额是指在合理的施工组织设计、正常的施工条件下，生产一个规定计量单位合格产品所需要的人工、材料和机械台班的社会平均消耗量标准，是计算市政工程产品价格的基础。

预算定额是确定工程造价的主要依据，是计算标底和确定报价的主要依据。

③ 概算定额

概算定额是预算定额的扩大与合并，是确定一定计量单位扩大分项工程的人工、材料和施工机械台班的需要量以及费用标准，是设计单位编制设计概算所使用的定额；也是施工准备阶段编制施工组织设计的依据。

概算定额主要是用于投资估算所使用的定额。概算定额是介于预算定额与概算指标之间的定额。

④ 概算指标

概算指标是以整个构筑物为对象，或以一定数量面积（或长度）为计量单位，而规定人工、机械与材料的耗用量及其费用标准。

3）执行范围分类

按执行（适用）范围或按主编单位分类，可分为全国（行业）统一定额、地区定额与企业施工定额。

① 全国（行业）统一定额

全国（行业）统一定额是根据全国各行业、专业工程的生产技术与组织管理的一般情况而编制的定额，在全国范围内执行。

② 地区定额

地区定额是各省、自治区、直辖市建设行政主管部门参照全国统一定额及国家有关统一规定制定的，在本地区范围内使用。通常是《市政工程费用定额》与《市政工程消耗量定额》、《市政工程价目表》配套使用，由地方主管部门负责管理，作为市政工程计价的依据。

③ 企业施工定额

企业施工定额简称施工定额，业内被称为补充性定额，是以同一性质的施工过程或工序为测定对象，确定工人在正常施工条件下，为完成单位合格产品所需劳动、机械和材料消耗的数量标准，是编制工程施工组织设计、施工作业方案和企业计划管理的依据。

施工定额在企业计划管理方面的作用，表现在它既是企业编制施工组织设计的依据，又是企业编制施工作业计划的依据。

施工组织设计是指导拟建工程进行施工准备和施工生产的技术经济文件，其基本任务是根据招标文件及合同协议的规定，确定出经济合理的施工方案，在人力和物力、时间和空间、技术和组织上对拟建工程进行最佳安排。

施工进度计划则是根据工程项目施工计划、施工组织设计和现场实际情况编制的，是以实现工程项目施工计划为目的的具体执行计划，也是作业队组进行施工的依据。因此，施工组织设计和施工进度计划是企业和项目部计划管理中不可缺少的环节。

实行工程量清单计价，企业施工定额通常作为竞争性报价的依据。大型企业通常会编制企业的施工定额，但多数企业的施工定额都是保密的，通常不向社会公布。

2. 市政工程定额的作用

在社会主义市场经济条件下，市政工程定额的作用主要有：

(1) 有利于节约社会劳动和提高生产效率

1) 企业以定额作为促使工人节约社会劳动（工作时间、原材料等）和提高劳动效率、加快工作进度的手段，以增强市场竞争能力，获取更多的利润。

2) 作为工程造价计价依据的各类定额，又促使企业加强管理，把社会劳动的消耗控制在合理的限度内。

3) 作为项目决策依据的定额指标，又在更高的层次上促使项目投资者合理而有效地利用和分配社会劳动。

这些都证明了市政工程定额在工程建设中有节约社会劳动和优化资源配置的作用。

(2) 有利于建筑市场公平竞争

市政工程有着自身复杂性，市政工程定额所提供的准确信息为市场需求主体和供给主体之间的竞争，以及供给主体和供给主体之间的公平竞争，提供了有利条件。

(3) 有利于市场行为的规范

市政工程定额既是投资决策的依据，又是价格决策的依据。对于投资者来说，可以利用定额权衡自己的财务状况和支付能力、预测资金投入和预期回报，还可以充分利用有关定额的大量信息，有效地提高其项目决策的科学性，优化其投资行为。对于建筑企业来讲，在投标报价时，只有充分考虑定额的要求，做出正确的价格政策，才能占有市场竞争的优势，才能获得更多的工程合同份额。

由此可见，定额在上述两个方面规范了市场主体的经济行为，对完善我国固定资产投资市场和建筑市场，都起到了重要作用。

（4）有利于完善市场的信息系统

市政工程定额管理来自对大量市场信息的加工，也是对大量信息进行市场传递，同时也是市场信息的反馈。在我国市政工程建设中，以定额形式建立和完善市场信息系统，在促进城镇基础设施建设和发展中发挥着举足轻重的作用。

3. 市政工程定额分部分项工程划分

（1）市政工程定额分部分项工程划分原则

市政工程按照有关规定，主要分为城镇给水排水工程，城镇道路工程，城市桥梁（通道）工程、城市防洪工程、城市燃气工程、城镇供热工程、城市轨道交通工程、城市园林绿化工程、公共照明工程、生活垃圾填埋场工程等，有的地方定额还包括电力管沟、交通信号等。

专业工程之间因工程建设施工水平和管理水平发展不平衡，施工定额分部分项工程划分不尽一致。特别是市政工程的自身特点，导致市政工程定额分部分项工程划分不能像其他专业工程那样清晰一致，而是确定各专业工程定额分部分项工程划分的原则，主要原则如下：

1) 分部工程是单位工程（构筑物）的一部分或是某一项专业的设备（施）；分项工程是分部工程的组成部分，若干个分项工程合在一起就形成一个分部工程；若干分部工程合在一起就形成一个单位工程；单位工程可能是分期建设的单项工程或具备使用功能的单体构筑物，依据合同约定构成一个市政工程建设项目。

2) 市政工程定额的单位工程、分部工程、分项工程、检验批的划分参考表是依据专业工程施工验收规范编制的；具体应用时，应依据有关规定进行选定。

3) 市政工程定额的分部工程、分项工程划分应依据行业统一定额或地方定额视建设项目具体条件进行确定。

（2）市政工程定额分部分项工程划分参考表

1) 城镇道路工程定额分部、分项工程划分参考表见表 8-1。

城镇道路工程定额分部、分项工程划分参考表　　　　表 8-1

单位工程（子单位工程）	分部工程	子分部工程	分项工程	检验批划分
城镇道路工程	道路路基		土方路基、石方路基、路基处理、路肩	每侧流水施工段作为一个检验批为宜
	道路基层		石灰土基层、石灰粉煤灰稳定砂砾（碎石）基层、石灰粉煤灰钢渣基层、水泥稳定土类基层、级配砂砾（碎石）基层、级配碎石（碎砾石）基层、沥青碎石基层、沥青贯入式基层	每侧流水施工段作为一个检验批为宜

单位工程（子单位工程）	分部工程	子分部工程	分项工程	检验批划分
城镇道路工程	道路面层	沥青混合料面层	透层、粘层、封层、热拌沥青混合料面层、冷拌沥青混合料面层	每侧流水施工段作为一个检验批为宜
		沥青贯入式与沥青表面处治面层	沥青贯入式面层、沥青表面处治面层	每侧流水施工段作为一个检验批为宜
		水泥混凝土面层	水泥混凝土面层（模板、钢筋、混凝土）	每侧流水施工段作为一个检验批为宜
		铺砌式面层	料石面层、预制混凝土砌块面层	每侧流水施工段作为一个检验批为宜
	广场与停车场		料石面层、预制混凝土砌块面层、沥青混合料面层、水泥混凝土面层	每个广场或自然划分的区段
	人行道		料石人行道铺砌面层（含盲道砖）、混凝土预制块人行道铺砌面层（含盲道砖）、沥青混合料铺筑面层	每侧路段 300～500m 作为一个检验批为宜
	人行地道结构	现浇钢筋混凝土人行地道结构 预制安装钢筋混凝土人行地道结构	地基、垫层、防水、基础（模板、钢筋、混凝土）、墙体与顶板（模板、钢筋、混凝土）墙板与顶部构件预制、地基、垫层、防水、基础（模板、钢筋、混凝土）、墙板安装、顶板安装	每座通道或分段

2）城市桥梁工程

城市桥梁工程建设项目包括不同造型和结构的桥梁、涵洞、通道，如立交桥、高架桥、跨线桥、地下通道及箱涵、板涵、拱涵、人行街道桥等。城市桥梁工程定额分部、分项工程划分参考表见表 8-2。

城市桥梁工程定额分部、分项工程划分参考表　　　　表 8-2

单位工程（子单位工程）	分部工程	子分部工程	分项工程	检验批划分
城市桥梁工程	地基与基础	地下连续墙、桩	成槽（孔）钢筋骨架、水下混凝土	每个施工段或每根桩
	承台		模板与支架、钢筋、混凝土	每个承台
	墩台	砌体墩台	石砌体、砌块砌体	每个砌筑段、浇筑段
		现浇混凝土墩台	模板、钢筋、混凝土、预应力混凝土	施工段或每个墩台、每个安装段（件）
		预制混凝土柱	预制混凝土柱（模板、钢筋、混凝土、预应力混凝土）安装	每根柱
		台背填土	填土	每个台背
	盖梁		模板与支架、钢筋、混凝土、预应力混凝土	每个盖梁
	支座		垫石混凝土、支座安装、挡块混凝土	每个支座
	索塔		现浇混凝土索塔（模板与支架、钢筋、混凝土、预应力混凝土）、钢构件安装	每个浇筑段、每根钢构件

续表

单位工程（子单位工程）	分部工程	子分部工程	分项工程	检验批划分
桥梁工程	城市桥梁工程	锚锭	锚固体系制作、锚固体系安装、锚锭混凝土（模板与支架、钢筋、混凝土）、锚索张拉与压浆	每个制作件、安装件、基础
		桥跨承重结构	支架上浇筑混凝土梁（板）	模板与支架、钢筋、混凝土、预应力混凝土	每孔、联、施工段
			装配式钢筋混凝土梁（板）	预制梁（板）（模板与支架、钢筋、混凝土、预应力混凝土）、安装梁（板）	每片梁
			悬臂浇筑预应力混凝土梁	0号段（模板与支架、钢筋、混凝土、预应力混凝土）、悬浇段（挂篮、模板、钢筋、混凝土、预应力混凝土）	每个浇筑段
			悬臂拼装预应力混凝土梁	0号段（模板与支架、钢筋、混凝土、预应力混凝土）、梁段预制（模板与支架、钢筋、混凝土）、拼装梁段、施加预应力	每个拼装段
			顶推施工混凝土梁	台座系统、导梁、梁段预制（模板与支架、钢筋、混凝土、预应力混凝土）、顶推梁段、施加预应力	每节段钢梁
			钢梁	钢梁加工、现场安装	每个制作段、孔、联
			结合梁	钢梁安装、预应力钢筋混凝土梁预制（模板与支架、钢筋、混凝土、预应力混凝土）、预制梁安装、混凝土结构浇筑（模板与支架、钢筋、混凝土、预应力混凝土）	每段、孔
			拱部与拱上结构	砌筑拱圈、现浇混凝土拱圈、劲性骨架混凝土拱圈、装配式混凝土拱部结构、钢管混凝土拱（拱肋安装、混凝土压注）、吊杆、系杆拱、转体施工、拱上结构	每个砌筑段、安装段、浇筑段、施工段
			斜拉桥的主梁与拉索	0号段混凝土浇筑、悬臂浇筑混凝土主梁、支架上浇筑混凝土主梁、悬臂拼装混凝土主梁、悬拼钢箱梁、支架上安装钢箱梁、结合梁、拉索安装	每个浇筑段、制作段、安装段、施工段
			悬索桥的加劲梁与缆索	索鞍安装、主缆架设、主缆防护、索夹和吊索安装、加劲梁段拼装	每个制作段、安装段、施工段
		顶进箱涵		工作坑、滑板、箱涵预制（模板与支架、钢筋、混凝土）、箱涵顶进	每坑、每制作节、顶进节
		桥面系		排水设施、防水层、桥面铺装层（沥青混合料铺装、混凝土铺装模板、钢筋、混凝土）、伸缩装置、地袱和缘石与挂板、防护设施、人行道	每个施工段、每孔
		附属结构		隔声与防眩装置、梯道（砌体；混凝土—模板与支架、钢筋、混凝土；钢结构）、桥头搭板（模板、钢筋、混凝土）、防冲刷结构、照明、挡土墙等	每砌筑段、浇筑段、安装段、每座构筑物
		装饰与装修		水泥砂浆抹面、饰面板、饰面砖和涂装	每跨、侧、饰面
		引道		应符合《城镇道路工程施工与质量验收规范》CJJ 1—2008 的有关规定	

3）城市给水排水工程

城市给排水工程建设项目包括城市污水处理、污泥处理；地面和地下水源取水及配水场、净水厂等工程；输送排放主干线、次干线，郊区、开发区的规划线，大型建筑群、社区的给排水系统；城市水环境综合整治工程。给水排水管道工程定额分部、分项工程划分参考表见表8-3。

给水排水管道工程定额分部、分项工程划分参考表　　　表8-3

单位工程（子单位工程）	分部工程	子分部工程	分项工程	检验批划分
给水排水管道工程	土方工程		沟槽土方（沟槽开挖、沟槽支撑、沟槽回填）；基坑土方（基坑开挖、基坑支护、基坑回填）	应与下列检验批对应
	预制管开槽施工主体结构	金属类管、混凝土类管、预应力钢筒混凝土管、化学建材管	管道基础、管道接口连接、管道铺设、管道防腐层（管道内防腐层、钢管外防腐层）、钢管阴极保护	可选择下列方式划分：1. 按流水施工长度；2. 排水管道按井段；给水管道按一定长度连续施工段或自然划分段（路段）；3. 其他便于过程质量控制方法
	管渠（廊）工程	现浇钢筋混凝土管渠、装配式混凝土管渠、砌筑管渠	管道基础、现浇钢筋混凝土管渠（钢筋、模板、混凝土、变形缝）、装配式混凝土管渠（预制构件安装、变形缝）、砌筑管渠（砖石砌筑、变形缝）、管道内防腐层、管廊内管道安装	每节管渠（廊）或每个流水施工段
		管渠（廊）工作井	工作井围护结构、工作井	每座井
	顶管		管道接口连接、顶管管道（钢筋混凝土管、钢管）、管道防腐层（管道内防腐层、钢管外防腐层）、钢管阴极保护、垂直顶升	顶管顶进：每100m；垂直顶升：每个顶升管
	盾构		管片制作、管片拼装、二次内衬（钢筋、混凝土）、管道防腐层、垂直顶升	盾构掘进：每100环；二次内衬：每施工作业断面；垂直顶升：每个顶升管
	浅埋暗挖		土层开挖、初期衬砌、防水层、二次内衬、管道防腐层、垂直顶升	暗挖：每施工作业断面；垂直顶升：每个顶升管
	定向钻		管道接口连接、定向钻管道、钢管防腐层（内防腐层、外防腐层）、钢管阴极保护	每100m
	夯管		管道接口连接、夯管管道、钢管防腐层（内防腐层、外防腐层）、钢管阴极保护	每100m

续表

单位工程 (子单位工程)	分部工程	子分部工程	分项工程	检验批划分
给水排水 管道工程	沉管工程	组对拼装沉管	基槽浇挖及管基处理、管道接口连接、管道防腐层、管道沉放、稳管及回填	每100m（分段拼装按每段，且不大于100m）
		预制钢筋混凝土沉管	基槽浇挖及管基处理、预制钢筋混凝土管节制作（钢筋、模板、混凝土）、管节接口预制加工、管道沉放、稳管及回填	每节预制钢筋混凝土管
	桥管工程		管道接口连接、管道防腐层（内防腐层、外防腐层）、桥管管道	每跨或每100m；分段拼装按每跨或每段，且不大于100m
	附属构筑物工程		井室（现浇混凝土结构、砖砌结构、预制拼装结构）、雨水口及支连管、支墩	同一结构类型的附属构筑物不大于10m³

给水排水构筑物工程定额分部、分项工程划分参考表见表8-4。

给水排水构筑物工程定额分部、分项工程划分参考表   表8-4

分项工程 \ 单位(子单位)工程		构筑物工程或按独立合同承建的水处理构筑物、管渠、调蓄构筑物、取水构筑物、排放构筑物	
分部(子分部)工程		分项工程	验收批
地基与基础工程	土石方	围堰、基坑支护结构（各类围护）、基坑开挖（无支护基坑开挖、有支护基坑开挖）、基坑回填	1 按不同单体构筑物分别设置分项工程（不设验收批时）； 2 单体构筑物分项工程视需要可设验收批； 3 其他分项工程可按变形缝位置、施工作业面、标高等分为若干个验收部位
	地基基础	地基处理、混凝土基础、桩基础	
主体结构工程	现浇混凝土结构	底板（钢筋、模板、混凝土）、墙体及内部结构（钢筋、模板、混凝土）、顶板（钢筋、模板、混凝土）、预应力混凝土（后张法预应力混凝土）、变形缝、表面层（防腐层、防水层、保温层等的基面处理、涂衬）、各类单体结构构筑物	
	装配式混凝土结构	预制构件现场制作（钢筋、模板、混凝土）、预制构件安装、圆形构筑物缠丝张拉预应力混凝土、变形缝、表面层（防腐层、防水层、保温层等的基面处理、涂衬）、各类单体结构构筑物	
	砌筑结构	砌体（砖、石、预制砌体）、变形缝、表面层（防腐层、防水层、保温层等的基面处理、涂衬）、护坡与护坦、各类单体构筑物	
	钢结构	钢结构现场制作、钢结构预拼装、钢结构安装（焊接、栓接等）、防腐层（基面处理、涂衬）、各类单体构筑物	
附属构筑物工程	细部结构	现浇混凝土结构（钢筋、模板、混凝土）、钢制构件（现场制作、安装、防腐层）、细部结构	
	工艺辅助构筑物	混凝土结构（钢筋、模板、混凝土）、砌体结构、钢结构（现场制作、安装、防腐层）、工艺辅助构筑物	
	管渠	同主体结构工程的"现浇混凝土结构、装配式混凝土结构、砌筑结构"	

续表

分项工程 单位(子单位)工程		构筑物工程或按独立合同承建的水处理构筑物、管渠、调蓄构筑物、取水构筑物、排放构筑物	
分部(子分部)工程		分项工程	验收批
进、出水管渠	混凝土结构	同附属构筑物工程的"管渠"	
	预制管铺设	同《给水排水管道工程施工与验收规范》GB 50268—2008	

注：管理用房、配电房、脱水机房、鼓风机房、泵房等的地面建筑工程见《建筑工程施工质量验收统一标准》GB 50300—2013 规定。

4）城市轨道交通工程

城市轨道交通工程建设项目含地下铁道车站、区间隧道、车辆段、停车场、控制中心和轻轨交通地面线、高架桥梁（通道）车辆段、停车场、控制中心等；城市轨道交通工程定额分部、分项工程划分参考表见表 8-5；盾构施工隧道工程定额分部、分项工程划分参考表见表 8-6。

城市轨道交通工程定额分部、分项工程划分参考表 表 8-5

单位工程（子单位工程）	分部工程	子分部工程	分项工程	检验批划分
基坑开挖、隧道工程	深基坑支护及土方工程	深基坑支护	冲孔灌注桩（冲孔施工、灌注桩钢筋笼、灌注桩混凝土浇筑）、水泥旋喷桩施工、水泥搅拌桩施工、钢筋混凝土冠梁（钢筋、模板、混凝土浇筑）、钢柱支撑制作、钢柱安装、钢筋混凝土系梁支撑（模板及支架、钢筋、混凝土浇筑）	每根或每个施工段
		土方开挖	土方开挖、边坡处理	按分层开挖深度不大于 1m 为宜
		边坡防护	边坡土钉墙（边坡喷射混凝土、绑扎钢筋网、安装土钉墙锚固钢筋、边坡再次喷射混凝土）、锚杆施工（钻孔、安装锚杆、高压注浆）	每层施工段
		井点降水	降水井钻孔、无缝钢管开孔加工、无缝钢管外包铁丝网和塑料网、无缝钢管安装、钢管外周边降水井内填碎石砾料、安装潜水泵、连接排水管道、安装降水控制系统	每个施工段
	隧道主体结构工程	隧道主体结构地下人行通道结构水泵房主体结构	底板垫层混凝土、底板现浇混凝土结构（钢筋、模板、混凝土浇筑）、侧墙现浇混凝土结构（钢筋、模板及支撑、混凝土浇筑）、楼板现浇混凝土结构（钢筋、模板及支架、混凝土浇筑）顶板现浇混凝土结构（钢筋、模板及支架、混凝土浇筑）、底板压重混凝土、中央防撞墙、混凝土护墙等	每个部位的每个施工段
		防水工程	每施工段橡胶止水带、水泥砂浆找平层、底板防水层、底板防水保护层、外墙壁防水层、外墙壁防水保护层、顶板上部防水层	每个部位的每个施工段

续表

单位工程 (子单位工程)	分部工程	子分部工程	分项工程	检验批划分
基坑开挖、 隧道工程	隧道回填		闭口段隧道两侧回填、顶板上路基回填	每侧流水施工段做一个检验批为宜
	附属结构		检修道、排水沟、排水管、搭板楼梯、雨棚、护栏、各种预埋管件、通风设施等	每个部位的每个施工段
	道路及附属工程		应符合《城镇道路工程施工与质量验收规范》CJJ 1—2008 的有关规定	
	装饰与装修		饰面板、饰面砖、涂装、不锈钢件、玻璃等	按部位和做法划分

盾构施工隧道工程定额分部、分项工程划分参考表　　　　表 8-6

位工程 (子单位工程)	分部工程	子分部工程	分项工程	检验批划分
盾构掘进 隧道工程	管片工程	管片制作及拼装	预制钢筋混凝土管片制作（预埋件、模具、钢筋、混凝土）、预制钢筋混凝土管片拼装与安装、钢管片制作、钢管片拼装与安装	每个施工段
		管片防水	管片自防水、防水密封条安装	每个施工段
	盾构施工	盾构工作井	盾构始发工作井、盾构接收工作井、中间井	每个井
		盾构掘进施工	盾构基座设置、临时钢管片组装、反力架安装、盾构组装调试、盾构掘进施工、盾构拆卸、吊运管片、出渣土	每个施工段
		壁后注浆	注浆调制、注浆作业	每个施工段
		隧道防水	接缝防水、特殊部位防水	每个施工段

5）城市燃气工程

城市燃气工程建设项目包括燃气输配干、支线网；天然气加压站、减压站、储存输配站；煤气厂，煤气管站，驻配气站，煤气调研站。城市燃气输配管线工程定额分部、分项工程划分参考表见《城市燃气输配管线工程施工与验收标准》CJJ 33—2005。

6）城镇供热工程

城市供热工程建设项目包括热源工程、供热管网工程和热交换站工程。城市供热管网工程定额分部、分项工程划分参考表见《城市供热管网工程施工与验收标准》CJJ 28—2008。

7）园林绿化工程

城市园林绿化工程建设项目包括园林庭院、城市绿化等工程。工程定额分部、分项工程的划分参考表见表 8-7，计量参考表见《园林绿化工程　工程量计算规范》GB 50858—2013。

园林绿化工程分部工程、分项工程划分参考表　　　表 8-7

单位（子单位）工程	分部（子分部）工程		分项工程
绿化工程	栽植基础工程	栽植前土壤处理	栽植土、栽植前场地清理、栽植土回填及地形造型、栽植土施肥和表层整理
		重盐碱、重黏土地土壤改良工程	管沟、隔淋（渗水）层开槽、排盐（水）管敷设、隔淋（渗水）层
		设施顶面栽植基层（盘）工程	耐根穿刺防水层、排蓄水层、过滤层、栽植土、设施障碍性面层栽植基盘
		坡面绿化防护栽植基层工程	坡面绿化防护栽植层工程（坡面整理、混凝土格构、固土网垫、格栅、土工合成材料、喷射基质）
		水湿生植物栽植槽工程	水湿生植物栽植槽、栽植土
	栽植工程	常规栽植	植物材料、栽植穴（槽）、苗木运输和假植、苗木修剪、树木栽植、竹类栽植、草坪及草本地被播种、草坪及草本地被分栽、铺设草块及草卷、运动场草坪、花卉栽植
		大树移植	大树挖掘及包装、大树吊装运输、大树栽植
		水湿生植物栽植	湿生类植物、挺水类植物、浮水类植物、栽植
		设施绿化栽植	设施顶面栽植工程、设施顶面垂直绿化
		坡面绿化栽植	喷播、铺植、分栽
	养护	施工期养护	施工期的植物养护（支撑、浇灌水、裹干、中耕、除草、后水、施肥、除虫、修剪抹芽等）
园林附属工程		园路与广场铺装工程	基层，面层（碎拼花岗岩、卵石、嵌草、混凝土板块、侧石、冰梅、花街铺地、大方砖、压膜、透水砖、小青砖、自然石块、水洗石、透水混凝土面层）
		假山、叠石、置石工程	地基基础、山石拉底、主体、收顶、置石
		园林理水工程	管道安装、潜水泵安装、水景喷头安装
		园林设施安装	座椅（凳）、标牌、果皮箱、栏杆、喷灌喷头等安装

8）城市垃圾处理工程

城市垃圾处理工程建设项目包括垃圾处理站、垃圾填埋场、垃圾焚烧厂等；城市垃圾处理工程定额分部工程、分项工程划分参考表见有关规定。

（二）工　程　计　量

市政工程计量应依据《建设工程工程量清单计价规范》GB 50500—2013 和《市政工程计量规范》GB 500857—2013 的规定，执行合同或当地主管部门的具体规定。

1. 土石方工程的工程量计算

（1）计算方法

1）土石方挖、运按天然密实体积（自然方）计算，夯填方按夯实后体积计算，松填方按松填后的体积计算。如需体积折算，应按表 8-8 规定选择系数计算。

2）平整场地工程量按实际平整面积，以"m²"计算。

土石方体积折算系数表　　　　　　　　表 8-8

天然密实度体积	虚方体积	夯实后体积	松填体积
1.00	1.30	0.87	1.08
0.77	1.00	0.67	0.83
1.15	1.49	1.00	1.24
0.93	1.20	0.81	1.00

3）土方工程量按设计图示尺寸计算，修建机械上下坡时便道土方量并入土方工程量内。石方工程量：人工、机械凿石按设计图示尺寸计算，石方爆破可按设计图示尺寸加允许超挖量计算，设计无要求时允许超挖量可参考：松、次坚石 20cm，普、特坚石 15cm。

（2）市政管道沟槽工程量计算规则

1）管道沟槽长度

主干管道按管道的设计轴线长度计算，支线管道按支管沟槽的净长线计算。

2）管道沟槽的深度

管道沟槽的深度按基础的形式和埋深分别计算。带基按原地面高程减设计管道基础底面高程计算，设计有垫层的，还应加上垫层的厚度；枕基按原地面高程减设计管底高程加管壁厚度计算。

3）管道沟槽的底宽

沟槽的底宽按设计图示计算，排水管道底宽按其管道基础宽度加两侧工作面宽度计算；给水燃气管道沟槽底宽按其管道外径加两侧工作面宽度计算；支挡土板的沟槽底宽除按以上规定计算外，每边另加 0.1m。每侧工作面增加宽度按表 8-9 计算。

管道一侧增加宽度　　　　　　　　表 8-9

管径（mm）	混凝土管道（m）		金属管道（m）	构筑物（m）
	基础 90°	基础＞90°		
100　500	0.4	0.4	0.3	无防潮层 0.4
600　1000	0.5	0.5	0.4	有防潮层 0.6
1100　1500	0.6	0.5	0.4	
1600　2600	0.6	0.5	0.4	

4）管道沟槽的放坡

管道沟槽的放坡应根据设计图示的坡度计算，如设计图示无规定且挖土深度超过或等于 1.5m 时，可按表 8-10 规定计算。

管道沟槽的放坡　　　　　　　　表 8-10

人工开挖		机械开挖
在沟槽坑底	在沟槽坑边	分层开挖
1：0.30	1：0.25	1：0.67

5）沟槽放坡挖土边坡交接处产生的重复土方不扣除，但井位加宽、枕基基坑、集水坑挖土等不再计算。排水管道沟槽为直槽时的井位加宽按直槽挖方总量的 1.5% 计算，给水、燃气管道的井位加宽、接头坑、支墩、支座等土方，按该部分土方总量的 2.5% 计算。

6) 在充分发挥机械作用的情况下，对机械不能施工，需人工辅助开挖的部分（如死角、沟底预留厚度、修整边坡等）可按设计图示计算，设计无要求时，可按表 8-11 规定计算，其人工挖土工程量按相应定额乘以系数 1.30。

人工辅助开挖工程量　　　　表 8-11

土方工程量（m³）	≤1 万	≤5 万	≤10 万	≤50 万	≤100 万	>100 万
人工挖土工程量（%）	8	5	3	2	1	0.6

注：表中所列的工程量系指一个独立的施工方案所规定范围的土方工程总量。

7) 人工摊座和修整边坡工程量，以设计要求需摊座和修整边坡的面积，以"m²"计算。

8) 土石方回填应扣除基础、垫层、构筑物及管径大于 500mm 的管道占位体积。

（3）土石方运输计算

应按审定的施工方案规定的运输距离及运输方式计算，注意：

1) 推土机运距：按挖填方区的重心之间的直线距离计算。

2) 铲运机运距：按循环运距的二分之一或按挖方区中心至弃土区重心之间的直线距离，另加转向运距 45m 计算。

3) 自卸汽车运距：按挖方区中心至弃土区中心之间的实际行驶距离计算，或按循环路线的二分之一距离计算。

（4）挡土板（墙）

支撑面积按两侧挡土板面积之和以"m²"计算，如一侧支挡土板时，按一侧的面积计算工程量。

2. 道路工程的工程量计算

（1）路基（床）工程量

1) 挖方与换填方的区分应以原地面线和设计路基顶面线两者较低者为界，以上为挖方，以下为换填方。挖方中可以利用的部分为利用方，不能利用的部分为弃方。挖方的计量以天然密实方计量。换填土计价中包括表面不良土的翻挖、运弃（不计运距）、换填好的土的挖运、摊平、压实等一切与此有关作业的费用。

2) 换填土以压实方计量。填方分利用填土方和借土填方，利用土填方为利用挖方的填方，借土填方为外进土的填方。利用土填方是本桩利用土方和远运利用土方的综合。本桩利用土方是指本桩位的移挖作填，远运利用方是道路纵向不同桩位间调运的利用土方。在现实的造价工作中，对挖方、利用方、换填方都有混淆，有子目运用不正确的地方。

3) 对原地面以下的路床部分，要经过翻挖、掺灰、翻拌、回填工序。原地面以上的路基土需经过借土（或利用土）掺灰、翻拌、回填工序。所以路床填土部分属于换填土、部分属于填方，应当以原地面线和路基顶面线较低者为界进行分别计量。

（2）路面基层工程量计算

路面基层工程量分不同厚度，以平方计量，如二灰碎石基层、石灰土底基层。在宽度计算中普遍有将二灰碎石横断面图画出取上下底平均宽度的，按平均宽度计量。计算面积时，其长、宽应按图纸所示尺寸线或按监理工程师指示计量，但默认的计量宽度应是上顶面宽度净尺寸，其余部分由施工单位考虑进投标报价。

（3）面层工程量计算

1）道路工程沥青混凝土、水泥混凝土及其他类型路面工程量以设计长度乘以设计宽度加上圆弧等加宽部分的实铺面积计算，不扣除 1.5m² 以内各类井所占面积。

2）伸缩缝按设计伸缩缝长度×伸缩缝深度，以面积计算；锯缝机锯缝按长度，以米计算。

3）道路面层按设计图所示面积（带平石的面层应扣除平石面积）以平方米计算。

（4）人行道及其他

人行道块料铺设面积计算按实铺面积计算。

（5）交通管理设施

1）标牌、标杆、门架及零星构件制作

标牌制作按不同板形以平方米计算；标杆制作按不同杆式类型以吨计算；门架制作综合各种类型以吨计算；图案、文字按最大外围面积计算；双柱杆以吨计算。

2）标牌、标杆、门架安装

① 交通标志杆安装，其中单柱式杆、单悬臂杆（L 杆）按不同杆高以套数计算，其他均按不同杆型以套数计算，包括标牌的紧固件；

② 门架安装按不同跨度以座计算；

③ 圆形、三角形、矩形标志板安装，按不同板面面积以块数计算；

④ 诱导器安装以只计算；

⑤ 反光防护柱安装以根数计算。

3）路面标线

① 标线损耗已计入子目中，工程量按漆划实漆面积以平方米计算；

② 异形标线中的图案、文字按单个标记的最大外围矩形面积以平方米计算，菱形、三角形、箭头按漆划实漆面积以平方米计算。

4）隔离设施

① 隔离护栏制作综合各类类型以吨计算；

② 道路隔离护栏的安装长度按设计长度计算，护栏高度 1.2m 以内，20cm 以内的间隔不扣除；

③ 波形钢板护栏包括波形钢板梁、立柱两部分，螺栓已含于子目中，因此主材重量不包含连接螺栓，但包含防阻块（重量归入波形钢板）、型钢横梁（重量归入立柱）等配件；

④ 计算隔离栅钢立柱重量应包括斜撑等零件；

⑤ 金属网面增加型钢边框时，应另计边框材料消耗，但人工及其他材料不调整。

3. 桥涵工程量计算

（1）桩基

钢筋混凝土方桩、板桩按桩长度（包括桩尖长度）乘以桩横断面面积计算；钢筋混凝土管桩按桩长度（包括桩尖长度）乘以桩横断面面积，减去空心部分体积计算；钢管桩按成品桩考虑，以吨计算。焊接桩型钢用量可按实调整。陆上打桩时，以原地面平均标高增加 1m 为界线，界线以下至设计桩顶标高之间的打桩实体积为送桩工程量。

支架上打桩时，以当地施工期间的最高潮水位增加 0.5m 为界线，界线以下至设计桩顶标高之间的打桩实体积为送桩工程量。船上打桩时，以当地施工期间的平均水位增加 1m 为界线，界线以下至设计桩顶标高之间的打桩实体积为送桩工程量。

灌注桩混凝土体积按设计桩面积乘以设计桩长（桩尖到桩顶）加超钻 0.5m 的几何体积计算。

（2）现浇混凝土

混凝土工程量按设计尺寸以实体积计算（不包括空心板、梁的空心体积），不扣除钢筋、铁丝、铁件、预留压浆孔道和螺栓所占的体积。

（3）预制混凝土

预制空心构件按设计图尺寸扣除空心体积，以实体积计算。空心板梁的堵头板体积不计入工程量内，其消耗量已在预算基价中考虑。预制空心构件按设计图尺寸扣除空心体积，以实体积计算。空心板梁的堵头板体积不计入工程量内，其消耗量已在定额中考虑。预制空心板梁，凡采用橡胶囊做内模的，考虑其压缩变形因素，可增加混凝土数量，当梁长在 16m 以内时，可按设计计算体积增加 7%，若梁长大于 16m 时，则增加 9% 计算。如设计图以注明考虑橡胶囊变形时，不得再增加计算。

预应力混凝土构件的封锚混凝土数量并入构件混凝土工程量计算。安装预制构件以"m³"为计量单位的，均按构件混凝土实体积（不包括空心部分）计算。

（4）砌筑

砌筑工程量按设计砌体尺寸以立方米体积计算，嵌入砌体中的钢管、沉降缝、伸缩缝以及 0.3m³ 以内的预留孔所占体积不予扣除。

（5）挡墙、护坡

1）块石护底、护坡以不同平面厚度按"m³"计算。

2）浆砌料石、预制块的体积按设计断面以 m³ 计算。

3）浆砌台阶以设计断面的实砌体积计算。

4）砂石滤沟按设计尺寸以 m³ 计算。

（6）立交箱涵

1）箱涵滑板下的肋楞，其工程量并入滑板内计算。

2）箱涵混凝土工程量，不扣除 0.3m³ 以下的预留孔洞体积。

3）顶柱、中继间护套及挖土支架均属专用周转性金属构件，预算基价中已按摊销量计列，不得重复计算。

4）箱涵顶进预算基价分空顶、无中继间实土顶和有中继间实土顶三类，其工程量计算如下：空顶工程量按空顶的单节箱涵重量乘以箱涵位移距离计算；实土顶工程量按被顶箱涵的重量乘以箱涵位移距离分段累计计算。

5）气垫只考虑在预制箱涵底板上使用，按箱涵底面积计算。气垫的使用天数由施工组织设计确定，但采用气垫后在套用顶进预算基价时应乘以 0.7 系数。

4. 市政管网工程量计算

（1）排水管道

1）各种角度的混凝土基础、混凝土管、化学建材管铺设井中至井中的中心可不扣除检查井长度，以延长米计算工程量。需要每座检查井扣除长度应按有关规定计算。

2）管道分口区分管径和做法，以实际的个数计算。

3）管道闭水试验，以实际闭水长度计算，不扣除各种井所占长度。

4）管道出水口区分形式、材质及管径，以单体构筑物计算。

5）顶管施工：

① 工作坑土方区分挖土深度，以挖方体积计算；

② 各种材质的顶管工程量，按实际顶进长度，以延长米计算；

③ 管接口应区分操作方法、接口材质、管径，以接口的个数计算。

6）闭水试验按实际闭水长度计算，不扣除各种井所占长度。

7）管道长度按平面图的井距长度（中—中），减去井室净空及其他构筑物所占的长度计算。关于管道减除井室的长度 L 规定如下：

当井室为矩形时，$L=$ 井室净距-0.1m；圆井中接入管应扣长度表，接入管内径（mm）接入不同井内径时应扣除的长度（mm）参见表 8-12。

接入井室管道扣除长度（mm）　　　　　　　　　表 8-12

接入管直径	井室直径						备　注
	700	1000	1250	1500	2000	2500	
200	660	970	1230	1480	1980	2490	① 单向接入圆井的管道，按表中应扣长度的 1/2 计算
300	600	930	1200	1460	1970	2470	
400	510	880	1150	1420	1940	2450	
500		800	1100	1370	1910	2430	
600		800	1100	1370	1910	2390	
700			920	1240	1820	2350	
800			800	1150	1680	2310	
900				1040	1600	2250	
1000				900	1500	2190	
1100					1390	2120	② 当接入圆井两端的管径不同时，分别计算扣减长度
1200						2040	
1300						1950	
1400						1850	
1500						1690	
1600						1600	

（2）给水、燃气、供热管道安装和防腐

1）各种管道安装均按施工图中心线的长度计算（支管长度从主管中心开始计算到支管末端触处的中心），管件、阀门所占长度已在管道施工损耗中综合考虑，计算工程量时不扣除其所占长度。但在维修项目中，管件、阀门很密集时，钢管的安装工程量不扣除管件、阀门所占长度，而钢管主材量应扣除管件和阀门所占长度，再加 4% 损耗计算，而不按相应定额所给定的主材消耗量计算。

2）管道内防腐按施工图中心线长度计算，计算工程量时不扣除管件、阀门所占长度，但管件、阀门内的防腐也不另行计算。

3）需要试压、吹扫的管道长度未满 10m 者，以 10m 计算，超过 10m 者按实际长度计算。

4）管道总试压按每公里为一个打压次数，套用本定额一次项目，不足 0.5 公里的按实计算，超过 0.5 公里计算一次。

（3）井室、设备基础及出水口

1）定型井

① 各种井按不同井深、井径以座计算。

② 各类井的井深按井底基础以上至井盖顶计算。

2）非定型井、现浇方沟

工程量均以施工图为准计算，其中：

① 砌筑按计算体积，以立方米计算抹灰，勾缝以平方米计算。

② 各种井的预制构件以实体积按立方米计算，安装以套计算。

③ 井、渠垫层、基础按实体积以立方米计算。

④ 沉降缝应区分材质，按沉降缝的断面积或铺设长分别以平方米和米计算。

⑤ 各类混凝土盖板的制作按实体积以立方米计算，安装应区分单件（块）体积，以立方米计算。

⑥ 检查井筒的砌筑适用于混凝土管道井深不同的调整和方沟井筒的砌筑，区分高度以座为单位计算，高度与定额不同时采用每增减 0.5m 计算。

⑦ 方沟（包括存水井）和闭水试验的工程量，按实际闭水长度的用水量，以立方米计算。

（4）给水、燃气、供热管道安装

1）各种管道的安装工程量均按中心线的延长米计算，不扣除阀门和各种管件所占的长度。

2）各种钢板卷管（包括螺纹钢管）、DN＞500 的铸铁管等，直管的主材数量应按定额用量扣除管件所占的长度计算。

3）管道安装总工程量≤50m，且管径≤300mm 时，管道及管件安装人工和机械均乘以系数 2.0。

4）水压试验、冲洗消毒工程量按设计中心线的管道长度计算。

5）强度试验和气密性试验的工程量按设计中心线的长度计算。

（5）管件制作、安装

1）管件制作以吨计算。

2）管件的单体重量不分钢管制作或钢板制作，均按国标 S3 规定计算，或按设计图纸规定的图示尺寸的净面积乘以厚度再乘以 $7.85t/m^3$ 计算。实际壁厚与 S3 规定不同时允许换算。

3）管件的数量按图纸计算，但与闸阀连接的管件不得重复计算。

4）法兰焊接安装均以"副"计，单个法兰焊接安装按 0.5 副计算。

5）法兰管件安装按自带法兰的个数，套用法兰安装的相应项目，人工、机械乘以系数 1.3。

6）管件安装如果两端接口形式不同时，按其中一端的接口形式套用定额。

7）水泥压力管的管线中的转换件，不分铸铁、钢制按接口形式套用定额。

① 水泥压力管管件的刚性、柔性承插口，不分铸铁或钢制均按不同接口材料，分别套用铸铁管件安装的相应定额。

② 套管式的转换管件，套用刚性套管安装的相应定额。

③ 刚性承插三通、四通、弯头等转换件，按接口材料的不同，分别套用预应力混凝土管转换件或铸铁管件、钢制管件的安装定额，但一个转换件只能套一种接口材料的管件安装定额。

（6）阀门安装

1）阀门安装按设计数量以"个"计算。

2）阀门单体试压、解体检查和研磨，均按实际发生的数量以"个"计算。

3）法兰安装用的垫片定额是综合考虑的，如使用其他垫片时均不允许换算。

（7）管道防腐

1）管道防腐的长度按管道的设计长度计算。

2）管道防腐面积的计算规则如下：

管道外防腐面积＝管外径×3.142×设计长度

管道内防腐面积＝管内径×3.142×设计长度

（8）管线穿跨越

1）单拱跨管桥制作、安装、预制组装，以每 10m 按 4.494 个口考虑，如与实际不符时允许调整，定额中的人工、材料、机械按管道安装的说明处理。

2）附件制作，每项单孔跨越只允许套用一次定额。管段组对按设计长度套用定额。

3）门型单拱跨管桥头已综合考虑了弯头、加强筋、板制作及地脚螺栓安装的人工、材料、机械费，使用时不做调整。

5. 钢筋工程量计算

（1）结构钢筋

1）钢筋工程，应区别现浇、预制构件、不同钢种和规格，分别按设计长度乘以单位重量，以吨计算。

2）计算钢筋工程量时，设计已规定钢筋搭接长度的，按规定搭接长度计算；设计未规定搭接长度的，已包括在钢筋的损耗率之内，不另计算搭接长度。钢筋电渣压力焊接、套筒挤压等接头，以个计算。

（2）预应力筋

1）先张法预应力钢筋，按构件外形尺寸计算长度，后张法预应力钢筋按设计图规定的预应力钢筋预留孔道长度，并区别不同的锚具类型，分别按下列规定计算：

① 低合金钢筋两端采用螺杆锚具时，预应力的钢筋按预留孔道长度减 0.35m，螺杆另行计算。

② 低合金钢筋一端采用墩头插片，另一端螺杆锚具时，预应力钢筋长度按预留孔道长度计算，螺杆另行计算。

③ 低合金钢筋一端采用墩头插片，另一端采用帮条锚具时，预应力钢筋增加 0.15m，两端采用帮条锚具时预应力钢筋共增加 0.3m 计算。

④ 低合金钢筋采用后张拉自锚时，预应力钢筋长度增加 0.35m 计算。

⑤ 低合金钢筋或钢绞线采用 JM，XM，QM 型锚具，孔道长度在 20m 以内时，预应力钢筋长度增加 1m；孔道长度 20m 以上时预应力钢筋长度增加 1.8m 计算。

⑥ 碳素钢丝采用锥形锚具，孔道长在 20m 以内时，预应力钢筋长度增加 1m；孔道长在 20m 以上时，预应力钢筋长度增加 1.8m。

⑦ 碳素钢丝两端采用镦粗头时，预应力钢丝长度增加 0.35m 计算。

（3）各类钢筋计算长度的确定

1）钢筋计算长度

钢筋长度＝构件图示尺寸－保护层总厚度＋两端弯钩长度＋（图纸注明的搭接长度、弯起钢筋斜长的增加值）

式中保护层厚度、钢筋弯钩长度、钢筋搭接长度、弯起钢筋斜长的增加值以及各种类型钢筋设计长度的计算见有关规定。

2）钢筋的混凝土保护层厚度

受力钢筋的混凝土保护层厚度，应符合设计要求，当设计无具体要求时，不应小于受力钢筋直径，并应符合有关规定。

处于室内正常环境由工厂生产的预制构件，当混凝土强度等级不低于 C20 且施工质量有可靠保证时，其保护层厚度可按相应规范中表中规定减少 5mm，但预制构件中的预应力钢筋的保护层厚度不应小于 25mm；处于露天或室内高湿度环境的预制构件，当表面另作水泥砂浆抹面且有质量可靠保证措施时其保护层厚度可按相应规范中表中室内正常环境中的构件的保护层厚度数值采用。

3）钢筋混凝土受弯构件，钢筋端头的保护层厚度一般为 10mm；预制的肋形板，其主肋的保护层厚度可按梁考虑。

4）板、墙、壳中分布钢筋的保护层厚度不应小于 10mm；梁、柱中的箍筋和构造钢筋的保护层厚度不应小于 15mm。

（4）钢筋的弯钩长度

1）Ⅰ级钢筋末端需要做 180°、135°、90°弯钩时，其圆弧弯曲直径 D 不应小于钢筋直径 d 的 2.5 倍，平直部分长度不宜小于钢筋直径 d 的 3 倍；HRB335 级、HRB400 级钢筋的弯弧内径不应小于钢筋直径 d 的 4 倍，弯钩的平直部分长度应符合设计要求。180°的每个弯钩长度＝$6.25d$（d 为钢直径，单位为"mm"）。

2）弯起钢筋的增加长度

弯起钢筋的弯起角度一般有 30°、45°、60°三种，其弯起增加值是指钢筋斜长与水平投影长度之间的差值。

3）箍筋的长度

箍筋的末端应作弯钩，弯钩形式应符合设计要求。当设计无具体要求时，用Ⅰ级钢筋或低碳钢丝制作的箍筋，其弯钩的弯曲直径 D 不应大于受力钢筋直径，且不小于箍筋直径的 2.5 倍；弯钩的平直部分长度，一般结构的，不宜小于箍筋直径的 5 倍；有抗震要求的结构构件箍筋弯钩的平直部分长度不应小于箍筋直径的 10 倍。

（5）钢筋的锚固长度

钢筋的锚固长度，是指各种构件相互交接处彼此的钢筋应互相锚固的长度。设计图有明确规定的，钢筋的锚固长度按图计算；当设计无具体要求时，则按《混凝土结构设计规范》GB 50010—2002 的规定计算。

1）受拉钢筋的锚固长度

受拉钢筋的锚固长度应按下列公式计算：

普通钢筋

$$L_a = a(f_y/f_t)d$$

预应力钢筋

$$L_a = a(f_{py}/f_t)d$$

式中 f_y、f_{py}——普通钢筋、预应力钢筋的抗拉强度设计值；

f_t——混凝土轴心抗拉强度设计值，当混凝土强度等级高于 C40 时，按 C40 取值；

d——钢筋直径；

a——钢筋的外形系数（光面钢筋 a 取 0.16，带肋钢筋 a 取 0.14）。

2）当符合下列条件时，计算的锚固长度应进行修正：

① 当 HRB335、HRB400 及 RRB400 级钢筋的直径大于 25mm 时，其锚固长度应乘以修正系数 1.1；

② 当 HRB335、HRB400 及 RRB400 级的环氧树脂涂层钢筋时，其锚固长度应乘以修正系数 1.25；

③ 当 HRB335、HRB400 及 RRB400 级钢筋在锚固区的混凝土保护层厚度大于钢筋直径的 3 倍且配有箍筋时，其锚固长度可应乘以修正系数 0.8；

④ 经上述修正后的锚固长度不应小于按公式计算锚固长度的 0.7 倍，且不小于 250mm；

⑤ 纵向受压钢筋的锚固长度不应小于受拉钢筋锚固长度的 0.7 倍。纵向受拉钢筋的抗震锚固长度 L_{aE} 应按下列公式计算：

一、二级抗震等级：$L_{aE}=1.15L_a$

三级抗震等级：$L_{aE}=1.05L_a$

四级抗震等级：$L_{aE}=L_a$

3）圈梁、构造柱钢筋锚固长度

圈梁、构造柱钢筋锚固长度应按《建筑抗震结构详图》GJBT—465，97G329（三）、（四）有关规定执行。

（6）钢筋计算其他问题

1）在计算钢筋用量时，还要注意设计图纸未画出以及未明确表示的钢筋，如楼板中双层钢筋的上部负弯矩钢筋的附加分布筋、满堂基础底板的双层钢筋在施工时支撑所用的马凳及钢筋混凝土墙施工时所用的拉筋等。这些都应按规范要求计算，并计入其钢筋用量中。

2）混凝土构件钢筋、预埋铁件工程量计算

① 现浇构件钢筋

钢筋按理论重量计算。钢筋工程量＝钢筋分规格长×kg/m×件数。

（0.00617d＝kg/m，钢筋直径：d—mm）；

② 预制钢筋混凝土

凡是标准图集构件钢筋，可直接查表，其工程量＝单件构件钢筋理论重量×件数；而非标准图集构件钢筋计算方法同①。

③ 预埋铁件

预埋铁件工程量按图示尺寸以理论重量计算。

（三）工程造价与计价

1. 工程造价构成

（1）市政工程造价的概念

市政建设工程造价就是市政建设工程的建造价格，具有两种含义：其一是指建设一项工程预期开支或实际开支的全部固定资产投资费用，是一项市政工程通过策划、决策、立项、施工等一系列生产经营活动所形成相应的固定资产、无形资产所需用的一次性费用的总和；其二是指为建成一项市政工程，预计或实际在土地市场、设备市场、技术劳务市场及工程承包市场等交易活动中所形成的市政建筑安装工程的价格和市政建设项目的总价格。

市政建设工程造价的两种含义是从不同角度把握同一事物的本质。从管理性质来看，前者属于投资管理范畴，后者属于价格管理范畴。从管理目标看，作为项目投资或投资费用，投资者在进行项目决策和项目实施中，首先追求的是决策的正确性。投资是一种为实现预期收益而垫付资金的经济行为，项目决策是重要一环。项目决策中投资数额的大小、功能和价格（成本）比是投资决策的最重要的依据。其次，在项目实施中完善项目功能，提高工程质量，降低投资费用，按期或提前交付使用，是投资者始终关注的问题。因此，降低工程造价是投资者始终如一的追求。作为工程价格，承包企业包括勘察、设计、施工、监理企业和建设方（企业）所关注的是利润和高额利润，追求的是较高的工程造价。不同的管理目标，反映各自不同的经济利益，但作为企业必然受到支配价格运动的经济规律的影响和调节；企业之间的矛盾是市场的竞争机制和利益风险机制的必然反映。

目前建筑市场的工程造价的计价方式分为两类。一类是定额计价，价款包括分部分项工程费、利润、措施项目费、其他项目费、规费和税金，而分部分项工程费中的子目基价是指为完成《综合定额》分部分项工程所需的人工费、材料费、机械费、管理费。另一类是工程量清单计价，价款是指完成招标文件规定的工程量清单项目所需的全部费用，即包括：分部分项工程费、措施项目费、其他项目费、规费和税金，完成每项工程内容所需的全部费用（规费、税金除外）。目前市政建设工程多采用工程量清单计价，也有少量工程还在采用定额计价方式。

（2）市政工程造价的计价特征

1）单件性计价

每项市政工程都有其专门的功能和用途，都是按不同的使用要求、不同的建设规模、标准和造型等，单独设计、单独生产的。即使用途相同，按同一标准设计和生产的产品，也会因其具体建设地点的水文地质及气候等条件的不同，引起结构及其他方面的变化，这就是工程项目在建造过程中，所消耗的活劳动和物化劳动差别很大，其价值也必然不同。为衡量其投资效果，就需要对每项工程产品进行单独计价。

建设地区不同，构成工程产品价格的各种要素变化也很大，例如地区材料价格、工人工资标准和运输条件等，工程项目建设周期长、程序复杂、环节多、涉及面广，在项目建设周期的不同阶段构成产品价格的各种要素差异较大，最终导致工程造价的千差万别。

工程项目在实物形态上的差别和产品价格要素的变化，使得工程产品不同于一般产品，不能统一定价，只能就各个项目，通过特殊的程序和方法单件计价。

2）多次性计价

市政建设工程周期长、规模大、价格高，所以按建设程序要分阶段进行，相应的，在不同阶段多次性计价，以保证工程造价确定和控制的科学性。多次性计价是个逐步深化、逐步细化和逐步接近实际造价的过程。

3）综合性计价

市政工程造价的计算是分步组合而成的，该特征和建设项目的组合性有关系。一个建设项目是一个工程综合体，可以分解为许多有内在联系的能独立使用和不能独立使用的工程。建设项目的这种组合性决定了计价的过程是一个逐步组合的过程；此特征在计算概算造价和预算造价时尤为明显，所以也反映到合同价和结算价；综合性计价具有以下特点：

① 计价方法的多样性

市政工程为适应多次性计价有各种不同的计价依据，及对造价的不同精确度要求，计价方法具有多样性特征。计算和确定概、预算造价的方法包括单价法和实物法，计算和确定投资估算造价的方法包括设备系数法、资金周转率法和系数估算法等。不同的方法利弊不同，适应条件也不同，所以计价时要综合具体情况加以选择。

② 计价依据的复杂性

由于影响造价的因素多，计价依据复杂，种类较多，除《建设工程工程量清单计价规范》GB 50500—2013外，其他依据主要有：

A. 计算工程量依据，除《市政工程工程量计算规范》GB 50857—2013外，还包括项目建议书、可行性研究报告和设计文件等。

B. 计算人工材料机械等实物消耗量依据，包括投资估算指标、概算定额、预算定额、预算定额和工程量消耗定额。

C. 计算工程量单价的价格依据，包括人工单价、材料价格、材料运杂费和机械台办费等。

D. 计算设备单价依据，包括设备原价、设备运杂费和进口设备关费等。

E. 计算间接费和工程建设其他费用的依据，主要是相关的费用定额和费率。

F. 政府规定的税费。

G. 物价指数和工程造价指数、造价指标。

2. 定额计价基本知识

（1）定额计价的基本程序

在我国，长期以来在工程价格形成中采用定额计价模式，即按预算定额规定的分部分项子目，逐项计算工程量，套用预算定额单价（或单位估价表）确定直接费；然后按规定的取费标准确定其他直接费、现场经费、间接费、计划利润和税金，加上材料调差系数和适当的不可预见费，经汇总后即为工程预算或标底，而标底则作为评标定价的主要依据。

以定额单价法确定工程造价，是我国采用的一种与计划经济相适应的工程造价管理制度。定额计价实际上是国家通过颁布统一的估算指标、概算指标，以及概算、预算和有关定额，来对建筑产品价格进行有计划的管理。国家以假定的建筑安装产品为对象，制订统一的预算和概算定额。计算出每一单元子项的费用后，再综合形成整个工程的价格。

编制建设工程造价最基本的过程有两个：工程量计算和工程计价，可以用公式来进一步表明确定建筑产品价格定额计价的基本方法和程序：

1）每一计量单位建筑产品的基本构造要素的直接费单价＝人工费＋材料费＋施工机械使用费

式中

$$人工费 = \sum（人工工日数量 \times 人工日工资标准）$$

$$材料费 = \sum（材料用量 \times 材料预算价格）$$

$$机械使用费 = \sum（机械台班用量 \times 台班单价）$$

2）单位直接工程费 $= \sum（假定建筑产品工程量 \times 直接费单价）+ 其他直接费 + 现场经费$

3）单位工程概预算造价＝单位直接工程费＋间接费＋利润＋税金

4）单项工程概算造价＝$\sum$单位工程概预算造价＋设备、工器具购置费

5）建设项目全部工程概算造价＝$\sum$单项工程的概算造价＋有关的其他费用＋预备费

（2）定额消耗量在工程计价中的作用

1）定额消耗量及其存在的必要性

所谓定额消耗量，是指在施工企业科学组织施工生产和资源要素合理配置的条件下，规定消耗在单位假定建筑产品上的劳动、材料和机械的数量标准。其必要性体现在以下三方面：

① 它是市场经济规律的客观要求。

② 它是资源合理配置的必然要求。

③ 它是提高劳动生产率的需要。

2）定额消耗量在工程计价中的作用

① 定额消耗量是编制工程概预算时确定和计算单位产品实物消耗量的重要基础依据，同时也是控制投资和合理计算建筑产品价格的基础。

② 定额消耗量是工程项目设计采用新材料、新工艺，实现资源要素合理配置，进行方案技术经济比较与分析的依据。

③ 定额消耗量是确定以编制概预算为前提的招标标底价与投标报价的基础。

④ 定额消耗量是进行工程项目金融贷款与项目建设竣工结算的依据。

⑤ 定额消耗量是施工企业降低成本费用，节约非生产性费用支出，提高经济效益，进行经济核算和经济活动分析的依据。

3）定额消耗量在工程计价中的应用

定额消耗量在编制概预算造价或价格中的具体运用，主要体现在对概预算定额结构与内容、正确套用定额子项和正确计算工程量三个方面的把握与应用。

① 概预算定额的结构形式与内容

现行的概预算定额结构、内容为例，通常包括三个部分，即定额说明部分、定额（节）表部分和定额附录部分。在概预算定额手册中，虽然在应用时都是必须把握的，但是定额消耗量即定额（节）表内容是更核心的部分。

② 正确选用定额项目

正确选用定额项目是准确计算拟建工程量不可忽视的环节，选用所需定额项目时，应注意把握以下几个方面：

A. 在学习概预算定额的总说明、分章说明等的基础上，要将实际拟套用的工程量项目从定额章、节中查出，并要特别注意定额编号的应用，否则，就会出现差错和混乱。因此在应用定额时一定要注意应套用的定额项目编号是否准确无误。

B. 要了解定额项目中所包括的工程内容与计量单位，以及附注的规定，要通过日常工作实践逐步加深了解。

C. 套用定额项目时，当在定额中查到符合拟建工程设计要求的项目，要对工程技术特征、所用材料和施工方法等进行核对，是否与设计一致，是否符合定额的规定。这是正确套用定额必须做到的。

③ 正确计算工程量

工程量的计算必须符合概预算定额规定的计算规则和方法，应注意以下方面：

A. 计算单位要和套用的定额项目的计算单位一致；

B. 要注意相同计量单位的不同计算方法。例如按面积平方米计算要区分建筑面积、投影面积、展开面积、外围面积等；

C. 要注意计算包括的范围，如市政管道长度按管道设计计算，但是应扣检查井内长度；

D. 计算标准要符合定额的规定，如给排水构筑物混凝土以单体构筑物为准，辅助构筑物有的计入主体结构，有的分开单独计算；

E. 注意哪些定额可以合并计算。

3. 工程量清单计价基本知识

（1）工程量清单的概述

工程量清单计价方法，是建设工程招标投标中，招标人按照国家统一的工程量计算规则提供工程数量，由投标人依据工程量清单自主报价，并按照经济评审，确定合理低价中标的工程造价计价方式。

工程量清单是载明拟建工程的分部分项工程项目、措施项目、其他项目名称和相应数量以及规费、税金项目等内容的明细清单，由招标人按照《建设工程工程量清单计价规范》GB 50500—2013和相关工程计量规范附录中统一的项目编码、项目名称、项目特征、计量单位和工程量计算规则进行编制，应由分部分项工程量清单、措施项目清单、其他项目清单、规费和税金项目清单组成。

工程量清单计价是指投标人完成由招标人提供的工程量清单所需的全部费用，它包括分部分项工程费、措施项目费、其他项目费以及规费和税金。

工程量清单计价采用综合单价计价。综合单价是指完成规定计量单位项目所需的人工费、材料费和工程设备费、施工机具使用费、企业管理费和利润以及一定范围内的风险费用。

（2）工程量清单计价的特点

1）满足竞争的需要。招投标过程本身就是竞争的过程，报价过高中不了标；但是过低企业又会面临亏损。这就要求投标单位的管理水平和技术水平要有一定的实力，才能形成企业整体的竞争实力。

2）竞争条件平等。招标单位编制好工程量清单，使各投标单位的起点是一致的。相同的工程量，由企业根据自身实力来填写不同的报价。

3）有利于工程款的拨付和工程造价的最终确定。在工程量清单报价基础上的中标价是发承包双方签订合同价款的依据，单价是拨付工程款的依据。在工程实施过程中，建设单位根据完成的实际工程量，可以进行进度款的支付。工程竣工后，根据设计变更、工程洽商等计算出增加或减少的工程量乘以相应的单价，可以很容易地确定工程的最终造价。

4）有利于实现风险的合理分担。采用工程量清单计价方式，投标单位对自身发生的成本和单价等负责，但是由于工程量的变更或工程量清单编制过程中的计算错误等则由建设单位来承担风险。

5）有利于建设单位对投资的控制。工程量清单中各分项的工程量及其变化一目了然，若需进行变更，能立刻知道对工程造价的影响，建设单位可根据投资情况决定是否变更或提出最恰当的解决方法。

（3）工程量清单计价与定额计价的差别

1）编制工程量的单位不同

定额计价的工程量编制方法是建设工程的工程量由招标单位和投标单位分别按照施工图纸计算。工程量清单计价编制工程量的方法是由招标单位或委托有相应工程造价咨询资质的单位计算。

2）编制工程量清单的时间不同

定额计价方法是在发出招标文件后，由招标人与投标人同时编制或投标人编制好后由招标人进行审核。工程量清单计价方法必须在发出招标文件之前编制，因为工程量清单是招标文件的重要组成部分，各投标单位要根据统一的工程量清单再结合自身的管理水平、技术水平和施工经验等进行填报单价。

3）表现形式不同

定额计价方法通常是总价形式。工程量清单报价法采用综合单价的形式。综合单价包括人工费、材料费、机械使用费、管理费、利润和风险费。采用工程量清单计价方法，单价相对固定，工程量发生变化不是很大时，单价通常不调整。

4）编制依据不同

定额计价的方法依据是图纸、当地现行预算定额、现行的调差文件、价格信息和取费标准。工程量清单报价依据的是招标文件中的工程量清单和有关要求、现场施工情况、合理的施工方法及按照当地建设行政主管部门制定的工程量清单计价办法。

5）费用的组成不同

定额计价方法由直接工程费、措施费、间接费、利润和税金组成。工程量清单计价法则由分部分项工程费、措施项目费、其他项目费、规费和税金组成。

6）合同价款的调整方式不同

定额计价方法合同价款的调整方式包括变更签证和政策性调整等，工程量清单计价方式主要是索赔。

7）投标计算口径不同

定额计价法招标，各投标单位各自计算工程量，计算出的工程量均不一致。工程量清单计价法招标，各投标单位都根据统一的工程量清单报价，达到了招标计算口径的统一。

8）项目编码不同

定额计价法在全国各省市采用不同的定额子目。工程量清单计价法则是全国实行统一的十二位阿拉伯数字编码。阿拉伯数字从一到九为统一编码，其中一、二位为附录顺序码，三、四位为专业工程顺序码，五、六位为分部工程顺序码，七、八九位为分项工程顺序码，十、十一、十二位为清单项目名称顺序码。前九位编码不能变动，后三位编码由清单编制人根据项目设置的清单项目编制。

（4）市政工程工程量清单计价

1）一般规定

招标工程量清单应由具有编制能力的招标人或受其委托具有相应资质的工程造价咨询人编制。招标工程量清单必须作为招标文件的组成部分，其准确性和完整性应由招标人负责。

采用工程量清单计价，建设工程分部分项工程量清单应采用综合单价计价。招标文件中的工程量清单是工程量清单计价的基础，也是投标人投标报价的共同依据之一，竣工结算的工程量按发、承包双方在合同中约定应予计量且实际完成的工程量确定。

措施项目清单计价应根据拟建工程的施工组织设计，可以计算工程量的措施项目，应按分部分项工程量清单的方式采用综合单价计价；其余的措施项目可以"项"为单位的方式计价，应包括除规费、税金外的全部费用。措施项目清单中的安全文明施工费应按照国家或省级、行业建设主管部门的规定计价，不得作为竞争性费用。

发包人提供的材料和工程设备，承包人投标时应计入相应项目的综合单价中。

规费和税金应按国家、行业或省级建设主管部门的规定计算，不得作为竞争性费用。

采用工程量清单计价的工程，应在招标文件或合同中明确风险内容及其范围（幅度），不得采用无限风险、所有风险或类似语句规定风险内容及其范围（幅度）。

2）招标控制价

国有资金投资的工程建设项目应实行工程量清单招标，并且编制招标控制价。招标控制价超过批准的概算时，招标人应将其报原概算审批部门审核。招标控制价应由具有编制能力的招标人，或受其委托具有相应资质的工程造价咨询人编制。

综合单价中应包括招标文件中要求投标人承担的风险费用。招标文件提供了暂估单价的材料，按暂估的单价计入综合单价。其他项目费应按下列规定计价：

① 暂列金额应按招标工程量清单中列出的金额填写；

② 暂估价中的材料工程设备单价应按招标工程量清单中列出的单价计入综合单价；暂估价中的专业工程金额应按招标工程量清单中列出的金额填写；

③ 计日工应按招标工程量清单中列出的项目根据工程特点和有关计价依据确定综合单价计算；

④ 总承包服务费应根据招标投标工程量清单列出的内容和要求估算；

⑤ 招标控制价应在发布招标文件时公布，不应上调或下浮，同时招标人应将招标控制价及有关资料报送工程所在地行政管理部门和工程造价管理机构备查；

⑥ 投标人经复核认为招标人公布的招标控制价未按照工程量清单计价规范的规定进行编制的，应在招标控制公布后5天内向招投标监督机构和工程造价管理机构投诉。

工程造价管理机构受理投诉后应立即进行复查，当复查结论与原公布招标投标控制价误差大于±3%时应责成招标人改正。

3）投标报价

按照建设工程工程量清单计价规范，投标人必须按招标人提供的工程量清单填报自主确定投标报价，但不得低于工程成本。项目编码、项目名称、项目特征、计量单位、工程量必须与招标工程量清单一致。分部分项工程和措施项目中的单价项目应依据工程量清单计价规范规定的综合单价组成内容，按招标文件中分部分项工程量清单项目的特征描述确定综合单价计算。投标人的投标报价高于招标控制价的应予废标。

综合单价中应考虑招标文件中划分的应由投标人承担的风险范围及其费用。招标文件中提供了暂估单价的材料，按暂估的单价计入综合单价。

措施项目中的总价项目应根据招标文件及投标时拟定的施工组织设计或施工方案按工程量清单计价规范的规定自主确定。其中安全文明施工费应按规范规定确定。

投标总价应与分部分项工程费、措施项目费、其他项目费和规费、税金的合计金额一致。

4）合同价款约定

实行招标的工程合同价款应在中标通知书发出之日起30天内，由发、承包双方依据招标文件和中标人的投标文件在书面合同中约定。不实行招标的工程合同价款，在发、承包双方认可的工程价款基础上，由发、承包双方在合同中约定。

实行工程量清单计价的工程，宜采用单价合同。

发、承包双方应在合同条款中对下列事项进行约定；合同中没有约定或约定不明的，由双方协商确定；协商不能达成一致的，按建设工程工程量清单计价规范执行。

① 预付工程款的数额、支付时间及抵扣方式。

② 安全文明施工措施的支付计划、使用要求等。

③ 工程计量与支付工程进度款的方式、数额及时间。

④ 工程价款的调整因素、方法、程序、支付及时间。

⑤ 施工索赔与现场签证的程序、金额确认与支付时间。

⑥ 承担计价风险的内容、范围及超出约定内容、范围的调整办法。

⑦ 工程竣工价款结算编制与核对、支付及时间。

⑧ 工程质量保证金的数额、预留方式及时间。

⑨ 违约责任及发生合同价款争议的解决方法及时间。

⑩ 与履行合同、支付价款有关的其他事项等。

5）工程计量与价款支付

工程量必须按照相关工程现行国家计量规范的工程量计算规则计算。工程量必须以承包人完成合同工程应予计量的工程量确定。

工程计量时，若发现工程量清单中出现缺项、工程量计算偏差，及工程变更引起工程量的增减，应按承包人在履行合同义务过程中实际完成的工程量计算。承包人应按照合同约定的计量周期和时间，向发包人递交当期已完工程量报告。发包人应在接到报告后 7 天内核实，并将核实计量结果通知承包人。

6）合同价款调整

当发生法律法规变化、工程变更、项目特征不符、工程量清单缺项、工程量偏差、计日工、物价变化、暂估价、不可抗力、提前竣工（赶工补偿）、误期赔偿、索赔、现场签证、暂列金额及其他双方约定的调整事项时，发、承包双方应按照合同约定调整合同价款。

7）竣工结算与支付

工程完工后发、承包双方应在合同约定时间内办理工程竣工结算。工程竣工结算由承包人或受其委托具有相应资质的工程造价咨询人编制，由发包人或受其委托具有相应资质的工程造价咨询人核对。

分部分项工程和措施项目中的单价项目应依据双方确认的工程量、与已标价工程量清单的综合单价或者双方确认调整的综合单价计算。措施项目中的总价项目应依据已标价工程量清单的项目和金额计算或双方确认的调整金额计算。计日工应按发包人实际签证确认的事项计算。暂估价中的材料单价应按发、承包双方最终确认价计算；专业工程暂估价应按承包人与分包人最终确认价计算。

承包人应在合同约定时间内编制完成竣工结算书，并在提交竣工验收报告的同时递交给发包人。承包人未在合同约定时间内递交竣工结算书，发包人收到承包人递交的竣工结算书后，在合同约定时间内，不核对竣工结算或未提出核对意见的，视为承包人递交的竣工结算书已经认可，发包人应向承包人支付工程结算价款。

发包人在收到承包人递交的竣工结算书后，应按合同约定时间核对。

承包人在接到发包人提出的核对意见后，在合同约定时间内，不确认也未提出异议的，视为发包人提出的核对意见已经认可，竣工结算办理完毕。

竣工结算办理完毕，发包人应将竣工结算书报送工程所在地工程造价管理机构备案。竣工结算书作为工程竣工验收备案、交付使用的必备文件。

竣工结算办理完毕，发包人应根据确认的竣工结算书在合同约定时间内向承包人支付工程竣工结算价款。

九、计算机和相关管理软件的应用知识

（一）Office 系统的基本知识

1. 中文 Windows 系统

（1）启动 WindowsXP

在已经安装中文版 WindowsXP 系统的计算机上，打开显示器电源开关，按下主机上的电源按钮，选择要登录的用户，输入密码，按下回车键，即可登录 WindowsXP 的桌面。

（2）退出 WindowsXP

关闭所有已经打开的文件和应用程序，单击"开始"按钮，单击"关闭计算机"按钮，单击"关闭"按钮，即可安全关闭计算机。其中还有"待机"和"重新启动"两个控制按钮。

（3）桌面图标

系统将各种复杂的程序用一个个生动形象的小图片来表示，用户可以根据图标来辨别应用程序的类型以及其他属性。

（4）"开始"菜单

"开始"菜单是 WindowsXP 中应用的最为频繁的菜单之一，通过开始菜单，几乎可以完成对计算机的所有操作。它是由常用程序列表、所有程序、注销与关闭电脑等组成的。

（5）任务栏

屏幕最下方的一个条形区域被称为"任务栏"。任务栏主要由"开始"按钮、快速启动栏、应用程序列表、通知栏等项目组成。

（6）设置桌面

在桌面空白区域内，单击鼠标右键，选择"属性"命令，打开"显示属性"对话框，可以对桌面主题、桌面、屏幕保护程序、桌面外观、设置等项进行设置。

（7）浏览硬盘中的文件

双击文件打开文件、启动程序或打开文件夹。

（8）选定文件和文件夹

单击要操作的对象选择单个文件；执行"编辑\全部选定"或按 Ctrl＋A 可选择所有文件；按下 Shift 键，单击第一个文件或文件夹图标和最后一个文件或文件夹图标，可选择连续的多个文件和文件夹；按 Ctrl 键，单击要选择的文件或文件夹，可选择不连续文件和文件夹。

（9）新建文件夹

执行"文件＼新建＼文件夹"命令，输入新的文件夹名称，在指定的位置新建一个文件夹。

（10）重命名文件或文件夹

选定需要命名的义件或文件夹，执行"文件＼重命名"命令，键入新的名称，回车确认。

（11）移动、复制与删除文件夹

选定文件或文件夹，在该图标上单击鼠标右键，在弹出的快捷菜单中选择相应命令。

（12）"回收站"的使用与管理

1）恢复删除文件：双击"回收站"图标，打开"回收站"窗口，选中要还原的文件，执行"文件＼还原"命令，可以把文件还原。文件还原后会自动恢复至原来存放的位置。

2）清空"回收站"：执行"文件＼清空回收站"命令；在弹出的确认对话框中，选择"是"。被清除的文件将无法找回。

（13）控制面板

它是对 Windows 进行管理控制的中心。可以安装新硬件、添加和删除程序、更改屏幕的外观、设置系统用户名及密码等。执行"开始＼控制面板"命令，打开"控制面板"窗口。

2. 文字处理系统

（1）Word 的启动

执行"开始＼所有程序＼MicrosoftOffice＼MicrosoftOfficeWord"命令可以启动 Word；双击 Word 文件，也可以启动 Word。

（2）退出

当完成所有文档编辑工作后，可以执行"文件＼退出"命令，退出 Word。

（3）Word 的工作界面

Word 工作主界面主要包括标题栏、菜单栏、工具栏、标尺、编辑区、状态栏等。

（4）文档基本编辑

1）新建文档：执行"文件＼新建"命令，在新建任务窗格中建立一个空白文档；单击常用工具栏中的创建新文档按钮 ，或者按快捷键 Ctrl＋N 均可以快速新建文档。

2）打开文档：执行"文件＼打开"命令，找到要打开的文件，单击"打开"按钮，将选中的文件打开；单击常用工具栏中的打开文档按钮 或者按快捷键 Ctrl＋O 均可以打开文档。

3）保存文档：执行"文件＼保存"命令，可以将当前文档保存；单击常用工具栏中的保存文档按钮 或者按快捷键 Ctrl＋S 均可以保存文档。

4）另存文档：执行"文件＼另存为"命令，打开"另存为"对话框，在"另存为"对话框中设置新的文件，保存文件。

5）退出文档：执行"文件＼关闭"命令，关闭当前文档；单击常用工具栏中的按钮

×或者按快捷键 Ctrl＋W 均可以退出文档。

（5）文字处理

1）录入英文：系统默认录入的是英文小写字母，按下 capslock 键，录入大写英文字母。

2）录入中文字符：Ctrl＋空格键或启动一种中文汉字输入法即可录入中文字符。

3）录入特殊字符：执行"插入 \ 符号"命令，打开"符号"对话框，插入选择的符号。

4）选定字符：将光标置于要选定的文本前，按住左键拖动到选定文本的末尾选定文本。

5）删除文本：按 Backspace 和 Delete 键可以逐字删除。如果要删除一段文本或者不相邻的文本，需要先选定要删除的文本，按下 Delete 键，将文本删除。

6）录入状态：双击状态栏上的"插入"标记即可切换，按键盘上的 Insert 键也可以。

7）移动、复制文本：选定要移动的文本，执行"编辑 \ 剪切或复制"命令，把光标定位到插入点，执行"编辑 \ 粘贴"命令，将文本移动或复制到新位置。

8）查找与替换文本：执行"编辑 \ 查找"命令，在"查找内容"文本框中，输入要查找的内容；在"替换为"文本框输入要替换的内容。即可逐个或全部查找或替换所需文本。

（6）文本格式设置

选中要设置的文本，单击工具栏中字体下拉列表框中 宋体 、 五号 右边的下拉按钮，设置文本的字体、字号；或者执行"格式 \ 字体"命令进行设置。单击"格式"工具中的"加粗"按钮 B 、"倾斜"按钮 I 或"下划线"按钮 U ，可以设置文本的字形。

（7）设置段落格式

1）段落的对齐方式：单击工具栏上 等按钮，可以将当前段落设定为"居中对齐"、"右对齐"等方式。也可以执行"格式 \ 段落"命令，在"段落"对话框中设置。

2）设置段落的缩进：将光标定位到需要缩进的段落内或者选定多个需要设置缩进的段落，在标尺上用鼠标拖动缩进指针改变段落的缩进值；或者在"格式 \ 段落"中设置。

3）设置段落项目符号：选择要加上项目符号的段落，执行"格式 \ 项目符号和编号"命令，在"项目符号和编号"对话框进行设置。

4）设置边框与底纹：选择要添加边框与底纹的文字、段落、页面，执行"格式 \ 边框与底纹"命令，在"边框和底纹"对话框中设置。

（8）图形操作

1）插入图片：执行"插入 \ 图片 \ 来自文件"命令，打开"插入图片"对话框，找到所需的图片，单击"插入"按钮，将图片插入文档光标所在位置。

2）插入艺术字：执行"插入 \ 图片 \ 艺术字"命令，打开"艺术字库"对话框，选择艺术字样式、输入文字、设置字体、字号和字形等，单击确定，可以将艺术字插入文档光标所在位置。

3）绘制图形：绘图工具栏 可以在文档中绘制简单的线条、矩形、多边形及一些固定形状的图形。

4）改变图形尺寸：选择图形，移动光标至图形的控制点上，按下鼠标拖动改变图形。

5）组合图形：选择要组合的图形，单击"绘图"按钮，选择"组合"命令。

（9）表格的应用

1）插入表格：执行"表格＼插入＼表格"命令，选定表格的列数和行数，单击"确定"按钮，将会按照设定的行数和列数将表格插入文档光标所在位置。

2）编辑表格

① 选定单元格：光标指向不同的位置可以选择不同的单元格。如将光标移到表格中，在该表格的左上角出现✛状，单击可选定整个表格。

② 插入行、列、单元格：执行"表格＼插入"命令，再选择相应选项完成插入操作。

③ 删除行、列或单元格：执行"表格＼删除"命令完成选定对象的删除。

④ 改变列宽和行高：光标拖动列的左右边框或行的上下边框，即可改变列宽和行高。

⑤ 单元格的拆分与合并：单击要拆分或合并的单元格，执行"表格＼拆分或合并表格"命令，在弹出窗口完成相应操作。

（10）文档预览及打印

1）文档预览：执行"文件＼打印预览"命令，可以对文档进行各种设置及预览。

2）文档打印：执行"文件＼打印"命令或按快捷键 Ctrl＋P，弹出打印设置窗口，在"打印"框中进行相应的设置后，按"确定"按钮即开始打印。

3. 电子表格

电子表格的基本操作同前文，下面主要介绍电子表格特有的部分常见功能。

（1）基本操作

1）添加工作表：执行"插入＼工作表"命令，在当前工作表前面插入一个新工作表。或者鼠标右键单击工作表标签，在弹出的菜单中选择"插入"、"工作表"，单击"确定"按钮。

2）拆分工作表：执行"窗口＼拆分"命令，表格将会从选中的单元格处拆分。

3）重命名工作表：双击需重新命名工作表的标签，然后输入新的名称即可。

4）数据的输入与编辑

① 不同的单元格填充相同的数据：鼠标单击单元格，移动鼠标指针至单元格右下角，光标变为十字架，按住鼠标并拖动至需要位置后释放鼠标，将会以相同的值填充鼠标选定的区域。

② 自动按规律填充：选中有规律的若干单元格，移动鼠标指针至单元格右下角，待光标变为十字架时按下鼠标左键。拖动鼠标向右一定的距离后释放鼠标，完成操作。

（2）自动套用单元格格式

选定任一单元格，执行"格式＼自动套用格式"命令，打开"自动套用格式"对话框，单击选择需要的格式方案，单击"确定"按钮。

（3）数据运算与分析

1）输入公式：选中需输入公式的单元格，键入"＝"，键入公式，按 Enter 键确认。

2）自动求和：选中要插入总和的单元格，单击"常用"工具栏上的"自动求和"按

钮 $\boxed{\Sigma}$ 。

3）使用函数：选中需输入公式的单元格，键入"＝"，执行"插入\函数"命令，选择函数，设置函数的参数，确定。当前单元格中计算出结果，并在编辑栏中显示公式。

（4）图表操作

执行"插入\图表"命令，选择图表类型、样式，确定，在单元格中插入一个图表。

（二）AutoCAD 的基本知识

1. 基本知识

（1）AutoCAD 的工作界面

AutoCAD 的工作界面主要由标题栏、菜单栏、工具栏、绘图窗口、文本窗口与命令行、状态栏和工具选项板窗口等部分组成。

（2）AutoCAD 的启动

在安装了 AutoCAD 以后，单击桌面上的快捷图标 ▣；或者单击"开始"按钮，选择"程序"\Autodesk\AutoCAD-Simplified/AutoCAD 命令。

（3）AutoCAD 的退出

单击 AutoCAD 主窗口右上角的 ▣ 按钮；"文件"\"关闭"；QUIT（或 EXIT）。

（4）新建图形文件

"标准"工具栏\▢ 按钮；"文件"\"新建"；NEW。

（5）打开图形文件

"标准"工具栏\▣ 按钮；"文件"\"打开"；OPEN。

（6）保存图形文件

1）保存文件："标准"工具栏\▣ 按钮；"文件"\"保存"；QSAVE。

2）另存文件："文件"\"另存为"；SAVEAS。

3）自动保存文件："工具"\"选项"，在"打开和保存"选项卡中设置自动保存的时间；SAVETIME。

（7）坐标的表示方法及输入

1）绝对坐标：是指相对于当前坐标系原点的坐标。包括绝对直角坐标和绝对极坐标。

2）相对坐标：相对直角坐标和相对极坐标是指相对于某一点的 x 轴和 y 轴位移或距离和角度。例如：某一直线的起点坐标为（5，8），终点坐标为（10，8），则终点相对于起点的相对直角坐标为（@5，0），用相对极坐标表示应为（@5<0）。

（8）正交模式

适用于绘制水平及垂直线段。单击状态栏中"正交"按钮；按 F8 键打开或关闭。

（9）对象捕捉

它可以迅速、准确地捕捉到端点、圆心等特殊点，从而精确地绘制图形。SHIFT＋右键（单点捕捉）；单击"对象捕捉"工具栏中的按钮；"工具"\"草图设置"设置并启用（F3）。

（10）图形显示控制

1）缩放：放大或缩小屏幕所显示的范围，但对象的实际尺寸并不发生变化。"标准"工具栏 \ ；"视图" \ "缩放"；或输入 ZOOM（Z）。

2）实时缩放："标准"工具栏 \ 。如果用户按住鼠标左键垂直向上移动，则随着鼠标移动距离的增加，图形不断地自动放大；反之，图形不断地自动缩小。

3）平移："标准"工具栏 \ ；"视图" \ "平移"；或输入 PAN（或 P）。用于在不改变图形的显示大小的情况下通过移动图形来观察当前视图中的不同部分。

（11）选择对象

1）点取方式：对象上单击鼠标，对象变为虚线表示已被选中。

2）窗口方式：自左向右指定对角线的两个端点定义一个矩形窗口，凡完全落在该矩形窗口内的图形对象均被选中。

3）窗交方式：自右向左指定对角线的两个端点来定义一个矩形窗口，凡完全落在该矩形窗口内及与窗口相交的图形对象均被选中。

4）全部方式：当命令行提示选择对象时，输入 ALL 则选择除冻结图层以外的所有对象。

（12）图形界限

"格式" \ "图形界限"；LIMIT。启动后通过输入绘图范围左下角点、右上角点坐标来设置绘图区域大小，相当于手工制图时图纸的选择。

（13）图层

"格式" \ "图层"；或输入 LAYER（LA）。可以设置图层及图层颜色、线型、线宽等各种特性和开、关、锁定、冻结、打印等不同的状态。

2. 常用命令

（1）直线

"绘图" \ "直线"；"绘图"工具栏 ；或输入 LINE（L）。指定直线起点、端点完成一段直线绘制。

（2）多段线

"绘图" \ "多段线"；"绘图"工具栏 ；或输入 PLINE（PL）。可以创建直线段、弧线段或两者的组合线段。并且可以设定不同的宽度。

（3）多线

"绘图" \ "多线"；或输入 MLINE（ML）。通过多线设置绘制 1～16 条具有一定特性的平行线。

（4）正多边形

"绘图" \ "正多边形"；"绘图"工具栏 ；或输入 POLYGON（POL）。可创建具有 3～1024 条等长边的闭合多段线。

（5）矩形

"绘图" \ "矩形"；"绘图"工具栏 ；或输入 RECTANG（REC）。该命令可以通过确定矩形对角线的两个点来绘制矩形。还可以绘制倒角或圆角的矩形。

（6）圆弧

"绘图"＼"圆弧"；"绘图"工具栏 ；或输入 ARC。可以用指定圆心、端点、起点、半径、角度、弦长或方向值等多种组合的方式进行绘制。

（7）圆

"绘图"＼"圆"；"绘图"工具栏 ；或输入 CIRCLE（C）。可以根据圆心、半径、直径和圆上的点绘制圆。

（8）椭圆

"绘图"＼"椭圆"；"绘图"工具栏 ；或输入 ELLIPSE（EL）。可以根据圆心、长轴和短轴等参数绘制椭圆。

（9）删除

"修改"＼"删除"；"修改"工具栏 ；或输入 ERASE（E）。用于删除选中的图线等对象。

（10）复制

"修改"＼"复制"；"修改"工具栏 ；或输入 COPY（CO 或 CP）。该命令能将多个原对象以指定的角度和方向复制到一个或多个指定位置。

（11）镜像

"修改"＼"镜像"；"修改"工具栏 ；或输入 MIRROR（MI）。该命令用于围绕一条两个点定义的镜像线来镜像对象，然后选择删除或保留原对象。

（12）偏移

"修改"＼"偏移"；"修改"工具栏 ；或输入 OFFSET（O）。该命令将直线、圆、多段线等对象作同心复制。

（13）阵列

"修改"＼"阵列"；"修改"工具栏 ；或输入 ARRAY（AR）。该命令按矩形或环形方式多重复制指定对象。

（14）移动

"修改"＼"移动"；"修改"工具栏 ；或输入 MOVE（M）。该命令能将多个对象从指定的角度和方向移动到指定位置。移动过程中并不改变对象的尺寸和方位。

（15）旋转

"修改"＼"旋转"；"修改"工具栏 ；或输入 ROTATE（RO）。该命令用于将所选对象绕指定的基点旋转指定的角度。

（16）缩放

"修改"＼"缩放"；"修改"工具栏 ；或输入 SCALE（SC）。用于将对象按指定的比例因子相对于指定的基点放大或缩小。

（17）修剪

"修改"＼"修剪"；"修改"工具栏 ；或输入 TRIM（TR）。该命令用于将指定的对象精确地修剪到指定的边界。

（18）延伸

"修改"＼"延伸"；"修改"工具栏 ；或输入 EXTEND（EX）。该命令用于将指定的对象精确地延伸到指定的边界上。

（19）倒角

"修改"\"倒角"；"修改"工具栏 ；或输入 CHAMFER（CHA）。该命令按照给定的倒角距离用一条斜线连接两个选定对象。当倒角距离为 0 时，两个选定对象相交，但不产生倒角。

（20）圆角

"修改"\"圆角"；"修改"工具栏 ；或输入 FILLET（F）。该命令用一指定半径的圆弧连接两个对象。当圆角半径设为 0 时，该命令可以使两个选定对象相交，但是不产生倒圆。

（21）分解

"修改"\"分解"；"修改"工具栏 ；或输入 EXPLODE（X）。该命令用于将复合对象分解为基本的组成对象。

（22）图块

1）创建块："绘图"\"块"\"创建"；"绘图"工具栏 ；或输入 BLOCK（B）。创建块就是将图形中的若干实体组合成整体并保存，将其作为一个实体在图形中随时调用和编辑。

2）插入块："插入"\"块"；"绘图"工具栏 ；或输入 DDINSERT。通过定义插入点、比例、旋转角度来插入已经创建好的图块。

（23）特性

"修改"\"特性"；"标准"工具栏 ；或输入 PROPERTIES，双击对象显示"特性"选项板。特性命令用于利用一个列表编辑对象的图层、颜色、线型、大小、标注、标注样式等。

（24）图案填充

"绘图"\"图案填充"；"绘图"工具栏 ；或输入 HATCH（H）。该命令能在指定的填充边界内填充一定样式的图案。可以设置填充图案的样式、比例、角度、填充边界等。

（25）文字标注

1）文字样式："格式"\"文字样式"；或输入 STYLE/DDSTYLE（St）。该命令用于设置字型，包括字体、字符高度、字符宽度、倾斜度、文本方向等参数的设置。

2）单行文本标注："绘图"\"文字"\"单行文字"；或输入 TEXT（DT）。该命令可以创建一行或多行文本，可以设置文本的当前字型、旋转角度、对齐方式和字符大小等。

3）多行文本标注："绘图"\"文字"\"多行文字"；"绘图"工具栏 ；或输入 MTEXT（MT）。该命令可在绘图区指定的文本边界框内标注段落型文本。

（26）尺寸标注

1）尺寸标注的设置："格式"\"标注样式"；"标注"工具栏 ；或输入 DIMSTYLE（D）。新标注样式中共有七个选项卡可以进行标注外观设置。

2）线性标注："标注"\"线性"；"标注"工具栏 ；或输入 DIMLINER（DLI）。

用于对水平尺寸、垂直尺寸的标注。

3）对齐标注："标注"\"对齐标注"；"标注"工具栏 ；或输入 DIMALIGNED（DAL）。用于创建平行于所选对象或平行于两尺寸界线原点连线直线型尺寸。

4）半径标注："标注"\"半径标注"；"标注"工具栏 ；或输入 DIMRADIUS（DRA）。用于标注所选定的圆或圆弧的半径尺寸。

5）角度标注："标注"\"角度标注"；"标注"工具栏 ；或输入 DIMANGULAR（DAN）。用于标注被测量对象之间的夹角。

6）连续标注："标注"\"连续标注"；"标注"工具栏 ；或输入 DIMCONTINUE（DCO）。用于标注连续的线性尺寸。在创建连续标注之前，必须先创建或选定线性、对齐或角度标注。

3. AutoCAD 在工程中的应用

AutoCAD 是一款工具软件，在建筑工程中被普遍应用，通常用来绘制建筑平、立、剖面图、节点图等。绘图基本步骤包括：图形界限、图层、文字样式、标注样式等基本设置；联机操作；图形绘制；图形修改；图形文字、尺寸标注；保存、打印出图。可以随时调整各项设置及修改图形，以满足施工的实际需要。

4. 图形的输出

图形的输出应由打印机来完成，目前一般委托专业图文制作公司来实施，一般打印图形（模型空间）的步骤如下：

"文件"菜单\"打印"；"标准工具栏" ；PLOT→在"打印"对话框的"打印机/绘图仪"下，从"名称"列表中选择一种绘图仪→在"图纸尺寸"下，从"图纸尺寸"框中选择图纸尺寸→在"打印份数"下，输入要打印的份数→在"打印区域"下，指定图形中要打印的部分→在"打印比例"下，从"比例"框中选择缩放比例→在"打印样式表（笔指定）"下，从"名称"框中选择打印样式表→在"着色视口选项"和"打印选项"下，选择适当的设置→在"图形方向"下，选择一种方向→单击"预览"可以预览按设置要打印的图形→单击"确定"按设置打印图形。

（三）相关管理软件的知识

1. 管理软件的特点

工程管理软件是专业软件的一种，通常是建立在某种工具软件平台上的，目的是为了完成特定的设计或管理任务。管理软件具有使用方便、智能化高、与专业工作结合紧密、有利于提高工作效率、可以有效地减轻劳动强度的优点，目前在建筑工程设计和管理领域被广泛采用。

2. 管理软件在施工中的应用

管理软件在施工中的应用越来越广泛，与一般的应用软件相比功能较强大、专业性较强。针对企业的不同管理需求，可以将集团、企业、分子公司、项目部等多个层次的主体集中于一个协同的管理平台上，也可以应用于单项、多项目组合管理，达到两级管理、三级管理、多级管理多种模式。

3. 常用的管理软件

目前管理软件的种类较多，这些管理软件通常由专业公司研发、销售，也可以根据企业的特殊需求进行点对点的开发。管理软件可以定期升级，软件公司通常提供技术支持及定期培训。各个品牌的管理软件的特长各有不同，但通常均可以完成系统管理、行政办公、查询、人力资源管理、财务管理、资源管理、招投标管理、进度控制、质量控制、合同管理、安全管理等工作。

因市政工程自身特点，通用软件需结合工程具体条件进行二次开发，以满足工程管理实际需要。

十、市政工程施工测量的基本知识

（一）距 离 测 量

1. 距离测量的一般方法

在市政工程施工中，距离丈量通常采用钢尺进行；在有条件时，使用电磁波测距仪，以获得较高的精度。钢尺长度有 20m、30m、50m 等几种。此外，在量距中，一般采用花杆标定直线的方向，测钎标记所量的尺段数。丈量步骤主要包括定线、丈量和成果计算。

（1）定线

定线是指当地面两点之间的距离大于一个整尺的长度时，需要分若干个尺段进行丈量，将各尺段端点标定在同一直线上。定线的方法主要有目估定线法和经纬仪定线法。

1）目估定线法

如图 10-1 所示，A、B 为地面两点，测量员位于 A 点标杆后 1~2m 处。用一只眼睛瞄准 B 点的标杆，使视线与两杆边缘相切，另一测量员手持标杆由 B 走向 A 到略短于一个整尺段长的地方，按照 A 点测量员的指挥移动标杆，标杆位于方向线时，插下标杆得出图中 1 点的位置。在 BA 方向上，逐个定出 2，3，…，n 点。

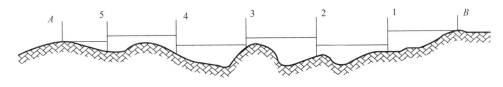

图 10-1　目估定线法

2）经纬仪定线法

测量员在 A 点安置经纬仪，用望远镜瞄准 B 点上的测钎，固定照准部，另一测量员在距 B 点略短于一个整尺段长度的地方，按照观测者的指挥移动测钎，当测钎与望远镜十字丝竖丝重合时，插下测钎，得 1 点。同样的，在 BA 方向线上依次标定出 2，3，…，n 点。

（2）丈量

丈量工作一般有两人担任，沿丈量方向前进，逐个尺段进行测量、标记。直到最后量出补足整尺的余长（零尺段）q 为止（图 10-2）。

$$D = nl + q$$

式中　l——整尺段长度；

n——整尺段数；

q——零尺段长。

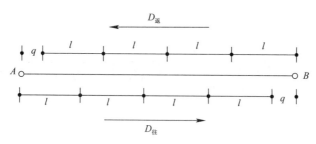

图 10-2　丈量过程示意图

为确保测距成果的精度，一般应进行往、返这两次丈量。

（3）成果计算

根据往、返测的水平距离进行相对误差计算，取平均值为该两点间水平距离的最后结果。

2. 电磁波测距方法

（1）原理

随着现代光学、电子学的发展和各种新颖光源（激光、红外光等）的出现，电磁波测距技术得到了迅速发展，出现了激光、红外光和其他光源为载波的光电测距仪以及用微波为载波的微波测距仪。把这类测距仪统称为电磁波测距仪。

电磁波测距的原理如图 10-3。在 A 点安置测距仪，B 点架设反射镜，测距仪向反射镜发射电磁波，电磁波被反射镜反射回来又被测距仪接收。测距仪测量出电磁波往返的时间 t_{2D}。则可按下式计算距离：

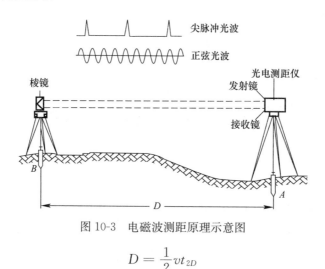

图 10-3　电磁波测距原理示意图

$$D = \frac{1}{2} v t_{2D}$$

式中　v——电磁波在大气中的传播速度，其值约为 $3 \times 10^8 \mathrm{m/s}$；

　　　t_{2D}——电磁波在被测距离上的往返时间；

　　　D——被测距离。

显然，只要测定 t_{2D} 时间，则被测距离 D 即可算出。

（2）测距方法

电磁波测距有两种方法，即为脉冲式和相位式两种测距法。

（二）角 度 测 量

1. 角度测量原理

为测定地面点的平面位置，需要进行角度测量。角度测量是测量的基本工作之一，包括水平角测量和竖直角测量。

地面上某点到两目标的方向线垂直投影在水平面上所成的角称为水平角。如图 10-4 所示，A、O、B 是地面上任意三点，通过 OA 和 OB 分别作两个竖直面，将它们投影到水平面 H 上，得 O_1A_1 和 A_1O_1，则 $\angle A_1O_1B_1$ 就是 OA 与 OB 之间的水平角 β。也就是说，水平角 β 即为过直线 OA 与 OB 两个竖直面所夹的两面角。为了度量水平角 β 的大小，可在角顶 O 的铅垂线 OO_1 上任一点安置一个具有刻划的度盘，使度盘圆心 O 正好位于 OO_1 铅垂线上，并调整度盘至水平，则 OA 与 OB 在水平地盘上的投影 oa 和 ob 所夹的角 $\angle aob$ 即为水平角 β。其角值可由水平度盘上两个相应读数之差求得，如图 10-4 所示。

$$\beta = b - a$$

测站点至观测目标的视线与水平线的夹角称为竖直角，又称高度角、垂直角，用 α 表示，如图 10-5 所示。竖直角是由水平线起算的角度，视线在水平线以上者为正，称仰角，如 α_1，视线在水平线以下者为负，称俯角，如 α_2，其角值范围 $0° \sim -90°$。另外，测量上也常用视线与铅垂线的夹角表示，称为天顶距 Z，范围为 $0° \sim -180°$，没有负值。显然，同一方向线的天顶距和竖直角之和等于 $90°$，即 $\alpha = 90° - Z$。

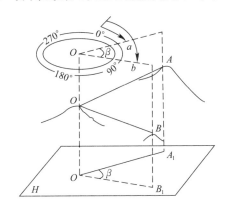

图 10-4 水平角测角原理示意图

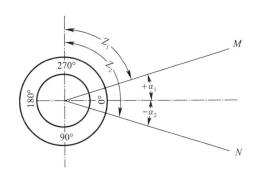

图 10-5 竖直角测角原理示意图

为进行水平角和竖直角测量，仪器必须具备以下条件：能将其圆心安置在角顶点铅垂线上的水平度盘；一个能随望远镜上下转动的竖直度盘，以及在度盘上读取读数的设备。经纬仪便是满足以上要求的一种仪器。

2. 角度测量仪器

（1）经纬仪

经纬仪是测量工作中的主要测角仪器，由望远镜、水平度盘、竖直度盘、水准器、基座等组成。测量时，将经纬仪安置在三脚架上，用垂球或光学对点器将仪器中心对准地面测站点上，用水准器将仪器定平，用望远镜瞄准测量目标，用水平度盘和竖直度盘测定水平角和竖直角。

1）经纬仪

按精度分为精密经纬仪和普通经纬仪；按读数设备可分为光学经纬仪和游标经纬仪；按轴系构造分为复测经纬仪和方向经纬仪。此外，有可自动按编码穿孔记录度盘读数的编码度盘经纬仪；可连续自动瞄准空中目标的自动跟踪经纬仪；利用陀螺定向原理迅速独立

测定地面点方位的陀螺经纬仪和激光经纬仪；具有经纬仪、子午仪和天顶仪三种作用的供天文观测的全能经纬仪；将摄影机与经纬仪结合一起供地面摄影测量用的摄影经纬仪等。近几年来，电子经纬仪得到了一定的发展，与传统的光学经纬仪相比，电子经纬仪采用了编码法、增量法的光电测角方式，在精度上得到了较大的提高，应用快捷、方便。

常用经纬仪如图 10-6 所示。

2）基本构造

光学经纬仪包括基座、水平度盘和照准部三部分构成，如图 10-7 所示。

图 10-6 经纬仪
外形图

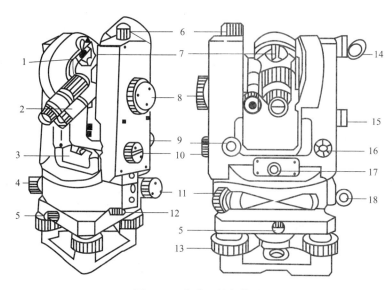

图 10-7 光学经纬仪构造

1—望远镜反光手轮；2—读数显微镜；3—照准部水准管；4—照准部制动螺旋；5—轴座固定螺旋；6—望远镜制动螺旋；7—光学瞄准器；8—测微轮；9—望远镜微动螺旋；10—像像手轮；11—照准部微动螺旋；12—水平度盘变换手轮；13—脚螺旋；14—竖盘反光镜；15—竖盘指标水准管观察镜；16—竖盘指标水准管微动螺旋；17—光学对中器目镜；18—水平度盘反光镜

① 基座

通过连接螺旋将基座连接在三脚架架上，基座中央为轴套，水平度盘的外轴插入轴套后，旋紧轴座固定螺旋，则经纬仪上部与基座固连。

② 水平度盘部分

水平度盘部分包括有水平度盘、度盘变换手轮和外轴等。

水平度盘用光学玻璃制成，在度盘上依顺时针方向到注有 $0°\sim360°$ 的分划线，相邻两分划线所夹的圆心角，称为度盘的分划值。一般仪器水平度盘的分划值为 $1°$。

水平度盘的变换手轮，是用来转动水平度盘的。观测时，扳下保险手柄，按下手轮并旋转它，将水平度盘转至所需的度数，随即将保险手柄扳上，以防止水平度盘转动。

外轴是一个空心的旋转轴，它与水平度盘固连。制造上要求水平度盘面与外轴的几何中心线正交，而且外轴中心线应通过度盘的中心。

③ 照准部

经纬仪基座以上部分能绕竖轴旋转的整体，称为经纬仪的照准部。它包括内轴、水准管、支架、望远镜、横轴、竖盘及水准管、读数设备及其光路系统和光学对中器。

照准部水准管用于整平仪器。水准管分划值一般为 $30''/2mm$。

望远镜固定在它的旋转轴上，其几何中心线称为横轴或水平轴。旋转轴安装在照准部的支架上，当各部分关系正确时，望远镜的视准轴在空间可旋转成一个竖直面。望远镜的放大倍数一般为 26 倍，物镜有效孔径为 35mm。其数值度盘用于量测竖直角。

（2）全站仪

全站仪，即全站型电子速测仪。全站型电子速测仪是由电子测角、电子测距、电子计算和数据存储单元等组成的三维坐标测量系统，测量结果能自动显示，并能与外围设备交换信息的多功能测量仪器。全站仪本身就是一个带有特殊功能的计算机控制系统，较完善地实现了测量和处理过程的电子化和一体化（图 10-8 为全站仪主机，图 10-9 为反射棱镜）。

图 10-8　全站仪主机

图 10-9　全站仪反射棱镜

与传统的测量定位三个要素（即水平角、水平距离和高程）有所不同，全站所测定的要素主要有：水平角、竖直角（或天顶距 Z）与斜距 S。全站仪就是利用这三个要素并配合微处理器与相关软件完成各种复杂的测量任务，包括坐标测量、施工放样、悬高测量、后方交会等方面。

3. 水平角测量

（1）测回法

在角度观测中，为了消除仪器误差的影响，一般要求采用盘左、盘右两个位置进行观测。所谓盘左位置即竖直度盘在望远镜的左侧（又称正镜）；盘右位置即竖直度盘在望远镜的右侧（又称倒镜）。测水平角以角度的左方向为始边，如图 10-10 中的 A 点；以角度的右方向为终边，如图中的 B 点。

测回法是观测水平角的基本方法，它是先用盘左位置对水平角两个方向进行一次观测，再用盘右位置进行一次观测。如两次观测值较差在限度内，取平均值作为观测结果。为了提高测角精度，往往需要观测几个测回。在观测了一测回后，应根据测回数 n 将起始方向读数改变 $180°/n$，以减小度盘刻划误差的影响。

（2）方向观测法

当一个测站上需要观测两个以上方向时，通常采用方向观测法。它是以任一目标作为起始方向（又称零方向），用盘左，盘右两个位置依次观测出其余各个目标相对于起始方向的方向值，根据相邻两个方向值之差即可求出角度来。当方向数多于三个并精度要求较高时，应先后两次瞄准起始方向（又称归零），称为全圆方向线，如图 10-11 所示。

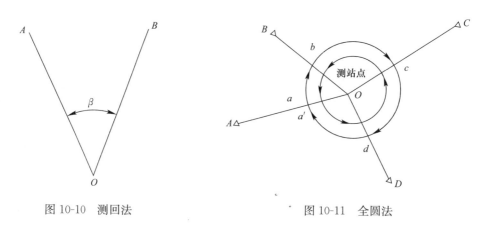

图 10-10　测回法　　　　　　　　　　图 10-11　全圆法

当观测 n 个测回时，每个测回仍按 $180°/n$ 变换水平度盘起始位置。

（3）竖直角测量

当望远镜视线水平、竖盘指标水准管气泡居中时，无论盘左或盘右，指标线所指的读数应为 $90°$（或它的整倍数），称为竖盘始读数。

在进行竖直角观测时，先用盘左位置将望远镜瞄准目标 M 后，调节竖盘指标水准管微动螺旋使气泡居中，此时在读数显微镜中读出的竖盘读数为 L 与视线水平时的始读数之差就是待测的竖直角，如图 10-12（c）所示。计算公式如下：

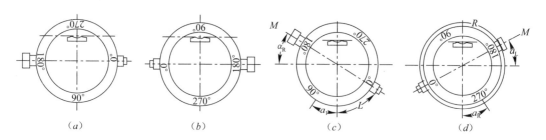

（a）　　　　　　（b）　　　　　　（c）　　　　　　（d）

图 10-12　竖直角测量

$$\alpha = \frac{\alpha_{0}^{E} + \alpha_{0}^{E}}{2}$$

（三）水 准 测 量

1. 水准测量原理

水准测量是利用仪器提供的水平视线进行量测，比较两点间的高差，是高程测量中最精确的方法。所用的仪器是水准仪。

如图 10-13 所示，已知 A 点的高程为 H_A，欲测定 B 点对 A 点的高差 h_{AB}，计算出 B 点的高程 H_B。可在 AB 之间安置水准仪，在 A、B 点上竖立水准尺。测量方向由 A 至 B，根据水准仪提供的水平视线截得 A 尺上的读数为 a，B 尺上的读数为 b，则 B 点对 A 点的高差为

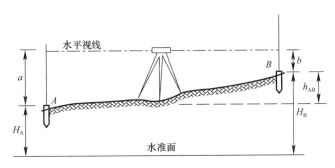

图 10-13　水准测量

$$h_{AB} = a - b$$

式中　a——后视读数（简称后视），通常是已知高程点 A 的水平视线截尺读数；

b——前视读数（简称前视），是未知高程点 B 的水平视线截尺读数。

两点的高差，等于后视读数减前视读数。测得 A 点至 B 点的高差后，可求得 B 点的高程

$$H_B = H_A + h_{AB} = H_A + a - b$$

高程的计算也可以用视线高程的方法进行计算即

$$H_B = (H_A + a) - b = H_i - b$$

式中 H_i 为视线高程，它等于已知 A 点的高程 H_A 加 A 点尺上的后视读数 a。

高差法适用于在一个测站上只有一个后视读数和一个前视读数；视线高程法适用于一测站上有一个后视读数和多个前视读数。每一个测站只有一个视线高程 H_i，分别减去各待测点上的前视读数，即可求得各点的高程。

从上述可知，水准测量原理是应用水准仪所提供的水平视线来测定两点间的高差，根据已知点的高程与两点间的高差，计算所求点的高程。

2. 水准测量的仪器

（1）水准仪

水准仪按其精度分为 $DS_{0.5}$、DS_1、DS_3 和 DS_{10} 四级。水准仪主要由望远镜、水准器、基座和三脚架组成。主要部件的名称如图 10-14 所示。

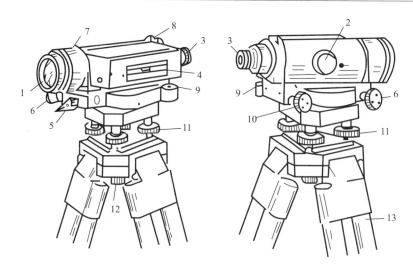

图 10-14   水准仪构造

1—物镜；2—物镜对脚螺旋；3—目镜及目镜对光螺旋；4—水准管；5—水平制动螺旋；6—水平微动螺旋；
7—准星；8—缺口；9—圆水准器；10—微倾螺旋；11—脚螺旋；12—中心螺旋；13—三脚架

（2）水准尺与尺垫

水准尺是水准测量的重要工具（图 10-15），一般用铝合金或玻璃钢制成，精密测量水准尺采用铟钢，可分为双面水准尺和塔尺两种。双面尺尺长 2m，塔尺可伸缩，尺长一般为 5m，使用于普通水准测量。精密水准测量则须用与精密水准仪配套的铟钢尺。

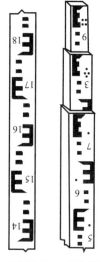
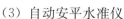

尺垫的顶面三角形或圆形状，用生铁铸成或铁板压成，中央有凸起的半圆顶（图 10-16）。使用时将尺垫压入土中，在其顶部放置水准尺。应用尺垫的目的是建立临时标志点位，并避免土壤下沉和立尺点位置变动而影响读数。

（3）自动安平水准仪

自动安平水准仪的特点是没有水准管和微倾螺旋，其基本原理是在望远镜中安置了一个补偿装置，当视准轴有微小倾斜，通过物镜光心的水平光线经补偿装置后仍能通过十字丝交点（图 10-17）。

当水准仪粗平以后，借助补偿器的作用，视准轴在 $1 \sim 2s$ 内自动成水平状态，便可进行读数。因此，它操作简便，有利于提高测量速度。

图 10-15   水准尺

图 10-16   尺垫

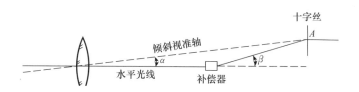

图 10-17   水准仪安装示意图

（4）电子水准仪

电子水准仪（图 10-18）是既能自动测量高程又能自动测量水平距离的新一代水准仪。该仪器自动读数的基本原理是：当望远镜照准标尺后，探测器将采集到的标尺编码光信号转换成电信号，与仪器中内存的标尺编码信号相比较，标尺条形码在探测器上成像宽窄随视线长度而异，随之电信号的"宽窄"也被改变。若两者信号相同，则经信号译释、数据换算，直接显示结果。其显著特点是能自动记录数据，输入计算机或联机实时操作，并附有数据处理等软件，为自动化作业创造了条件。

（5）精密水准仪

精密水准仪主要用于国家的一、二等水准测量、大型桥梁池体的施工测量以及大型的机械安装测量等。在市政工程中常用来进行建（构）筑物的沉降观测、桩基试验的沉降观测以及大型构件试验的挠度观测等作业项目。常用精密水准仪为 DS1 和 DS0.5 级。精密水准仪的望远镜放大率大、亮度好，水准管灵敏度高，仪器结构稳定，读数精确，仪器密封性能好。

图 10-19 为 WILDN3 型水准仪。望远镜放大率为 42 倍，水准管分划值为 $6''$，平行玻璃板测微器直读 0.1mm，估读 0.01mm。

图 10-18　电子水准仪

图 10-19　WILDN3 型水准仪

WILD 水准仪配套钢钢水准尺一副（图 10-20），尺面有两排分划线，相邻分划线的长度为 1cm，每隔 2cm 注一数字。正对尺面右侧（在望远镜的尺像为左侧）为基本分划，注记从零开始。左侧（尺像为右侧）为辅助分划，注记从 301.550cm 开始。在同一水平线上，尺上基、辅分划读数差值为 301.55cm，以便观测时进行校核。

在瞄准水准尺进行读数时，先转动微倾螺旋使水准管气泡居中（水准管气泡两端半像符合），再转动测微轮使十字丝的楔形丝恰好夹住某一基本分划线，如图中的 152cm 分划线，在测微器上读取读数为 562（尾数估读），实际读数为 0.562cm，两数相加为 152.562cm，然后再按上法读辅助分划的读数。

3. 水准测量的基本方法

（1）水准点

水准点有永久性和临时性两种。永久性水准点由石料或混凝土制成，顶面设置半球状标志，在城镇区也有在稳固的建筑物墙上设置路上水准点。图 10-21（a）为

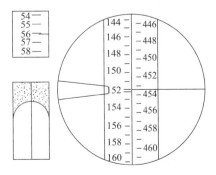

图 10-20　水准仪配套的钢钢水准尺

半永久埋地水准点，图 10-21 （b） 为墙上水准点。

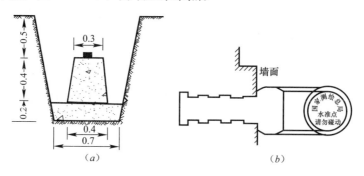

图 10-21 水准点

施工测量水准点多采用混凝土制成，中间插入钢筋，或标示在突出的稳固岩石或构筑物的勒脚。临时性的水准点可用木桩钉入土层，桩顶用水泥砂浆封固并用钢筋架立保护。

（2）水准路线

1）分段（多站）测量

当地面两点间的高差较大、距离较远或通视困难，不能一次测出两点间的高差时，必须在其间分段进行观测，如图 10-22 所示。

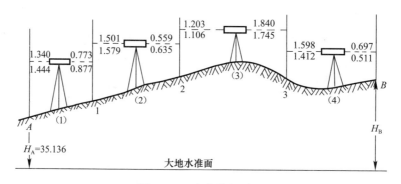

图 10-22 水准分段测量

$$H_{A1} = a_1 - b_1$$
$$h_{12} = a_2 - b_2$$
$$\cdots$$
$$h_{3B} = a_4 - b_4$$

将以上各式相加得
$$\sum h = \sum a - \sum b$$

上式说明，两点的总高差等于各站高差之和，等于后视读数之和减去前视读数之和。

2）水准路线

为了校合测量数据和控制整个观测区域，测区内的水准点通常布设成一定的线形。

① 闭合水准路线

闭合水准路线是由一个已知高程的水准点开始观测，顺序测量若干待测点，最后回到原来开始的水准点。如图 10-23 所示，已知水准点 BM_A 的高程，由 BM_A 开始，顺序测定 1、2、3、4、点，最后从第 4 点测回 BM_A 点构成闭合水准路线。

闭合水准路线各段高差的总和理论值应等于零,即

$$\sum h_理 = 0$$

② 附合水准路线

由一个已知高程的水准点开始,顺序测定若干个待测点,最后连续测到另一个已知高程水准点上,构成附和的水准路线（图 10-24）。附合水准路线各段高差的总和理论值如下:

$$\sum h_理 = H_B - H_A = H_终 - H_始$$

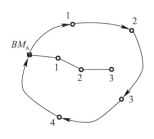

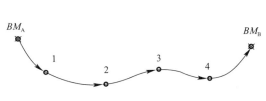

图 10-23　闭合水准路线　　　　　图 10-24　附合水准路线

③ 支水准路线

由已知水准点开始测若干个待测点之后,既不闭合也不附合的水准路线称为支水准路线。支水准路线不能过长。

$$\sum h_往 = \sum h_返$$

（3）水准测量的基本程序

1）测区内布设若干水准点,构成水准路线（或水准网）。

2）两个相邻水准点称为一个测段,每测段可分若干站测量,一侧段的高差为各测站高差和。

3）计算各测段的实测高差（$h_测$）总和与理论值（$h_测$）之差称为高差闭合差 f_h。通式如下:

$$f_h = \sum h_测 - \sum h_理$$

其中:闭合水准路线 $f_h = \sum h_测$

附合水准路线 $f_h = \sum h_测 - (H_终 - H_始)$

支水准路线 $f_h = \sum h_{往测} + \sum h_{返测}$

4）检验误差是否超限。

$$f_{hL} \leqslant f_{h容} = \pm 30\sqrt{L} \text{ 或 } 8\sqrt{n}\,(\text{mm})$$

式中　L——各测段长度总和（单位 km）;

　　　n——各测段测站数总和;

　　　$f_{h容}$——高差闭合差允许限度,如上述公式条件不满足则重测。

5）误差在限度内,按每测段的长度或测站数的正比对实测高差进行平差改正。改正数:

$$V_i = \frac{-f_h}{\sum l} l_i$$

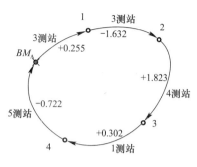

图 10-25 水准测量成果处理

式中 V_i——第 i 测段的改正数；

$\sum l$——测段总长；

l_i——第 i 测段的长度。

$$h_i = h_{i测} + V_i$$

6）计算未知点高程。

前点的高程为后点已知高程加后前两点之间的改正后高差。

$$H_前 = H_后 + h_{后前}$$

水准测量成果处理（以图 10-25 为例）见表 10-1。

水准测量成果计算表　　　　表 10-1

点　号	测站数	实测高差（m）	改正数（m）	改正后高差（m）	高程（m）	备　注
BM_A					26.262	
1	3	+0.255	-0.005	+0.250	26.512	
2	3	-1.632	-0.005	-1.637	24.875	
3	4	+1.832	-0.006	+1.817	26.692	
4	1	+0.302	-0.002	+0.300	26.992	
BM_A	5	-0.722	-0.008	-0.730	26.262	
总和	16	+0.026	-0.026	0		

$f_h = \sum h_测 = +0.026m$　　　　　　　　　$f_h < f_{h容}$ 成果合格

$f_{h容} = \pm 8\sqrt{n} = \pm 32mm$　　　　　　　　$V_i = \dfrac{-f_h}{\sum l} l_i$

（四）施工控制测量

1. 导线测量

（1）导线测量概念

1）在地面上选定一系列点连成折线，在点上设置测站，然后采用测边、测角方式来测定这些点的水平位置。导线测量是建立国家大地控制网的一种方法，也是工程测量中建立控制点的常用方法。

2）设站点连成的折线称为导线，设站点称为导线点。测量每相邻两点间距离和每一导线点上相邻边间的夹角，从一起始点坐标和方位角出发，用测得的距离和角度依次推算各导线点的水平位置。

3）导线测量布设灵活，推进迅速，受地形限制小，边长精度分布均匀。如在平坦隐蔽、交通不便、气候恶劣地区，采用导线测量法布设大地控制网是有利的。但导线测量控制面积小、检核条件少、方位传算误差大。

4）按国家大地网的精度要求实施的导线测量，称为精密导线测量，其导线应闭合成环或布设在高级控制点之间以增加检核条件。导线上每隔一定距离测定天文经纬度和方位角，以控制方位误差。

5）电磁波测距仪出现后，导线测量受到重视。电磁波测距仪测定距离，作业迅速，精度随仪器的改进而越来越高，电磁波导线测量得到广泛应用。

6）闭合导线：从高等控制点出发，最后回到原高等控制点形成一个闭合多边形。

7）附合导线：从高等控制点开始测到另一个高等控制点。

（2）导线测量方法

1）测区开始作业前，应对使用的全站仪、电子经纬仪、光学经纬仪、测距仪进行检验并记录，检验资料应装订成册。检验项目、方法和要求应符合现行国家标准《国家三角测量规范》GB/T 17942—2000 和现行行业标准《三、四等导线测量规范》GB/T 12898—2007 中的规定。各等级导线测量水平角观测技术指标应符合表 10-2 规定。

导线测量水平角观测技术指标一览表　表 10-2

等　级	测回数			方位角闭合差（″）
	DJ_1	DJ_2	DJ_6	
三等	8	12	/	$\pm 3\sqrt{n}$
四等	4	6	/	$\pm 5\sqrt{n}$
一级	/	2	4	$\pm 10\sqrt{n}$
二级	/	1	3	$\pm 16\sqrt{n}$
三级	/	1	2	$\pm 24\sqrt{n}$

注：n—测站数。

2）水平角观测可采用方向观测法。

方向观测法各项限差应符合表 10-3 规定。当照准点方向的垂直角不在 ±3° 范围内时，该方向的 2C 校差可按同一观测时间段内的相邻测回进行比较，但应在手簿中注明。

方向观测法各项限差（″）　表 10-3

经纬仪型号	光学测微器两次重合读数差	半测回归零差	一测回内 2C 校差	同一方向值各测回较差
DJ_1	1	6	9	6
DJ_2	3	8	13	9
DJ_6	/	18	/	24

3）水平角观测前的准备工作应包括下列内容：

检查并确认平面控制点标识是稳固的；整置仪器，检查视线超越或旁离障碍物的距离，并应符合规范规定；水平角观测采用方向观测法时，选择一个距离适中、通视良好、成像清晰的观测方向作为零方向。

4）水平角观测应符合下列规定：

水平角观测应在通视良好、成像清晰稳定的情况下进行。水平角观测过程中，仪器不应受日光直射，气泡中心偏离整置中心不应超过 1 格。气泡偏离接近 1 格时，应在测回间重新整置仪器。

2. 高程控制测量

（1）高程控制点布设的原则

测区的高程系统，宜采用国家级高程基准。在已有高程控制网的地区进行测量时，可沿用原高程系统。当小测区联测有困难时，亦可采用假定高程系统。高程测量的方法分为水准测量法、电磁波测距三角高程测量法。市政工程常用水准测量法。高程控制测量等级划分：依次为二、三、四、五等。各等级视需要，均可作为测区的首级高程控制。

（2）水准测量法的主要技术要求

各等级的水准点，应埋设水准标石。水准点应选在土质坚硬、便于长期保持和使用方便的地点。墙水准点应选设于稳定的建筑物上，点位应便于寻找，应符合规范规定。一个测区及其周围至少应有 3 个水准点。水准点之间的距离，应符合规范规定。水准观测应在标石埋设稳定后进行。两次观测高差较大超限时应重测。当重测结果与原测结果分别比较，其校差均不超过时限值时，应取三次结果数的平均值数。水准测量所使用的仪器，水准仪视准轴与水准管轴的夹角，应符合规范规定。水准尺上的米间隔平均长与名义长之差应符合规范规定。

（3）每站观测程序

往测时，在奇数站：后-前-前-后；在偶数测站：前-后-后-前；

返测时，在奇数站：前-后-后-前；在偶数测站：后-前-前-后。

（五）施 工 测 量

1. 施工测量基本要求

市政工程测量包括定位放线、高程传递和变形观测，基本要求如下：

（1）从事施工测量的作业人员应经专业培训，考核合格，持证上岗。

（2）测量作业人员进行施工测量前，应认真学习设计文件及《工程测量规范》GB 50026—2008 标准，对勘测单位提供的基准点、基准线、高程测量控制资料和施工图规定的控制资料进行内、外业复核。

（3）在同一工程中有道路、管道、桥梁等多专业工程项目时，应建立统一的测量控制网点。当从事与其他工程相衔接的工程施工时，应做好联测工作。实行监理制度的工程测量控制网点应经监理工程师批准后方可使用。

（4）测量仪器、设备工具等使用前应经过具有相关资质的检验部门进行校核性检查，确定符合要求方可使用。

（5）施工测量的偏差应符合相应工程施工技术规范要求。

（6）内、外业资料和数据，应经测量负责人独立校核，确认无误后方可使用。各级控制点的计算宜根据需要采用严密的平差法或近似平差法，精度应满足要求，方可使用。

（7）施工测量用的控制点应按测量方案进行保护，经常校测。特别是工程施工期限长，温差变化比较大的施工现场。

（8）当工程规模较大，测量桩在施工中可能被损坏时，应设辅助平面测量极限与高程控制桩。施工中应经常校测各类控制桩的桩位。发现桩位移动或丢失应及时补测、定桩。

（9）测量记录应使用专用表格，记录字迹清晰，成果及时整理，复核签字，妥善保管。

2. 施工测量的基本工作

施工测量定位（放样）的实质，是将设计图纸的点位关系通过水平角度、水平距离和高程（"三要素"）的测设于现场实地。测量这三个基本要素以确定点的空间位置，就是施工放样的基本工作。

（1）水平距离测量

如图 10-26 所示，根据一已知点 A，沿一定方向，测量出另一点 B，使 AB 的水平距离等于设计长度，称为距离放样，其程序与丈量距离正好相反。

对于一般精度要求的距离，可用普通钢卷尺测量，测量时按给定的方向，量出所给定的长度值，即可将线段的另一端点测量出来。为了校核，对测量的距离应往返丈量，若其差值在限差内，可取其平均值作为最后结果，并对 B 点位置作适当改正。当测量精度要求较高时，则要结合现场情况，预先进行钢尺的尺长、温度、倾斜等改正。若涉及的水平距离为 D，则在实地上应放出的距离 D' 为

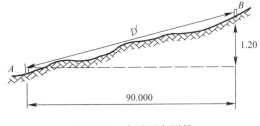

图 10-26　水平距离测量

$$D' = D - \frac{\Delta l}{l}D - \alpha(t - t_0)D + \frac{h^2}{2D}$$

式中　Δl——尺长改正；

　　　t——测量时的温度；

　　　α——钢尺的膨胀系数，一般取 $\alpha = 1.25 \times 10^{-5}$ m/℃；

　　　h——线段两端点间的高差，可用水准仪测得。

当用电磁波测距仪进行已知距离的测量时，则更加方便。测量时，可在 A 点安置测距仪，指挥立镜员在 AB 方向 B 点的位置前后方向附近设置反光镜，测出距离后与已知距离比较，并将差值 ΔD 通知立镜员，由立镜员在视线方向上用小钢尺准确量出 ΔD 值，即可放出 B 点位置。然后在 B 点安置反光镜再实测 AB 的距离，若与 D 的差值在限差以内时，AB 即为测量结果。

（2）水平角测量

根据一个已知方向和已知的角值，将角度的另一个方向测量到地面上称水平角测量。对于一般精度要求的水平角，可采用盘左、盘右的方向测量，如图 10-27 所示。设在地面上已有方向线 OA，要在 O 点测量另一方向 OB，使 $\angle AOB = \beta$。为此，置经纬仪于 O 点，盘左照准点 A 并读数，然后转动照准部，使度盘读数增加 β 值，在视线方向上定出 B'。倒镜变盘右，重复上述步骤，各地面上定出 B'' 点。取 B' 和 B'' 的中点 B，$\angle AOB \approx \beta$。

当测量精度要求较高的水平角时，如图 10-28 所示，置经纬仪于 O 点，先盘左按上述方法设出 B' 点，然后用经纬仪对 $\angle AOB'$ 观测若干测回，测回数可根据精度要求而定，取平均值得 $\angle AOB = \beta_1$。设比应测量角 β 小（大）$\Delta\beta$，可根据 OB' 的长度和 $\Delta\beta$ 算出距离 $B'B$ 为：

$$B'B = OB\tan\Delta\beta$$

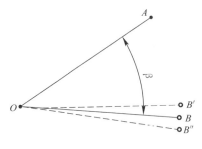

图 10-27　水平角测量

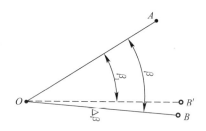

图 10-28　高精度水平角测量

从 B' 点沿 OB' 的垂线方向向外（内）量出 $B'B$，即可定出 B 点，则 $\angle AOB = \beta$ 就是要测量的 β 角。

（3）高程测量

1）视线高法

根据某水准点的高程 H_R 测量 A 点，使其高程为设计高程 H_A，则 A 点尺上应读的前视读数为

$$b = (H_R + a) - H_A$$

测量方法如下：

① 在水准点 R 和木桩 A 之间安置水准仪，在 R 立水准尺上，用水准仪的水平视线测得后视读数为 a_m，此时视线高程为：$H_R + a_m$。

② 计算 A 点水准尺尺底地坪高程时的前视应为读数：b_m。

③ 上下移动竖立在木桩 A 侧面的水准尺，直至水准仪的水平视线在尺上截取的读数为 b_m 时，紧靠尺底在木桩上画一水平线，其高程即为已知测量高程，如图 10-29 所示。

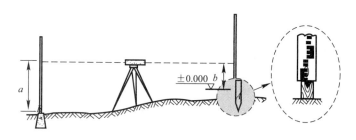

图 10-29　已知高程测设

如果地面坡度较大，无法将设计高程在木桩顶部或一侧标出时，可立尺于桩顶，读取桩顶前视，根据下式计算出桩顶改正数：

桩顶改正数 ＝ 桩顶前视 － 应读前视

假如应读视读数是 1.600m，桩顶前视读数是 1.150m，则桩顶改正数为－0.450m，表示设计高程的位置在自桩顶往下量 0.450m 处，可在桩顶上标注"向下 0.450m"即可。如果改正数为正，说明桩顶底于设计高程，应自桩顶向上量改正数得设计高程，如图 10-30 所示。

测量时，先在 B 点打一木桩并在桩顶立尺读数，逐渐向下打桩，直至立桩顶上水准尺的读数为 0.784m 时，沿尺低在木桩上画一水平线或钉一小钉，即为 B 点的设计高程。

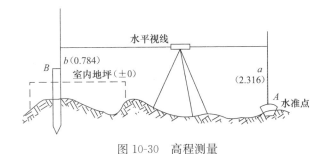

图 10-30　高程测量

2）高程传递法

当开挖深度较大的基槽（坑），将高程引测到建筑的上部时，由于测量点与水准点之间的高差很大，无法用水准尺测定点位的高程，此时应采用高程传递法。常用的钢尺传递法，即用钢尺和水准仪间地面水准点的高程传递到低处或高处上所设置的临时水准点，然后再根据临时水准点测量所需的各点高程。

如 10-31 图所示，在基坑一边架设吊杆，杆上吊一根零点向下的钢尺，尺的下端挂上 10kg 的重锤，放入油桶中。在地面安置一台水准仪，设水准仪在 R 点所立水准尺上读数为 a_1，在钢尺上读数为 b_1。在坑底安置另一台水准仪，设水准仪在钢尺上读数为 a_2。计算 B 点水准尺底高程为 H 设时，B 点处水准尺的读数应为：

$$B_{应} = (H_R + a_1) - (b_1 - a_2) - H_{设}$$

用同样的方法，可从低处向高处测量已知高程的点，如图 10-31 所示。

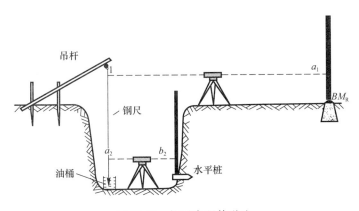

图 10-31　钢尺高程传递法

实际工作中，标定放样点的方法较多，可根据工程精度要求及现场条件来具体确定。土石方工程一般用木桩来标定放样点高程，数字标注在桩顶，或用记号笔画记号于木桩两侧，并标明高程值；混凝土工程一般用红色油漆标定在混凝土墙壁或模板上；当标定精度要求较高时，宜在待放样高程处埋设高程标志。放样时可调节水准仪螺旋杆使顶端精确地升降，一直到顶面高程达到设计标高时为止。然后旋紧螺母以限制螺杆的升降；往往还要采用焊接、轻度腐蚀螺牙等办法使螺杆不能再升降。

3. 测量点平面位置的方法

测量点的平面位置可根据控制点分布的情况、地形及现场条件等，选用直角坐标法、极坐标法、角度交汇法和距离交汇法等。

（1）直角坐标法

当在施工场地上已布置方格网时，可用直角坐标法来测量点位。如图 10-32 所示，设计图中已给出建筑物四个角点的坐标，如 A 点的坐标为 (x_A, y_A)，先在方格网的 O 点上安置经纬仪，瞄准 y 方向测量距离 y_A 得 E 点；然后搬仪器至 E 点，仍瞄准 y 方向，向左侧设 $90°$，沿此方向测量距离 x_A，即得 A 点位置，并沿此方向测量出 B 点。C、D 点的测量方法相同，最后应检查建筑物的边长是否等于设计长度，误差在限差之内即可。直角坐标法计算简单、施测方便、精度较高，但要求场地平坦，有方格网时方可应用。

（2）极坐标法

根据一个极角和一段极距测量点的平面位置，称为极坐标法。如图 10-33 所示，P 点的位置可由控制点 AB 与 AP 的夹角 β 和 AP 的距离 D_{AP} 来确定。极角 β 与级距 D_{AP} 可由坐标反算求得。设 P 点的设计坐标为 (x_P, y_P)，则：

$$\beta = \alpha_{AP} - \alpha_{AB}$$
$$D_{AP} = \sqrt{(x_P - x_A)^2 + (y_P - y_A)^2}$$

实地测设时，可置经纬仪于控制点 A 上，后视 B 点放出 β 角，然后沿线方向测量距离 D_{AP} 即得 P 点位置。此法较灵活，当使用测距仪或全站仪放样时，应用极坐标法，其优越性是显而易见的。

（3）角度交会法

根据两个或两个以上的已知角度的方向交会出的平面位置，称为角度交会法。可分为前方交会、测方交会和后方交会。当待测点较远或不可到达时，如桥墩定位、水池定位等，常用此法。

如图 10-34 所示，P 点位待测点，坐标已知，根据控制点 A、B 的坐标可算出交会角可算出交会角 α_1 和 β_1，然后用两台经纬仪在 A、B 点上分别测量、交会，两方向的交点既得 P 点位置。

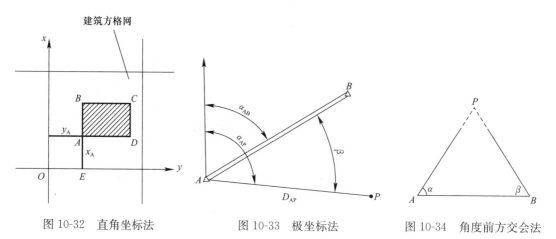

图 10-32　直角坐标法　　　　图 10-33　极坐标法　　　　图 10-34　角度前方交会法

（4）距离交会法

根据两段已知距离交会出点的平面位置，称为距离交会法。如图 10-35 所示，P 为待测点，可用坐标反算或在设计图上求得 P 点至控制点 A、B 的水平距离 D_1 和 D_2，然后在

A、B 点上分别量取 D_1 和 D_2，其交点即为 A 点的位置。在施工中细部放样，当场地平坦，测设距离较近时，用此法比较适宜。

4. 已知坡度直线的测量

在道路、管道、排水工程中经常要测放预定的坡度线，又称放坡。如图 10-36 所示，要求由 A 点沿山坡测量一条坡度为 5% 的坡度线时，可先算出该坡度线的倾斜角为：

$$\alpha = -0.025 \times \frac{180°}{\pi} = -1°25'57''$$

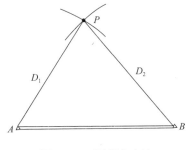

图 10-35　距离交会法

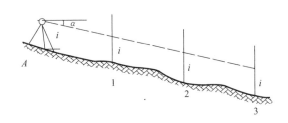

图 10-36　放坡测量

然后安置经纬仪于 A 点，设置倾斜角 α，此时视线即为要测量的坡度线。在视线方向上，按一定间距定出 1、2、3 等控制点，使各点桩顶所立标尺或标杆的读数正好为仪高 i 时，则各桩顶连线即为设计的坡度线。在坡度比较平缓时，也可以用水准仪测量。

5. 道路施工测量

（1）道路的施工测量内容

道路施工测量的主要包括恢复中线测量、施工控制桩、边桩竖曲线的测量。

1）恢复中线测量

道路勘测完成到开始施工这一阶段时间内，有一部分中线桩可能被碰动和或丢失，因此施工前应进行复核，按照定测资料配合仪器在现场寻找，若直线段上转点丢失或移位，可在交点桩上用经纬仪按原偏角值进行补桩或校正；若交点桩丢失或移位，可根据相邻直线小郑的两个以上转点放线，重新交出位置，并将碰动和丢失的交点桩和中线桩校正和恢复好。在恢复中线时，应将道路附属构筑物，如涵洞、检查井和挡土墙等的位置一并定出。对于部分改线地段，应重新定线，并测绘形线段影的纵断面图。

2）施工控制桩的测量

由于中线在路基施工中都要被挖掉或推埋，为了在施工中能控制中线位置，应在不受施工干扰、便于引用、易于保存桩位的地方测设施工控制桩。测量方法主要有平行线法和延长线法两种，可根据实际情况相互配合使用。

设计单位提供给施工单位导线控制桩及其坐标。施工单位进场后，由设计单位进行交桩，而后施工单位应使用经过有关部门检测合格的全站仪或光电测距仪配合经纬仪，对导线点进行复核联测。测量过程严格按照Ⅰ级导线点测量方法进行。测量前可以根据设计单位所给坐标先计算出转折角和边长，与实测结果相比较，当误差较大时应查明原因，当该段导线点观测角和相邻导线点边长都已实测完毕，导线点复测的外业工作即宣告结束。

接下来进行导线点坐标复测计算。一般来说，以前两个导线点和最后两个导线点为已知边进行方位角闭合计算，以规范规定或方案要求的允许闭合差衡量其是否闭合。根据坐标和导线长度计算导线精度，看其是否满足其导线要求的精度。如果满足精度要求，说明导线测量准确符合要求，同时应整理出导线点成果表。

A 平行线法

平行线法是在设计的路基宽度以外，测放两排平行于中线的施工控制桩。为了施工方便，控制桩的间距一般取 10～20m。平行线法多用于地势平坦、直线段较长的道路。

B 延长线法

延长线法是在道路转折处的中线延长线上，以及曲线中点至交点的延长线上测量施工控制桩。每条延长线上应设置两个以上的控制桩，量出其间距及与交点的距离，作好记录，据此恢复中线交点。延长线法多用于地势起伏较大、直线段较短的道路。

3）主要中桩放样

根据导线点放出的中桩是否能满足路线走向的各种技术参数，从理论上讲应该是的。但是工程实践表明：不符合的情况还是存在，中桩穿线必不可少。

中桩穿线：过程与导线点复核测量方法相同，而衡量其是否合格则是路线的各种技术参数，即直线点是否在一条直线上，曲线点是否在一条曲线上。中桩穿线如有不符合的情况，应以该直线或曲线相距最远点调整中间点，线形结点应先定曲线后定直线。而事实上误差仍然难免，应详细记录穿线过程的各种数据，进行认真分析，查找原因，根据全线测量结果进行计算，寻找如何调整中桩位置，使线形能够达到最小误差的最佳方案。

栓桩：导线点放样的中桩如未调整，其中桩放样记录也是栓桩的一种方法。如已调整，应在导线点二次实测进行记录栓桩。其他骑马桩、三角网等也可进行栓桩。但无论哪种方法，都应考虑施工高填方或深挖方施工后其恢复中桩可能性。

4）路基边桩的测量

路基边桩测量就是根据设计断面图和各中桩的填挖高度，把路基两旁的边坡与原地面的交点在地面上钉设木桩（称为边桩），作为路基的施工依据，如图 10-37 所示。

每个断面上在中桩的左、右两边各测设一个边桩，边桩距中桩的水平距离取决于设计路基宽度、边坡坡度、埋土高度或埋土挖深以及横断面的地形情况。边桩的测设方法如下：

采用图解法时，将地面横断面图和路基设计断面图绘在同一张毫米方格纸上，设计断面高处地面部分采用填方路基，用比例尺直接在断面图上量取中桩至坡脚点或坡顶点的水平距离，然后到现场实地测量，以中桩为起点，用皮尺沿着横断面方向往两边测设相应的水平距离，即可定出边桩。

5）路基边坡的放样

路基边桩放出后，为了指导施工，使填、挖的边坡符合设计要求，还应把边坡放样出来。

① 线绳分层放样边坡法

当路堤不高时，采用一次挂绳法。当路堤较高时，可选用分层挂线法，每层挂线前应

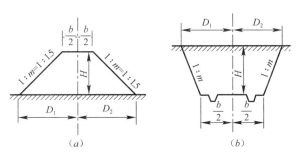

图 10-37　路基测设

标定道路中线位置，并将每层的面用水准仪抄平，方可挂线。

② 固定边坡架放样边坡法

开挖路堑时，在坡顶外侧即开口桩处立固定边坡架，以指导施工。

6）路面及路拱放样

① 路面放样（图 10-38）

在铺设道路路面时，应先把路槽放样出来，具体放样的方法如下：

从最近的水准点出发，用水准仪测出各桩的路基设计标高，然后在路基的中线上按施工要求每隔一定的间距设立高程桩，用放样已知高程点的方法，使各桩桩顶高程等于将来要铺设的路面标高。

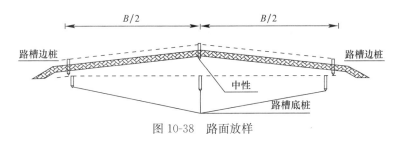

图 10-38　路面放样

② 路拱放样

所谓路拱就是在保证行车平稳的情况下，为有利于路面排水，使路中间按一定的曲线形式（抛物线、圆曲线）进行加高，并向两侧倾斜而成的拱状。城市道路路拱放样时应依据断面图测放中桩、过桩和高程控制桩。

6. 桥梁工程施工测量

目前最常见的桥梁结构形式，是采用小跨距等截面的混凝土连续或简支梁（板），如大型桥梁的引桥段、普通中小桥梁等。普通桥梁结构，仅由桥墩和等截面的平板梁或变截面的拱梁构成，虽然在桥梁设计上，为考虑美观（如城市高架桥中常见的鱼腹梁）会采用形式多样、特点各异的桥墩和梁结构，但在施工测量方法和精度上基本上大同小异。

（1）桥梁施工测量的主要内容

① 基坑开挖及墩台扩大基础的放样；

② 桩基础的桩位放样；

③ 承台及墩身结构尺寸、位置放样；

④ 墩帽及支座垫石的结构尺寸、位置放样；

⑤ 各种桥型的上部结构中线及细部尺寸放样；

⑥ 桥面系结构的位置、尺寸放样；

⑦ 各阶段的高程放样；

（2）测量施工方案应包括主要内容

① 工程概况；

② 工程平面，高程控制方法；

③ 测量作业的具体方法；

④ 计算方法及精度控制要求，测量工作所采取的相应方法；

⑤ 为配合工程的特殊的施工方法，测量工作所采取的相应措施；

⑥ 工程测量有关的各种表格的表样及填写的相应要求；

⑦ 配备符合控制精度要求的仪器。

（3）施工放样基本方法与质量要求

① 施工测量桥梁的桩、柱、墩台一般采用极坐标法放样。

② 桥梁工程施工放样应在交桩后进行，并应依据施工设计图提供的定线资料，结合工程施工需要，做好测量所需各项数据的内业搜集计算、复核。

③ 对原交桩进行复核测量，原测桩有遗失或变位时，应补钉校正，凡施工单位补桩，应经监理工程师认定、签字。

④ 测定桥梁的中线桩、柱、墩台一般应采用极坐标方法放样。为了防止差错，放线员和验线员不得同时进行，不得使用同一个控制点复测。作好栓桩保护工作，作出明显的标记，有利于现场查找，并画草图。

⑤ 桩中心用极坐标法放样定位后，与法线成90°十字栓桩进行施工中心控制，桩点用水泥混凝土加固保护。高程用水准仪测量，用测绳控制桩底高程；柱中心控制后用两台经纬仪控制模板垂直度，柱顶高程用水准仪测量。

⑥ 当地势平坦，可采用直接丈量进行墩台施工定位，可用同一条钢尺往返丈量一次，拉紧拉平，注意标准拉力，对应尺长、温度、拉力、垂度和倾斜进行改正计算。

⑦ 大、中桥的水中墩台、桩、柱和基础定位，用已校验过的全站仪放样，桥墩中心线在桥轴线方向上方位置中误差不应大于±15mm。

⑧ 曲线上的桥梁施工测量，应根据设计文件曲线元素并参照道路曲线测度方法进行定位放样作业。

⑨ 临时水准点测设及校测，应采用两个控制水准点为一环进行附合测量，临时水准点应设在稳固及不易被碰撞的地点，其间距不大于200m。宜经常校测，冬、雨季及季节变化时应进行校测。

⑩ 分段施工时，相邻施工段间的控制点，宜布设在施工分界点附近。并在工程开工前，经有关方共同加以确认。施工测量时应对相临标段已完成桥梁中线高程进行复核。遇有问题应提请建设单位或监理单位按批准方案解决。

7. 管道工程施工测量

管道施工测量的主要任务，就是根据工程进度的要求，向施工人员随时提供中线方向和标高位置。暗挖施工管道测量任务是高程传递和地下位置控制。

（1）施工前的测量工作

1）恢复中线

管道中线测量时所钉设的交点桩和中线桩等，在施工时可能会有部分碰动和丢失，为了保证中线位置准确可靠，应进行复核，并将碰动和丢失的桩点重新恢复。在恢复中线时，应将检查井、支管等附属构筑物的位置同时测出。

2）测设施工控制桩

在施工时中线上桩点要被挖掉，为了便于恢复中线和附属构筑物的位置，应在不受施工干扰、引测方便、易于保存桩位的地方，测设施工控制桩。施工控制桩分中线控制桩和附属构筑物控制桩两种（参见图 10-39）。

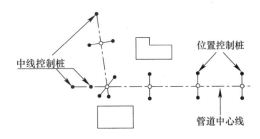

图 10-39　管道控制桩设置

3）加密施工水准点

为了在施工过程中引测高程方便，应根据原有水准点，在沿线附近每 100～150m 增设一个临时水准点，其精度要求由管线工程性质和有关规定确定。

（2）明挖施工测量

1）槽口放线

槽口放线时根据管径大小、埋设深度和土质情况，决定管槽开挖宽度，并在地面上钉设边桩，沿边桩拉线撒出灰线，作为开挖的边界线。

若埋设深度较小、土质坚实，管槽可垂直开挖，这时槽口宽度即等于设计槽底宽度，若需要放坡，且地面横坡比较平坦，槽口宽度可按下式计算：

$$D_左 = D_左 = \frac{b}{2} + mh$$

式中　　$D_左$、$D_左$——管道中桩至左、右边桩的距离；

b——槽底宽度；

$1:m$——边坡坡度；

h——挖土深度。

2）中线、高程和坡度测设

管槽开挖及管道的安装和埋设等施工过程中，要根据进度反复地进行设计中线、高程和坡度的测设。下列介绍两种常用的方法。

① 坡度板法

管道施工中的测量任务主要是控制管道中线设计位置和管底设计高程，因此需要设置坡度板（如图 10-40 所示）。坡度板跨槽设置，间隔一般为 10～20m，编写板号。根据中线控制桩，用经纬仪把管道中心线测到坡度板上，用小钉做标记，称为中线钉，以控制管道中心的平面位置。

当槽深在 2.5m 以上时，应待开挖至距槽 2m 左右时在埋设在槽内。坡度板应埋设牢固，板面要保持水平。

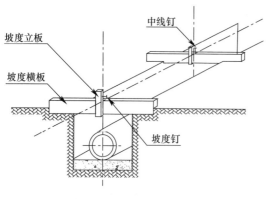

图 10-40   坡度板的埋设

坡度板埋设好后，根据中线控制桩，用经纬仪把管道中线投测至坡度板上，钉上中心钉，并标上里程桩号。施工时，用中心钉的连线可方便地检查控制管道的中心线。

再用水准仪测出坡度板顶面高程，板顶高程与该处管道设计高程之差，即为板顶往下开挖的深度。为方便起见，在个坡度边上顶一坡度立板，然后从坡度板顶面高程起算，从坡度板上向上或向下测取高差调整数，定出坡度钉，使坡度钉的连线平行于管道设计线，并距设计高程一整分米，称为下返数，施工时，利用这条线可方便地检查和控制管道的高程和坡度。差调整数可按下式计算：

$$高差调整数 =（板顶高程 - 管底设计高程）- 下返数$$

若高差调整数为正，往下量取；若高差调整数为负，往上量取。

②平行轴腰桩法

当现场条件不便采用坡度板法，对精度要求较低的管道，可采用平行轴腰桩法来测设中线、高程及坡度控制标志。开挖前，在中线一侧（或两侧）测设一排（或两排）与中线平行的轴线桩，平行轴线桩与管道中线的间距为 a，各桩间距 20m 左右，各附属建筑物位置也相应设桩。

管槽开挖时至一定深度以后，为方便起见，以地面上的平行轴线桩为依据，在高于槽底约 1m 的槽坡上再订一排平行轴线桩，它们与管道中线的间距为 b，称为腰桩。用水准仪测出各腰桩的高程，腰桩高程与该处相对应的管底设计高程之差，即下返数。施工时，根据腰桩可检查和控制管道的中线和高程。

（3）暗挖施工测量

1）暗挖施工需从施工竖井将高程传递在井内和管（隧）内，较浅且结构简单工作（坑）井可采用钢尺法。较深或结构复杂工作井（坑）应采用陀螺仪法走向。

2）控制测量应在地面控网基础上，建立地下控制网（线）。

十一、抽样统计分析的基本知识

（一）数理统计与抽样检查

1. 总体、样本、统计量、抽样的概念

（1）总体与个体

在一个统计问题中，我们把研究对象的全体成为总体，构成总体的每个成员称为个体。若关心的是研究对象的某个数量指标，那么将每个个体具有的数量指标 x 称为个体，这样一来，总体就是某个数量指标值 X 的全体（即一堆数），这一堆数有一个分布，从而总体可用一个分布描述，简单地说，总体就是一个分布。

统计学的主要任务：

1）研究总体分布特征。

2）确定这个总体（即分布）的均值、方差等参数。

对某产品仅考察其合格与否，并记合格品为 0，不合格品为 1，那么，总体＝{该产品的全体}＝{由 0 或 1 组成的一堆数}，这一堆数的分布描述如下：

若记 1 在总体中所占比例为 p，则该总体可用如下一个两点分布 $b(1, p)$（$n＝1$ 的二项分布）表示，见表 11-1。

【例 11-1】 有两个工厂生产同一产品，甲厂产品的不合格率 $p＝0.01$，乙厂产品的不合格率 $p＝0.08$，甲乙两厂所生产的产品（即两个总体）分别用表 11-2 和表 11-3 两个分布描述。

两点分布 表 11-1		
X	0	1
P	1-p	p

甲厂产品合格率分布表 表 11-2		
X	0	1
P	0.99	0.01

乙厂产品合格率分布表 表 11-3		
X	0	1
P	0.92	0.08

由此可见，认识总体即看到总体的本质，又看到不同总体的差别。

【例 11-2】 某一生产批次的混凝土，其强度可用 0 到 ∞ 上的实数表示，总体可用区间 $[0, \infty]$ 上的一个概率分布表示。目前，业内对混凝土强度有较多研究，一般认为强度值服从正态分布 $N(\mu, \sigma^2)$，该总体常称为正态总体。

统计要研究的问题是：正态均值 μ、正态方差 σ^2 是多少？对混凝土改进配料，其目的是：提高该混凝土强度的均值，减少偏差。这时我们要研究的问题是：技术改进前后的正态均值有多大改变，如图 11-1 所示。

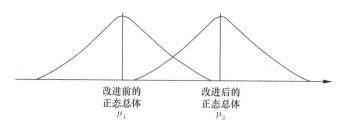

图 11-1   改进前后正态总体对比示意图

（2）样本

从总体中抽取部分个体所组成的集合称为样本。样本中的个体称为样品，样品的个数称为样本容量或样本量，常用 n 表示。

人们从总体中抽取样本是为了认识总体。即从样本推断总体，如推断总体是什么分布、推断总体均值为多少？推断总体的标准差是多少？为了使此种统计推断有所依据，推断结果有效，对样本的抽取应有所要求。

满足下面两个条件的样本称为简单随机样本，又称为样本。

1）随机性

总体中每个个体都有相同的机会入样。例如按随机性要求抽出 5 个样品，记为 X_1，X_2，…，X_5，则其中每一个都应与总体分布相同。这只要随机抽样就可以保证此点实施。

2）独立性

从总体重抽取的每个样品对其他样本的抽取无任何影响，加入总体是无限的，独立性容易实现，若总体很大，特别与样本量 n 相比是很大的，这时即使总体是有限的，此种抽样独立性也可以得到基本保证。

综上两点，样本 X_1，X_2，…，X_n 可以看做 n 个相互独立的，同分布的随机变量，其分布与总体分布相同。今后的样本都是指满足这些要求的简单随机样本。在实际中工作抽样时，也应按此要求从总体中进行抽样。这样获得样本能够很好地反映实际总体的状态。

图 11-2 显示两个不同的总体，图上用虚线画出的曲线是两个未知总体。若是按随机性和独立性要求进行抽样，则机会大的地方（概率密度值大）被抽出的样品就多；而机会少的地方（概率密度值小），被抽出的样品就少。分布愈分散，样本也很分散；分布愈集中，样本也相对集中些。

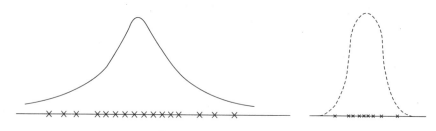

图 11-2   总体分布（虚线）与样本（用 X 表示）

抽样切忌干扰，特别是人为干扰。某些人的倾向性会使所得的样本不是简单的随机样本，从而使最后的统计推断失效。

若 X_1，X_2，$\cdots$，X_n 是从总体中获得的样本，那么 X_1，X_2，$\cdots$，X_n 是独立同分布的随机变量。样本的观测值用 x_1，x_2，$\cdots$，x_n 表示，这也是我们常说的数据。有时为方便起见，不分大写与小写，样本及其观测值都用 x_1，x_2，$\cdots$，x_n 表示，其后就将采用这一方法表示。

（3）统计量与抽样分布

样本来自总体，因此样本中包含了有关总体的丰富信息，但是这些信息是分散的，为了把这些分散的信息集中起来反映总体的特征，需要对样本进行加工，一种有效的办法就是构造样本的函数，不同的函数可以反映总体的不同特征。

我们把不含未知参数的样本函数称为统计量。统计量的分布称为抽样分布。

【例 11-3】　从均值为 μ 方差为 σ^2 的总体中抽得一个容量为 n 的样本 X_1，X_2，$\cdots$，X_n，其中 μ 与 σ^2 均未知。

那么 X_1+X_2，$\max\{X_1$，X_2，$\cdots$，$X_n\}$ 是统计量，而 $X_1+X_2-2\mu$，$(X_1-\mu)$ 都不是统计量。

（4）常用的统计量

常用统计量可分为两类，一类是用来描述样本的中心位置，另一类用来描述样本的分散程度。为此先介绍有序样本的概念，引入几个常用统计量。

1）有序样本

设 x_1，x_2，$\cdots$，x_n 是从总体 X 中随机抽取的容量为 n 的样本，将它们的观测值从小到大排列：$x_{(1)} \leqslant x_{(2)} \cdots \leqslant x_{(n)}$，这便是有序样本。其中 $x_{(1)}$ 是样本中的最小观测值，$x_{(n)}$ 是样本中最大观测值。

【例 11-4】　从某种合金强度总体中随机抽取容量为 5 的样本，可记为 x_1，x_2，$\cdots$，x_5，样本的观测值为：140，150，155，130，145，那么将它们从小到大排序后有 $130 < 140 < 145 < 150 < 155$，这便是一个有序样本，譬如最小的观测值为 $x_{(1)} = 130$，最大的观测值为 $x_{(5)} = 155$。

2）描述样本的中心位置的统计量

总体中每一个个体的取值尽管有差异的，但是总有一个中心位置，如样本均值、样本中位数等。描述样本中心位置的统计量反映了总体的中心位置，常用的有下列几种：

① 样本的均值

$$\bar{x} = \frac{1}{n} \sum_{i=1}^{n} x_i$$

样本观测值有大有小，样本均值处于样本的中间位置，它可以反映总体分布的均值。

在［例 11-4］中样本均值为：

$$\bar{x} = \frac{(140+150+155+130+145)}{5} = 144$$

对分组数据来讲，样本均值的近似值为：

$$\bar{X} = \frac{1}{n} \sum_{i=1}^{k} f_i X_i$$

$$n = \sum_{i=1}^{k} f_i$$

其中，k 是分组数，X_i 是第 i 组的组中值，f_i 是第 i 组的频数。

【例 11-5】 表 11-4 显示的经过整理的分组数据表，给出了 110 个电子元件的失效试件。

分组数据表   表 11-4

组中值 X_i	200	600	1000	1400	1800	2200	1600	3000
频数 f_i	6	28	37	23	9	5	1	1

那么平均失效时间近似值为：

$$\overline{X} = \frac{1}{n}\sum_{i=1}^{k} f_i X_i = \frac{1}{110}(200 \times 6 + 600 \times 28 + \cdots + 3000 \times 1) = 1090.9$$

② 样本中位数

$$\widetilde{X} = \begin{cases} X\left(\frac{n+1}{2}\right) & n \text{ 为奇数} \\ \frac{1}{2}\left[X\left(\frac{n}{2}\right) + X\left(\frac{n}{2}+1\right)\right] & n \text{ 为偶数} \end{cases}$$

【例 11-6】 现有一个数据集合（已经排序）：2，3，4，4，5，5，5，5，6，6，7，7，8，共有 13 个数据，处于中间位置的是第 7 个数据，则样本中位数为 $\widetilde{x} = x_{\langle 7 \rangle} = 5$。

③ 众数

数据中最常出现的值记为 Mod。样本的众数是样本中出现可能性最大的值，不过它不一定唯一。

【例 11-7】 现有一个数据集合：2，3，3，3，3，4，4，5，6，6，6，6，6，7，7，8，其中每一个值出现次数见表 11-5，那么众数为 6。

数据集合数值出现次数   表 11-5

数值	2	3	4	5	6	7	8
出现次数	1	4	2	1	5	2	1

3）描述样本数据分散程度的统计量

总体中各个个体的取值总是有差别的，因此样本的观测值也是有差异的，这种差异有大有小，反映样本数据的分散程度的统计量实际上反映了总体取值的分散程度，常用的有如下几种：

① 样本极差

$$R = X_{(n)} - X_{(1)}$$

【例 11-6】中最小值为 130，最大值有 155，因此极差 $R = 155 - 130 = 25$。

② 样本（无偏）方差

$$S^2 = \frac{1}{n-1}\sum_{i=1}^{n}(X_i - \overline{X})^2$$

同样，对分组数据来讲，样本方差的近似值为

$$S^2 = \frac{1}{n-1}\sum_{i=1}^{n} f_i(X_i - \overline{X})^2$$

在【例 11-4】中

$$S^2 = \left[(140-144)^2 + (150-144)^2 + (155-144)^2 + (130-144)^2 + (1145-144)^2\right]/4 = 92.5$$

在【例 11-5】中

$$S^2 = \frac{1}{100-1}\big[(200-1090.9)^2 \times 6 + (600-1090.9)^2 \times 28 + \cdots + (3000-1090.9)^2 \times 1\big]$$
$$= 280834.0375$$

样本极差的计算十分简便，但对样本中的信息利用得也较少。而样本方差就能充分利用版本所有的信息，因此在实际中样本方差比样本极差用的更广。

③ 样本的标准差

$$S = \sqrt{S^2} = \sqrt{\frac{1}{n-1}\sum_{i=1}^{n}(x_i - \bar{x})^2}$$

在【例 11-4】中

$$S = \sqrt{92.5} = 9.621$$

在【例 11-5】中　　　　$S = \sqrt{280834.0375} = 529.94$

样本方差尽管对数据的利用是充分的，但是方差的量纲（即数据的单位）是原始量纲的平方，譬如样本观测值是长度，单位是"毫米"，而方差的单位是"平方毫米"，这就不一致，而采用样本标准差就消除了单位的差异。

④ 变异系数

$$Cv = \frac{S}{\bar{X}} \times 100\%$$

在【例 11-1】中 $Cv = 0.0668 = 6.68\%$

变异系数常用于不同数据集的分散程度的比较，譬如测得上海到北极光的平均距离为 1463km，测量误差标准差为 1km，而测得一张桌子的平均长度为 1.0m，测量误差的标准差为 0.01m，表面来看，桌子测量的误差小，但是长度长时误差稍大是可以理解的，为此比较两者的变异系数，它们分别是 0.00068 = 0.068% 与 0.01 = 1%，所以比较起来还是前者的测量精度要高。

2. 抽样的方法

要获得总体的特征，应根据总体特点采用正确的抽样方法。一般分为随机抽样、分层抽样、整群抽样、系统抽样等方法。

（1）随机抽样

一般地，设一个总体含有 N 个个体，从中逐个不放回地抽取 n 个个体作为样本（$n \leqslant N$），如果每次抽取式总体内的各个个体被抽到的机会都相等，就把这种抽样方法叫做简单随机抽样。

该法常常用于总体个数较少时，它的主要特征是从总体中逐个抽取，具有抽样误差小的特点，但是抽样手续比较繁杂。

一般采用抽签法、随机样数表法实行，利用计算机产生的随机数进行抽样。

（2）分层抽样

分层抽样即类型抽样，一般地，在抽样时，将总体分成互不交叉的层，然后按照一定的比例，从各层独立地抽取一定数量的个体，将各层取出的个体合在一起作为样本。

主要特征分层按比例抽样，主要使用于总体中的个体有明显差异，但每个个体被抽到的概率都相等。

该方法具有样本的代表性比较好，抽样误差比较小等特点，但是抽样手续比简单随机抽样还要繁杂，常用于产品质量验收。

（3）整群抽样

整群抽样法是将总体分成许多群，每个群由个体按一定方式结合而成，然后随机地抽取若干群并由这些群中的所有个体组成样本。这种抽样法的优点是抽样实施方便，缺点是由于样本只有自个别几个群体，而不能均匀地分布在总体，因而体表性差，抽样误差大。这种方法常用在工序控制中。

（4）系统抽样

当总体中的个体数较多时，采用简单随机抽样显得较为费事。这时，可将总体分成均衡的几个部分，然后按照预先定出的规则，从每一部分抽取一个个体，得到所需要的样本。

该方法具有操作简便，实施不易出差错的特点，但是容易出较大偏差。在总体发生周期性变化的场合，不宜使用这种方法。

（5）案例

某种产品零件分装在 20 个零配件箱装，每箱各装 50 个。如果向从中抽取 100 个零件作为样本进行测试研究。

1）随机抽样：将 20 箱零件倒到一起，混合均匀，并将零件从 1～1000 编号，然后用查随机数表或抽签的办法从中抽出编号毫无规律的 100 个零件组成样本。

2）分层抽样：20 箱零件，每箱都随机抽取 5 个零件，共 100 个组成样本。

3）整体抽样：将 20 箱零件分为 5 群，每群随机抽取 20 个零件，共 100 个组成样本。

4）系统抽样：将 20 箱零件倒在一起，混合均匀，将零件从 1～1000 编号，用查随机数表或抽签的办法先决定起始编号，按相同的尾数抽取 100 个零件组成样本。

（6）质量统计

质量统计就是用统计的方法，通过收集、整理质量数据，帮助分析发现质量问题从而及时采取对策措施，纠正和预防质量事故。质量统计的内容主要有母体、子样、母体与子样、数据的关系、随机现象、随机事件、随机事件的频率。

1）母体：又称总体、检验（收）批或批。又分为"有限母体（有一定数量表现——有一批同牌号、同规格的钢材和水泥）"和"无限母体（没有一定数量表现——如一道工序）"。

2）子样：又称为试样或样本。指从母体中取出来的部分个体。分为"随机取样（用于产品验收，即母体内各个体都有相同的机会或有肯可能被抽取）"和"系统抽样（用于工序的控制，即每隔一段时间，便连续抽取若干产品作为子样，以代表当时的生产情况）"。

3）母体与子样、数据的关系：在产品生产过程中，子样所属的一批产品（有限母体）或工序（无限母体）的质量状态和特性值，可从子样取得的数据来推测和判断。

4）随机现象：在产品生产过程中，在基本条件不变的情况下，出现一些不确定情况的现象。

例如：配置混凝土时，同样的配合比，同样的设备，同样的生产条件，混凝土抗压强度可能存在偏高，也可能偏低的现象。

5）随机事件：目的是仔细考察一个随机事件，就需要分析这个现象的各种表现。我们把随机现象的每一种表现或结果称为随机事件。

例如，某一道工序加工产品的质量，可以表现为合格，也可以表现为不合格。"加工产品合格"和"加工产品不合格"就是随机现象中的两个随机事件。

6）随机事件的频率：是衡量随机事件发生可能性大小的一种数量标志。在试验数据中，随机事件发生的次数叫"频数"，它与数据总数的比值叫"频率"。

（二）施工质量数据抽样和统计分析方法

1. 施工质量数据抽样的基本方法

（1）质量数据分类

质量数据是指由个体产品质量特性值组成的样本的质量数据集，在统计上称为变量；个体产品质量特性值成变量值。根据质量数据的特点，可以将其分为计量数据和计数数据。

1）计量数据：可以用测量工具具体测读出小数点以下数值的数据。

2）计数数据：凡是不能连续取值的，或者说即使使用测量工具也得不到小数点以下数值，而只能得到 0 或 1，2，3……等自然数的这类数据。计数数据还可细分为计件数据和计点数据。计件数据一般服从二项式分布，计点数据一般服从泊松分布。

（2）质量数据收集的主要方法

1）全数检（试）验：全数检（试）验是对总体中的全部个体逐一观察、测量、计数、登记，从而获得对总体质量水平评价结论的方法。

2）随机抽样检（试）验：抽样检（试）验是按照随机抽样的原则，从总体中抽取部分个体组成样本，根据对样品进行检测的结果，推断总体质量水平的方法。

抽样检（试）验抽取样品不受检（试）验人员主观意愿的支配，每一个体被抽中的概率都相同，从而保证了样本在总体中的分布比较均匀，有充分的代表性；同时它还具有节省人力、物力、财力、时间和准确性高的优点；它又可用于破坏性检（试）验和生产过程的质量监控，完成全数检测无法进行的检测项目，具有广泛的应用空间。

（3）质量数据收集具体方法

建设工程施工质量数据抽样检测包括工程材料、成品、半成品、设备、工程产品、结构性能等多方面内容，均需按照一定的规范要求进行取样，采用目测、量测、检测等方法获取相关质量数据。

根据《建筑工程施工质量验收统一标准》GB 50300—2013 的规定：抽样复验是指"按照规定的抽样方案，随机地从进场的材料、构配件、设备或建筑工程检（试）验项目中，按检验（收）批抽取一定数量的样本所进行的检（试）验"，抽样方案直接关系到验收结论的正确与否，是检验（收）批验收的关键，应具备一定的科学性、可操作性，符合统计学原理，必须具有足够的代表性。

抽样方案应根据统计学原理对足够大的样本群按照一定的原则或顺序、路线，通过抽取规定比例、规定数目的样本，对其验收内容进行检查、检测，并根据检查、检测结果，通过判定所抽取样本的质量状态，再根据其代表性进一步判定整个检验（收）批的施工质量是否达到合格标准。

主控项目必须全检及检（试）验比例100%，并且是一票否决；一般项目按照相应专业施工质量验收规范规定的抽检比例，合格率满足规范要求即为合格，比如按照专业规范规定抽检比例为10%，则应考虑现场检验（收）批分布情况，或重点抽查或随机抽取，但应遵循或认为具有代表性这一最重要的原则。

根据《建筑工程施工质量验收统一标准》GB 50300—2013规定：抽样方案可以采取以下方式：

1）计量、计数或计量-计数方式；

2）一次、二次或多次抽样方式；

3）根据生产连续性和生产控制稳定性情况，采用调整型抽样方案；

4）对重要的检（试）验项目当可采用简易快速的检（试）验方法时，可选用全数检（试）验方案；

5）经工程实践验证有效的抽样方案。

（4）计数值与计量值

1）计量值数据

凡是可以连续取值的，或者说可以用测量工具具体测量出小数点以下数值的这类数据，叫计量值数据，如长度、重量、温度、力度等，这类数据服从正态分布；也就是说计量值是指测量某一个产品特性的连续性数据，最常用的正态分布。

2）计量值特性

设有一个对象的特性，其结果表述用在一个范围内的无穷的连续的读值表示（假如存在分辨率任意小的量测系统），如：一条钢棒的长度，直径等，一个灯泡的寿命，分析此类特性，应用连续型随机变量方法。

3）计算值数据

凡是不能连续取值的，或者说即使用测量工具也得不到小数点以下数据的，而只能以0或1、2、3等整数来描述的这类数据，叫计数值数据，如不合格品数、缺陷数等，又可细分为计点数据和计件数据，计点数据服从泊松分布，计量数据服从二项分布。

值得注意的是，当一个数据是用百分率表示时，虽然表面上看百分率可以表示到小数点以下，但该数据类型取决于计算该百分率的分子，当分子是计数值时，该数据也就是计数值。

4）计数值特性

设有一个对象，其结果是分段的，不连续的，可列出的如：把钢棒按其长度分成三个等级，叫A、B、C，则以A、B、C描述的值即为计数值；另统计每天的检测的属于A型的钢棒数量也是计数值当特性以这样的方式描述时，就是计数值特性，这很好区别的计数值：分为计件与计点。

计件：指的是在测量中以计算产品的不良个数，一般图形有不良率图、不良数图。

计点：指的是在测量中以计算产品的缺点个数，一般图形为缺点数图，单位缺点数、推移图。

2. 数据统计分析的基本方法

（1）统计方法及用途

统计方法是指有关收集、整理、分析和解释统计数据，并对其反映问题做出一定的结论的方法，包括描述性统计方法和推断性统计方法两种。

通过详细研究样本来达到了解、推测总体状况的目的，因此它具有由局部推断整体的性质。由推断而得出的结论并不会完全正确，即可能有错误，出现风险。

1）描述性统计方法

描述性统计方法是对统计数据进行整理和描述的方法，以便展示统计数据的规律。常用曲线、表格、图形等反映统计数据和描述观测结果，以使数据更加容易理解。

统计数据可用数量值加以度量，如平均数、中位数、极差和标准差等，亦可用统计图表予以显示，如条形图、折线图、圆形图、频数直方图、频数曲线等。

2）推断性统计方法

推断性统计方法是在对统计数据描述的基础上，进一步对其所反映的问题进行分析、解释和做出推断性结论的方法。

3）统计方法的用途

① 提供表示事物特征的数据（平均值、中位数、标准偏差、方差、极差）；

② 比较两事物的差异（假设检（试）验、显著性检（试）验、方差分析、水平对比法）；

③ 分析影响事物变化的因素（因果图、调查表、散步图、分层法、树图、方差分析）；

④ 分析事物之间的相互关系（散布图、试验设计法）；

⑤ 研究取样和试验方法，确定合理的试验方案（抽样方法、抽样检（试）验、试验设计、可靠性试验）；

⑥ 发现质量问题，分析和掌握质量数据的分部状况和动态变化（频数直方图、控制图、排列图）；

⑦ 描述质量行程过程（流程图、控制图）。

（2）主要统计分析方法

1）统计调查表法

统计调查表法又称统计调查分析法，它是利用专门设计的统计表对质量数据进行收集、整理和粗略分析质量状态的一种方法。在质量控制活动中，利用统计调查表收集数据，简便灵活，便于整理，使用有效。它没有固定的格式，可根据具体的需要和情况，设计出不同的调查表。常用的有分项工程作业质量分布调查表、不合格项目调查表、不合格原因调查表、施工质量检查评定用调查表。统计调查表一般同分层法结合起来应用，可以更好、更快地找出问题的原因，以便采取改进的措施。

2）分层法

分层法又称分类法，是将调查收集的原始数据，根据不同的目的和要求，按某一性质进行分组、整理的分析方法。分层的结果使数据各层间的差异突出地显示出来，层内的数据差异减小了，在此基础上再进行层间、层内的比较分析，可以更深入地发现和认识质量问题的原因。由于工程质量是多方面因素共同作用的结果，因而对同一批数据，可以按不同性质分层，如时间、地点、材料、方法、作业、项目、合同等方面，使我们能从不同角度来考虑、分析质量存在的问题和影响因素。分层法是质量控制统计分析方法中最基本的一种方法。其他统计方法一般都要与分层法配合使用，如排列图法、直方图法、控制图法、相关图法等，常常是首先利用分层法讲原始数据分门别类，然后再进行统计分析。

例如：一个焊工班组有 A、B、C 三位工人实施焊接作业，共抽检 60 个焊接点，发现有 18 个焊接点不合格，占 30%。问题究竟在哪里？根据分层调查的统计数据表 11-6 可知，主要是作业工人 C 的焊接质量影响了总体的质量水平。

分层调查的统计数据表   表 11-6

作业工人	抽检点数	不合格点数	个体不合格率（%）	占不合格点总数百分率（%）
A	20	2	10	11
B	20	4	20	22
C	20	12	60	67
合计	60	18		100

3）排列图法

排列图法是利用排列图寻找影响质量主次原因的一种有效方法。排列图又称帕累托图或主次因素分析图，它是由两个纵坐标、一个横坐标、几个连起来的直方形和一条曲线所组成，左侧的纵坐标表示频数，右侧的纵坐标表示累积频率，横坐标表示影响质量的各个因素或项目，按影响程度大小从左至右排列，直方形的高度示意某个因素的影响大小。

在质量管理过程中，通过抽样检查或检（试）验试验所得到的质量问题、偏差、缺陷、不合格等统计数据，以及造成质量问题的原因分析统计数据，均可采用排列图方法进行状况描述。它具有直观、主次分明的特点，可以形象、直接的反映主次因素。

如表 11-7 表示对某项模板施工精度进行抽样检查，得到 150 个不合格点数的统计数据。然后按照质量特性不合格点数（频数）大到小的顺序，重新整理为表 11-8，并分别计算出累计频数和累计频率。

构件尺寸抽样检查统计表   表 11-7

序 号	检查项目	不合格点数	序 号	检查项目	不合格点数
1	轴线位置	1	5	平面水平度	15
2	垂直度	8	6	表面平整度	75
3	标高	4	7	预埋设施中心位置	1
4	截面尺寸	45	8	预留孔洞中心位置	1

构件尺寸不合格顺序排列表   表 11-8

序 号	项 目	频 数	频率（%）	累计频率（%）
1	表面平整度	75	50.0	50.0
2	截面尺寸	45	30.0	80.0
3	平面水平度	15	10.0	90.0
4	垂直度	8	5.3	95.3

序　号	项　目	频　数	频率（%）	累计频率（%）
5	标高	4	2.7	98.0
6	其他	3	2.0	100.0
合计		150	100	

　　根据表 11-8 的统计数据画排列图（图 11-3），并将其中累计频率 0～80% 定为 A 类问题，即主要问题，进行重点管理；将累计频率在 80%～90% 区间的问题定为 B 类问题，即次要问题，作为次重点管理；将其余累计频率在 90%～100% 区间的问题定为 C 类问题，即一般问题，按照常规适当加强管理。以上方法称为 ABC 分类管理法。

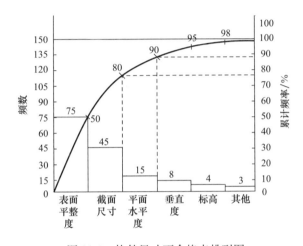

图 11-3　构件尺寸不合格点排列图

　　4）因果分析图法

　　因果分析图法是利用因果分析图来系统整理分析某个质量问题（结果）与其产生的原因之间关系的有效工具。因果分析图也称特性要因图，又因其形状常被称为树枝图或鱼刺图。它的形成是由质量特性（即质量结果指某个质量问题）、要因（产生质量问题的主要原因）、枝干（指一系列箭线表示不同层次的原因）、主干（指向质量结果的水平箭线）等所组成。

　　图 11-4 表示混凝土强度不合格的原因分析，其中，第一层面从人、机械、材料、施工方法和施工环境进行分析；第二层面、第三层面，依此类推。

　　5）直方图法

　　直方图法即频数分布直方图法，它是将收集到的质量数据进行分组整理，绘制成频数分布直方图，用以描述质量分布状态的一种分析方法，所以又称质量分布图法。通过直方图的观察与分析，可了解工程质量的波动情况，掌握质量特性的分布规律，以便对质量状况进行分析判断。同时可通过质量数据特征值的计算，估算施工生产过程总体的不合格产品率，评价过程能力等。

　　表 11-9 为某工程 10 组试块的抗压强度 150 个数据，但很难直接判断其质量状况是否正常、稳定和受控情况，如将其数据整理后绘制成直方图，就可以根据正态分布的特点进行分析判断，如图 11-5 所示。

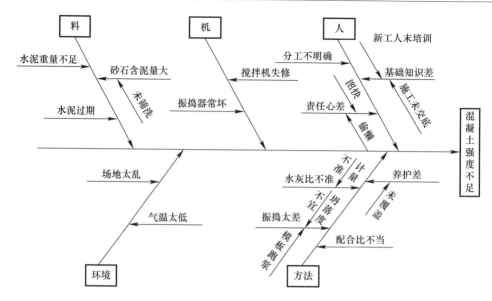

图 11-4 混凝土强度不合格因果分析

混凝土强度数据整理表（N/mm²） 表 11-9

序 号	抗压强度					最大值	最小值
1	39.8	37.7	33.8	31.5	36.1	39.8	31.5
2	37.2	38.0	33.1	39.0	36.0	39.0	33.1
3	35.8	35.2	31.8	37.1	34.0	37.1	31.8
4	39.9	34.3	33.2	40.4	41.2	41.2	33.2
5	39.2	35.4	34.4	38.1	40.3	40.3	34.4
6	42.3	37.5	35.5	39.3	37.3	42.3	35.5
7	35.9	42.4	41.8	36.3	36.2	42.4	35.9
8	46.2	37.6	38.3	39.7	38.0	46.2	37.6
9	36.4	38.3	43.4	38.2	38.0	43.4	36.4
10	44.4	42.0	37.9	38.4	39.5	44.4	37.9

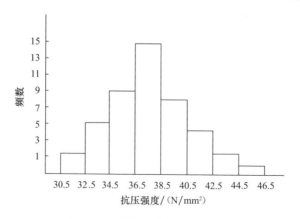

图 11-5 混凝土强度分布直方图

6）控制图法

控制图又称管理图，它是直角坐标系内画有控制界限，描述生产过程中产品质量波动状态的图形。利用控制图区分质量波动原因，判明生产过程是否处于稳定状态的方法称为控制图法。其用途为：过程分析，即分析生产过程是否稳定。应随机连续收集数据，绘制控制图，观察数据点分布情况并判断生产过程状态。过程控制：即控制生产过程质量状态。要定时抽区抽样取得数据，将其变为点子描在图上，发现并及时消除生产过程中的失调现象，预防不合格的产品产生。排列图、直方图法是质量控制的静态分析法，反映的是质量在某一段时间里的静止状态。然而产品都是在动态的生产过程中形成的，因此，在质量控制中单用静态分析法显然是不够的，还必须用动态分析法。只有动态分析法，才能随时了解生产过程中质量的变化情况，及时采取措施，使生产处于稳定状态，起到预防出现废品的作用。

控制图的基本形式如图 11-6 所示。控制图一般有三条线：上面的一条线为控制上限，用符号 UCL 表示；中间的一条叫中心线，用符号 CL 表示；下面的一条叫控制下限，用符号 LCL 表示。在生产过程中，按规定取样，测定其特性值，将其统计量作为一个点画在控制图上，然后连接各点成一条折线，即表示质量波动情况。

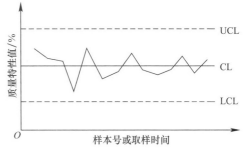

图 11-6　控制图基本形式

7）相关图法

相关图法又称散布图，在质量控制中它是用来显示两种质量数据之间关系的一种图形。质量数据之间的关系多属相关关系。一般有三种类型：一是质量特征和影响因素之间的关系；二是质量特性和质量特性之间的关系；三是影响因素和影响因素之间的关系。用质量特性值和影响因素，通过绘制散布图，计算相关系数等，分析研究两个变量之间是否存在相关关系，以及这种关系密切程度如何，进而对相关程度密切的两个变量，通过对其中一个变量的观察控制，去估计控制另一个变量的数值，以达到保证质量的目的。工程质量控制的统计分析方法是否可行、完善、切合实际。具体内容应具体分析，在进行统计分析过程中，其使用的方法、程序、步骤，分析过程须与工程的进度、质量结合起来，总共有多少工作量，一步步如何统计分析须表述清楚；从而进一步提出保证工程质量、进度、安全保障等的措施，使方案成为真正能够指导工程的一个文件。

【例 11-8】　产品的焊缝质量不良采用相关图法进行原因分析如图 11-7 所示。

8）水平对比

水平对比就是将过程、产品和服务质量同公认的处于领先地位的竞争者的过程。产品和服务质量进行比较，以寻找自身质量改进的机会。水平对比在确定企业质量方针、质量目标和质量改进中都十分有用。

9）流程图

流程图就是将一个过程（如工艺过程、检（试）验过程、质量改进过程等）的步骤用图的形式表示出来。通过对一个过程中各步骤之间关系的研究，一般能发现故障的潜在原因，查清需要进行质量改进的环节。

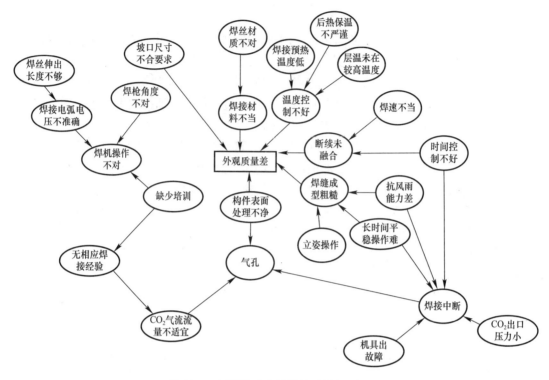

图 11-7　相关图法分析焊缝质量问题图示

3. 抽样方案选择与规定

（1）检验批抽样样本应随机抽取，满足分布均匀，具有代表性要求，抽样数量符合规范规定。

（2）当采用计数抽样时，最小抽样数量应符合表 11-10 规定。明显不合格的个体可不纳入检验批，应进行处理使其满足有关专业工程验收规范的规定。对处理情况应予以记录并重新验收。

检验批最小抽样数量 表 11-10

检验批容量	最小抽样数量	检验批容量	最小抽样数量
2～15	2	151～280	13
16～25	3	281～500	20
26～90	5	501～1200	32
91～150	8	1201～3200	50

（3）计量抽样的错判概率 α 和漏判概率 β 规定如下：

1）主控项目：对应于合格质量水平的 α 和 β 不宜超过 5%。

2）一般项目：对应于合格质量水平的 α 不宜超过 5%，β 不宜超过 10%。